U0174065

《大数据与数据科学专著系列》编委会

主　编：徐宗本　梅　宏

副主编：张平文　陈松蹊

委　员：（以姓氏笔画为序）

大数据与数据科学专著系列 2

机器学习中的交替方向乘子法

Alternating Direction Method of Multipliers for Machine Learning

林宙辰 李 欢 方 聪 著

科学出版社

北 京

内 容 简 介

使用机器学习技术解决实际应用问题涉及模型的建立、训练及评估等步骤. 优化算法常被用于训练模型的参数, 是机器学习的重要组成部分. 机器学习模型的训练可以建模成无约束优化问题或带约束优化问题, 约束可以为模型增加更多的先验知识. 基于梯度的算法 (例如加速梯度法、随机梯度法等) 是求解无约束优化问题的常用方法, 而交替方向乘子法 (ADMM) 则是求解带约束优化问题的有力工具.

本书概述了机器学习中 ADMM 的新进展. 书中全面介绍了各种情形下的 ADMM, 包括确定性和随机性的算法、集中式和分布式的算法, 以及求解凸问题和非凸问题的算法, 深入介绍了各个算法的核心思想, 并为算法的收敛性和收敛速度提供了详细的证明.

本书面向机器学习和优化领域的研究人员, 也包括人工智能、信号处理、自动控制、网络通信、应用数学等专业的高年级本科生和研究生, 以及从事相关领域产品研发的工程师.

图书在版编目(CIP)数据

机器学习中的交替方向乘子法/林宙辰, 李欢, 方聪著. —北京: 科学出版社, 2023.2

(大数据与数据科学专著系列; 2)

ISBN 978-7-03-074758-7

Ⅰ. ①机⋯　Ⅱ. ①林⋯　②李⋯　③方⋯　Ⅲ. ①机器学习–算法　Ⅳ. ①TP181

中国国家版本馆 CIP 数据核字(2023)第 018598 号

责任编辑: 李静科　范培培 / 责任校对: 彭珍珍
责任印制: 吴兆东 / 封面设计: 无极书装

科学出版社 出版
北京东黄城根北街 16 号
邮政编码: 100717
http://www.sciencep.com
北京建宏印刷有限公司 印刷
科学出版社发行　各地新华书店经销
*
2023 年 2 月第　一　版　开本: 720 × 1000　1/16
2024 年 1 月第二次印刷　印张: 16 1/4
字数: 311 000
定价: 128.00 元
(如有印装质量问题, 我社负责调换)

《大数据与数据科学专著系列》序

随着以互联网、大数据、人工智能等为代表的新一代信息技术的发展, 人类社会已进入了大数据时代. 谈论大数据是时代话题、拥有大数据是时代特征、解读大数据是时代任务、应用大数据是时代机遇. 作为一个时代、一项技术、一个挑战、一种文化, 大数据正在走进并深刻影响我们的生活.

信息技术革命与经济社会活动的交融自然产生了大数据. 大数据是社会经济、现实世界、管理决策的片断记录, 蕴含着碎片化信息. 随着分析技术与计算技术的突破, 解读这些碎片化信息成为可能, 这是大数据成为一项新的高新技术、一类新的科研范式、一种新的决策方式乃至一种文化的原由.

大数据具有大价值. 大数据的价值主要体现在: 提供社会科学的方法论, 实现基于数据的决策, 助推管理范式革命; 形成科学研究的新范式, 支持基于数据的科学发现, 减少对精确模型与假设的依赖, 使得过去不能解决的问题变得可能解决; 形成高新科技的新领域, 推动互联网、云计算、人工智能等行业的深化发展, 形成大数据产业; 成为社会进步的新引擎, 深刻改变人类的思维、生产和生活方式, 推动社会变革和进步. 大数据正在且必将引领未来生活新变化、孕育社会发展新思路、开辟国家治理新途径、重塑国际战略新格局.

大数据的价值必须运用全新的科学思维和解译技术来实现. 实现大数据价值的技术称为大数据技术, 而支撑大数据技术的科学基础、理论方法、应用实践被称为数据科学. 数据从采集、汇聚、传输、存储、加工、分析到应用形成了一条完整的数据链, 伴随这一数据链的是从数据到信息、从信息到知识、从知识到决策这样的一个数据价值增值过程 (称为数据价值链). 大数据技术即是实现数据链及其数据价值增值过程的技术, 而数据科学即是有关数据价值链实现的基础理论与方法学. 它们运用分析、建模、计算和学习杂糅的方法研究从数据到信息、从信息到知识、从知识到决策的转换, 并实现对现实世界的认知与操控.

数据科学的最基本出发点是将数据作为信息空间中的元素来认识, 而人类社会、物理世界与信息空间 (或称数据空间、虚拟空间) 被认为是当今社会构成的三元世界. 这些三元世界彼此间的关联与交互决定了社会发展的技术特征. 例如, 感知人类社会和物理世界的基本方式是数字化, 联结人类社会与物理世界的基本方式是网络化, 信息空间作用于物理世界与人类社会的方式是智能化. 数字化、网络化和智能化是新一轮科技革命的突出特征, 其新近发展正是新一代信息技术的核心所在.

数字化的新近发展是数据化, 即大数据技术的广泛普及与运用; 网络化的新近发展是信息物理融合系统, 即人–机–物广泛互联互通的技术化; 智能化的新近发展是新一代人工智能, 即运用信息空间 (数据空间) 的办法实现对现实世界的类人操控. 在这样的信息技术革命化时代, 基于数据认知物理世界、基于数据扩展人的认知、基于数据来管理与决策已成为一种基本的认识论与科学方法论. 所有这些呼唤 "让数据变得有用" 成为一种科学理论和技术体系. 由此, 数据科学呼之而出便是自然不过的事了.

然而, 数据科学到底是什么? 它对于科学技术发展、社会进步有什么特别的意义? 它有没有独特的内涵与研究方法论? 它与数学、统计学、计算机科学、人工智能等学科有着怎样的关联与区别? 它的发展规律、发展趋势又是什么? 澄清和科学认识这些问题非常重要, 特别是对于准确把握数据科学发展方向、促进以数据为基础的科学技术与数字经济发展、高质量培养数据科学人才等都有着极为重要而现实的意义.

本丛书编撰的目的是对上述系列问题提供一个 "多学科认知" 视角的解答. 换言之, 本丛书的定位是: 邀请不同学科的专家学者, 以专著的形式, 发表对数据科学概念、方法、原理的多学科阐释, 以推动数据科学学科体系的形成, 并更好服务于当代数字经济与社会发展. 这种阐释可以是跨学科、宏观的, 也可以是聚焦在某一科学领域、某一科学方向上对数据科学进展的深入阐述. 然而, 无论是那一类选题, 我们希望所出版的著作都能突出体现从传统学科方法论到数据科学方法论的跃升, 体现数据科学新思想、新观念、新理论、新方法所带来的新价值, 体现科学的统一性和数据科学的综合交叉性.

本丛书的读者对象主要是数学、统计学、计算机科学、人工智能、管理科学等学科领域的大数据、人工智能、数据科学研究者以及信息产业从业者, 也可以是科研和教育主管部门、企事业研发部门、信息产业与数字经济行业的决策者.

徐宗本

2022 年 1 月

序　一

交替方向乘子法 (ADMM) 是求解带约束优化问题的一种重要算法, 它尤其适合求解机器学习问题, 因为机器学习领域一般不需要求解到很高的数值精度, 但是要求每次迭代的开销比较低. 鉴于该算法适用范围广、使用起来很方便, 如果有人想要开发一个通用优化库或人工智能芯片, 我会毫不犹豫地将该算法列为首要推荐之一. 因此, 自从 2010 年左右被成功地应用于求解低秩模型, ADMM 重新引起了人们的兴趣, 并被广泛地拓广到传统类型 (确定性、凸、两变量块、中心化) 以外的问题. 然而, 关于 ADMM 的大量文献散落在许多不同的来源, 这使得非专业人员跟踪该重要优化方法的最新进展变得十分困难. 这本专著很及时地解决了这个问题. 该书材料相当全面, 涵盖了求解确定性凸问题、非凸问题、随机问题和分布式问题的各类算法. 该书内容独立并包含详细的证明, 因此即使是初学者也能很快切入要点, 掌握最新进展——不仅是伪代码, 还包括证明技巧. 更重要的是, 该书不是简单地把不同论文中的片段拼在一起, 而是对材料进行了完全的重写, 从而使得符号一致、推导自然, 移除读者阅读现有文献的主要障碍. 另外, 该书更关注收敛速度, 而不仅仅是收敛性, 这样的理论分析能给使用者提供极为有用的信息. 我认为该书对优化、信号处理和机器学习等不同领域的研究者和使用者来说, 都毫无疑问很有参考价值.

该书作者——林宙辰、李欢和方聪是优化和机器学习交叉领域的专家. 他们不仅通过发表论文为这个领域做出了很大贡献, 而且致力于推广适用于工程人员的有价值的算法, 这也是对社会另一种形式的重要贡献. 在为他们的上一本书《机器学习中的加速一阶优化算法》(我也非常喜欢这本书) 作推荐序言之后, 我很乐意再次推荐他们的专著.

徐宗本

于西安·西安交通大学

2021 年 10 月

序 二

随着传感器、通信和存储技术的进步, 数据采集比以往任何时候都更加普遍. 这使我们能够从各种各样的大数据中学习大量有价值的信息, 以便进行有效的推理、估计、跟踪和决策. 从数据中学习需要对大数据进行适当的建模和分析, 这通常被建模为优化问题. 因此, 涉及大数据的大规模优化引起了信号处理、机器学习和运筹学等各个领域的极大关注.

块坐标下降 (有时也被称为交替优化) 是最小化一个具有大量变量的损失函数的最常用方法. 但如果变量是线性耦合的, 块坐标下降法将不再适用. 交替方向乘子法 (ADMM) 可被看作块坐标下降法在线性约束优化问题上的扩展. 考虑到大量应用问题可以被建模为线性约束的优化问题 (凸/非凸、光滑/非光滑), ADMM 一直是涉及大数据的机器学习和信号处理问题的首选. 它被广泛地应用 (有时甚至是有点被滥用) 到不同问题, 但往往没有足够的理论基础来证明它的收敛性.

这本专著为当前 ADMM 的理论研究提供了一个极好的总结. 该书介绍了 ADMM 的基本数学形式以及若干变化形式, 其核心内容涵盖了针对不同类约束 (主要是线性约束) 问题的 ADMM 的收敛性分析, 包括凸问题、非凸问题、确定性问题、随机问题、中心化/分布式问题等. 该书的数学处理简洁、最新并且严格. 最后一章讨论了 ADMM 在实践方面需要考虑的细节, 这对 ADMM 的从业者或 ADMM 的首次使用者来说是非常有价值的.

该书第一作者是优化领域的知名专家, 尤其是涉及机器学习应用的优化方法. 该专著的写作方式对读者很友好, 并附有附录, 介绍了该书所涵盖的收敛分析所需的数学工具和背景. 该书对于 ADMM 的研究者和使用者都是一本很有价值的参考书, 对于优化、统计学、机器学习和信号处理领域的研究生也是一本很好的读物.

罗智泉

于深圳 · 香港中文大学 (深圳)

2021 年 11 月

前　　言

交替方向乘子法 (ADMM) 对我而言是一个神奇的算法. 以我带有偏见的个人观点, 它差不多能解决机器学习中一般实践者能够遇到的大部分带约束问题. 与求解无约束问题的通用方法——梯度下降法不同, ADMM 看起来更优雅却又不显而易见. 其关键奥秘在于拉格朗日乘子, 它使得约束问题暂时变得无约束, 这不仅消除了处理约束的困难, 而且克服了罚函数法和投影梯度法的一些固有缺陷, 然而非专业人士更容易想到后两种方法. 拉格朗日乘子在证明 ADMM 的收敛性和收敛速度方面也起着核心作用. 我可以略微夸张地说, 不能欣赏 ADMM 之美的人不会是一个优秀的优化算法研究者.

自从 2009 年左右第一次接触 ADMM 以来, 我看到越来越多的机器学习从业者在使用 ADMM 并拓展它的研究范围. 我个人也获益良多并做出了若干贡献. 然而, 我也发现很多工程人员并没有正确地使用 ADMM (最典型的例子是直接将两个变量块的 ADMM 套用到多个变量块的问题上). 尽管 Boyd 等已经于 2011 年出版了一本关于 ADMM 的优秀教程[8], 但毕竟距今已经十年了, 新的进展在不断涌现, 而我认为, 对于更广泛的应用来说, 这些新的进展比传统 ADMM 更为重要, 因为它们是受信号处理和机器学习中的实际问题的推动得到的. 因此, 我认为写一本关于 ADMM 的新书对很多人来说是很有用的, 包括我自己在教学以及指导学生方面. 我的目的是涵盖 ADMM 的新进展中最重要的方面, 而不是重复经典的内容 (主要是求解两变量块凸问题的 ADMM). 当然, 我们无法涵盖关于 ADMM 的所有文献, 因此我们的策略是根据问题类型 (例如凸问题、非凸问题、随机问题和分布式问题) 来选择代表性的算法. 因此, 读者不用奇怪有些精巧的 ADMM 变体没有被介绍 (因为它们不是其所属问题类型最有代表性的算法, 而仅仅是讨论得更加深入, 或者是使用或分析起来太复杂), 而另一些变体看起来很粗糙却仍然被介绍 (因为该类型 ADMM 尚未被深入研究). 当然, 个人喜好和有限的知识也影响着我们的选材. 最后, 出于内容完备性的考虑, 我们将给出每个算法的收敛性 (和收敛速度) 证明.

很幸运, 我的两个博士生李欢和方聪愿意加入到这个工作中, 尽管他们已经毕业并且在上一本书《机器学习中的加速一阶优化算法》中饱受我的"折磨". 同样幸运的是有更多的学生加入到校对工作, 包括仔细检查证明 (所有证明都被重写, 而不是直接从参考文献中复制粘贴), 这使得校对不那么艰巨. 然而本书依然远远

图 0.1　何炳生教授

不够完美. 一个主要的遗憾是尽管使用自适应的惩罚系数对加快收敛很关键 (见 7.1.2 节), 但本书中介绍的所有算法几乎都使用了固定的惩罚系数 (部分加速算法等价于使用了可变的惩罚系数). 事实上, 绝大多数文献都不考虑自适应惩罚系数. 尽管很可能一些算法在使用自适应惩罚系数时仍然有效, 我们无法测试应该使用哪种自适应策略并重新给出证明 (事实上, 很可能需要对证明进行大的改动). 另一个遗憾是基于学习的 ADMM 作为一种新兴但不太成熟的 ADMM 类型, 由于其理论保证较弱我们不得不对这一部分内容忍痛割爱.

　　尽管我和我的学生们已经很努力, 但我预计本书依然会有不少疏漏. 所以如果有读者发现任何错误, 请发邮件到 zclin2000@hotmail.com, 我们对此不胜感激.

　　最后, 我要向何炳生教授 (图 0.1) 致敬. 他一生的大部分时间都致力于 ADMM, 并在 ADMM 的研究和教育方面做了重大贡献, 本书也介绍了他的多项工作. 我很高兴看到他在国内得到了广泛认可, 并于 2014 年获得了中国运筹学会运筹研究奖. 然而他在国际上的认可度要低得多, 我希望我在这里的宣传能够进一步提升他的声誉.

林宙辰

于北京 · 北京大学

2021 年 10 月

符 号 表

记号	含义
普通字体, 例如 s	标量.
黑体小写, 例如 $\mathbf{v}$	向量.
黑体大写, 例如 $\mathbf{M}$	矩阵.
书法体大写, 例如 $\mathcal{T}$	子空间、算子或集合.
$\mathbb{R}, \mathbb{R}^+, \mathbb{Z}^+$	实数集、非负实数集、非负整数集.
$[n]$	$\{1, 2, \cdots, n\}$.
$\mathbb{E}X$	随机变量 (或者向量) X 的期望.
$\mathbf{I}, \mathbf{0}, \mathbf{1}$	单位矩阵、零矩阵或零向量、全 1 向量.
$\mathbf{x} \geqslant \mathbf{y}, \mathbf{X} \succcurlyeq \mathbf{Y}$	$\mathbf{x} - \mathbf{y}$ 是非负向量、$\mathbf{X} - \mathbf{Y}$ 是半正定矩阵.
$f(N) = O(g(N))$	$\exists a > 0$, 对所有 $N \in \mathbb{Z}^+$, 有 $\dfrac{f(N)}{g(N)} \leqslant a$.
$f(N) = \tilde{O}(g(N))$	$\exists a > 0$, 对所有 $N \in \mathbb{Z}^+$, 有 $\dfrac{\tilde{f}(N)}{g(N)} \leqslant a$, 其中 $\tilde{f}(N)$ 是 $f(N)$ 省略 N 的对数多项式因子后的函数.
$f(N) = \Omega(g(N))$	$\exists a > 0$, 对于所有 $N \in \mathbb{Z}^+$, 有 $\dfrac{f(N)}{g(N)} \geqslant a$.
$f(N) = \Theta(g(N))$	$\exists b \geqslant a > 0$, 对所有 $N \in \mathbb{Z}^+$, 有 $a \leqslant \dfrac{f(N)}{g(N)} \leqslant b$.
$\mathbf{x}_i$	向量 $\mathbf{x}$ 的第 i 个坐标的值, 或序列中的第 i 个向量.
$\nabla f(\mathbf{x}), \nabla_i f(\mathbf{x})$	f 在 $\mathbf{x}$ 点处的梯度、$\dfrac{\partial f}{\partial \mathbf{x}_i}$.
$\mathbf{X}^{\mathrm{T}}, \mathrm{Span}(\mathbf{X})$	$\mathbf{X}$ 的转置、$\mathbf{X}$ 的列空间.
$\mathrm{Diag}(\mathbf{x})$	对角矩阵, 其对角元素构成的向量为 $\mathbf{x}$.
$|\mathcal{X}|$	集合 $\mathcal{X}$ 中元素的个数.
$\langle \mathbf{x}, \mathbf{y} \rangle$	向量内积, $\mathbf{x}^{\mathrm{T}}\mathbf{y}$.
$\langle \mathbf{A}, \mathbf{B} \rangle$	矩阵内积, $\mathrm{tr}(\mathbf{A}^{\mathrm{T}}\mathbf{B})$.
$\|\mathbf{x}\|_{\mathbf{M}}$	$\sqrt{\mathbf{x}^{\mathrm{T}}\mathbf{M}\mathbf{x}}$, 其中 $\mathbf{M} \succcurlyeq \mathbf{0}$.
$\|\cdot\|_2$	矩阵的谱范数.
$\|\cdot\|$	向量的 ℓ_2 范数或矩阵的弗罗贝尼乌斯 (Frobenius) 范数, $\|\mathbf{v}\| = \sqrt{\sum_i \mathbf{v}_i^2}$, $\|\mathbf{X}\| = \sqrt{\sum_{i,j} \mathbf{X}_{ij}^2}$.

记号	含义
$\|\cdot\|_*$	矩阵的核范数, 即奇异值的和.
$\|\cdot\|_0$	ℓ_0 伪范数, 即非零元个数.
$\|\cdot\|_1$	ℓ_1 范数, $\|\mathbf{x}\|_1 = \sum_i |\mathbf{x}_i|$, $\|\mathbf{X}\|_1 = \sum_{i,j} |\mathbf{X}_{ij}|$.
$\mathrm{conv}(\mathcal{X})$	集合 $\mathcal{X}$ 的凸包.
∂f	凸函数 f 的次梯度或凹函数 f 的超梯度, 以及一般函数的极限次微分.
f^*	$f(\mathbf{x})$ 在 $\mathrm{dom}f$ 与约束中的最小值.
$f^*(\mathbf{x})$	$f(\mathbf{x})$ 的共轭函数.
$\mathrm{Prox}_{\alpha f}(\cdot)$	f 在参数 α 下的邻近映射, $$\mathrm{Prox}_{\alpha f}(\mathbf{y}) = \mathrm{argmin}_{\mathbf{x}} \left(\alpha f(\mathbf{x}) + \frac{1}{2}\|\mathbf{x} - \mathbf{y}\|^2 \right).$$
$D_\phi(\mathbf{y}, \mathbf{x})$	$\mathbf{y}$ 和 $\mathbf{x}$ 之间的布雷格曼 (Bregman) 距离, 其中 ϕ 是凸函数, 当 ϕ 可导时, $$D_\phi(\mathbf{y}, \mathbf{x}) = \phi(\mathbf{y}) - \phi(\mathbf{x}) - \langle \nabla\phi(\mathbf{x}), \mathbf{y} - \mathbf{x} \rangle.$$

目　　录

第 1 章 绪　　论

优化是信号处理、机器学习等需要做数学建模的研究领域的支撑技术. AAAI 会士、华盛顿大学教授 P. Domingos 曾提出如下著名的公式[17]:

$$机器学习 = 表示 + 优化 + 评估,$$

可见优化在机器学习中的重要性.

除了应用广泛的无约束优化问题 (可参见文献 [56]), 很多数学模型也可以被建模成或重写成带约束的优化问题. 约束可以为数学模型增加更多的先验知识 (例如非负性、有界性等), 也可以为了方便求解而引入 (例如使用辅助变量). 交替方向乘子法 (ADMM) 是求解带约束问题的有力工具, 包括经典的线性等式约束、目标函数可分离的问题和一般的非线性或不等式约束的问题. 受限于熟悉程度, 本书主要介绍机器学习界研究的 ADMM.

1.1　机器学习中的带约束优化问题举例

我们给出三个可以使用 ADMM 求解的代表性机器学习问题. 第一个是经典的鲁棒主成分分析 (RPCA) 模型[10], 第二个是分布式优化中应用广泛的一致性 (Consensus) 模型, 第三个是非负矩阵填充模型[94].

RPCA 模型[10] 将一个观测矩阵分解成一个低秩矩阵和一个稀疏矩阵, 该模型可以建模成如下带线性约束、目标函数可分离的凸优化问题:

$$\min_{\mathbf{X},\mathbf{Z}} \quad (\|\mathbf{X}\|_* + \tau\|\mathbf{Z}\|_1), \quad \text{s.t.} \quad \mathbf{X} + \mathbf{Z} = \mathbf{M}, \tag{1.1}$$

其中 $\|\cdot\|_*$ 表示核范数, 定义为矩阵奇异值之和, $\|\cdot\|_1$ 表示 ℓ_1 范数①, 定义为矩阵元素绝对值之和, 这两个范数分别是秩函数和 ℓ_0(伪) 范数的凸松弛. 在实际应用中, 观测矩阵 $\mathbf{M}$ 可能被噪声污染. 相应地, 我们可以改为求解如下问题:

$$\min_{\mathbf{X},\mathbf{Z},\mathbf{Y}} \quad \left(\|\mathbf{X}\|_* + \tau\|\mathbf{Z}\|_1 + \frac{\mu}{2}\|\mathbf{Y}\|^2\right),$$
$$\text{s.t.} \quad \mathbf{X} + \mathbf{Z} + \mathbf{Y} = \mathbf{M}, \tag{1.2}$$

---

① 本书常用符号见符号表.

其中 $\|\cdot\|$ 统一表示矩阵的弗罗贝尼乌斯 (Frobenius) 范数和向量的欧几里得 (Euclid) 范数. 在某些实际应用中, $\mathbf{M}$ 的维度可能很大, 因此计算它的奇异值分解 (SVD, 见定义 A.1) 不可行. 为了节省计算时间, 人们常将低秩矩阵 $\mathbf{X}$ 分解成两个小得多的矩阵的乘积, 并求解如下替代问题:

$$\min_{\mathbf{U},\mathbf{V},\mathbf{Z},\mathbf{Y}} \quad \left[\frac{1}{2}\left(\|\mathbf{U}\|^2 + \|\mathbf{V}\|^2\right) + \tau\|\mathbf{Z}\|_1 + \frac{\mu}{2}\|\mathbf{Y}\|^2\right],$$
$$\text{s.t.} \quad \mathbf{U}\mathbf{V}^{\mathrm{T}} + \mathbf{Z} + \mathbf{Y} = \mathbf{M}. \tag{1.3}$$

这是因为 $\|\mathbf{X}\|_* = \min_{\mathbf{U}\mathbf{V}^{\mathrm{T}}=\mathbf{X}} \frac{1}{2}\left(\|\mathbf{U}\|^2 + \|\mathbf{V}\|^2\right)$. 另一方面, 有时我们想直接使用秩函数和 ℓ_0 范数, 而不是它们的凸松弛, 因此会求解如下非凸问题:

$$\min_{\mathbf{X},\mathbf{Z},\mathbf{Y}} \quad \left(\mathrm{rank}(\mathbf{X}) + \tau\|\mathbf{Z}\|_0 + \frac{\mu}{2}\|\mathbf{Y}\|^2\right),$$
$$\text{s.t.} \quad \mathbf{X} + \mathbf{Z} + \mathbf{Y} = \mathbf{M}. \tag{1.4}$$

问题 (1.1) 和 (1.2) 分别是具有两个变量块和三个变量块的凸优化问题, 而问题 (1.3) 和 (1.4) 是非凸问题. 所有这些问题都可以使用相应形式的 ADMM 求解, 并保证一定的收敛性.

第二个例子是一致性问题[8]. 我们希望在分布式环境下最小化 m 个函数的和, 问题描述如下

$$\min_{\mathbf{x}} \quad f(\mathbf{x}) \equiv \sum_{i=1}^{m} f_i(\mathbf{x}), \tag{1.5}$$

其中 m 个节点构成了一个连通无向网络, 由于存储限制或隐私考虑, 局部函数 f_i 的信息只能由节点 i 获得, 其他节点无法获得. 当网络有一个中心节点时, 我们可以将上述问题重写成如下等式约束的最优化问题:

$$\min_{\{\mathbf{x}_i\},\mathbf{z}} \quad \sum_{i=1}^{m} f_i(\mathbf{x}_i), \qquad \text{s.t.} \quad \mathbf{x}_i = \mathbf{z},\ i \in [m],$$

其中中心节点负责更新 $\mathbf{z}$, 其他工作节点负责更新 $\mathbf{x}_i$. 当网络没有中心节点时, 我们无法使用约束 $\mathbf{x}_i = \mathbf{z}$, 这是由于现在我们没有一个中心节点来计算 $\mathbf{z}$. 在这种情况下, 如果网络中的一条边连接了节点 i 和 j, 我们可以把这条边关联一个变量 $\mathbf{z}_{ij}$. 于是问题 (1.5) 就可以重写成如下最优化问题:

$$\min_{\{\mathbf{x}_i\},\{\mathbf{z}_{ij}\}} \quad \sum_{i=1}^{m} f_i(\mathbf{x}_i),$$

$$\text{s.t.} \qquad \mathbf{x}_i = \mathbf{z}_{ij},\ \mathbf{x}_j = \mathbf{z}_{ij},\ \forall (i,j) \in \mathcal{E}\ \text{且}\ i < j,$$

其中 $\mathcal{E}$ 表示边的集合. 上述两个问题都可以使用 ADMM 有效求解 (分别见 6.1 节和 6.2 节).

第三个例子是非负矩阵低秩填充模型[94], 该模型在降维、文本挖掘、协同过滤、聚类等问题中应用广泛. 该模型描述如下

$$\min_{\mathbf{X}} \quad \left(\|\mathbf{X}\|_* + \frac{1}{2\mu}\|\mathbf{b} - \mathcal{P}_\Omega(\mathbf{X})\|^2 \right), \quad \text{s.t.} \quad \mathbf{X} \geqslant \mathbf{0}, \tag{1.6}$$

其中 $\mathbf{b}$ 是矩阵 $\mathbf{X}$ 中被噪声污染的观测数据; Ω 是矩阵中被观测到的元素的位置的集合; $\mathcal{P}_\Omega$ 是一个线性映射, 它从矩阵中选择位置在集合 Ω 中的元素. 直接求解上述问题不太容易, 我们可以通过引入辅助变量 $\mathbf{Y}$ 和 $\mathbf{e}$ 重写为下述问题

$$\min_{\mathbf{X},\mathbf{Y},\mathbf{e}} \quad \left(\|\mathbf{X}\|_* + \frac{1}{2\mu}\|\mathbf{e}\|^2 + \chi_{\mathbf{Y} \geqslant \mathbf{0}}(\mathbf{Y}) \right),$$
$$\text{s.t.} \quad \mathbf{b} = \mathcal{P}_\Omega(\mathbf{Y}) + \mathbf{e},\ \mathbf{X} = \mathbf{Y}, \tag{1.7}$$

其中 χ 为指示函数:

$$\chi_{\mathbf{Y} \geqslant \mathbf{0}}(\mathbf{Y}) = \begin{cases} 0, & \text{如果}\mathbf{Y} \geqslant \mathbf{0}, \\ \infty, & \text{否则}. \end{cases}$$

重写之后的问题(1.7)可以使用多变量块 ADMM 有效求解.

1.2 ADMM 的代表性工作综述

ADMM 首先由 Glowinski 和 Marrocco[28] 以及 Gabay 和 Mercier[24] 在 20 世纪 70 年代中期提出. ADMM 原来在机器学习领域并不受关注, 直到人们在 2010 年左右使用它来求解低秩问题, 例如 RPCA[10] 和低秩表示模型[60], 那时稀疏和低秩学习是机器学习的研究热点. 较早的工作包括文献 [10,55,58,60,83]. Boyd 等的教程[8] 对 ADMM 在机器学习领域的推广也起到了很大作用.

ADMM 在求解凸问题时的收敛性被很多人证明, 例如 Gabay[22] 以及 Eckstein 和 Bertsekas[19]. 但是其收敛速度一直悬而未决, 直到 He 和 Yuan[38] 于 2012 年使用变分不等式证明了遍历意义下 (也就是考虑迭代序列的平均) $O(1/k)$ 的收敛速度, 其中 k 表示迭代次数. 为了使 ADMM 的子问题容易求解, 很多人通过线性化增广项以及光滑目标函数将 ADMM 扩展到线性化版本, 见文献 [31,58,79,89] 等. 一些研究者 (见文献 [73] 和 [52]) 将线性化 ADMM 和 Nesterov 加速结合.

但是对于一般凸的问题, 收敛速度并没有提升, 仍然是 $O(1/k)$. 若假设光滑性和强凸性, 则可以得到更快的收敛速度. 与遍历意义下的收敛速度相比, 人们可能对非遍历意义下 (即最后一次迭代点) 的收敛速度更感兴趣. 非遍历意义下的收敛速度首先由 He 和 Yuan[39] 于 2015 年给出, 之后由 Davis 和 Yin[14] 于 2016 年扩展. 他们证明了对一般凸问题 ADMM 具有 $O(1/\sqrt{k})$ 的收敛速度, Davis 和 Yin[14] 进一步证明了这个速度是紧的. ADMM 最初是用来求解两个变量块的问题的, 即变量被分成两组, 每一组中的变量同时更新, 但是机器学习中的很多模型都有多块变量. 将两变量块 ADMM 直接套用在多变量块凸优化问题上的做法在实践中很常见, 并且在某些问题上看起来是有效的, 例如文献 [83], 但这么做是否会收敛并不清楚. Chen 等[13] 首先举出了反例, 证明了将两变量块 ADMM 直接应用到多变量块凸问题上不一定能收敛. 因此, 为了保证收敛, 我们需要做一些调整, 例如添加高斯回代 (Gaussian Back Substitution)[33] 或收缩步骤 (Contractive Step)[32] 或使用并行分裂 (Parallel Splitting)[34,57,61] 等①. ADMM 最初是用来求解带线性约束的凸优化问题的, 为了更广泛地应用, 一些研究者将它扩展到更一般的约束, 包括线性等式约束、线性不等式约束和非线性约束, 见文献 [26]. 基于学习的 ADMM 是近来一个很有意思的研究课题, 它将迭代算法看作一个结构化的深度神经网络, 通过松弛 ADMM 中的参数为可学习的, 从而使得算法更适合于特定的数据或问题, 见文献 [92,96]. 但是基于学习的 ADMM 目前尚不成熟, 只有文献 [92] 给出了一些理论分析.

非凸 ADMM 作为近年来的研究热点之一, 已被很多人研究 (见文献 [7,43,47, 51,90]), 特别是使用布雷格曼距离的邻近 ADMM[87]. Zhang 和 Luo[99] 提出了另一个邻近 ADMM, 它使用了到所有历史迭代的指数平均的布雷格曼距离, 而不是到前一次迭代. 上述工作用于求解带线性约束的非凸问题. 另一方面, Gao 等[25] 提出了一个求解多线性约束问题的非凸 ADMM, 这类问题在机器学习中有着广泛的应用, 例如非负矩阵分解[30]、RPCA[10] 和训练神经网络[54,85]. 求解带一般非线性甚至非凸约束的问题的 ADMM 的研究要少得多, 相关工作主要集中在增广拉格朗日法 (Augmented Lagrangian Method), 见文献 [76] 及其中的参考文献.

在机器学习和统计学中, 目标函数多是期望形式, 随机变量与数据样本关联. 这时, 我们一般使用随机算法最小化期望形式的目标函数, 即每次迭代只随机选择一个或多个样本作为全样本下的对应量的估计进行计算, 因此极大地减少了计算量. 随机 ADMM 较早的工作有文献 [72] 和 [82] 等, 当目标函数是凸函数时, 随机 ADMM 具有 $O(1/\sqrt{k})$ 的收敛速度. Azadi 等[4] 进一步将随机 ADMM 与 Nesterov 加速相结合, 同样给出了 $O(1/\sqrt{k})$ 的收敛速度. 另一方面, 当目标

---

① 在本书, 我们采用更广义的 ADMM, 即变量块无须串行更新.

函数是有限个子函数的平均但函数的个数不是太多时, 方差缩减 (Variance Reduction, VR) 是控制随机梯度的方差并加速算法收敛的有效技术 (例如, 见文献 [15, 48, 77]). 方差缩减技术被 Zhong 和 Kwok[101] 及 Zheng 和 Kwok[100] 等扩展到随机 ADMM, 并得到了 $O(1/k)$ 的遍历意义下的收敛速度. Fang 等[20] 和 Liu 等[63] 进一步将方差缩减和 Nesterov 加速结合, 在适当条件下得到了在阶上更快的收敛速度. 在非凸优化中, 随机 ADMM 同样有人研究[44]. 近来 Huang 等[45] 和 Bian 等[6] 使用另一种被称为随机路径积分差分估计子 (Stochastic Path-Integrated Differential EstimatoR, SPIDER)[21] 的强有力的方差缩减技术, 无论目标函数是有限个子函数的和还是无限个的, 都能得到更快的收敛速度.

在分布式优化中使用 ADMM 求解具有中心节点的一致性问题可以追溯到 20 世纪 80 年代[5], 详细描述可见文献 [8]. 当求解一致性问题的分布式网络没有中心节点时, Shi 等[81] 证明了 ADMM 等价于线性化增广拉格朗日法 (Linearized Augmented Lagrangian Method). 一般来说, ADMM 不是求解无中心分布式优化问题的首选, 人们更倾向于原始-对偶算法[50]、线性化增广拉格朗日法[1,80]、梯度跟踪 (Gradient Tracking) 法[68,75,93] 等. 异步是实用分布式优化中的热点课题. Wei 和 Ozdaglar[91] 使用随机 ADMM 建模异步, 即每次迭代随机激活部分节点. Chang 等[11,12] 给出了一个求解中心化一致性问题的完全异步的 ADMM, 并给出了收敛性和收敛速度分析. 文献 [91] 和 [11,12] 主要研究中心化分布式优化中的异步 ADMM, 关于无中心分布式优化中的异步 ADMM 的研究相对来说要少得多.

1.3　关 于 本 书

在前面一节, 我们简要介绍了 ADMM 的代表性工作. 在接下来的章节, 我们将详细介绍 ADMM 及其在不同设定下的各种变种, 包括求解凸优化问题的确定性 ADMM (第 3 章)、非凸优化问题的确定性 ADMM (第 4 章)、随机优化问题中的 ADMM (第 5 章) 和分布式优化问题中的 ADMM (第 6 章). 为了内容的完备性, 我们基本上都给出了每个算法的收敛性及收敛速度证明. 因为时间有限, 也为了保持本书中各个算法之间的差异性 (以免读者感到厌烦), 我们并没有介绍前面一节中所有的代表性算法.

本书作为 ADMM 部分最新进展的有用的参考资料, 可作为相关专业的研究生教学参考书, 也可供对机器学习和优化感兴趣的研究人员阅读参考.

第 2 章　ADMM 的推导

本章将分别从拉格朗日视角和算子分裂视角推导 ADMM, 前者提供了更多有用的背景和动机.

2.1　从拉格朗日视角推导 ADMM

我们首先简要介绍两个基于拉格朗日函数的算法, 然后导出 ADMM.

2.1.1　对偶上升法

考虑如下带线性等式约束的凸优化问题

$$\min_{\mathbf{x}} f(\mathbf{x}), \quad \text{s.t.} \quad \mathbf{Ax} = \mathbf{b}, \tag{2.1}$$

其中 $f(\mathbf{x})$ 是正常 (Proper, 见定义 A.25)、闭 (Closed, 见定义 A.12) 的凸函数 (见定义 A.4)[①]. 我们可以使用对偶上升法求解该问题. 引入拉格朗日函数 (见定义 A.17):

$$L(\mathbf{x}, \boldsymbol{\lambda}) = f(\mathbf{x}) + \langle \boldsymbol{\lambda}, \mathbf{Ax} - \mathbf{b} \rangle,$$

其中 $\boldsymbol{\lambda}$ 是拉格朗日乘子. 问题 (2.1) 的对偶函数 (见定义 A.18) 为

$$\begin{aligned}
d(\boldsymbol{\lambda}) &= \min_{\mathbf{x}} L(\mathbf{x}, \boldsymbol{\lambda}) \\
&= \min_{\mathbf{x}} \left(f(\mathbf{x}) + \langle \boldsymbol{\lambda}, \mathbf{Ax} - \mathbf{b} \rangle \right) \\
&= -\max_{\mathbf{x}} \left(-f(\mathbf{x}) - \langle \mathbf{A}^{\mathrm{T}}\boldsymbol{\lambda}, \mathbf{x} \rangle \right) - \langle \boldsymbol{\lambda}, \mathbf{b} \rangle \\
&= -f^*(-\mathbf{A}^{\mathrm{T}}\boldsymbol{\lambda}) - \langle \boldsymbol{\lambda}, \mathbf{b} \rangle,
\end{aligned} \tag{2.2}$$

其中 $f^*(\cdot)$ 表示 $f(\cdot)$ 的共轭函数 (见定义 A.16). 对偶函数 $d(\boldsymbol{\lambda})$ 是凹函数 (见定义 A.5) 并且其定义域为 $\mathcal{D} = \{\boldsymbol{\lambda} | d(\boldsymbol{\lambda}) > -\infty\}$. 对偶问题 (见定义 A.19) 定义为

$$\max_{\boldsymbol{\lambda} \in \mathcal{D}} d(\boldsymbol{\lambda}). \tag{2.3}$$

---

① 由于我们不关心病态函数, 为了描述简单, 当一个函数是凸函数时, 本书不再强调它是正常和闭的, 尤其是前者.

令 $\boldsymbol{\lambda}^*$ 表示对偶问题的最优解. 由于强对偶性 (命题 A.13 第 3 条) 成立, 我们可以通过 $\boldsymbol{\lambda}^*$ 得到原始问题(2.1)的最优解

$$\mathbf{x}^* = \operatorname*{argmin}_{\mathbf{x}} L(\mathbf{x}, \boldsymbol{\lambda}^*).$$

当 f 是严格凸函数 (见定义 A.6) 时, 由 Danskin 定理 (见定理 A.1) 和命题 A.7, 可知 $d(\boldsymbol{\lambda})$ 是可微函数并且 $\nabla d(\boldsymbol{\lambda}^k) = \mathbf{A}\mathbf{x}^{k+1} - \mathbf{b}$, 其中 $\mathbf{x}^{k+1}$ 是 $L(\mathbf{x}, \boldsymbol{\lambda}^k)$ 的最小值点. 因此, 我们可以使用梯度上升法求解对偶问题 (2.3). 梯度上升法包含如下步骤:

$$\mathbf{x}^{k+1} = \operatorname*{argmin}_{\mathbf{x}} L(\mathbf{x}, \boldsymbol{\lambda}^k), \tag{2.4}$$

$$\boldsymbol{\lambda}^{k+1} = \boldsymbol{\lambda}^k + \alpha_k(\mathbf{A}\mathbf{x}^{k+1} - \mathbf{b}), \tag{2.5}$$

其中 α_k 表示步长, 在理论和实践中都需要适当选取. 算法的第一步是在原始空间求解一个极小化问题以获得对偶函数 $d(\boldsymbol{\lambda})$ 的梯度 $\mathbf{A}\mathbf{x}^{k+1} - \mathbf{b}$, 第二步是在对偶空间对对偶函数 $d(\boldsymbol{\lambda})$ 做一步梯度上升.

2.1.2 增广拉格朗日法

在使用对偶上升法时, 为了使对偶函数可微, 我们需要 f 是严格凸函数, 否则, 步骤 (2.5) 是对对偶函数 $d(\boldsymbol{\lambda})$ 做一步次梯度上升, 相对应的方法被称为对偶次梯度上升法, 其收敛速度比对偶上升法要慢得多. 更糟糕的是, 在某些情况下子问题 (2.4) 可能无解, 例如当 $f(\mathbf{x}) = \tilde{\mathbf{A}}\mathbf{x} + \tilde{\mathbf{b}}$ 时. 增广拉格朗日法[40] 可以避免这些问题. 引入增广拉格朗日函数:

$$L_\beta(\mathbf{x}, \boldsymbol{\lambda}) = f(\mathbf{x}) + \langle \boldsymbol{\lambda}, \mathbf{A}\mathbf{x} - \mathbf{b} \rangle + \frac{\beta}{2}\|\mathbf{A}\mathbf{x} - \mathbf{b}\|^2,$$

其中 $\beta > 0$ 是惩罚系数. 此时对应的对偶函数为

$$d_\beta(\boldsymbol{\lambda}) = \min_{\mathbf{x}} L_\beta(\mathbf{x}, \boldsymbol{\lambda}).$$

对任意 $\boldsymbol{\lambda}$, 我们有 $d(\boldsymbol{\lambda}) \leqslant d_\beta(\boldsymbol{\lambda})$. 另外, 对任意 $\boldsymbol{\lambda}$, 有 $d_\beta(\boldsymbol{\lambda}) \leqslant f(\mathbf{x}^*)$. 由强对偶性: $d(\boldsymbol{\lambda}^*) = f(\mathbf{x}^*)$, 可知 $d(\boldsymbol{\lambda}^*) = d_\beta(\boldsymbol{\lambda}^*) = f(\mathbf{x}^*)$. 因此, 引入增广项 $\frac{\beta}{2}\|\mathbf{A}\mathbf{x} - \mathbf{b}\|^2$ 并不改变问题的解. 我们也可以从另一个角度得到同样的结论, 即将 $L_\beta(\mathbf{x}, \boldsymbol{\lambda})$ 视为下述问题的拉格朗日函数:

$$\min_{\mathbf{x}} \left(f(\mathbf{x}) + \frac{\beta}{2}\|\mathbf{A}\mathbf{x} - \mathbf{b}\|^2 \right), \quad \text{s.t.} \quad \mathbf{A}\mathbf{x} = \mathbf{b}.$$

使用增广拉格朗日函数的好处是只要 f 是凸函数, $d_\beta(\boldsymbol{\lambda})$ 就是可微函数, 而不再要求 f 必须是严格凸函数, 具体见下述引理.

引理 2.1 令 $\mathcal{D}(\boldsymbol{\lambda})$ 表示子问题 $\min_{\mathbf{x}} L_\beta(\mathbf{x}, \boldsymbol{\lambda})$ 的最优解集. 则对 $\mathcal{D}(\boldsymbol{\lambda})$ 中的任意 $\mathbf{x}$, $\mathbf{A}\mathbf{x}$ 的值是不变的. 另外, $d_\beta(\boldsymbol{\lambda})$ 是可微函数, 且

$$\nabla d_\beta(\boldsymbol{\lambda}) = \mathbf{A}\mathbf{x}(\boldsymbol{\lambda}) - \mathbf{b},$$

其中 $\mathbf{x}(\boldsymbol{\lambda}) \in \mathcal{D}(\boldsymbol{\lambda})$ 是 $L_\beta(\mathbf{x}, \boldsymbol{\lambda})$ 的任意最小值点. 更进一步, $d_\beta(\boldsymbol{\lambda})$ 是 $\frac{1}{\beta}$-光滑函数 (见定义 A.9), 即

$$\|\nabla d_\beta(\boldsymbol{\lambda}) - \nabla d_\beta(\boldsymbol{\lambda}')\| \leqslant \frac{1}{\beta}\|\boldsymbol{\lambda} - \boldsymbol{\lambda}'\|.$$

证明 假设存在 $\mathbf{x}$ 和 $\mathbf{x}' \in \mathcal{D}(\mathbf{u})$ 使得 $\mathbf{A}\mathbf{x} \neq \mathbf{A}\mathbf{x}'$, 则有

$$d_\beta(\mathbf{u}) = L_\beta(\mathbf{x}, \mathbf{u}) = L_\beta(\mathbf{x}', \mathbf{u}).$$

由于 $L_\beta(\mathbf{x}, \mathbf{u})$ 关于 $\mathbf{x}$ 是凸函数, $\mathcal{D}(\mathbf{u})$ 一定是凸集, 从而有

$$\bar{\mathbf{x}} = (\mathbf{x} + \mathbf{x}')/2 \in \mathcal{D}(\mathbf{u}).$$

由于 f 是凸函数并且 $\|\cdot\|^2$ 是严格凸函数, 可知

$$\begin{aligned}
d_\beta(\mathbf{u}) &= \frac{1}{2}L_\beta(\mathbf{x}, \mathbf{u}) + \frac{1}{2}L_\beta(\mathbf{x}', \mathbf{u}) \\
&> f(\bar{\mathbf{x}}) + \langle \mathbf{A}\bar{\mathbf{x}} - \mathbf{b}, \mathbf{u}\rangle + \frac{\beta}{2}\|\mathbf{A}\bar{\mathbf{x}} - \mathbf{b}\|^2 \\
&= L_\beta(\bar{\mathbf{x}}, \mathbf{u}).
\end{aligned}$$

这与 $d_\beta(\mathbf{u}) = \min_{\mathbf{x}} L_\beta(\mathbf{x}, \mathbf{u})$ 的定义矛盾. 因此, $\mathbf{A}\mathbf{x}$ 的值对 $\mathcal{D}(\mathbf{u})$ 中的任意 $\mathbf{x}$ 是固定的. 由 Danskin 定理, 可知 $\partial d_\beta(\mathbf{u})$ 是单点集. 再由命题 A.7 可知 $d_\beta(\mathbf{u})$ 是可微的, 并且

$$\nabla d(\mathbf{u}) = \mathbf{A}\mathbf{x}(\mathbf{u}) - \mathbf{b},$$

其中 $\mathbf{x}(\mathbf{u}) \in \mathcal{D}(\mathbf{u})$ 是 $\min_{\mathbf{x}} L_\beta(\mathbf{x}, \mathbf{u})$ 的任意最优解.

令 $\mathbf{x} = \operatorname{argmin}_{\mathbf{x}} L_\beta(\mathbf{x}, \mathbf{u})$, $\mathbf{x}' = \operatorname{argmin}_{\mathbf{x}} L_\beta(\mathbf{x}, \mathbf{u}')$, 则有

$$\mathbf{0} \in \partial f(\mathbf{x}) + \mathbf{A}^{\mathrm{T}}\mathbf{u} + \beta\mathbf{A}^{\mathrm{T}}(\mathbf{A}\mathbf{x} - \mathbf{b}),$$

$$\mathbf{0} \in \partial f(\mathbf{x}') + \mathbf{A}^{\mathrm{T}}\mathbf{u}' + \beta\mathbf{A}^{\mathrm{T}}(\mathbf{A}\mathbf{x}' - \mathbf{b}).$$

由 ∂f 的单调性 (见命题 A.10), 可得

$$\langle -(\mathbf{A}^{\mathrm{T}}\mathbf{u} + \beta\mathbf{A}^{\mathrm{T}}(\mathbf{A}\mathbf{x} - \mathbf{b})) + (\mathbf{A}^{\mathrm{T}}\mathbf{u}' + \beta\mathbf{A}^{\mathrm{T}}(\mathbf{A}\mathbf{x}' - \mathbf{b})), \mathbf{x} - \mathbf{x}' \rangle \geqslant 0$$

$$\Rightarrow \langle \mathbf{u} - \mathbf{u}', \mathbf{A}\mathbf{x} - \mathbf{A}\mathbf{x}' \rangle + \beta\|\mathbf{A}\mathbf{x} - \mathbf{A}\mathbf{x}'\|^2 \leqslant 0$$

$$\Rightarrow \beta\|\mathbf{A}\mathbf{x} - \mathbf{A}\mathbf{x}'\| \leqslant \|\mathbf{u} - \mathbf{u}'\|.$$

因此可得

$$\|\nabla d_\beta(\mathbf{u}) - \nabla d_\beta(\mathbf{u}')\| = \|\mathbf{A}\mathbf{x} - \mathbf{A}\mathbf{x}'\| \leqslant \frac{1}{\beta}\|\mathbf{u} - \mathbf{u}'\|. \qquad \square$$

使用对偶上升法最大化函数 $d_\beta(\boldsymbol{\lambda})$, 可得如下增广拉格朗日算法:

$$\mathbf{x}^{k+1} = \underset{\mathbf{x}}{\operatorname{argmin}}\, L_\beta(\mathbf{x}, \boldsymbol{\lambda}^k), \tag{2.6}$$

$$\boldsymbol{\lambda}^{k+1} = \boldsymbol{\lambda}^k + \beta(\mathbf{A}\mathbf{x}^{k+1} - \mathbf{b}), \tag{2.7}$$

其中步长取为常数 β. 原因是问题 (2.1) 的 KKT 条件 (Karush-Kuhn-Tucker 条件, 见定义 A.21) 为存在 $(\mathbf{x}, \boldsymbol{\lambda})$ 使得

$$\mathbf{0} = \mathbf{A}\mathbf{x} - \mathbf{b},$$

$$\mathbf{0} \in \partial f(\mathbf{x}) + \mathbf{A}^{\mathrm{T}}\boldsymbol{\lambda},$$

而问题 (2.6) 的最优性条件为

$$\mathbf{0} \in \partial f(\mathbf{x}^{k+1}) + \mathbf{A}^{\mathrm{T}}\left[\boldsymbol{\lambda}^k + \beta(\mathbf{A}\mathbf{x}^{k+1} - \mathbf{b})\right].$$

因此对比 KKT 条件的第 2 条, 可知选 $\boldsymbol{\lambda}^{k+1}$ 为 (2.7) 最为自然. 步长取为常数 β 的另一个原因将在下面的推导中给出. 关于步长的其他选择请见 7.1.2 节中的讨论.

增广拉格朗日算法也可从对偶问题导出. 由于问题 (2.1) 的对偶函数为 (2.2), 其对偶问题为

$$\min_{\boldsymbol{\lambda}} \left(f^*(-\mathbf{A}^{\mathrm{T}}\boldsymbol{\lambda}) + \langle \boldsymbol{\lambda}, \mathbf{b} \rangle \right). \tag{2.8}$$

我们可以使用邻近点算法求解对偶问题 (2.8):

$$\boldsymbol{\lambda}^{k+1} = \underset{\boldsymbol{\lambda}}{\operatorname{argmin}} \left(f^*(-\mathbf{A}^{\mathrm{T}}\boldsymbol{\lambda}) + \langle \boldsymbol{\lambda}, \mathbf{b} \rangle + \frac{1}{2\beta}\|\boldsymbol{\lambda} - \boldsymbol{\lambda}^k\|^2 \right). \tag{2.9}$$

步骤 (2.9) 的最优性条件为

$$0 \in -\mathbf{A}\partial f^*(-\mathbf{A}^{\mathrm{T}}\boldsymbol{\lambda}^{k+1}) + \mathbf{b} + \frac{1}{\beta}(\boldsymbol{\lambda}^{k+1} - \boldsymbol{\lambda}^k).$$

因此存在

$$\mathbf{x}^{k+1} \in \partial f^*(-\mathbf{A}^{\mathrm{T}}\boldsymbol{\lambda}^{k+1}), \tag{2.10}$$

使得

$$0 = -\mathbf{A}\mathbf{x}^{k+1} + \mathbf{b} + \frac{1}{\beta}(\boldsymbol{\lambda}^{k+1} - \boldsymbol{\lambda}^k),$$

进而可得

$$\boldsymbol{\lambda}^{k+1} = \boldsymbol{\lambda}^k + \beta(\mathbf{A}\mathbf{x}^{k+1} - \mathbf{b}). \tag{2.11}$$

另一方面, 由 (2.10) 和命题 A.11 的第 5 条可得 $-\mathbf{A}^{\mathrm{T}}\boldsymbol{\lambda}^{k+1} \in \partial f(\mathbf{x}^{k+1})$, 即

$$0 \in \partial f(\mathbf{x}^{k+1}) + \mathbf{A}^{\mathrm{T}}\boldsymbol{\lambda}^{k+1}$$
$$= \partial f(\mathbf{x}^{k+1}) + \mathbf{A}^{\mathrm{T}}\left[\boldsymbol{\lambda}^k + \beta(\mathbf{A}\mathbf{x}^{k+1} - \mathbf{b})\right],$$

进而可得

$$\mathbf{x}^{k+1} = \underset{\mathbf{x}}{\operatorname{argmin}} \left(f(\mathbf{x}) + \langle \boldsymbol{\lambda}^k, \mathbf{A}\mathbf{x} \rangle + \frac{\beta}{2}\|\mathbf{A}\mathbf{x} - \mathbf{b}\|^2 \right)$$
$$= \underset{\mathbf{x}}{\operatorname{argmin}} \, L_\beta(\mathbf{x}, \boldsymbol{\lambda}^k), \tag{2.12}$$

其中我们假设步骤 (2.12) 的解是唯一的. (2.12) 和 (2.11) 即为增广拉格朗日算法.

2.1.3 交替方向乘子法 (ADMM)

问题 (2.1) 涵盖了实际应用中的很多模型. 考虑问题 (2.1) 的一种特殊情况:

$$\min_{\mathbf{x},\mathbf{y}} \ (f(\mathbf{x}) + g(\mathbf{y})), \quad \text{s.t.} \quad \mathbf{A}\mathbf{x} + \mathbf{B}\mathbf{y} = \mathbf{b}. \tag{2.13}$$

这种类型的问题具有可分离结构, 在机器学习、信号处理和计算机视觉中广泛出现. 引入增广拉格朗日函数:

$$L_\beta(\mathbf{x}, \mathbf{y}, \boldsymbol{\lambda}) = f(\mathbf{x}) + g(\mathbf{y}) + \langle \mathbf{A}\mathbf{x} + \mathbf{B}\mathbf{y} - \mathbf{b}, \boldsymbol{\lambda} \rangle + \frac{\beta}{2}\|\mathbf{A}\mathbf{x} + \mathbf{B}\mathbf{y} - \mathbf{b}\|^2.$$

当我们使用增广拉格朗日算法求解问题 (2.13) 时, 我们需要求解如下子问题:

$$\begin{aligned} (\mathbf{x}^{k+1}, \mathbf{y}^{k+1}) = \underset{\mathbf{x},\mathbf{y}}{\operatorname{argmin}} \bigg(& f(\mathbf{x}) + g(\mathbf{y}) + \langle \mathbf{Ax} + \mathbf{By} - \mathbf{b}, \boldsymbol{\lambda}^k \rangle \\ & + \frac{\beta}{2} \|\mathbf{Ax} + \mathbf{By} - \mathbf{b}\|^2 \bigg), \end{aligned} \tag{2.14}$$

这是一个同时关于 $\mathbf{x}$ 和 $\mathbf{y}$ 的极小化问题. 有时分别针对 $\mathbf{x}$ 和 $\mathbf{y}$ 求解问题 (2.14) 会更加简单. 基于该思想, 可以得到 ADMM 算法[24,28]. 与增广拉格朗日算法不同的是, ADMM 交替更新 (或称顺序更新) $\mathbf{x}$ 和 $\mathbf{y}$. ADMM 每次迭代执行如下步骤:

$$\begin{aligned} \mathbf{x}^{k+1} = \underset{\mathbf{x}}{\operatorname{argmin}} \bigg(& f(\mathbf{x}) + g(\mathbf{y}^k) + \langle \boldsymbol{\lambda}^k, \mathbf{Ax} + \mathbf{By}^k - \mathbf{b} \rangle \\ & + \frac{\beta}{2} \|\mathbf{Ax} + \mathbf{By}^k - \mathbf{b}\|^2 \bigg), \end{aligned} \tag{2.15a}$$

$$\begin{aligned} \mathbf{y}^{k+1} = \underset{\mathbf{y}}{\operatorname{argmin}} \bigg(& f(\mathbf{x}^{k+1}) + g(\mathbf{y}) + \langle \boldsymbol{\lambda}^k, \mathbf{Ax}^{k+1} + \mathbf{By} - \mathbf{b} \rangle \\ & + \frac{\beta}{2} \|\mathbf{Ax}^{k+1} + \mathbf{By} - \mathbf{b}\|^2 \bigg), \end{aligned} \tag{2.15b}$$

$$\boldsymbol{\lambda}^{k+1} = \boldsymbol{\lambda}^k + \beta(\mathbf{Ax}^{k+1} + \mathbf{By}^{k+1} - \mathbf{b}). \tag{2.15c}$$

当分别求解关于 $\mathbf{x}$ 和 $\mathbf{y}$ 的子问题 (2.15a) 和 (2.15b) 比求解关于 $(\mathbf{x}, \mathbf{y})$ 的子问题 (2.14) 容易时, ADMM 优于增广拉格朗日算法. 为了便于引用, 我们在算法 2.1中给出了 ADMM 算法.

算法 2.1   经典 ADMM

初始化 $\mathbf{x}^0$, $\mathbf{y}^0$ 和 $\boldsymbol{\lambda}^0$.

for $k = 0, 1, 2, 3, \cdots$ **do**

    分别使用 (2.15a)、(2.15b) 和 (2.15c) 更新 $\mathbf{x}^{k+1}$, $\mathbf{y}^{k+1}$ 和 $\boldsymbol{\lambda}^{k+1}$.

end for

2.1.4 与分裂布雷格曼算法的联系

分裂布雷格曼 (Split Bregman) 算法由 Goldstein 和 Osher[29] 提出, 并被广泛应用到图像处理等领域. 回顾布雷格曼距离 (见定义 A.15):

$$D_\phi^{\mathbf{v}}(\mathbf{y}, \mathbf{x}) = \phi(\mathbf{y}) - \phi(\mathbf{x}) - \langle \mathbf{v}, \mathbf{y} - \mathbf{x} \rangle,$$

其中 ϕ 是凸函数但可能不可微, $\mathbf{v} \in \partial\phi(\mathbf{x})$. 考虑问题 (2.1) 并令

$$h(\mathbf{x}) = \frac{1}{2}\|\mathbf{A}\mathbf{x} - \mathbf{b}\|^2.$$

我们可以使用如下布雷格曼算法求解问题 (2.1):

$$\mathbf{x}^{k+1} = \underset{\mathbf{x}}{\operatorname{argmin}} \left(D_f^{\mathbf{v}^k}(\mathbf{x}, \mathbf{x}^k) + \beta h(\mathbf{x}) \right), \tag{2.16}$$

$$\mathbf{v}^{k+1} = \mathbf{v}^k - \beta \nabla h(\mathbf{x}^{k+1}), \tag{2.17}$$

其中 $\mathbf{v}^0 \in \partial f(\mathbf{x}^0) \cap \mathrm{Span}(\mathbf{A}^{\mathrm{T}})$ ①. 由 $\nabla h(\mathbf{x}) = \mathbf{A}^{\mathrm{T}}(\mathbf{A}\mathbf{x} - \mathbf{b})$ 和 (2.17) 可得

$$\mathbf{v}^k \in \mathrm{Span}(\mathbf{A}^{\mathrm{T}}), \quad \forall k \geqslant 0. \tag{2.18}$$

由步骤 (2.16) 的最优性条件可得

$$\mathbf{0} \in \partial f(\mathbf{x}^{k+1}) - \mathbf{v}^k + \beta \nabla h(\mathbf{x}^{k+1}).$$

结合步骤 (2.17), 可得

$$\mathbf{v}^{k+1} \in \partial f(\mathbf{x}^{k+1}), \quad \forall k \geqslant 0.$$

因此布雷格曼距离 $D_f^{\mathbf{v}^k}(\mathbf{x}, \mathbf{x}^k)$ 对所有 $k \geqslant 0$ 都是良好定义的. 注意 $\mathbf{x}^*$ 是问题 (2.1) 的最优解当且仅当 $\mathbf{A}\mathbf{x}^* = \mathbf{b}$ 并且存在 $\mathbf{v}^*$ 使得 $\mathbf{v}^* \in \partial f(\mathbf{x}^*) \cap \mathrm{Span}(\mathbf{A}^{\mathrm{T}})$. 因此我们只需确保 $\mathbf{A}\mathbf{x}^{k+1} = \mathbf{b}$, 使得 $\mathbf{x}^{k+1}$ 是问题 (2.1) 的最优解. 布雷格曼算法的收敛性保证了 $h(\mathbf{x}^{k+1})$ 会逐渐递减到 0.

另一方面, 由 (2.18) 可知存在 $\boldsymbol{\lambda}^k$ 使得 $\mathbf{v}^k = -\mathbf{A}^{\mathrm{T}}\boldsymbol{\lambda}^k$. 因此上述算法等价于如下迭代:

$$\mathbf{x}^{k+1} = \underset{\mathbf{x}}{\operatorname{argmin}} \left(f(\mathbf{x}) - \langle \mathbf{v}^k, \mathbf{x} \rangle + \beta h(\mathbf{x}) \right)$$

$$= \underset{\mathbf{x}}{\operatorname{argmin}} \left(f(\mathbf{x}) + \langle \boldsymbol{\lambda}^k, \mathbf{A}\mathbf{x} \rangle + \frac{\beta}{2}\|\mathbf{A}\mathbf{x} - \mathbf{b}\|^2 \right),$$

$$\mathbf{A}^{\mathrm{T}}\boldsymbol{\lambda}^{k+1} = \mathbf{A}^{\mathrm{T}}\boldsymbol{\lambda}^k + \beta \nabla h(\mathbf{x}^{k+1})$$

$$\Rightarrow \quad \boldsymbol{\lambda}^{k+1} = \boldsymbol{\lambda}^k + \beta(\mathbf{A}\mathbf{x}^{k+1} - \mathbf{b}),$$

此即增广拉格朗日算法 (2.6)–(2.7). 在上面最后一步, 我们假设 $\mathbf{A}$ 是行满秩矩阵.

---

① $\mathbf{v}^0$ 的选取可按如下方式实现. 首先选择 $\mathbf{v}^{-1} \in \mathrm{Span}(\mathbf{A}^{\mathrm{T}})$, 然后求解 $\mathbf{x}^0 = \operatorname{argmin}_{\mathbf{x}} \left(f(\mathbf{x}) - \langle \mathbf{v}^{-1}, \mathbf{x} \rangle + \beta h(\mathbf{x}) \right)$, 最后令 $\mathbf{v}^0 = \mathbf{v}^{-1} - \beta \nabla h(\mathbf{x}^0)$.

现将上述布雷格曼算法直接应用于问题 (2.13), 得到如下算法:

$$(\mathbf{x}^{k+1}, \mathbf{y}^{k+1}) = \underset{\mathbf{x},\mathbf{y}}{\operatorname{argmin}} \left(D_f^{\mathbf{v}_1^k}(\mathbf{x}, \mathbf{x}^k) + D_g^{\mathbf{v}_2^k}(\mathbf{y}, \mathbf{y}^k) + \beta h(\mathbf{x}, \mathbf{y}) \right),$$

$$\begin{pmatrix} \mathbf{v}_1^{k+1} \\ \mathbf{v}_2^{k+1} \end{pmatrix} = \begin{pmatrix} \mathbf{v}_1^k \\ \mathbf{v}_2^k \end{pmatrix} - \beta \nabla h(\mathbf{x}^{k+1}, \mathbf{y}^{k+1})$$

$$= \begin{pmatrix} \mathbf{v}_1^k \\ \mathbf{v}_2^k \end{pmatrix} - \beta \begin{pmatrix} \mathbf{A}^{\mathrm{T}} \\ \mathbf{B}^{\mathrm{T}} \end{pmatrix} (\mathbf{A}\mathbf{x}^{k+1} + \mathbf{B}\mathbf{y}^{k+1} - \mathbf{b}),$$

其中我们令

$$h(\mathbf{x}, \mathbf{y}) = \frac{1}{2} \|\mathbf{A}\mathbf{x} + \mathbf{B}\mathbf{y} - \mathbf{b}\|^2 \ \text{和} \ \mathbf{v}^0 = \begin{pmatrix} \mathbf{v}_1^0 \\ \mathbf{v}_2^0 \end{pmatrix} \in \begin{pmatrix} \partial f(\mathbf{x}^0) \\ \partial g(\mathbf{y}^0) \end{pmatrix} \cap \operatorname{Span}\left(\begin{pmatrix} \mathbf{A}^{\mathrm{T}} \\ \mathbf{B}^{\mathrm{T}} \end{pmatrix} \right).$$

令 $\begin{pmatrix} \mathbf{v}_1^k \\ \mathbf{v}_2^k \end{pmatrix} = -\begin{pmatrix} \mathbf{A}^{\mathrm{T}} \\ \mathbf{B}^{\mathrm{T}} \end{pmatrix} \boldsymbol{\lambda}^k$, 可通过消去 $\mathbf{v}_1^k$ 和 $\mathbf{v}_2^k$ 得到

$$(\mathbf{x}^{k+1}, \mathbf{y}^{k+1}) = \underset{\mathbf{x},\mathbf{y}}{\operatorname{argmin}} \left(f(\mathbf{x}) + g(\mathbf{y}) + \langle \mathbf{A}^{\mathrm{T}}\boldsymbol{\lambda}^k, \mathbf{x} \rangle + \langle \mathbf{B}^{\mathrm{T}}\boldsymbol{\lambda}^k, \mathbf{y} \rangle + \beta h(\mathbf{x}, \mathbf{y}) \right)$$

$$= \underset{\mathbf{x},\mathbf{y}}{\operatorname{argmin}} \left(f(\mathbf{x}) + g(\mathbf{y}) + \langle \boldsymbol{\lambda}^k, \mathbf{A}\mathbf{x} + \mathbf{B}\mathbf{y} - \mathbf{b} \rangle \right.$$

$$\left. + \frac{\beta}{2} \|\mathbf{A}\mathbf{x} + \mathbf{B}\mathbf{y} - \mathbf{b}\|^2 \right),$$

$$\boldsymbol{\lambda}^{k+1} = \boldsymbol{\lambda}^k + \beta \left(\mathbf{A}\mathbf{x}^{k+1} + \mathbf{B}\mathbf{y}^{k+1} - \mathbf{b} \right),$$

其中我们假设 $[\mathbf{A}, \mathbf{B}]$ 是行满秩矩阵. 在上述第一步, 我们可以交替更新 $\mathbf{x}^{k+1}$ 和 $\mathbf{y}^{k+1}$ 直到收敛, 相应的算法被称为分裂布雷格曼算法[29]. 当我们只交替更新一次时, 即首先关于 $\mathbf{x}$ 做一次最小化, 然后关于 $\mathbf{y}$ 做一次最小化, 并且不再继续交替更新, 分裂布雷格曼算法就退化为 ADMM.

2.2 从算子分裂视角推导 ADMM

我们首先介绍一种特殊的算子分裂算法——Douglas-Rachford 分裂 (DRS), 然后从 DRS 推导出 ADMM.

2.2.1 Douglas-Rachford 分裂 (DRS)

定义 $\mathcal{T}$ 是 $\mathbb{R}^n$ 上一个集值 (即取值为集合) 的算子, $\mathcal{T}: \mathbb{R}^n \rightrightarrows \mathbb{R}^n$, 即它将 $\mathbb{R}^n$ 中的一个点映射到 $\mathbb{R}^n$ 中的一个子集 (可能为空集). $\mathcal{T}$ 的逆算子记为 $\mathcal{T}^{-1}$. 给定

一个定义域为 $\mathbb{R}^n$ 的闭凸函数 f, 其次梯度 (见定义 A.10) ∂f 是一个集值算子, 实际上是一个极大单调算子 (见定义 A.14、命题 A.10), 并且有 $\mathrm{Argmin}_{\mathbf{x} \in \mathbb{R}^n} f(\mathbf{x}) = \{\mathbf{x} | \mathbf{0} \in \partial f(\mathbf{x})\}$. 定义算子 $\mathcal{T}$ 的预解算子 (Resolvent) 为 $\mathcal{J}_{\mathcal{T}} = (\mathcal{I} + \mathcal{T})^{-1}$, 其中 $\mathcal{I}$ 为单位映射. 如果 $\mathcal{T}$ 是一个极大单调算子, 则 $\mathcal{J}_{\mathcal{T}}$ 是单值的 (Single-valued)(命题 A.9). 当 $\mathcal{T} = \partial f$ 和 $\alpha > 0$ 时, 有

$$\mathbf{x} = \mathcal{J}_{\alpha\mathcal{T}}(\mathbf{z}) = (\mathcal{I} + \alpha\partial f)^{-1}(\mathbf{z})$$

$$\Leftrightarrow \mathbf{z} \in \mathbf{x} + \alpha\partial f(\mathbf{x})$$

$$\Leftrightarrow \mathbf{0} \in \partial \left(\alpha f(\mathbf{x}) + \frac{1}{2}\|\mathbf{x} - \mathbf{z}\|^2 \right)$$

$$\Leftrightarrow \mathbf{x} = \mathrm{Prox}_{\alpha f}(\mathbf{z}) \equiv \underset{\mathbf{x} \in \mathbb{R}^n}{\mathrm{argmin}} \left(f(\mathbf{x}) + \frac{1}{2\alpha}\|\mathbf{x} - \mathbf{z}\|^2 \right).$$

考虑如下包含问题 (Inclusion Problem):

$$\mathrm{find}_{\mathbf{x} \in \mathbb{R}^n} \quad \mathbf{0} \in (\mathcal{A} + \mathcal{B})\mathbf{x},$$

其中 $\mathcal{A}$ 和 $\mathcal{B}$ 均为极大单调算子. Douglas-Rachford 分裂[18] 作为一个被广泛使用的算子分裂算法, 每次迭代包含如下步骤:

$$\mathbf{v}^k = \mathcal{J}_{\alpha\mathcal{B}}(\mathbf{x}^k), \tag{2.19a}$$

$$\mathbf{u}^{k+1} = \mathcal{J}_{\alpha\mathcal{A}}(2\mathbf{v}^k - \mathbf{x}^k), \tag{2.19b}$$

$$\mathbf{x}^{k+1} = \mathbf{x}^k + \mathbf{u}^{k+1} - \mathbf{v}^k. \tag{2.19c}$$

(2.19a)–(2.19c) 可写为如下不动点迭代形式:

$$\mathbf{x}^{k+1} = \mathcal{T}(\mathbf{x}^k),$$

其中

$$\mathcal{T}(\mathbf{x}) = \mathbf{x} + \mathcal{J}_{\alpha\mathcal{A}}(2\mathcal{J}_{\alpha\mathcal{B}}(\mathbf{x}) - \mathbf{x}) - \mathcal{J}_{\alpha\mathcal{B}}(\mathbf{x}).$$

我们给出一个论断: $\mathbf{x}$ 是 $\mathcal{T}$ 的一个不动点当且仅当 $\mathbf{0} \in (\mathcal{A} + \mathcal{B})\mathbf{v}$, 其中 $\mathbf{v} = \mathcal{J}_{\alpha\mathcal{B}}(\mathbf{x})$. 事实上, $\mathbf{v} = \mathcal{J}_{\alpha\mathcal{B}}(\mathbf{x})$ 等价于

$$\mathbf{x} \in \mathbf{v} + \alpha\mathcal{B}(\mathbf{v}) \Leftrightarrow \mathbf{x} - \mathbf{v} \in \alpha\mathcal{B}(\mathbf{v}).$$

另一方面, 有

$$\mathbf{x} = \mathcal{T}(\mathbf{x}) \Leftrightarrow \mathbf{v} = \mathcal{J}_{\alpha\mathcal{A}}(2\mathbf{v} - \mathbf{x})$$

$$\Leftrightarrow 2\mathbf{v} - \mathbf{x} \in \mathbf{v} + \alpha \mathcal{A}(\mathbf{v})$$

$$\Leftrightarrow \mathbf{v} - \mathbf{x} \in \alpha \mathcal{A}(\mathbf{v})$$

$$\Leftrightarrow \mathbf{0} \in (\mathcal{A} + \mathcal{B})\mathbf{v}.$$

下面我们给出 DRS 的一种等价形式. 交换 $\mathbf{v}$ 和 $\mathbf{u}$ 的更新顺序, (2.19a)–(2.19c) 等价于

$$\mathbf{u}^{k+1} = \mathcal{J}_{\alpha\mathcal{A}}(2\mathbf{v}^k - \mathbf{x}^k),$$

$$\mathbf{v}^{k+1} = \mathcal{J}_{\alpha\mathcal{B}}(\mathbf{u}^{k+1} + \mathbf{x}^k - \mathbf{v}^k),$$

$$\mathbf{x}^{k+1} = \mathbf{x}^k + \mathbf{u}^{k+1} - \mathbf{v}^k.$$

令 $\mathbf{w}^k = \mathbf{v}^k - \mathbf{x}^k$, 上述迭代进一步等价于

$$\mathbf{u}^{k+1} = \mathcal{J}_{\alpha\mathcal{A}}(\mathbf{v}^k + \mathbf{w}^k), \tag{2.20a}$$

$$\mathbf{v}^{k+1} = \mathcal{J}_{\alpha\mathcal{B}}(\mathbf{u}^{k+1} - \mathbf{w}^k), \tag{2.20b}$$

$$\mathbf{w}^{k+1} = \mathbf{w}^k + \mathbf{v}^{k+1} - \mathbf{u}^{k+1}. \tag{2.20c}$$

2.2.2 从 DRS 到 ADMM

ADMM 也可由 DRS 推导出来[23], 因此它具有算子分裂算法的相应理论性质. 问题 (2.13) 的对偶函数为

$$\min_{\mathbf{x},\mathbf{y}} \left(f(\mathbf{x}) + g(\mathbf{y}) + \langle \mathbf{Ax} + \mathbf{By} - \mathbf{b}, \boldsymbol{\lambda} \rangle \right)$$

$$= -\max_{\mathbf{x}} \left(-\langle \mathbf{A}^{\mathrm{T}}\boldsymbol{\lambda}, \mathbf{x} \rangle - f(\mathbf{x}) \right) - \max_{\mathbf{y}} \left(-\langle \mathbf{B}^{\mathrm{T}}\boldsymbol{\lambda}, \mathbf{y} \rangle - g(\mathbf{y}) \right) - \langle \boldsymbol{\lambda}, \mathbf{b} \rangle$$

$$= -f^*(-\mathbf{A}^{\mathrm{T}}\boldsymbol{\lambda}) - g^*(-\mathbf{B}^{\mathrm{T}}\boldsymbol{\lambda}) - \langle \boldsymbol{\lambda}, \mathbf{b} \rangle.$$

因此 (2.13) 的对偶问题为

$$\min_{\boldsymbol{\lambda}} \left(f^*(-\mathbf{A}^{\mathrm{T}}\boldsymbol{\lambda}) + g^*(-\mathbf{B}^{\mathrm{T}}\boldsymbol{\lambda}) + \langle \boldsymbol{\lambda}, \mathbf{b} \rangle \right).$$

定义

$$\psi_1(\boldsymbol{\lambda}) = f^*(-\mathbf{A}^{\mathrm{T}}\boldsymbol{\lambda}) + \mathbf{b}^{\mathrm{T}}\boldsymbol{\lambda} \quad \text{和} \quad \psi_2(\boldsymbol{\lambda}) = g^*(-\mathbf{B}^{\mathrm{T}}\boldsymbol{\lambda}). \tag{2.21}$$

我们可以使用 DRS (2.20a)–(2.20c) 求解问题 (2.21), 得到如下迭代:

$$\mathbf{u}^{k+1} = \mathrm{Prox}_{\beta\psi_1}(\mathbf{v}^k + \mathbf{w}^k),$$

$$\mathbf{v}^{k+1} = \mathrm{Prox}_{\beta\psi_2}(\mathbf{u}^{k+1} - \mathbf{w}^k),$$

$$\mathbf{w}^{k+1} = \mathbf{w}^k + \mathbf{v}^{k+1} - \mathbf{u}^{k+1}.$$

由上述 DRS 的第一步的最优性条件, 可得

$$\mathbf{0} \in \partial\psi_1(\mathbf{u}^{k+1}) + \frac{1}{\beta}(\mathbf{u}^{k+1} - \mathbf{v}^k - \mathbf{w}^k)$$

$$= -\mathbf{A}\partial f^*(-\mathbf{A}^{\mathrm{T}}\mathbf{u}^{k+1}) + \mathbf{b} + \frac{1}{\beta}(\mathbf{u}^{k+1} - \mathbf{v}^k - \mathbf{w}^k).$$

因此存在 $\mathbf{x}^{k+1} \in \partial f^*(-\mathbf{A}^{\mathrm{T}}\mathbf{u}^{k+1})$, 使得

$$\mathbf{0} = -\mathbf{A}\mathbf{x}^{k+1} + \mathbf{b} + \frac{1}{\beta}(\mathbf{u}^{k+1} - \mathbf{v}^k - \mathbf{w}^k),$$

并且由命题 A.11 的第 5 条可得

$$-\mathbf{A}^{\mathrm{T}}\mathbf{u}^{k+1} \in \partial f(\mathbf{x}^{k+1}).$$

类似地, 由 DRS 的第二步, 可得

$$\mathbf{0} \in -\mathbf{B}\partial g^*(-\mathbf{B}^{\mathrm{T}}\mathbf{v}^{k+1}) + \frac{1}{\beta}(\mathbf{v}^{k+1} - \mathbf{u}^{k+1} + \mathbf{w}^k).$$

也存在 $\mathbf{y}^{k+1} \in \partial g^*(-\mathbf{B}^{\mathrm{T}}\mathbf{v}^{k+1})$, 使得

$$\mathbf{0} = -\mathbf{B}\mathbf{y}^{k+1} + \frac{1}{\beta}(\mathbf{v}^{k+1} - \mathbf{u}^{k+1} + \mathbf{w}^k) = -\mathbf{B}\mathbf{y}^{k+1} + \frac{1}{\beta}\mathbf{w}^{k+1}$$

和

$$-\mathbf{B}^{\mathrm{T}}\mathbf{v}^{k+1} \in \partial g(\mathbf{y}^{k+1}).$$

因此可得

$$\mathbf{A}\mathbf{x}^{k+1} + \mathbf{B}\mathbf{y}^{k+1} - \mathbf{b} = \frac{1}{\beta}(\mathbf{v}^{k+1} - \mathbf{v}^k), \tag{2.22}$$

$$\mathbf{0} \in \partial g(\mathbf{y}^{k+1}) + \mathbf{B}^{\mathrm{T}}\mathbf{v}^k + \beta\mathbf{B}^{\mathrm{T}}(\mathbf{A}\mathbf{x}^{k+1} + \mathbf{B}\mathbf{y}^{k+1} - \mathbf{b})$$

和

$$\mathbf{0} \in \partial f(\mathbf{x}^{k+1}) + \mathbf{A}^{\mathrm{T}}\mathbf{v}^k + \beta\mathbf{A}^{\mathrm{T}}\left(\mathbf{A}\mathbf{x}^{k+1} - \mathbf{b} + \frac{1}{\beta}\mathbf{w}^k\right)$$

$$= \partial f(\mathbf{x}^{k+1}) + \mathbf{A}^{\mathrm{T}}\mathbf{v}^k + \beta\mathbf{A}^{\mathrm{T}}(\mathbf{A}\mathbf{x}^{k+1} - \mathbf{b} + \mathbf{B}\mathbf{y}^k).$$

并进一步可得

$$\mathbf{x}^{k+1} = \underset{\mathbf{x}}{\operatorname{argmin}} \left(f(\mathbf{x}) + \langle \mathbf{A}\mathbf{x}, \mathbf{v}^k \rangle + \frac{\beta}{2} \|\mathbf{A}\mathbf{x} + \mathbf{B}\mathbf{y}^k - \mathbf{b}\|^2 \right), \qquad (2.23)$$

$$\mathbf{y}^{k+1} = \underset{\mathbf{y}}{\operatorname{argmin}} \left(g(\mathbf{y}) + \langle \mathbf{B}\mathbf{y}, \mathbf{v}^k \rangle + \frac{\beta}{2} \|\mathbf{A}\mathbf{x}^{k+1} + \mathbf{B}\mathbf{y} - \mathbf{b}\|^2 \right). \qquad (2.24)$$

公式 (2.23)、(2.24) 和 (2.22) 即为 ADMM 的迭代步骤, 其中 $\mathbf{v}$ 为拉格朗日乘子. 因此, ADMM 是一种特殊的 DRS.

第 3 章 确定性凸优化问题中的 ADMM

在本章, 我们考虑求解确定性凸优化问题时的 ADMM 及其若干扩展的收敛性和收敛速度. 我们首先介绍经典 ADMM 的收敛性及收敛速度, 包括不同假设下的次线性及线性收敛速度. 然后介绍 ADMM 的两个扩展: 线性化 ADMM 和加速线性化 ADMM, 并分别给出它们的次线性和线性收敛速度. 最后介绍如何使用 ADMM 求解多变量块可分离问题及带非线性约束的 (但仍然是凸的) 一般问题.

3.1 经典 ADMM

在本节, 我们给出经典 ADMM (算法 2.1, 见 2.1.3节) 的收敛性及收敛速度分析.

3.1.1 收敛性分析

我们首先给出若干引理, 这些引理将贯穿本章, 然后在本节最后给出 ADMM 的收敛性分析. ADMM 的收敛性分析可见于很多文献, 如文献 [19, 23].

引理 3.1 假设 $f(\mathbf{x})$ 和 $g(\mathbf{y})$ 是凸函数. 令 $(\mathbf{x}^*, \mathbf{y}^*, \boldsymbol{\lambda}^*)$ 是问题 (2.13) 的 KKT 点 (见定义 A.21), 则有

$$f(\mathbf{x}) + g(\mathbf{y}) - f(\mathbf{x}^*) - g(\mathbf{y}^*) + \langle \boldsymbol{\lambda}^*, \mathbf{Ax} + \mathbf{By} - \mathbf{b} \rangle \geqslant 0, \quad \forall \mathbf{x}, \mathbf{y}.$$

该引理实际上是命题 A.14 第 1 条的直接推论.

引理 3.2 假设 $f(\mathbf{x})$ 和 $g(\mathbf{y})$ 是凸函数. 令 $(\mathbf{x}^*, \mathbf{y}^*, \boldsymbol{\lambda}^*)$ 是问题 (2.13) 的 KKT 点. 如果

$$f(\mathbf{x}) + g(\mathbf{y}) - f(\mathbf{x}^*) - g(\mathbf{y}^*) + \langle \boldsymbol{\lambda}^*, \mathbf{Ax} + \mathbf{By} - \mathbf{b} \rangle \leqslant \alpha_1,$$

$$\|\mathbf{Ax} + \mathbf{By} - \mathbf{b}\| \leqslant \alpha_2,$$

则有

$$-\|\boldsymbol{\lambda}^*\|\alpha_2 \leqslant f(\mathbf{x}) + g(\mathbf{y}) - f(\mathbf{x}^*) - g(\mathbf{y}^*) \leqslant \|\boldsymbol{\lambda}^*\|\alpha_2 + \alpha_1.$$

下一个引理给出了 ADMM 前两步的最优性条件以及 KKT 条件.

引理 3.3 对算法 2.1, 有

$$\mathbf{0} \in \partial f(\mathbf{x}^{k+1}) + \mathbf{A}^{\mathrm{T}} \boldsymbol{\lambda}^k + \beta \mathbf{A}^{\mathrm{T}} (\mathbf{A}\mathbf{x}^{k+1} + \mathbf{B}\mathbf{y}^k - \mathbf{b}), \tag{3.1}$$

$$\mathbf{0} \in \partial g(\mathbf{y}^{k+1}) + \mathbf{B}^{\mathrm{T}} \boldsymbol{\lambda}^k + \beta \mathbf{B}^{\mathrm{T}} (\mathbf{A}\mathbf{x}^{k+1} + \mathbf{B}\mathbf{y}^{k+1} - \mathbf{b}), \tag{3.2}$$

$$\boldsymbol{\lambda}^{k+1} - \boldsymbol{\lambda}^k = \beta(\mathbf{A}\mathbf{x}^{k+1} + \mathbf{B}\mathbf{y}^{k+1} - \mathbf{b}), \tag{3.3}$$

$$\mathbf{0} \in \partial f(\mathbf{x}^*) + \mathbf{A}^{\mathrm{T}} \boldsymbol{\lambda}^*, \tag{3.4}$$

$$\mathbf{0} \in \partial g(\mathbf{y}^*) + \mathbf{B}^{\mathrm{T}} \boldsymbol{\lambda}^*, \tag{3.5}$$

$$\mathbf{A}\mathbf{x}^* + \mathbf{B}\mathbf{y}^* = \mathbf{b}, \tag{3.6}$$

其中 $(\mathbf{x}^*, \mathbf{y}^*, \boldsymbol{\lambda}^*)$ 是问题 (2.13) 的任一 KKT 点.

定义两个向量:

$$\hat{\nabla} f(\mathbf{x}^{k+1}) = -\mathbf{A}^{\mathrm{T}} \boldsymbol{\lambda}^k - \beta \mathbf{A}^{\mathrm{T}} (\mathbf{A}\mathbf{x}^{k+1} + \mathbf{B}\mathbf{y}^k - \mathbf{b}),$$

$$\hat{\nabla} g(\mathbf{y}^{k+1}) = -\mathbf{B}^{\mathrm{T}} \boldsymbol{\lambda}^k - \beta \mathbf{B}^{\mathrm{T}} (\mathbf{A}\mathbf{x}^{k+1} + \mathbf{B}\mathbf{y}^{k+1} - \mathbf{b})$$

$$= -\mathbf{B}^{\mathrm{T}} \boldsymbol{\lambda}^{k+1}. \tag{3.7}$$

则有

$$\hat{\nabla} f(\mathbf{x}^{k+1}) \in \partial f(\mathbf{x}^{k+1}) \quad \text{和} \quad \hat{\nabla} g(\mathbf{y}^{k+1}) \in \partial g(\mathbf{y}^{k+1}). \tag{3.8}$$

进一步有如下引理 3.4–引理 3.6.

引理 3.4 对算法 2.1, 有

$$\left\langle \hat{\nabla} g(\mathbf{y}^{k+1}), \mathbf{y}^{k+1} - \mathbf{y} \right\rangle = -\left\langle \boldsymbol{\lambda}^{k+1}, \mathbf{B}\mathbf{y}^{k+1} - \mathbf{B}\mathbf{y} \right\rangle, \quad \forall \mathbf{y} \tag{3.9}$$

和

$$\left\langle \hat{\nabla} f(\mathbf{x}^{k+1}), \mathbf{x}^{k+1} - \mathbf{x} \right\rangle + \left\langle \hat{\nabla} g(\mathbf{y}^{k+1}), \mathbf{y}^{k+1} - \mathbf{y} \right\rangle$$

$$= -\left\langle \boldsymbol{\lambda}^{k+1}, \mathbf{A}\mathbf{x}^{k+1} + \mathbf{B}\mathbf{y}^{k+1} - \mathbf{A}\mathbf{x} - \mathbf{B}\mathbf{y} \right\rangle$$

$$+ \beta \left\langle \mathbf{B}\mathbf{y}^{k+1} - \mathbf{B}\mathbf{y}^k, \mathbf{A}\mathbf{x}^{k+1} - \mathbf{A}\mathbf{x} \right\rangle, \quad \forall \mathbf{x}, \mathbf{y}. \tag{3.10}$$

证明 由 $\hat{\nabla} f(\mathbf{x}^{k+1})$ 和 $\hat{\nabla} g(\mathbf{y}^{k+1})$ 的定义以及 (3.3), 可得

$$\left\langle \hat{\nabla} f(\mathbf{x}^{k+1}), \mathbf{x}^{k+1} - \mathbf{x} \right\rangle$$

$$= -\left\langle \mathbf{A}^{\mathrm{T}}\boldsymbol{\lambda}^k + \beta\mathbf{A}^{\mathrm{T}}(\mathbf{A}\mathbf{x}^{k+1} + \mathbf{B}\mathbf{y}^k - \mathbf{b}), \mathbf{x}^{k+1} - \mathbf{x}\right\rangle$$

$$= -\left\langle \boldsymbol{\lambda}^{k+1}, \mathbf{A}\mathbf{x}^{k+1} - \mathbf{A}\mathbf{x}\right\rangle + \beta\left\langle \mathbf{B}\mathbf{y}^{k+1} - \mathbf{B}\mathbf{y}^k, \mathbf{A}\mathbf{x}^{k+1} - \mathbf{A}\mathbf{x}\right\rangle$$

和

$$\left\langle \hat{\nabla}g(\mathbf{y}^{k+1}), \mathbf{y}^{k+1} - \mathbf{y}\right\rangle = -\left\langle \boldsymbol{\lambda}^{k+1}, \mathbf{B}\mathbf{y}^{k+1} - \mathbf{B}\mathbf{y}\right\rangle.$$

两式相加, 可得 (3.10). 　　　　　　　　　　　　　　　　　　　　　□

引理 3.5　假设 $f(\mathbf{x})$ 和 $g(\mathbf{y})$ 是凸函数, 则对算法 2.1, 有

$$\left\langle \hat{\nabla}f(\mathbf{x}^{k+1}), \mathbf{x}^{k+1} - \mathbf{x}^*\right\rangle + \left\langle \hat{\nabla}g(\mathbf{y}^{k+1}), \mathbf{y}^{k+1} - \mathbf{y}^*\right\rangle + \left\langle \boldsymbol{\lambda}^*, \mathbf{A}\mathbf{x}^{k+1} + \mathbf{B}\mathbf{y}^{k+1} - \mathbf{b}\right\rangle$$

$$\leqslant \frac{1}{2\beta}\|\boldsymbol{\lambda}^k - \boldsymbol{\lambda}^*\|^2 - \frac{1}{2\beta}\|\boldsymbol{\lambda}^{k+1} - \boldsymbol{\lambda}^*\|^2$$

$$+ \frac{\beta}{2}\|\mathbf{B}\mathbf{y}^k - \mathbf{B}\mathbf{y}^*\|^2 - \frac{\beta}{2}\|\mathbf{B}\mathbf{y}^{k+1} - \mathbf{B}\mathbf{y}^*\|^2$$

$$- \frac{1}{2\beta}\|\boldsymbol{\lambda}^{k+1} - \boldsymbol{\lambda}^k\|^2 - \frac{\beta}{2}\|\mathbf{B}\mathbf{y}^{k+1} - \mathbf{B}\mathbf{y}^k\|^2.$$

证明　在 (3.10) 中令 $(\mathbf{x}, \mathbf{y}, \boldsymbol{\lambda}) = (\mathbf{x}^*, \mathbf{y}^*, \boldsymbol{\lambda}^*)$, 在等式两边同时加上

$$\left\langle \boldsymbol{\lambda}^*, \mathbf{A}\mathbf{x}^{k+1} + \mathbf{B}\mathbf{y}^{k+1} - \mathbf{b}\right\rangle,$$

并使用 (3.3) 和 (3.6), 有

$$\left\langle \hat{\nabla}f(\mathbf{x}^{k+1}), \mathbf{x}^{k+1} - \mathbf{x}^*\right\rangle + \left\langle \hat{\nabla}g(\mathbf{y}^{k+1}), \mathbf{y}^{k+1} - \mathbf{y}^*\right\rangle + \left\langle \boldsymbol{\lambda}^*, \mathbf{A}\mathbf{x}^{k+1} + \mathbf{B}\mathbf{y}^{k+1} - \mathbf{b}\right\rangle$$

$$= -\left\langle \boldsymbol{\lambda}^{k+1} - \boldsymbol{\lambda}^*, \mathbf{A}\mathbf{x}^{k+1} + \mathbf{B}\mathbf{y}^{k+1} - \mathbf{b}\right\rangle + \beta\left\langle \mathbf{B}\mathbf{y}^{k+1} - \mathbf{B}\mathbf{y}^k, \mathbf{A}\mathbf{x}^{k+1} - \mathbf{A}\mathbf{x}^*\right\rangle$$

$$= -\frac{1}{\beta}\left\langle \boldsymbol{\lambda}^{k+1} - \boldsymbol{\lambda}^*, \boldsymbol{\lambda}^{k+1} - \boldsymbol{\lambda}^k\right\rangle + \left\langle \mathbf{B}\mathbf{y}^{k+1} - \mathbf{B}\mathbf{y}^k, \boldsymbol{\lambda}^{k+1} - \boldsymbol{\lambda}^k\right\rangle$$

$$- \beta\left\langle \mathbf{B}\mathbf{y}^{k+1} - \mathbf{B}\mathbf{y}^k, \mathbf{B}\mathbf{y}^{k+1} - \mathbf{B}\mathbf{y}^*\right\rangle \tag{3.11}$$

$$\overset{\text{a}}{=} \frac{1}{2\beta}\|\boldsymbol{\lambda}^k - \boldsymbol{\lambda}^*\|^2 - \frac{1}{2\beta}\|\boldsymbol{\lambda}^{k+1} - \boldsymbol{\lambda}^*\|^2 - \frac{1}{2\beta}\|\boldsymbol{\lambda}^{k+1} - \boldsymbol{\lambda}^k\|^2$$

$$+ \frac{\beta}{2}\|\mathbf{B}\mathbf{y}^k - \mathbf{B}\mathbf{y}^*\|^2 - \frac{\beta}{2}\|\mathbf{B}\mathbf{y}^{k+1} - \mathbf{B}\mathbf{y}^*\|^2 - \frac{\beta}{2}\|\mathbf{B}\mathbf{y}^{k+1} - \mathbf{B}\mathbf{y}^k\|^2$$

$$+ \left\langle \mathbf{B}\mathbf{y}^{k+1} - \mathbf{B}\mathbf{y}^k, \boldsymbol{\lambda}^{k+1} - \boldsymbol{\lambda}^k\right\rangle, \tag{3.12}$$

其中 $\overset{\text{a}}{=}$ 使用了 (A.1). 另一方面, 由 (3.9) 可得

$$\left\langle \hat{\nabla}g(\mathbf{y}^k), \mathbf{y}^k - \mathbf{y}\right\rangle + \left\langle \boldsymbol{\lambda}^k, \mathbf{B}\mathbf{y}^k - \mathbf{B}\mathbf{y}\right\rangle = 0. \tag{3.13}$$

在 (3.9) 中取 $\mathbf{y} = \mathbf{y}^k$, 在 (3.13) 中取 $\mathbf{y} = \mathbf{y}^{k+1}$, 相加, 可得

$$\left\langle \hat{\nabla} g(\mathbf{y}^{k+1}) - \hat{\nabla} g(\mathbf{y}^k), \mathbf{y}^{k+1} - \mathbf{y}^k \right\rangle + \left\langle \boldsymbol{\lambda}^{k+1} - \boldsymbol{\lambda}^k, \mathbf{B}\mathbf{y}^{k+1} - \mathbf{B}\mathbf{y}^k \right\rangle = 0.$$

由 ∂g 的单调性可知上式第一项非负. 因此可得

$$\left\langle \boldsymbol{\lambda}^{k+1} - \boldsymbol{\lambda}^k, \mathbf{B}\mathbf{y}^{k+1} - \mathbf{B}\mathbf{y}^k \right\rangle \leqslant 0. \tag{3.14}$$

代入 (3.12), 可得结论. □

引理 3.6 假设 $f(\mathbf{x})$ 和 $g(\mathbf{y})$ 是凸函数, 则对算法 2.1, 有

$$f(\mathbf{x}^{k+1}) + g(\mathbf{y}^{k+1}) - f(\mathbf{x}^*) - g(\mathbf{y}^*) + \left\langle \boldsymbol{\lambda}^*, \mathbf{A}\mathbf{x}^{k+1} + \mathbf{B}\mathbf{y}^{k+1} - \mathbf{b} \right\rangle$$

$$\leqslant \frac{1}{2\beta} \|\boldsymbol{\lambda}^k - \boldsymbol{\lambda}^*\|^2 - \frac{1}{2\beta} \|\boldsymbol{\lambda}^{k+1} - \boldsymbol{\lambda}^*\|^2$$

$$+ \frac{\beta}{2} \|\mathbf{B}\mathbf{y}^k - \mathbf{B}\mathbf{y}^*\|^2 - \frac{\beta}{2} \|\mathbf{B}\mathbf{y}^{k+1} - \mathbf{B}\mathbf{y}^*\|^2$$

$$- \frac{1}{2\beta} \|\boldsymbol{\lambda}^{k+1} - \boldsymbol{\lambda}^k\|^2 - \frac{\beta}{2} \|\mathbf{B}\mathbf{y}^{k+1} - \mathbf{B}\mathbf{y}^k\|^2. \tag{3.15}$$

若进一步假设 $g(\mathbf{y})$ 是 μ-强凸函数, 则有

$$f(\mathbf{x}^{k+1}) + g(\mathbf{y}^{k+1}) - f(\mathbf{x}^*) - g(\mathbf{y}^*) + \left\langle \boldsymbol{\lambda}^*, \mathbf{A}\mathbf{x}^{k+1} + \mathbf{B}\mathbf{y}^{k+1} - \mathbf{b} \right\rangle$$

$$\leqslant \frac{1}{2\beta} \|\boldsymbol{\lambda}^k - \boldsymbol{\lambda}^*\|^2 - \frac{1}{2\beta} \|\boldsymbol{\lambda}^{k+1} - \boldsymbol{\lambda}^*\|^2$$

$$+ \frac{\beta}{2} \|\mathbf{B}\mathbf{y}^k - \mathbf{B}\mathbf{y}^*\|^2 - \frac{\beta}{2} \|\mathbf{B}\mathbf{y}^{k+1} - \mathbf{B}\mathbf{y}^*\|^2 - \frac{\mu}{2} \|\mathbf{y}^{k+1} - \mathbf{y}^*\|^2. \tag{3.16}$$

若进一步假设 $g(\mathbf{y})$ 是 L-光滑函数, 则有

$$f(\mathbf{x}^{k+1}) + g(\mathbf{y}^{k+1}) - f(\mathbf{x}^*) - g(\mathbf{y}^*) + \left\langle \boldsymbol{\lambda}^*, \mathbf{A}\mathbf{x}^{k+1} + \mathbf{B}\mathbf{y}^{k+1} - \mathbf{b} \right\rangle$$

$$\leqslant \frac{1}{2\beta} \|\boldsymbol{\lambda}^k - \boldsymbol{\lambda}^*\|^2 - \frac{1}{2\beta} \|\boldsymbol{\lambda}^{k+1} - \boldsymbol{\lambda}^*\|^2$$

$$+ \frac{\beta}{2} \|\mathbf{B}\mathbf{y}^k - \mathbf{B}\mathbf{y}^*\|^2 - \frac{\beta}{2} \|\mathbf{B}\mathbf{y}^{k+1} - \mathbf{B}\mathbf{y}^*\|^2$$

$$- \frac{1}{2L} \|\nabla g(\mathbf{y}^{k+1}) - \nabla g(\mathbf{y}^*)\|^2. \tag{3.17}$$

证明 我们使用引理 3.5 证明上述结论. 由 $f(\mathbf{x})$ 和 $g(\mathbf{y})$ 的凸性以及 (3.8), 可得

$$f(\mathbf{x}^{k+1}) + g(\mathbf{y}^{k+1}) - f(\mathbf{x}^*) - g(\mathbf{y}^*) + \left\langle \boldsymbol{\lambda}^*, \mathbf{A}\mathbf{x}^{k+1} + \mathbf{B}\mathbf{y}^{k+1} - \mathbf{b} \right\rangle$$

$$\overset{a}{\leqslant} \left\langle \hat{\nabla} f(\mathbf{x}^{k+1}), \mathbf{x}^{k+1} - \mathbf{x}^* \right\rangle + \left\langle \hat{\nabla} g(\mathbf{y}^{k+1}), \mathbf{y}^{k+1} - \mathbf{y}^* \right\rangle$$

$$+ \left\langle \boldsymbol{\lambda}^*, \mathbf{A}\mathbf{x}^{k+1} + \mathbf{B}\mathbf{y}^{k+1} - \mathbf{b} \right\rangle$$

$$\leqslant \frac{1}{2\beta} \|\boldsymbol{\lambda}^k - \boldsymbol{\lambda}^*\|^2 - \frac{1}{2\beta} \|\boldsymbol{\lambda}^{k+1} - \boldsymbol{\lambda}^*\|^2$$

$$+ \frac{\beta}{2} \|\mathbf{B}\mathbf{y}^k - \mathbf{B}\mathbf{y}^*\|^2 - \frac{\beta}{2} \|\mathbf{B}\mathbf{y}^{k+1} - \mathbf{B}\mathbf{y}^*\|^2$$

$$- \frac{1}{2\beta} \|\boldsymbol{\lambda}^{k+1} - \boldsymbol{\lambda}^k\|^2 - \frac{\beta}{2} \|\mathbf{B}\mathbf{y}^{k+1} - \mathbf{B}\mathbf{y}^k\|^2.$$

当 $g(\mathbf{y})$ 是 μ-强凸函数时, 由 (A.6) 可知, 在 $\overset{a}{\leqslant}$ 的左边会多出一项 $\frac{\mu}{2} \|\mathbf{y}^{k+1} - \mathbf{y}^*\|^2$, 因此可得 (3.16).

当 $g(\mathbf{y})$ 是 L-光滑凸函数时, 由 (A.5) 可知, 在 $\overset{a}{\leqslant}$ 的左边会多出一项 $\frac{1}{2L} \cdot \|\nabla g(\mathbf{y}^{k+1}) - \nabla g(\mathbf{y}^*)\|^2$, 因此可得 (3.17). $\qquad\square$

现在我们可以给出 ADMM 的收敛性证明了.

定理 3.1   假设 $f(\mathbf{x})$ 和 $g(\mathbf{y})$ 是凸函数, 则对算法 2.1, 当 $k \to \infty$ 时, 有

$$f(\mathbf{x}^{k+1}) - f(\mathbf{x}^*) + g(\mathbf{y}^{k+1}) - g(\mathbf{y}^*) \to 0,$$

$$\mathbf{A}\mathbf{x}^{k+1} + \mathbf{B}\mathbf{y}^{k+1} - \mathbf{b} \to \mathbf{0}.$$

证明   由引理 3.1 和 (3.15), 可得

$$\frac{1}{2\beta} \|\boldsymbol{\lambda}^{k+1} - \boldsymbol{\lambda}^k\|^2 + \frac{\beta}{2} \|\mathbf{B}\mathbf{y}^{k+1} - \mathbf{B}\mathbf{y}^k\|^2$$

$$\leqslant \frac{1}{2\beta} \|\boldsymbol{\lambda}^k - \boldsymbol{\lambda}^*\|^2 - \frac{1}{2\beta} \|\boldsymbol{\lambda}^{k+1} - \boldsymbol{\lambda}^*\|^2$$

$$+ \frac{\beta}{2} \|\mathbf{B}\mathbf{y}^k - \mathbf{B}\mathbf{y}^*\|^2 - \frac{\beta}{2} \|\mathbf{B}\mathbf{y}^{k+1} - \mathbf{B}\mathbf{y}^*\|^2. \tag{3.18}$$

将上式对 $k = 0, \cdots, \infty$ 累加求和, 可得

$$\sum_{k=0}^{\infty} \left(\frac{1}{2\beta} \|\boldsymbol{\lambda}^{k+1} - \boldsymbol{\lambda}^k\|^2 + \frac{\beta}{2} \|\mathbf{B}\mathbf{y}^{k+1} - \mathbf{B}\mathbf{y}^k\|^2 \right)$$

$$\leqslant \frac{1}{2\beta} \|\boldsymbol{\lambda}^0 - \boldsymbol{\lambda}^*\|^2 + \frac{\beta}{2} \|\mathbf{B}\mathbf{y}^0 - \mathbf{B}\mathbf{y}^*\|^2.$$

因此有

$$\boldsymbol{\lambda}^{k+1} - \boldsymbol{\lambda}^k \to \mathbf{0} \quad 和 \quad \mathbf{B}\mathbf{y}^{k+1} - \mathbf{B}\mathbf{y}^k \to \mathbf{0}.$$

进一步, 由 (3.18) 可知 $\left\{ \dfrac{1}{2\beta} \| \boldsymbol{\lambda}^k - \boldsymbol{\lambda}^* \|^2 + \dfrac{\beta}{2} \| \mathbf{B}\mathbf{y}^k - \mathbf{B}\mathbf{y}^* \|^2 \right\}$ 是个非增序列, 因此 $\| \boldsymbol{\lambda}^k - \boldsymbol{\lambda}^* \|^2$ 和 $\| \mathbf{B}\mathbf{y}^k - \mathbf{B}\mathbf{y}^* \|^2$ 对所有 k 是有界的, 于是 $\| \boldsymbol{\lambda}^k \|$ 对所有 k 也是有界的. 由

$$\boldsymbol{\lambda}^{k+1} - \boldsymbol{\lambda}^k = \beta(\mathbf{A}\mathbf{x}^{k+1} + \mathbf{B}\mathbf{y}^{k+1} - \mathbf{b})$$
$$= \beta(\mathbf{A}\mathbf{x}^{k+1} - \mathbf{A}\mathbf{x}^*) + \beta(\mathbf{B}\mathbf{y}^{k+1} - \mathbf{B}\mathbf{y}^*)$$

可知 $\mathbf{A}\mathbf{x}^{k+1} + \mathbf{B}\mathbf{y}^{k+1} - \mathbf{b} \to \mathbf{0}$, 而且 $\mathbf{A}\mathbf{x}^{k+1} - \mathbf{A}\mathbf{x}^*$ 也是有界的.

由 (3.10) 及 f 和 g 的凸性, 可得

$$f(\mathbf{x}^{k+1}) - f(\mathbf{x}^*) + g(\mathbf{y}^{k+1}) - g(\mathbf{y}^*)$$
$$\leqslant - \langle \boldsymbol{\lambda}^{k+1}, \mathbf{A}\mathbf{x}^{k+1} + \mathbf{B}\mathbf{y}^{k+1} - \mathbf{b} \rangle + \beta \langle \mathbf{B}\mathbf{y}^{k+1} - \mathbf{B}\mathbf{y}^k, \mathbf{A}\mathbf{x}^{k+1} - \mathbf{A}\mathbf{x}^* \rangle$$
$$\to 0.$$

另一方面, 由 (3.4)–(3.6), 可得

$$f(\mathbf{x}^{k+1}) - f(\mathbf{x}^*) + g(\mathbf{y}^{k+1}) - g(\mathbf{y}^*)$$
$$\geqslant \langle -\mathbf{A}^{\mathrm{T}}\boldsymbol{\lambda}^*, \mathbf{x}^{k+1} - \mathbf{x}^* \rangle + \langle -\mathbf{B}^{\mathrm{T}}\boldsymbol{\lambda}^*, \mathbf{y}^{k+1} - \mathbf{y}^* \rangle$$
$$= - \langle \boldsymbol{\lambda}^*, \mathbf{A}\mathbf{x}^{k+1} + \mathbf{B}\mathbf{y}^{k+1} - \mathbf{b} \rangle$$
$$\to 0.$$

因此可得 $f(\mathbf{x}^{k+1}) - f(\mathbf{x}^*) + g(\mathbf{y}^{k+1}) - g(\mathbf{y}^*) \to 0$. □

3.1.2 次线性收敛速度

在本节, 我们介绍求解一般凸 (见定义 A.7) 问题 (2.13) 时 ADMM 的次线性收敛速度. 在分析中, 我们只假设 f 和 g 是凸函数.

3.1.2.1 非遍历意义下的收敛速度

我们首先给出 ADMM 算法在非遍历意义下的 $O\left(\dfrac{1}{\sqrt{K}}\right)$ 收敛速度, 其中 K 表示迭代次数. 非遍历意义收敛速度是指算法最后一次迭代点的收敛速度. 相应地, 遍历意义下的收敛速度是指算法历史迭代点的加权平均的收敛速度. 相关结论首先出自文献 [39], 后被文献 [14] 扩展. 文献 [14] 进一步证明了 ADMM 算法 $O\left(\dfrac{1}{\sqrt{K}}\right)$ 的非遍历意义收敛速度是紧的, 即不能被进一步提升.

引理 3.7　假设 $f(\mathbf{x})$ 和 $g(\mathbf{y})$ 是凸函数, 则对算法 2.1, 有

$$\frac{1}{2\beta}\|\boldsymbol{\lambda}^{k+1} - \boldsymbol{\lambda}^k\|^2 + \frac{\beta}{2}\|\mathbf{B}\mathbf{y}^{k+1} - \mathbf{B}\mathbf{y}^k\|^2$$

$$\leqslant \frac{1}{2\beta}\|\boldsymbol{\lambda}^k - \boldsymbol{\lambda}^{k-1}\|^2 + \frac{\beta}{2}\|\mathbf{B}\mathbf{y}^k - \mathbf{B}\mathbf{y}^{k-1}\|^2.$$

证明　由 (3.10) 可得

$$\left\langle \hat{\nabla} f(\mathbf{x}^k), \mathbf{x}^k - \mathbf{x} \right\rangle + \left\langle \hat{\nabla} g(\mathbf{y}^k), \mathbf{y}^k - \mathbf{y} \right\rangle$$

$$= -\left\langle \boldsymbol{\lambda}^k, \mathbf{A}\mathbf{x}^k + \mathbf{B}\mathbf{y}^k - \mathbf{A}\mathbf{x} - \mathbf{B}\mathbf{y} \right\rangle + \beta \left\langle \mathbf{B}\mathbf{y}^k - \mathbf{B}\mathbf{y}^{k-1}, \mathbf{A}\mathbf{x}^k - \mathbf{A}\mathbf{x} \right\rangle. \qquad (3.19)$$

在 (3.10) 中令 $(\mathbf{x}, \mathbf{y}, \boldsymbol{\lambda}) = (\mathbf{x}^k, \mathbf{y}^k, \boldsymbol{\lambda}^k)$, 在 (3.19) 中令 $(\mathbf{x}, \mathbf{y}, \boldsymbol{\lambda}) = (\mathbf{x}^{k+1}, \mathbf{y}^{k+1}, \boldsymbol{\lambda}^{k+1})$, 再相加, 并使用 (3.3), 我们有

$$\left\langle \hat{\nabla} f(\mathbf{x}^{k+1}) - \hat{\nabla} f(\mathbf{x}^k), \mathbf{x}^{k+1} - \mathbf{x}^k \right\rangle + \left\langle \hat{\nabla} g(\mathbf{y}^{k+1}) - \hat{\nabla} g(\mathbf{y}^k), \mathbf{y}^{k+1} - \mathbf{y}^k \right\rangle$$

$$= -\left\langle \boldsymbol{\lambda}^{k+1} - \boldsymbol{\lambda}^k, \mathbf{A}\mathbf{x}^{k+1} + \mathbf{B}\mathbf{y}^{k+1} - \mathbf{A}\mathbf{x}^k - \mathbf{B}\mathbf{y}^k \right\rangle$$

$$\quad + \beta \left\langle \mathbf{B}\mathbf{y}^{k+1} - \mathbf{B}\mathbf{y}^k - (\mathbf{B}\mathbf{y}^k - \mathbf{B}\mathbf{y}^{k-1}), \mathbf{A}\mathbf{x}^{k+1} - \mathbf{A}\mathbf{x}^k \right\rangle$$

$$= -\frac{1}{\beta} \left\langle \boldsymbol{\lambda}^{k+1} - \boldsymbol{\lambda}^k, \boldsymbol{\lambda}^{k+1} - \boldsymbol{\lambda}^k - (\boldsymbol{\lambda}^k - \boldsymbol{\lambda}^{k-1}) \right\rangle$$

$$\quad + \left\langle \mathbf{B}\mathbf{y}^{k+1} - \mathbf{B}\mathbf{y}^k - (\mathbf{B}\mathbf{y}^k - \mathbf{B}\mathbf{y}^{k-1}),\ \boldsymbol{\lambda}^{k+1} - \boldsymbol{\lambda}^k - \beta\mathbf{B}\mathbf{y}^{k+1} - (\boldsymbol{\lambda}^k - \boldsymbol{\lambda}^{k-1} - \beta\mathbf{B}\mathbf{y}^k) \right\rangle$$

$$\overset{\mathrm{a}}{=} \frac{1}{2\beta} \left[\|\boldsymbol{\lambda}^k - \boldsymbol{\lambda}^{k-1}\|^2 - \|\boldsymbol{\lambda}^{k+1} - \boldsymbol{\lambda}^k\|^2 - \|\boldsymbol{\lambda}^{k+1} - \boldsymbol{\lambda}^k - (\boldsymbol{\lambda}^k - \boldsymbol{\lambda}^{k-1})\|^2 \right]$$

$$\quad + \frac{\beta}{2} \left[\|\mathbf{B}\mathbf{y}^k - \mathbf{B}\mathbf{y}^{k-1}\|^2 - \|\mathbf{B}\mathbf{y}^{k+1} - \mathbf{B}\mathbf{y}^k\|^2 - \|\mathbf{B}\mathbf{y}^{k+1} - \mathbf{B}\mathbf{y}^k - (\mathbf{B}\mathbf{y}^k - \mathbf{B}\mathbf{y}^{k-1})\|^2 \right]$$

$$\quad + \left\langle \mathbf{B}\mathbf{y}^{k+1} - \mathbf{B}\mathbf{y}^k - (\mathbf{B}\mathbf{y}^k - \mathbf{B}\mathbf{y}^{k-1}), \boldsymbol{\lambda}^{k+1} - \boldsymbol{\lambda}^k - (\boldsymbol{\lambda}^k - \boldsymbol{\lambda}^{k-1}) \right\rangle$$

$$= \frac{1}{2\beta} \left(\|\boldsymbol{\lambda}^k - \boldsymbol{\lambda}^{k-1}\|^2 - \|\boldsymbol{\lambda}^{k+1} - \boldsymbol{\lambda}^k\|^2 \right)$$

$$\quad + \frac{\beta}{2} \left(\|\mathbf{B}\mathbf{y}^k - \mathbf{B}\mathbf{y}^{k-1}\|^2 - \|\mathbf{B}\mathbf{y}^{k+1} - \mathbf{B}\mathbf{y}^k\|^2 \right)$$

$$\quad - \left[\frac{1}{2\beta}\|\boldsymbol{\lambda}^{k+1} - \boldsymbol{\lambda}^k - (\boldsymbol{\lambda}^k - \boldsymbol{\lambda}^{k-1})\|^2 + \frac{\beta}{2}\|\mathbf{B}\mathbf{y}^{k+1} - \mathbf{B}\mathbf{y}^k - (\mathbf{B}\mathbf{y}^k - \mathbf{B}\mathbf{y}^{k-1})\|^2 \right.$$

$$\quad \left. - \left\langle \mathbf{B}\mathbf{y}^{k+1} - \mathbf{B}\mathbf{y}^k - (\mathbf{B}\mathbf{y}^k - \mathbf{B}\mathbf{y}^{k-1}), \boldsymbol{\lambda}^{k+1} - \boldsymbol{\lambda}^k - (\boldsymbol{\lambda}^k - \boldsymbol{\lambda}^{k-1}) \right\rangle \right]$$

$$\leqslant \frac{1}{2\beta} \left(\|\boldsymbol{\lambda}^k - \boldsymbol{\lambda}^{k-1}\|^2 - \|\boldsymbol{\lambda}^{k+1} - \boldsymbol{\lambda}^k\|^2 \right)$$

$$+ \frac{\beta}{2} \left(\|\mathbf{By}^k - \mathbf{By}^{k-1}\|^2 - \|\mathbf{By}^{k+1} - \mathbf{By}^k\|^2 \right),$$

其中 $\stackrel{a}{=}$ 使用了 (A.1). 进一步使用 ∂f 和 ∂g 的单调性, 结论得证.　　　　□

定理 3.2　假设 f 和 g 是凸函数, 则对算法 2.1, 有

$$-\|\boldsymbol{\lambda}^*\| \sqrt{\frac{C}{\beta(K+1)}} \leqslant f(\mathbf{x}^{K+1}) + g(\mathbf{y}^{K+1}) - f(\mathbf{x}^*) - g(\mathbf{y}^*)$$

$$\leqslant \frac{C}{K+1} + \frac{2C}{\sqrt{K+1}} + \|\boldsymbol{\lambda}^*\| \sqrt{\frac{C}{\beta(K+1)}},$$

$$\|\mathbf{A}\mathbf{x}^{K+1} + \mathbf{B}\mathbf{y}^{K+1} - \mathbf{b}\| \leqslant \sqrt{\frac{C}{\beta(K+1)}},$$

其中 $C = \dfrac{1}{\beta}\|\boldsymbol{\lambda}^0 - \boldsymbol{\lambda}^*\|^2 + \beta\|\mathbf{By}^0 - \mathbf{By}^*\|^2.$

证明　将 (3.18) 对 $k = 0, \cdots, K$ 累加求和, 并使用 $\dfrac{1}{2\beta}\|\boldsymbol{\lambda}^{k+1} - \boldsymbol{\lambda}^k\|^2 + \dfrac{\beta}{2}\|\mathbf{By}^{k+1} - \mathbf{By}^k\|^2$ 的单调性 (见引理 3.7), 可得

$$\frac{1}{\beta}\|\boldsymbol{\lambda}^{K+1} - \boldsymbol{\lambda}^K\|^2 + \beta\|\mathbf{By}^{K+1} - \mathbf{By}^K\|^2$$

$$\leqslant \frac{1}{K+1}\left(\frac{1}{\beta}\|\boldsymbol{\lambda}^0 - \boldsymbol{\lambda}^*\|^2 + \beta\|\mathbf{By}^0 - \mathbf{By}^*\|^2 \right).$$

因此可得

$$\beta\|\mathbf{A}\mathbf{x}^{K+1} + \mathbf{B}\mathbf{y}^{K+1} - \mathbf{b}\| = \|\boldsymbol{\lambda}^{K+1} - \boldsymbol{\lambda}^K\| \leqslant \sqrt{\frac{\beta C}{K+1}},$$

$$\|\mathbf{By}^{K+1} - \mathbf{By}^K\| \leqslant \sqrt{\frac{C}{\beta(K+1)}}.$$

另一方面, 由 (3.18) 可得

$$\frac{1}{2\beta}\|\boldsymbol{\lambda}^{k+1} - \boldsymbol{\lambda}^*\|^2 + \frac{\beta}{2}\|\mathbf{By}^{k+1} - \mathbf{By}^*\|^2$$

$$\leqslant \frac{1}{2\beta}\|\boldsymbol{\lambda}^k - \boldsymbol{\lambda}^*\|^2 + \frac{\beta}{2}\|\mathbf{By}^k - \mathbf{By}^*\|^2$$

$$\leqslant \frac{1}{2\beta}\|\boldsymbol{\lambda}^0 - \boldsymbol{\lambda}^*\|^2 + \frac{\beta}{2}\|\mathbf{B}\mathbf{y}^0 - \mathbf{B}\mathbf{y}^*\|^2 = \frac{1}{2}C.$$

因此我们有

$$\|\boldsymbol{\lambda}^{K+1} - \boldsymbol{\lambda}^*\| \leqslant \sqrt{\beta C}, \tag{3.20}$$

$$\|\mathbf{B}\mathbf{y}^{K+1} - \mathbf{B}\mathbf{y}^*\| \leqslant \sqrt{\frac{C}{\beta}}.$$

由 (3.11) 及 f 和 g 的凸性, 可得

$$f(\mathbf{x}^{K+1}) - f(\mathbf{x}^*) + g(\mathbf{y}^{K+1}) - g(\mathbf{y}^*) + \langle \boldsymbol{\lambda}^*, \mathbf{A}\mathbf{x}^{K+1} + \mathbf{B}\mathbf{y}^{K+1} - \mathbf{b} \rangle$$

$$\leqslant \frac{1}{\beta}\|\boldsymbol{\lambda}^{K+1} - \boldsymbol{\lambda}^*\|\|\boldsymbol{\lambda}^{K+1} - \boldsymbol{\lambda}^K\| + \|\mathbf{B}\mathbf{y}^{K+1} - \mathbf{B}\mathbf{y}^K\|\|\boldsymbol{\lambda}^{K+1} - \boldsymbol{\lambda}^K\|$$

$$+ \beta\|\mathbf{B}\mathbf{y}^{K+1} - \mathbf{B}\mathbf{y}^K\|\|\mathbf{B}\mathbf{y}^{K+1} - \mathbf{B}\mathbf{y}^*\|$$

$$\leqslant \frac{C}{K+1} + \frac{2C}{\sqrt{K+1}}.$$

由引理 3.2, 结论得证. □

3.1.2.2　遍历意义下的收敛速度

本节介绍 ADMM 在遍历意义下的 $O\left(\dfrac{1}{K}\right)$ 收敛速度. 相关结论首先出自文献 [38]. 文献 [14] 进一步证明了 ADMM 算法 $O\left(\dfrac{1}{K}\right)$ 遍历意义收敛速度是紧的, 因此不能被提升.

定理 3.3　假设 $f(\mathbf{x})$ 和 $g(\mathbf{y})$ 是凸函数, 则对算法 2.1, 有

$$|f(\hat{\mathbf{x}}^{K+1}) + g(\hat{\mathbf{y}}^{K+1}) - f(\mathbf{x}^*) - g(\mathbf{y}^*)| \leqslant \frac{C}{2(K+1)} + \frac{2\sqrt{C}\|\boldsymbol{\lambda}^*\|}{\sqrt{\beta}(K+1)},$$

$$\|\mathbf{A}\hat{\mathbf{x}}^{K+1} + \mathbf{B}\hat{\mathbf{y}}^{K+1} - \mathbf{b}\| \leqslant \frac{2\sqrt{C}}{\sqrt{\beta}(K+1)},$$

其中

$$\hat{\mathbf{x}}^{K+1} = \frac{1}{K+1}\sum_{k=1}^{K+1}\mathbf{x}^k, \quad \hat{\mathbf{y}}^{K+1} = \frac{1}{K+1}\sum_{k=1}^{K+1}\mathbf{y}^k,$$

C 在定理 3.2 中定义.

证明 将 (3.15) 对 $k = 0, \cdots, K$ 累加求和, 两边同时除以 $K + 1$, 再使用 $\hat{\mathbf{x}}^{K+1}$ 和 $\hat{\mathbf{y}}^{K+1}$ 的定义以及 f 和 g 的凸性, 我们有

$$f(\hat{\mathbf{x}}^{K+1}) + g(\hat{\mathbf{y}}^{K+1}) - f(\mathbf{x}^*) - g(\mathbf{y}^*) + \langle \boldsymbol{\lambda}^*, \mathbf{A}\hat{\mathbf{x}}^{K+1} + \mathbf{B}\hat{\mathbf{y}}^{K+1} - \mathbf{b} \rangle$$
$$\leqslant \frac{C}{2(K+1)}.$$

由 (3.3) 和 (3.20), 可得

$$\begin{aligned}
\|\mathbf{A}\hat{\mathbf{x}}^{K+1} + \mathbf{B}\hat{\mathbf{y}}^{K+1} - \mathbf{b}\| &= \frac{1}{\beta(K+1)} \left\| \sum_{k=0}^{K} (\boldsymbol{\lambda}^{k+1} - \boldsymbol{\lambda}^k) \right\| \\
&= \frac{1}{\beta(K+1)} \|\boldsymbol{\lambda}^{K+1} - \boldsymbol{\lambda}^0\| \\
&\leqslant \frac{1}{\beta(K+1)} \left(\|\boldsymbol{\lambda}^0 - \boldsymbol{\lambda}^*\| + \|\boldsymbol{\lambda}^{K+1} - \boldsymbol{\lambda}^*\| \right) \\
&\leqslant \frac{2\sqrt{\beta C}}{\beta(K+1)}.
\end{aligned}$$

由引理 3.2, 结论得证. $\square$

3.1.3 线性收敛速度

我们考虑两种情况下 ADMM 的线性收敛速度, 第一种情况假设目标函数是强凸光滑函数, 第二种情况不要求目标函数是强凸光滑函数, 但需要满足误差界条件 (Error Bound Condition).

3.1.3.1 强凸光滑假设下的线性收敛性

本节介绍在 g 是强凸光滑函数且 $\mathbf{B}$ 是满射 (Surjective) 条件下的线性收敛性[16].

定理 3.4 假设 $f(\mathbf{x})$ 是凸函数, $g(\mathbf{y})$ 是 μ-强凸函数且 L-光滑. 假设 $\|\mathbf{B}^{\mathrm{T}}\boldsymbol{\lambda}\| \geqslant \sigma\|\boldsymbol{\lambda}\|, \forall \boldsymbol{\lambda}$, 其中 $\sigma > 0$. 令 $\beta = \frac{\sqrt{\mu L}}{\sigma \|\mathbf{B}\|_2}$, 则有

$$\frac{1}{2\beta}\|\boldsymbol{\lambda}^{k+1} - \boldsymbol{\lambda}^*\|^2 + \frac{\beta}{2}\|\mathbf{B}\mathbf{y}^{k+1} - \mathbf{B}\mathbf{y}^*\|^2$$
$$\leqslant \left(1 + \frac{1}{2}\sqrt{\frac{\mu}{L}}\frac{\sigma}{\|\mathbf{B}\|_2} \right)^{-1} \left(\frac{1}{2\beta}\|\boldsymbol{\lambda}^k - \boldsymbol{\lambda}^*\|^2 + \frac{\beta}{2}\|\mathbf{B}\mathbf{y}^k - \mathbf{B}\mathbf{y}^*\|^2 \right).$$

证明　由于 g 是光滑函数, $\partial g(\mathbf{y})$ 只有一个元素 $\nabla g(\mathbf{y})$. 由 (3.7)、(3.8) 和 (3.5), 我们有

$$\nabla g(\mathbf{y}^{k+1}) = -\mathbf{B}^{\mathrm{T}}\boldsymbol{\lambda}^{k+1} \quad \text{和} \quad \nabla g(\mathbf{y}^*) = -\mathbf{B}^{\mathrm{T}}\boldsymbol{\lambda}^*.$$

由 $\|\mathbf{B}^{\mathrm{T}}\boldsymbol{\lambda}\| \geqslant \sigma\|\boldsymbol{\lambda}\|$ 可得

$$\begin{aligned}
\frac{\sigma^2}{2L}\|\boldsymbol{\lambda}^{k+1} - \boldsymbol{\lambda}^*\|^2 &\leqslant \frac{1}{2L}\|\mathbf{B}^{\mathrm{T}}(\boldsymbol{\lambda}^{k+1} - \boldsymbol{\lambda}^*)\|^2 \\
&= \frac{1}{2L}\|\nabla g(\mathbf{y}^{k+1}) - \nabla g(\mathbf{y}^*)\|^2.
\end{aligned} \tag{3.21}$$

由 (3.16)、(3.17)、(3.21) 和引理 3.1, 可得

$$\begin{aligned}
\frac{\mu}{2\|\mathbf{B}\|_2^2}\|\mathbf{B}\mathbf{y}^{k+1} - \mathbf{B}\mathbf{y}^*\|^2 &\leqslant \frac{1}{2\beta}\|\boldsymbol{\lambda}^k - \boldsymbol{\lambda}^*\|^2 - \frac{1}{2\beta}\|\boldsymbol{\lambda}^{k+1} - \boldsymbol{\lambda}^*\|^2 \\
&\quad + \frac{\beta}{2}\|\mathbf{B}\mathbf{y}^k - \mathbf{B}\mathbf{y}^*\|^2 - \frac{\beta}{2}\|\mathbf{B}\mathbf{y}^{k+1} - \mathbf{B}\mathbf{y}^*\|^2
\end{aligned} \tag{3.22}$$

和

$$\begin{aligned}
\frac{\sigma^2}{2L}\|\boldsymbol{\lambda}^{k+1} - \boldsymbol{\lambda}^*\|^2 &\leqslant \frac{1}{2\beta}\|\boldsymbol{\lambda}^k - \boldsymbol{\lambda}^*\|^2 - \frac{1}{2\beta}\|\boldsymbol{\lambda}^{k+1} - \boldsymbol{\lambda}^*\|^2 \\
&\quad + \frac{\beta}{2}\|\mathbf{B}\mathbf{y}^k - \mathbf{B}\mathbf{y}^*\|^2 - \frac{\beta}{2}\|\mathbf{B}\mathbf{y}^{k+1} - \mathbf{B}\mathbf{y}^*\|^2.
\end{aligned} \tag{3.23}$$

在 (3.23) 两边同时乘以 t, 在 (3.22) 两边同时乘以 $1 - t$, 相加, 可得

$$\begin{aligned}
&\left(\frac{\sigma^2 t}{2L} + \frac{1}{2\beta}\right)\|\boldsymbol{\lambda}^{k+1} - \boldsymbol{\lambda}^*\|^2 + \left[\frac{\beta}{2} + \frac{\mu(1-t)}{2\|\mathbf{B}\|_2^2}\right]\|\mathbf{B}\mathbf{y}^{k+1} - \mathbf{B}\mathbf{y}^*\|^2 \\
&\leqslant \frac{1}{2\beta}\|\boldsymbol{\lambda}^k - \boldsymbol{\lambda}^*\|^2 + \frac{\beta}{2}\|\mathbf{B}\mathbf{y}^k - \mathbf{B}\mathbf{y}^*\|^2.
\end{aligned} \tag{3.24}$$

令

$$\frac{\dfrac{\sigma^2 t}{2L} + \dfrac{1}{2\beta}}{\dfrac{1}{2\beta}} = \frac{\dfrac{\beta}{2} + \dfrac{\mu(1-t)}{2\|\mathbf{B}\|_2^2}}{\dfrac{\beta}{2}},$$

可得 $t = \dfrac{\mu L}{\mu L + \|\mathbf{B}\|_2^2 \sigma^2 \beta^2}$, 并且 (3.24) 退化为

$$\left(\frac{\mu\beta\sigma^2}{\mu L + \|\mathbf{B}\|_2^2\sigma^2\beta^2} + 1\right)\left(\frac{1}{2\beta}\|\boldsymbol{\lambda}^{k+1} - \boldsymbol{\lambda}^*\|^2 + \frac{\beta}{2}\|\mathbf{B}\mathbf{y}^{k+1} - \mathbf{B}\mathbf{y}^*\|^2\right)$$

$$\leqslant \frac{1}{2\beta}\|\boldsymbol{\lambda}^k - \boldsymbol{\lambda}^*\|^2 + \frac{\beta}{2}\|\mathbf{B}\mathbf{y}^k - \mathbf{B}\mathbf{y}^*\|^2.$$

最大化 $\dfrac{\mu\beta\sigma^2}{\mu L + \|\mathbf{B}\|_2^2\sigma^2\beta^2} + 1$, 可得 $\beta = \dfrac{\sqrt{\mu L}}{\sigma\|\mathbf{B}\|_2}$, 此时

$$\frac{\mu\beta\sigma^2}{\mu L + \|\mathbf{B}\|_2^2\sigma^2\beta^2} + 1 = 1 + \frac{1}{2}\sqrt{\frac{\mu}{L}}\frac{\sigma}{\|\mathbf{B}\|_2}. \qquad \square$$

3.1.3.2 误差界条件下的线性收敛性

本节考虑误差界条件下的收敛性. 有很多在误差界条件下研究 ADMM 线性收敛的工作, 如文献 [42,62,95,98]. 在本节, 我们介绍文献 [62] 中的工作, 但做了大量的简化. 定义

$$\phi(\mathbf{x},\mathbf{y},\boldsymbol{\lambda}) = \begin{pmatrix} \partial f(\mathbf{x}) + \mathbf{A}^{\mathrm{T}}\boldsymbol{\lambda} \\ \partial g(\mathbf{y}) + \mathbf{B}^{\mathrm{T}}\boldsymbol{\lambda} \\ \mathbf{A}\mathbf{x} + \mathbf{B}\mathbf{y} - \mathbf{b} \end{pmatrix} \quad \text{和} \quad \phi^{-1}(\mathbf{s}) = \{(\mathbf{x},\mathbf{y},\boldsymbol{\lambda})|\mathbf{s} \in \phi(\mathbf{x},\mathbf{y},\boldsymbol{\lambda})\}.$$

由引理 3.3, 可知 $(\mathbf{x},\mathbf{y},\boldsymbol{\lambda})$ 是 KKT 点当且仅当 $\mathbf{0} \in \phi(\mathbf{x},\mathbf{y},\boldsymbol{\lambda})$.

定义 3.1 如果存在常数 $\kappa > 0$ 使得

$$\mathrm{dist}_{\mathbf{H}}(\mathbf{w}, \phi^{-1}(\mathbf{0})) \leqslant \kappa\,\mathrm{dist}(\mathbf{0}, \phi(\mathbf{w})), \quad \forall \mathbf{w}, \qquad (3.25)$$

其中

$$\mathbf{H} = \begin{pmatrix} 0 & 0 & 0 \\ 0 & \beta\mathbf{B}^{\mathrm{T}}\mathbf{B} & 0 \\ 0 & 0 & \frac{1}{\beta}\mathbf{I} \end{pmatrix} \quad \text{和} \quad \mathrm{dist}_{\mathbf{H}}(\mathbf{w}, \phi^{-1}(\mathbf{0})) = \min_{\mathbf{w}^* \in \phi^{-1}(\mathbf{0})} \|\mathbf{w} - \mathbf{w}^*\|_{\mathbf{H}},$$

则称集值映射 (Set-valued Mapping) $\phi(\mathbf{w})$ 满足 (全局) 误差界条件.

机器学习中满足 (3.25) 的具体例子可见文献 [98], 比如考虑如下问题:

$$\min_{\mathbf{x},\mathbf{y}} \left(f(\mathbf{x}) + g(\mathbf{y})\right), \quad \text{s.t.} \quad \mathbf{x} = \mathbf{y},$$

其中 $f(\mathbf{x}) = h(\mathbf{L}\mathbf{x}) + \langle \mathbf{q}, \mathbf{x} \rangle$, h 是强凸光滑函数, $g(\mathbf{y})$ 可以是 $\|\mathbf{y}\|_1$ 或者 $\sum_J \|\mathbf{y}_J\|$, 分别表示稀疏正则化项和组稀疏正则化项, J 表示 $\mathbf{y}$ 的下标集中的一个子集, $\mathbf{y}_J$ 表示由 J 中元素指定的 $\mathbf{y}$ 的一个子向量.

我们给出误差界条件 (3.25) 下 ADMM 的线性收敛速度[62].

定理 3.5　假设 $f(\mathbf{x})$ 和 $g(\mathbf{y})$ 是凸函数, $\phi(\mathbf{w})$ 满足误差界条件 (3.25), 则对算法 2.1, 有

$$\operatorname{dist}_{\mathbf{H}}^2\left(\left(\mathbf{x}^{k+1}, \mathbf{y}^{k+1}, \boldsymbol{\lambda}^{k+1}\right), \phi^{-1}(\mathbf{0})\right)$$

$$\leqslant \left[1 + \frac{1}{\kappa^2\left(\beta\|\mathbf{A}\|_2^2 + \dfrac{1}{\beta}\right)}\right]^{-1} \operatorname{dist}_{\mathbf{H}}^2((\mathbf{x}^k, \mathbf{y}^k, \boldsymbol{\lambda}^k), \phi^{-1}(\mathbf{0})).$$

证明　由引理 3.3, 我们有

$$\begin{pmatrix} \beta\mathbf{A}^{\mathrm{T}}\mathbf{B}(\mathbf{y}^{k+1} - \mathbf{y}^k) \\ \mathbf{0} \\ \dfrac{1}{\beta}(\boldsymbol{\lambda}^{k+1} - \boldsymbol{\lambda}^k) \end{pmatrix} \in \phi\left(\mathbf{x}^{k+1}, \mathbf{y}^{k+1}, \boldsymbol{\lambda}^{k+1}\right).$$

则有

$$\frac{1}{\kappa^2}\operatorname{dist}_{\mathbf{H}}^2\left(\left(\mathbf{x}^{k+1}, \mathbf{y}^{k+1}, \boldsymbol{\lambda}^{k+1}\right), \phi^{-1}(\mathbf{0})\right)$$

$$\overset{\mathrm{a}}{\leqslant} \operatorname{dist}^2\left(\mathbf{0}, \phi\left(\mathbf{x}^{k+1}, \mathbf{y}^{k+1}, \boldsymbol{\lambda}^{k+1}\right)\right)$$

$$\leqslant \beta^2\|\mathbf{A}^{\mathrm{T}}\mathbf{B}(\mathbf{y}^{k+1} - \mathbf{y}^k)\|^2 + \frac{1}{\beta^2}\|\boldsymbol{\lambda}^{k+1} - \boldsymbol{\lambda}^k\|^2$$

$$\leqslant \beta^2\|\mathbf{A}\|_2^2\|\mathbf{B}(\mathbf{y}^{k+1} - \mathbf{y}^k)\|^2 + \frac{1}{\beta^2}\|\boldsymbol{\lambda}^{k+1} - \boldsymbol{\lambda}^k\|^2$$

$$\leqslant \left(\beta\|\mathbf{A}\|_2^2 + \frac{1}{\beta}\right)\left(\beta\|\mathbf{B}(\mathbf{y}^{k+1} - \mathbf{y}^k)\|^2 + \frac{1}{\beta}\|\boldsymbol{\lambda}^{k+1} - \boldsymbol{\lambda}^k\|^2\right), \tag{3.26}$$

其中 $\overset{\mathrm{a}}{\leqslant}$ 使用了误差界条件. 选择

$$(\mathbf{x}^*, \mathbf{y}^*, \boldsymbol{\lambda}^*) \in \underset{(\mathbf{x},\mathbf{y},\boldsymbol{\lambda})\in\phi^{-1}(\mathbf{0})}{\operatorname{Argmin}}\left(\beta\|\mathbf{B}\mathbf{y}^k - \mathbf{B}\mathbf{y}\|^2 + \frac{1}{\beta}\|\boldsymbol{\lambda}^k - \boldsymbol{\lambda}\|^2\right). \tag{3.27}$$

由 $\mathbf{H}$ 的定义, 我们有

$$\operatorname{dist}_{\mathbf{H}}^2\left(\left(\mathbf{x}^{k+1}, \mathbf{y}^{k+1}, \boldsymbol{\lambda}^{k+1}\right), \phi^{-1}(\mathbf{0})\right)$$

$$= \min_{(\mathbf{x},\mathbf{y},\boldsymbol{\lambda})\in\phi^{-1}(\mathbf{0})}\left(\frac{1}{\beta}\|\boldsymbol{\lambda}^{k+1} - \boldsymbol{\lambda}\|^2 + \beta\|\mathbf{B}\mathbf{y}^{k+1} - \mathbf{B}\mathbf{y}\|^2\right)$$

$$\leqslant \frac{1}{\beta}\|\boldsymbol{\lambda}^{k+1} - \boldsymbol{\lambda}^*\|^2 + \beta\|\mathbf{B}\mathbf{y}^{k+1} - \mathbf{B}\mathbf{y}^*\|^2$$

$$\overset{\mathrm{a}}{\leqslant} \frac{1}{\beta}\|\boldsymbol{\lambda}^k - \boldsymbol{\lambda}^*\|^2 + \beta\|\mathbf{B}\mathbf{y}^k - \mathbf{B}\mathbf{y}^*\|^2$$

$$- \frac{1}{\beta}\|\boldsymbol{\lambda}^{k+1} - \boldsymbol{\lambda}^k\|^2 - \beta\|\mathbf{B}\mathbf{y}^{k+1} - \mathbf{B}\mathbf{y}^k\|^2$$

$$\overset{\mathrm{b}}{=} \mathrm{dist}_{\mathbf{H}}^2\left(\left(\mathbf{x}^k, \mathbf{y}^k, \boldsymbol{\lambda}^k\right), \phi^{-1}(\mathbf{0})\right)$$

$$- \frac{1}{\beta}\|\boldsymbol{\lambda}^{k+1} - \boldsymbol{\lambda}^k\|^2 - \beta\|\mathbf{B}\mathbf{y}^{k+1} - \mathbf{B}\mathbf{y}^k\|^2$$

$$\overset{\mathrm{c}}{\leqslant} \mathrm{dist}_{\mathbf{H}}^2\left(\left(\mathbf{x}^k, \mathbf{y}^k, \boldsymbol{\lambda}^k\right), \phi^{-1}(\mathbf{0})\right)$$

$$- \frac{1}{\kappa^2\left(\beta\|\mathbf{A}\|_2^2 + \frac{1}{\beta}\right)} \mathrm{dist}_{\mathbf{H}}^2\left(\left(\mathbf{x}^{k+1}, \mathbf{y}^{k+1}, \boldsymbol{\lambda}^{k+1}\right), \phi^{-1}(\mathbf{0})\right),$$

其中 $\overset{\mathrm{a}}{\leqslant}$ 使用了 (3.15) 和引理 3.1, $\overset{\mathrm{b}}{=}$ 使用了 (3.27), $\overset{\mathrm{c}}{\leqslant}$ 使用了(3.26). □

3.2 布雷格曼 ADMM

ADMM 在更新变量 $\mathbf{x}$ 和 $\mathbf{y}$ 时, 需要求解两个子问题. 当子问题没有闭式解时, 需要迭代求解, 因此算法较慢. 为了解决这个问题, 我们可以使用线性化技术使得子问题容易求解, 例如见文献 [31,58,79,88,89], 以及算法 3.2 和算法 3.3. 在本节, 我们介绍一种更一般化的方法: 布雷格曼 ADMM.

回顾布雷格曼距离 (见定义 A.15) 的定义:

$$D_\phi(\mathbf{y}, \mathbf{x}) = \phi(\mathbf{y}) - \phi(\mathbf{x}) - \langle\nabla\phi(\mathbf{x}), \mathbf{y} - \mathbf{x}\rangle,$$

其中 ϕ 是可微凸函数. 一般的布雷格曼 ADMM 每次迭代执行如下步骤:

$$\mathbf{x}^{k+1} = \underset{\mathbf{x}}{\operatorname{argmin}}\left(f(\mathbf{x}) + g(\mathbf{y}^k) + \langle\boldsymbol{\lambda}^k, \mathbf{A}\mathbf{x} + \mathbf{B}\mathbf{y}^k - \mathbf{b}\rangle \right.$$
$$\left. + \frac{\beta}{2}\|\mathbf{A}\mathbf{x} + \mathbf{B}\mathbf{y}^k - \mathbf{b}\|^2 + D_\phi(\mathbf{x}, \mathbf{x}^k)\right), \tag{3.28a}$$

$$\mathbf{y}^{k+1} = \underset{\mathbf{y}}{\operatorname{argmin}}\left(f(\mathbf{x}^{k+1}) + g(\mathbf{y}) + \langle\boldsymbol{\lambda}^k, \mathbf{A}\mathbf{x}^{k+1} + \mathbf{B}\mathbf{y} - \mathbf{b}\rangle \right.$$
$$\left. + \frac{\beta}{2}\|\mathbf{A}\mathbf{x}^{k+1} + \mathbf{B}\mathbf{y} - \mathbf{b}\|^2 + D_\psi(\mathbf{y}, \mathbf{y}^k)\right), \tag{3.28b}$$

$$\boldsymbol{\lambda}^{k+1} = \boldsymbol{\lambda}^k + \beta(\mathbf{A}\mathbf{x}^{k+1} + \mathbf{B}\mathbf{y}^{k+1} - \mathbf{b}). \tag{3.28c}$$

布雷格曼 ADMM 见算法 3.1.

算法 3.1   布雷格曼 ADMM

初始化 $\mathbf{x}^0, \mathbf{y}^0, \boldsymbol{\lambda}^0$.

for $k = 0, 1, 2, 3, \cdots$ **do**

  分别使用 (3.28a)、(3.28b) 和 (3.28c) 更新 $\mathbf{x}^{k+1}, \mathbf{y}^{k+1}$ 和 $\boldsymbol{\lambda}^{k+1}$.

end for

选择不同的 ϕ 和 ψ 对应不同的布雷格曼 ADMM 特例. 当我们选择

$$\phi(\mathbf{x}) = \frac{\beta\|\mathbf{A}\|_2^2}{2}\|\mathbf{x} - \mathbf{u}_1\|^2 - \frac{\beta}{2}\|\mathbf{A}\mathbf{x} - \mathbf{u}_2\|^2, \tag{3.29}$$

$$\psi(\mathbf{y}) = \frac{\beta\|\mathbf{B}\|_2^2}{2}\|\mathbf{y} - \mathbf{v}_1\|^2 - \frac{\beta}{2}\|\mathbf{B}\mathbf{y} - \mathbf{v}_2\|^2 \tag{3.30}$$

时, 其中 $\mathbf{u}_i$ 和 $\mathbf{v}_i$ $(i = 1, 2)$ 是任意常向量, 可得

$$D_\phi(\mathbf{x}, \mathbf{x}') = \frac{\beta\|\mathbf{A}\|_2^2}{2}\|\mathbf{x} - \mathbf{x}'\|^2 - \frac{\beta}{2}\|\mathbf{A}(\mathbf{x} - \mathbf{x}')\|^2,$$

$$D_\psi(\mathbf{y}, \mathbf{y}') = \frac{\beta\|\mathbf{B}\|_2^2}{2}\|\mathbf{y} - \mathbf{y}'\|^2 - \frac{\beta}{2}\|\mathbf{B}(\mathbf{y} - \mathbf{y}')\|^2.$$

上述布雷格曼距离与 $\mathbf{u}_i$ 和 $\mathbf{v}_i$ $(i = 1, 2)$ 无关. 步骤 (3.28a) 和 (3.28b) 等价于

$$
\begin{aligned}
\mathbf{x}^{k+1} = \underset{\mathbf{x}}{\operatorname{argmin}} \bigg(&f(\mathbf{x}) + g(\mathbf{y}^k) + \left\langle \boldsymbol{\lambda}^k, \mathbf{A}\mathbf{x} + \mathbf{B}\mathbf{y}^k - \mathbf{b} \right\rangle \\
&+ \frac{\beta}{2}\|\mathbf{A}\mathbf{x}^k + \mathbf{B}\mathbf{y}^k - \mathbf{b}\|^2 + \beta \left\langle \mathbf{A}^{\mathrm{T}}(\mathbf{A}\mathbf{x}^k + \mathbf{B}\mathbf{y}^k - \mathbf{b}), \mathbf{x} - \mathbf{x}^k \right\rangle \\
&+ \frac{\beta\|\mathbf{A}\|_2^2}{2}\|\mathbf{x} - \mathbf{x}^k\|^2 \bigg) \\
= \operatorname{Prox}_{(\beta\|\mathbf{A}\|_2^2)^{-1}f} & \left(\mathbf{x}^k - \left(\beta\|\mathbf{A}\|_2^2\right)^{-1} \mathbf{A}^{\mathrm{T}} \left[\boldsymbol{\lambda}^k + \beta(\mathbf{A}\mathbf{x}^k + \mathbf{B}\mathbf{y}^k - \mathbf{b}) \right] \right), \quad (3.31)
\end{aligned}
$$

$$
\begin{aligned}
\mathbf{y}^{k+1} = \underset{\mathbf{y}}{\operatorname{argmin}} \bigg(&f(\mathbf{x}^{k+1}) + g(\mathbf{y}) + \left\langle \boldsymbol{\lambda}^k, \mathbf{A}\mathbf{x}^{k+1} + \mathbf{B}\mathbf{y} - \mathbf{b} \right\rangle \\
&+ \frac{\beta}{2}\|\mathbf{A}\mathbf{x}^{k+1} + \mathbf{B}\mathbf{y}^k - \mathbf{b}\|^2 + \beta \left\langle \mathbf{B}^{\mathrm{T}}(\mathbf{A}\mathbf{x}^{k+1} + \mathbf{B}\mathbf{y}^k - \mathbf{b}), \mathbf{y} - \mathbf{y}^k \right\rangle \\
&+ \frac{\beta\|\mathbf{B}\|_2^2}{2}\|\mathbf{y} - \mathbf{y}^k\|^2 \bigg)
\end{aligned}
$$

$$= \mathrm{Prox}_{\left(\beta\|\mathbf{B}\|_2^2\right)^{-1}g} \left(\mathbf{y}^k - \left(\beta\|\mathbf{B}\|_2^2\right)^{-1} \mathbf{B}^{\mathrm{T}} \left[\boldsymbol{\lambda}^k + \beta(\mathbf{A}\mathbf{x}^{k+1} + \mathbf{B}\mathbf{y}^k - \mathbf{b}) \right] \right).$$

$$\tag{3.32}$$

由于

$$\frac{\beta}{2}\|\mathbf{A}\mathbf{x}^k + \mathbf{B}\mathbf{y}^k - \mathbf{b}\|^2 + \beta \left\langle \mathbf{A}^{\mathrm{T}}(\mathbf{A}\mathbf{x}^k + \mathbf{B}\mathbf{y}^k - \mathbf{b}), \mathbf{x} - \mathbf{x}^k \right\rangle$$

和

$$\frac{\beta}{2}\|\mathbf{A}\mathbf{x}^{k+1} + \mathbf{B}\mathbf{y}^k - \mathbf{b}\|^2 + \beta \left\langle \mathbf{B}^{\mathrm{T}}(\mathbf{A}\mathbf{x}^{k+1} + \mathbf{B}\mathbf{y}^k - \mathbf{b}), \mathbf{y} - \mathbf{y}^k \right\rangle$$

分别是

$$\frac{\beta}{2}\|\mathbf{A}\mathbf{x} + \mathbf{B}\mathbf{y}^k - \mathbf{b}\|^2 \quad \text{和} \quad \frac{\beta}{2}\|\mathbf{A}\mathbf{x}^{k+1} + \mathbf{B}\mathbf{y} - \mathbf{b}\|^2$$

在 $\mathbf{x}^k$ 和 $\mathbf{y}^k$ 处的一阶近似, 上述算法等价于将 (2.15a) 中的 $\frac{\beta}{2}\|\mathbf{A}\mathbf{x} + \mathbf{B}\mathbf{y}^k - \mathbf{b}\|^2$ 项和 (2.15b) 中的 $\frac{\beta}{2}\|\mathbf{A}\mathbf{x}^{k+1} + \mathbf{B}\mathbf{y} - \mathbf{b}\|^2$ 项分别替换为它们在 $\mathbf{x}^k$ 和 $\mathbf{y}^k$ 处的二次上界函数. 因此, 我们将步骤 (3.31)、(3.32) 和 (3.28c) 称为线性化 ADMM. 该算法需要计算 f 和 g 的邻近映射. 在很多情况下, f 和 g 的邻近映射很容易求解. 例如, ℓ_1-范数、ℓ_2-范数和矩阵核范数的邻近映射都有闭式解[55,60].

算法 3.2 描述了当 f 和 g 的邻近映射容易计算时的线性化 ADMM.

算法 3.2 当 f 和 g 的邻近映射容易计算时的线性化 ADMM (LADMM-1)

初始化 $\mathbf{x}^0$, $\mathbf{y}^0$, $\boldsymbol{\lambda}^0$.

for $k = 0, 1, 2, 3, \cdots$ **do**

分别使用 (3.31)、(3.32) 和 (3.28c) 更新 $\mathbf{x}^{k+1}$、$\mathbf{y}^{k+1}$ 和 $\boldsymbol{\lambda}^{k+1}$.

end for

当 f 和 g 的邻近映射不容易求解时, 如果 f 和 g 分别是 L_f-光滑和 L_g-光滑函数, 我们可以选择

$$\phi(\mathbf{x}) = \frac{L_f + \beta\|\mathbf{A}\|_2^2}{2}\|\mathbf{x} - \mathbf{u}_1\|^2 - f(\mathbf{x}) - \frac{\beta}{2}\|\mathbf{A}\mathbf{x} - \mathbf{u}_2\|^2, \tag{3.33}$$

$$\psi(\mathbf{y}) = \frac{L_g + \beta\|\mathbf{B}\|_2^2}{2}\|\mathbf{y} - \mathbf{v}_1\|^2 - g(\mathbf{y}) - \frac{\beta}{2}\|\mathbf{B}\mathbf{y} - \mathbf{v}_2\|^2, \tag{3.34}$$

其中 $\mathbf{u}_i$ 和 $\mathbf{v}_i$ ($i = 1, 2$) 是任意常向量. 则有

$$D_\phi(\mathbf{x}, \mathbf{x}') = \frac{L_f + \beta\|\mathbf{A}\|_2^2}{2}\|\mathbf{x} - \mathbf{x}'\|^2 - f(\mathbf{x}) + f(\mathbf{x}') + \left\langle \nabla f(\mathbf{x}'), \mathbf{x} - \mathbf{x}' \right\rangle$$

$$- \frac{\beta}{2}\|\mathbf{A}(\mathbf{x} - \mathbf{x}')\|^2,$$

$$D_\psi(\mathbf{y},\mathbf{y}') = \frac{L_g + \beta\|\mathbf{B}\|_2^2}{2}\|\mathbf{y} - \mathbf{y}'\|^2 - g(\mathbf{y}) + g(\mathbf{y}') + \langle \nabla g(\mathbf{y}'), \mathbf{y} - \mathbf{y}'\rangle$$
$$- \frac{\beta}{2}\|\mathbf{B}(\mathbf{y} - \mathbf{y}')\|^2. \tag{3.35}$$

它们同样与 $\mathbf{u}_i$ 和 $\mathbf{v}_i$ $(i=1,2)$ 无关. 相应地, 步骤 (3.28a) 和 (3.28b) 转化为

$$\mathbf{x}^{k+1} = \underset{\mathbf{x}}{\arg\min}\left(f(\mathbf{x}^k) + \langle\nabla f(\mathbf{x}^k), \mathbf{x} - \mathbf{x}^k\rangle + g(\mathbf{y}^k) + \langle\boldsymbol{\lambda}^k, \mathbf{A}\mathbf{x} + \mathbf{B}\mathbf{y}^k - \mathbf{b}\rangle\right.$$
$$+ \frac{\beta}{2}\|\mathbf{A}\mathbf{x}^k + \mathbf{B}\mathbf{y}^k - \mathbf{b}\|^2 + \beta\langle\mathbf{A}^{\mathrm{T}}(\mathbf{A}\mathbf{x}^k + \mathbf{B}\mathbf{y}^k - \mathbf{b}), \mathbf{x} - \mathbf{x}^k\rangle$$
$$\left.+ \frac{L_f + \beta\|\mathbf{A}\|_2^2}{2}\|\mathbf{x} - \mathbf{x}^k\|^2\right)$$
$$= \mathbf{x}^k - \left(L_f + \beta\|\mathbf{A}\|_2^2\right)^{-1}\left\{\nabla f(\mathbf{x}^k) + \mathbf{A}^{\mathrm{T}}\left[\boldsymbol{\lambda}^k + \beta(\mathbf{A}\mathbf{x}^k + \mathbf{B}\mathbf{y}^k - \mathbf{b})\right]\right\}, \tag{3.36}$$
$$\mathbf{y}^{k+1} = \underset{\mathbf{y}}{\arg\min}\left(f(\mathbf{x}^{k+1}) + g(\mathbf{y}^k) + \langle\nabla g(\mathbf{y}^k), \mathbf{y} - \mathbf{y}^k\rangle + \langle\boldsymbol{\lambda}^k, \mathbf{A}\mathbf{x}^{k+1} + \mathbf{B}\mathbf{y} - \mathbf{b}\rangle\right.$$
$$+ \frac{\beta}{2}\|\mathbf{A}\mathbf{x}^{k+1} + \mathbf{B}\mathbf{y}^k - \mathbf{b}\|^2 + \beta\langle\mathbf{B}^{\mathrm{T}}(\mathbf{A}\mathbf{x}^{k+1} + \mathbf{B}\mathbf{y}^k - \mathbf{b}), \mathbf{y} - \mathbf{y}^k\rangle$$
$$\left.+ \frac{L_g + \beta\|\mathbf{B}\|_2^2}{2}\|\mathbf{y} - \mathbf{y}^k\|^2\right)$$
$$= \mathbf{y}^k - \left(L_g + \beta\|\mathbf{B}\|_2^2\right)^{-1}\left\{\nabla g(\mathbf{y}^k) + \mathbf{B}^{\mathrm{T}}\left[\boldsymbol{\lambda}^k + \beta(\mathbf{A}\mathbf{x}^{k+1} + \mathbf{B}\mathbf{y}^k - \mathbf{b})\right]\right\}. \tag{3.37}$$

类似地, 由于

$$f(\mathbf{x}^k) + \langle\nabla f(\mathbf{x}^k), \mathbf{x} - \mathbf{x}^k\rangle$$
$$+ \frac{\beta}{2}\|\mathbf{A}\mathbf{x}^k + \mathbf{B}\mathbf{y}^k - \mathbf{b}\|^2 + \beta\langle\mathbf{A}^{\mathrm{T}}(\mathbf{A}\mathbf{x}^k + \mathbf{B}\mathbf{y}^k - \mathbf{b}), \mathbf{x} - \mathbf{x}^k\rangle$$

和

$$g(\mathbf{y}^k) + \langle\nabla g(\mathbf{y}^k), \mathbf{y} - \mathbf{y}^k\rangle$$
$$+ \frac{\beta}{2}\|\mathbf{A}\mathbf{x}^{k+1} + \mathbf{B}\mathbf{y}^k - \mathbf{b}\|^2 + \beta\langle\mathbf{B}^{\mathrm{T}}(\mathbf{A}\mathbf{x}^{k+1} + \mathbf{B}\mathbf{y}^k - \mathbf{b}), \mathbf{y} - \mathbf{y}^k\rangle$$

分别是

$$f(\mathbf{x}) + \frac{\beta}{2}\|\mathbf{A}\mathbf{x} + \mathbf{B}\mathbf{y}^k - \mathbf{b}\|^2 \quad 和 \quad g(\mathbf{y}) + \frac{\beta}{2}\|\mathbf{A}\mathbf{x}^{k+1} + \mathbf{B}\mathbf{y} - \mathbf{b}\|^2$$

在 $\mathbf{x}^k$ 和 $\mathbf{y}^k$ 处的线性近似, 上述算法等价于将 (2.15a) 中的 $f(\mathbf{x}) + \dfrac{\beta}{2}\|\mathbf{Ax}+\mathbf{By}^k-\mathbf{b}\|^2$ 项和 (2.15b) 中的 $g(\mathbf{y})+\dfrac{\beta}{2}\|\mathbf{Ax}^{k+1}+\mathbf{By}-\mathbf{b}\|^2$ 项分别用它们在 $\mathbf{x}^k$ 和 $\mathbf{y}^k$ 处的二次上界函数替代. 因此, 我们同样将步骤 (3.36)、(3.37) 和 (3.28c) 称为线性化 ADMM.

算法 3.3 描述了当 f 和 g 的邻近映射不容易求解, 但其梯度 Lipschitz 连续时的线性化 ADMM.

算法 3.3 当 f 和 g 的邻近映射不容易求解, 但其梯度 Lipschitz 连续时的线性化 ADMM (LADMM-2)

初始化 $\mathbf{x}^0, \mathbf{y}^0, \boldsymbol{\lambda}^0$.

for $k = 0, 1, 2, 3, \cdots$ **do**

    分别使用 (3.36)、(3.37) 和 (3.28c) 更新 $\mathbf{x}^{k+1}, \mathbf{y}^{k+1}$ 和 $\boldsymbol{\lambda}^{k+1}$.

end for

3.2.1 次线性收敛速度

布雷格曼 ADMM 算法次线性收敛速度的分析类似于经典 ADMM. 本节证明由 3.1.2 节中的证明扩展得到. 对算法 3.1, 引理 3.3 同样成立, 只需将 (3.1)、(3.2) 和 (3.8) 分别替换为

$$0 \in \partial f(\mathbf{x}^{k+1}) + \mathbf{A}^{\mathrm{T}}\boldsymbol{\lambda}^k + \beta\mathbf{A}^{\mathrm{T}}(\mathbf{Ax}^{k+1}+\mathbf{By}^k-\mathbf{b}) + \nabla\phi(\mathbf{x}^{k+1}) - \nabla\phi(\mathbf{x}^k),$$

$$0 \in \partial g(\mathbf{y}^{k+1}) + \mathbf{B}^{\mathrm{T}}\boldsymbol{\lambda}^k + \beta\mathbf{B}^{\mathrm{T}}(\mathbf{Ax}^{k+1}+\mathbf{By}^{k+1}-\mathbf{b}) + \nabla\psi(\mathbf{y}^{k+1}) - \nabla\psi(\mathbf{y}^k) \quad (3.38)$$

和

$$\hat{\nabla}f(\mathbf{x}^{k+1}) - \nabla\phi(\mathbf{x}^{k+1}) + \nabla\phi(\mathbf{x}^k) \in \partial f(\mathbf{x}^{k+1}),$$

$$\hat{\nabla}g(\mathbf{y}^{k+1}) - \nabla\psi(\mathbf{y}^{k+1}) + \nabla\psi(\mathbf{y}^k) \in \partial g(\mathbf{y}^{k+1}),$$

引理 3.4 无须改动. 然而, 引理 3.7 不再成立, 并且引理 3.5 需要替换为下述引理.

引理 3.8 假设 $f(\mathbf{x})$ 和 $g(\mathbf{y})$ 是凸函数, 则对算法 3.1, 有

$$\left\langle \hat{\nabla}f(\mathbf{x}^{k+1}), \mathbf{x}^{k+1}-\mathbf{x}^* \right\rangle + \left\langle \hat{\nabla}g(\mathbf{y}^{k+1}), \mathbf{y}^{k+1}-\mathbf{y}^* \right\rangle + \left\langle \boldsymbol{\lambda}^*, \mathbf{Ax}^{k+1}+\mathbf{By}^{k+1}-\mathbf{b} \right\rangle$$

$$\leqslant \frac{1}{2\beta}\|\boldsymbol{\lambda}^k-\boldsymbol{\lambda}^*\|^2 - \frac{1}{2\beta}\|\boldsymbol{\lambda}^{k+1}-\boldsymbol{\lambda}^*\|^2$$

$$+ \frac{\beta}{2}\|\mathbf{By}^k-\mathbf{By}^*\|^2 - \frac{\beta}{2}\|\mathbf{By}^{k+1}-\mathbf{By}^*\|^2.$$

证明 由引理 3.5 证明, 我们有

$$\left\langle \hat{\nabla}f(\mathbf{x}^{k+1}), \mathbf{x}^{k+1}-\mathbf{x}^* \right\rangle + \left\langle \hat{\nabla}g(\mathbf{y}^{k+1}), \mathbf{y}^{k+1}-\mathbf{y}^* \right\rangle + \left\langle \boldsymbol{\lambda}^*, \mathbf{Ax}^{k+1}+\mathbf{By}^{k+1}-\mathbf{b} \right\rangle$$

$$= \frac{1}{2\beta}\|\boldsymbol{\lambda}^k - \boldsymbol{\lambda}^*\|^2 - \frac{1}{2\beta}\|\boldsymbol{\lambda}^{k+1} - \boldsymbol{\lambda}^*\|^2 - \frac{1}{2\beta}\|\boldsymbol{\lambda}^{k+1} - \boldsymbol{\lambda}^k\|^2$$

$$+ \frac{\beta}{2}\|\mathbf{B}\mathbf{y}^k - \mathbf{B}\mathbf{y}^*\|^2 - \frac{\beta}{2}\|\mathbf{B}\mathbf{y}^{k+1} - \mathbf{B}\mathbf{y}^*\|^2 - \frac{\beta}{2}\|\mathbf{B}\mathbf{y}^{k+1} - \mathbf{B}\mathbf{y}^k\|^2$$

$$+ \langle \mathbf{B}\mathbf{y}^{k+1} - \mathbf{B}\mathbf{y}^k, \boldsymbol{\lambda}^{k+1} - \boldsymbol{\lambda}^k \rangle$$

$$\overset{\mathrm{a}}{\leqslant} \frac{1}{2\beta}\|\boldsymbol{\lambda}^k - \boldsymbol{\lambda}^*\|^2 - \frac{1}{2\beta}\|\boldsymbol{\lambda}^{k+1} - \boldsymbol{\lambda}^*\|^2$$

$$+ \frac{\beta}{2}\|\mathbf{B}\mathbf{y}^k - \mathbf{B}\mathbf{y}^*\|^2 - \frac{\beta}{2}\|\mathbf{B}\mathbf{y}^{k+1} - \mathbf{B}\mathbf{y}^*\|^2,$$

其中 $\overset{\mathrm{a}}{\leqslant}$ 使用了 $\dfrac{1}{2\beta}\|\mathbf{u}\|^2 + \dfrac{\beta}{2}\|\mathbf{v}\|^2 \geqslant \langle \mathbf{u}, \mathbf{v} \rangle$. $\qquad\square$

相应地, 引理 3.6 替换为如下引理.

引理 3.9 假设 $f(\mathbf{x})$ 和 $g(\mathbf{y})$ 是凸函数, 则对算法 3.1, 有

$$f(\mathbf{x}^{k+1}) + g(\mathbf{y}^{k+1}) - f(\mathbf{x}^*) - g(\mathbf{y}^*) + \langle \boldsymbol{\lambda}^*, \mathbf{A}\mathbf{x}^{k+1} + \mathbf{B}\mathbf{y}^{k+1} - \mathbf{b} \rangle$$

$$\leqslant \frac{1}{2\beta}\|\boldsymbol{\lambda}^k - \boldsymbol{\lambda}^*\|^2 - \frac{1}{2\beta}\|\boldsymbol{\lambda}^{k+1} - \boldsymbol{\lambda}^*\|^2$$

$$+ \frac{\beta}{2}\|\mathbf{B}\mathbf{y}^k - \mathbf{B}\mathbf{y}^*\|^2 - \frac{\beta}{2}\|\mathbf{B}\mathbf{y}^{k+1} - \mathbf{B}\mathbf{y}^*\|^2$$

$$+ D_\phi(\mathbf{x}^*, \mathbf{x}^k) - D_\phi(\mathbf{x}^*, \mathbf{x}^{k+1}) - D_\phi(\mathbf{x}^{k+1}, \mathbf{x}^k)$$

$$+ D_\psi(\mathbf{y}^*, \mathbf{y}^k) - D_\psi(\mathbf{y}^*, \mathbf{y}^{k+1}) - D_\psi(\mathbf{y}^{k+1}, \mathbf{y}^k). \tag{3.39}$$

若进一步假设 $g(\mathbf{y})$ 是 μ-强凸函数, 则有

$$f(\mathbf{x}^{k+1}) + g(\mathbf{y}^{k+1}) - f(\mathbf{x}^*) - g(\mathbf{y}^*) + \langle \boldsymbol{\lambda}^*, \mathbf{A}\mathbf{x}^{k+1} + \mathbf{B}\mathbf{y}^{k+1} - \mathbf{b} \rangle$$

$$\leqslant \frac{1}{2\beta}\|\boldsymbol{\lambda}^k - \boldsymbol{\lambda}^*\|^2 - \frac{1}{2\beta}\|\boldsymbol{\lambda}^{k+1} - \boldsymbol{\lambda}^*\|^2$$

$$+ \frac{\beta}{2}\|\mathbf{B}\mathbf{y}^k - \mathbf{B}\mathbf{y}^*\|^2 - \frac{\beta}{2}\|\mathbf{B}\mathbf{y}^{k+1} - \mathbf{B}\mathbf{y}^*\|^2 - \frac{\mu}{2}\|\mathbf{y}^{k+1} - \mathbf{y}^*\|^2$$

$$+ D_\phi(\mathbf{x}^*, \mathbf{x}^k) - D_\phi(\mathbf{x}^*, \mathbf{x}^{k+1}) - D_\phi(\mathbf{x}^{k+1}, \mathbf{x}^k)$$

$$+ D_\psi(\mathbf{y}^*, \mathbf{y}^k) - D_\psi(\mathbf{y}^*, \mathbf{y}^{k+1}) - D_\psi(\mathbf{y}^{k+1}, \mathbf{y}^k). \tag{3.40}$$

若进一步假设 $g(\mathbf{y})$ 是 L-光滑函数, 则有

$$f(\mathbf{x}^{k+1}) + g(\mathbf{y}^{k+1}) - f(\mathbf{x}^*) - g(\mathbf{y}^*) + \langle \boldsymbol{\lambda}^*, \mathbf{A}\mathbf{x}^{k+1} + \mathbf{B}\mathbf{y}^{k+1} - \mathbf{b} \rangle$$

$$\leqslant \frac{1}{2\beta}\|\boldsymbol{\lambda}^k - \boldsymbol{\lambda}^*\|^2 - \frac{1}{2\beta}\|\boldsymbol{\lambda}^{k+1} - \boldsymbol{\lambda}^*\|^2$$

$$+ \frac{\beta}{2}\|\mathbf{By}^k - \mathbf{By}^*\|^2 - \frac{\beta}{2}\|\mathbf{By}^{k+1} - \mathbf{By}^*\|^2 - \frac{1}{2L}\|\nabla g(\mathbf{y}^{k+1}) - \nabla g(\mathbf{y}^*)\|^2$$

$$+ D_\phi(\mathbf{x}^*, \mathbf{x}^k) - D_\phi(\mathbf{x}^*, \mathbf{x}^{k+1}) - D_\phi(\mathbf{x}^{k+1}, \mathbf{x}^k)$$

$$+ D_\psi(\mathbf{y}^*, \mathbf{y}^k) - D_\psi(\mathbf{y}^*, \mathbf{y}^{k+1}) - D_\psi(\mathbf{y}^{k+1}, \mathbf{y}^k). \tag{3.41}$$

证明 我们使用引理 3.8 和引理 A.2 的第 2 条证明该结论. 由 $f(\mathbf{x})$ 和 $g(\mathbf{y})$ 的凸性, 可得

$$f(\mathbf{x}^{k+1}) + g(\mathbf{y}^{k+1}) - f(\mathbf{x}^*) - g(\mathbf{y}^*) + \langle \boldsymbol{\lambda}^*, \mathbf{Ax}^{k+1} + \mathbf{By}^{k+1} - \mathbf{b} \rangle$$

$$\leqslant \left\langle \hat{\nabla} f(\mathbf{x}^{k+1}) - \left(\nabla\phi(\mathbf{x}^{k+1}) - \nabla\phi(\mathbf{x}^k)\right), \mathbf{x}^{k+1} - \mathbf{x}^* \right\rangle$$

$$+ \left\langle \hat{\nabla} g(\mathbf{y}^{k+1}) - \left(\nabla\psi(\mathbf{y}^{k+1}) - \nabla\psi(\mathbf{y}^k)\right), \mathbf{y}^{k+1} - \mathbf{y}^* \right\rangle$$

$$+ \left\langle \boldsymbol{\lambda}^*, \mathbf{Ax}^{k+1} + \mathbf{By}^{k+1} - \mathbf{b} \right\rangle$$

$$\leqslant \frac{1}{2\beta}\|\boldsymbol{\lambda}^k - \boldsymbol{\lambda}^*\|^2 - \frac{1}{2\beta}\|\boldsymbol{\lambda}^{k+1} - \boldsymbol{\lambda}^*\|^2$$

$$+ \frac{\beta}{2}\|\mathbf{By}^k - \mathbf{By}^*\|^2 - \frac{\beta}{2}\|\mathbf{By}^{k+1} - \mathbf{By}^*\|^2$$

$$+ D_\phi(\mathbf{x}^*, \mathbf{x}^k) - D_\phi(\mathbf{x}^*, \mathbf{x}^{k+1}) - D_\phi(\mathbf{x}^{k+1}, \mathbf{x}^k)$$

$$+ D_\psi(\mathbf{y}^*, \mathbf{y}^k) - D_\psi(\mathbf{y}^*, \mathbf{y}^{k+1}) - D_\psi(\mathbf{y}^{k+1}, \mathbf{y}^k).$$

类似于引理 3.6 中的证明, 同样可得 (3.40) 和 (3.41). □

3.2.1.1 遍历意义收敛速度

本节考虑布雷格曼 ADMM 算法在遍历意义下的收敛速度. 此时定理 3.3 同样成立, 但需要稍加变动, 得到如下定理, 其证明类似于定理 3.3 的证明, 但需要改为对 (3.39) 求和.

定理 3.6 假设 $f(\mathbf{x})$ 和 $g(\mathbf{y})$ 是凸函数, 则对算法 3.1, 有

$$|f(\hat{\mathbf{x}}^{K+1}) + g(\hat{\mathbf{y}}^{K+1}) - f(\mathbf{x}^*) - g(\mathbf{y}^*)| \leqslant \frac{D}{2(K+1)} + \frac{2\sqrt{D}\|\boldsymbol{\lambda}^*\|}{\sqrt{\beta}(K+1)},$$

$$\|\mathbf{A}\hat{\mathbf{x}}^{K+1} + \mathbf{B}\hat{\mathbf{y}}^{K+1} - \mathbf{b}\| \leqslant \frac{2\sqrt{D}}{\sqrt{\beta}(K+1)},$$

其中

$$\hat{\mathbf{x}}^{K+1} = \frac{1}{K+1} \sum_{k=1}^{K+1} \mathbf{x}^k, \quad \hat{\mathbf{y}}^{K+1} = \frac{1}{K+1} \sum_{k=1}^{K+1} \mathbf{y}^k,$$

$$D = \frac{1}{\beta} \|\boldsymbol{\lambda}^0 - \boldsymbol{\lambda}^*\|^2 + \beta \|\mathbf{B}\mathbf{y}^0 - \mathbf{B}\mathbf{y}^*\|^2 + 2D_\phi(\mathbf{x}^*, \mathbf{x}^0) + 2D_\psi(\mathbf{y}^*, \mathbf{y}^0).$$

3.2.1.2 非遍历意义收敛速度

当我们考虑如下受限情况时:

$$\psi = 0 \quad \text{和} \quad D_\phi(\mathbf{x}, \mathbf{y}) = \frac{1}{2} \|\mathbf{x} - \mathbf{y}\|_{\mathbf{M}}^2 \equiv \frac{1}{2} \langle \mathbf{M}(\mathbf{x} - \mathbf{y}), \mathbf{x} - \mathbf{y} \rangle,$$

其中 $\mathbf{M}$ 是对称半正定矩阵 $\left(\text{即 } \phi(\mathbf{x}) = \frac{1}{2}\mathbf{x}^T\mathbf{M}\mathbf{x}\right)$, ADMM 的 $O\left(\frac{1}{\sqrt{K}}\right)$ 非遍历意义收敛速度同样成立. 这时, 引理 3.7 和引理 3.5 需要替换为如下两个引理.

引理 3.10 假设 $f(\mathbf{x})$ 和 $g(\mathbf{y})$ 是凸函数. 令

$$\psi = 0 \quad \text{和} \quad D_\phi(\mathbf{x}, \mathbf{y}) = \frac{1}{2} \|\mathbf{x} - \mathbf{y}\|_{\mathbf{M}}^2,$$

其中 $\mathbf{M}$ 是对称半正定矩阵. 则对算法 3.1, 有

$$\frac{1}{2\beta} \|\boldsymbol{\lambda}^{k+1} - \boldsymbol{\lambda}^k\|^2 + \frac{\beta}{2} \|\mathbf{B}\mathbf{y}^{k+1} - \mathbf{B}\mathbf{y}^k\|^2 + \frac{1}{2} \|\mathbf{x}^{k+1} - \mathbf{x}^k\|_{\mathbf{M}}^2$$

$$\leqslant \frac{1}{2\beta} \|\boldsymbol{\lambda}^k - \boldsymbol{\lambda}^{k-1}\|^2 + \frac{\beta}{2} \|\mathbf{B}\mathbf{y}^k - \mathbf{B}\mathbf{y}^{k-1}\|^2 + \frac{1}{2} \|\mathbf{x}^k - \mathbf{x}^{k-1}\|_{\mathbf{M}}^2.$$

证明 由引理 3.7 证明, 可得

$$\left\langle \hat{\nabla} f(\mathbf{x}^{k+1}) - \hat{\nabla} f(\mathbf{x}^k), \mathbf{x}^{k+1} - \mathbf{x}^k \right\rangle + \left\langle \hat{\nabla} g(\mathbf{y}^{k+1}) - \hat{\nabla} g(\mathbf{y}^k), \mathbf{y}^{k+1} - \mathbf{y}^k \right\rangle$$

$$\leqslant \frac{1}{2\beta} \left(\|\boldsymbol{\lambda}^k - \boldsymbol{\lambda}^{k-1}\|^2 - \|\boldsymbol{\lambda}^{k+1} - \boldsymbol{\lambda}^k\|^2 \right)$$

$$+ \frac{\beta}{2} \left(\|\mathbf{B}\mathbf{y}^k - \mathbf{B}\mathbf{y}^{k-1}\|^2 - \|\mathbf{B}\mathbf{y}^{k+1} - \mathbf{B}\mathbf{y}^k\|^2 \right).$$

另一方面, 我们有

$$\left\langle -\mathbf{M}(\mathbf{x}^{k+1} - \mathbf{x}^k) + \mathbf{M}(\mathbf{x}^k - \mathbf{x}^{k-1}), \mathbf{x}^{k+1} - \mathbf{x}^k \right\rangle$$

$$= \frac{1}{2} \left(\|\mathbf{x}^k - \mathbf{x}^{k-1}\|_{\mathbf{M}}^2 - \|\mathbf{x}^{k+1} - \mathbf{x}^k\|_{\mathbf{M}}^2 - \|(\mathbf{x}^{k+1} - \mathbf{x}^k) - (\mathbf{x}^k - \mathbf{x}^{k-1})\|_{\mathbf{M}}^2 \right)$$

$$\leqslant \frac{1}{2}\left(\|\mathbf{x}^k - \mathbf{x}^{k-1}\|_{\mathbf{M}}^2 - \|\mathbf{x}^{k+1} - \mathbf{x}^k\|_{\mathbf{M}}^2\right). \tag{3.42}$$

将上述两式相加, 可得

$$\left\langle \hat{\nabla} f(\mathbf{x}^{k+1}) - \mathbf{M}(\mathbf{x}^{k+1} - \mathbf{x}^k) - \left(\hat{\nabla} f(\mathbf{x}^k) - \mathbf{M}(\mathbf{x}^k - \mathbf{x}^{k-1})\right), \mathbf{x}^{k+1} - \mathbf{x}^k \right\rangle$$

$$+ \left\langle \hat{\nabla} g(\mathbf{y}^{k+1}) - \hat{\nabla} g(\mathbf{y}^k), \mathbf{y}^{k+1} - \mathbf{y}^k \right\rangle$$

$$\leqslant \frac{1}{2\beta}\left(\|\boldsymbol{\lambda}^k - \boldsymbol{\lambda}^{k-1}\|^2 - \|\boldsymbol{\lambda}^{k+1} - \boldsymbol{\lambda}^k\|^2\right)$$

$$+ \frac{\beta}{2}\left(\|\mathbf{B}\mathbf{y}^k - \mathbf{B}\mathbf{y}^{k-1}\|^2 - \|\mathbf{B}\mathbf{y}^{k+1} - \mathbf{B}\mathbf{y}^k\|^2\right)$$

$$+ \frac{1}{2}\left(\|\mathbf{x}^k - \mathbf{x}^{k-1}\|_{\mathbf{M}}^2 - \|\mathbf{x}^{k+1} - \mathbf{x}^k\|_{\mathbf{M}}^2\right).$$

使用 ∂f 和 ∂g 的单调性, 结论得证.   □

引理 3.11 假设 $f(\mathbf{x})$ 和 $g(\mathbf{y})$ 是凸函数. 令

$$\psi = 0 \quad \text{和} \quad D_\phi(\mathbf{x}, \mathbf{y}) = \frac{1}{2}\|\mathbf{x} - \mathbf{y}\|_{\mathbf{M}}^2,$$

其中 $\mathbf{M}$ 是对称半正定矩阵. 则对算法 3.1, 有

$$\left\langle \hat{\nabla} f(\mathbf{x}^{k+1}), \mathbf{x}^{k+1} - \mathbf{x}^* \right\rangle + \left\langle \hat{\nabla} g(\mathbf{y}^{k+1}), \mathbf{y}^{k+1} - \mathbf{y}^* \right\rangle + \left\langle \boldsymbol{\lambda}^*, \mathbf{A}\mathbf{x}^{k+1} + \mathbf{B}\mathbf{y}^{k+1} - \mathbf{b} \right\rangle$$

$$\leqslant \frac{1}{2\beta}\|\boldsymbol{\lambda}^k - \boldsymbol{\lambda}^*\|^2 - \frac{1}{2\beta}\|\boldsymbol{\lambda}^{k+1} - \boldsymbol{\lambda}^*\|^2$$

$$+ \frac{\beta}{2}\|\mathbf{B}\mathbf{y}^k - \mathbf{B}\mathbf{y}^*\|^2 - \frac{\beta}{2}\|\mathbf{B}\mathbf{y}^{k+1} - \mathbf{B}\mathbf{y}^*\|^2$$

$$- \frac{1}{2\beta}\|\boldsymbol{\lambda}^{k+1} - \boldsymbol{\lambda}^k\|^2 - \frac{\beta}{2}\|\mathbf{B}\mathbf{y}^{k+1} - \mathbf{B}\mathbf{y}^k\|^2.$$

引理 3.11 与引理 3.8 的区别是 (3.14) 成立, 这是由于 $\psi = 0$. 类似于 (3.39), 我们有

$$f(\mathbf{x}^{k+1}) + g(\mathbf{y}^{k+1}) - f(\mathbf{x}^*) - g(\mathbf{y}^*) + \left\langle \boldsymbol{\lambda}^*, \mathbf{A}\mathbf{x}^{k+1} + \mathbf{B}\mathbf{y}^{k+1} - \mathbf{b} \right\rangle$$

$$\leqslant \frac{1}{2\beta}\|\boldsymbol{\lambda}^k - \boldsymbol{\lambda}^*\|^2 + \frac{\beta}{2}\|\mathbf{B}\mathbf{y}^k - \mathbf{B}\mathbf{y}^*\|^2 + \frac{1}{2}\|\mathbf{x}^k - \mathbf{x}^*\|_{\mathbf{M}}^2$$

$$- \left(\frac{1}{2\beta}\|\boldsymbol{\lambda}^{k+1} - \boldsymbol{\lambda}^*\|^2 + \frac{\beta}{2}\|\mathbf{B}\mathbf{y}^{k+1} - \mathbf{B}\mathbf{y}^*\|^2 + \frac{1}{2}\|\mathbf{x}^{k+1} - \mathbf{x}^*\|_{\mathbf{M}}^2\right)$$

$$- \left(\frac{1}{2\beta} \|\boldsymbol{\lambda}^{k+1} - \boldsymbol{\lambda}^k\|^2 + \frac{\beta}{2} \|\mathbf{B}\mathbf{y}^{k+1} - \mathbf{B}\mathbf{y}^k\|^2 + \frac{1}{2} \|\mathbf{x}^{k+1} - \mathbf{x}^k\|_{\mathbf{M}}^2 \right).$$

类似于定理 3.2, 我们有如下定理.

定理 3.7 假设 f 和 g 都是一般凸函数. 令

$$\psi = 0 \quad \text{和} \quad D_\phi(\mathbf{x}, \mathbf{y}) = \frac{1}{2} \|\mathbf{x} - \mathbf{y}\|_{\mathbf{M}}^2,$$

其中 $\mathbf{M}$ 是对称半正定矩阵. 则对算法 3.1, 有

$$-\|\boldsymbol{\lambda}^*\| \sqrt{\frac{C}{\beta(K+1)}} \leqslant f(\mathbf{x}^{K+1}) + g(\mathbf{y}^{K+1}) - f(\mathbf{x}^*) - g(\mathbf{y}^*)$$

$$\leqslant \frac{C}{K+1} + \frac{3C}{\sqrt{K+1}} + \|\boldsymbol{\lambda}^*\| \sqrt{\frac{C}{\beta(K+1)}},$$

$$\|\mathbf{A}\mathbf{x}^{K+1} + \mathbf{B}\mathbf{y}^{K+1} - \mathbf{b}\| \leqslant \sqrt{\frac{C}{\beta(K+1)}},$$

其中 $C = \frac{1}{\beta} \|\boldsymbol{\lambda}^0 - \boldsymbol{\lambda}^*\|^2 + \beta \|\mathbf{B}\mathbf{y}^0 - \mathbf{B}\mathbf{y}^*\|^2 + \|\mathbf{x}^0 - \mathbf{x}^*\|_{\mathbf{M}}^2$.

证明 (3.11) 对算法 3.1 同样成立. 由

$$\hat{\nabla} f(\mathbf{x}^{k+1}) - \mathbf{M}(\mathbf{x}^{k+1} - \mathbf{x}^k) \in \partial f(\mathbf{x}^{k+1}) \quad \text{和} \quad \hat{\nabla} g(\mathbf{y}^{k+1}) \in \partial g(\mathbf{y}^{k+1}),$$

可得

$$f(\mathbf{x}^{k+1}) + g(\mathbf{y}^{k+1}) - f(\mathbf{x}^*) - g(\mathbf{y}^*) + \langle \boldsymbol{\lambda}^*, \mathbf{A}\mathbf{x}^{k+1} + \mathbf{B}\mathbf{y}^{k+1} - \mathbf{b} \rangle$$

$$\leqslant -\frac{1}{\beta} \langle \boldsymbol{\lambda}^{k+1} - \boldsymbol{\lambda}^*, \boldsymbol{\lambda}^{k+1} - \boldsymbol{\lambda}^k \rangle + \langle \mathbf{B}\mathbf{y}^{k+1} - \mathbf{B}\mathbf{y}^k, \boldsymbol{\lambda}^{k+1} - \boldsymbol{\lambda}^k \rangle$$

$$- \beta \langle \mathbf{B}\mathbf{y}^{k+1} - \mathbf{B}\mathbf{y}^k, \mathbf{B}\mathbf{y}^{k+1} - \mathbf{B}\mathbf{y}^* \rangle - \langle \mathbf{M}(\mathbf{x}^{k+1} - \mathbf{x}^k), \mathbf{x}^{k+1} - \mathbf{x}^* \rangle.$$

类似于定理 3.2 的证明, 结论可证. 需要注意的是这里多出来一项

$$- \langle \mathbf{M}(\mathbf{x}^{k+1} - \mathbf{x}^k), \mathbf{x}^{k+1} - \mathbf{x}^* \rangle,$$

因此我们得到 $\dfrac{3C}{\sqrt{K+1}}$, 而不是定理 3.2 中的 $\dfrac{2C}{\sqrt{K+1}}$. $\qquad\square$

评注 3.1 这里解释为什么考虑情况

$$\psi = 0 \quad \text{和} \quad \phi(\mathbf{x}) = \frac{1}{2} \mathbf{x}^{\mathrm{T}} \mathbf{M} \mathbf{x}.$$

其原因是当 $\psi \neq 0$ 时, (3.14) 不再成立, 这是因为我们只能得到

$$\hat{\nabla}g(\mathbf{y}^{k+1}) - \nabla\psi(\mathbf{y}^{k+1}) + \nabla\psi(\mathbf{y}^k) \in \partial g(\mathbf{y}^{k+1}),$$

而不是 $\hat{\nabla}g(\mathbf{y}^{k+1}) \in \partial g(\mathbf{y}^{k+1})$. 因此我们只能得到引理 3.8, 而不是引理 3.11. 由定理 3.2 的证明可知保留如下这一项很关键:

$$\frac{1}{2\beta}\|\boldsymbol{\lambda}^{k+1} - \boldsymbol{\lambda}^k\|^2 + \frac{\beta}{2}\|\mathbf{B}\mathbf{y}^{k+1} - \mathbf{B}\mathbf{y}^k\|^2.$$

另一方面, 当 ϕ 是一般光滑函数时, 与 (3.42) 不同的是, 我们需要给出下式的上界

$$\langle -(\nabla\phi(\mathbf{x}^{k+1}) - \nabla\phi(\mathbf{x}^k)) + (\nabla\phi(\mathbf{x}^k) - \nabla\phi(\mathbf{x}^{k-1})), \mathbf{x}^{k+1} - \mathbf{x}^k \rangle,$$

例如如下形式

$$\langle -(\nabla\phi(\mathbf{x}^{k+1}) - \nabla\phi(\mathbf{x}^k)) + (\nabla\phi(\mathbf{x}^k) - \nabla\phi(\mathbf{x}^{k-1})), \mathbf{x}^{k+1} - \mathbf{x}^k \rangle$$

$$\leqslant D_\phi(\mathbf{x}^k, \mathbf{x}^{k-1}) - D_\phi(\mathbf{x}^{k+1}, \mathbf{x}^k),$$

然而上式并不总是成立.

3.2.2 线性收敛速度

本节考虑布雷格曼 ADMM 的线性收敛速度. 考虑两种情况. 第一种情况假设 $g(\mathbf{y})$ 是 μ_g-强凸、L_g-光滑函数. 第二种情况假设 $g(\mathbf{y})$ 是 μ_g-强凸、L_g-光滑函数, $f(\mathbf{x})$ 是 μ_f-强凸函数. 对第一种情况, 我们只线性化第二个子问题, 即令 $\phi = 0$. 对第二种情况, 我们把两个子问题都线性化. 本节证明由 3.1.3.1 节里的证明扩展而来, 并且我们给出收敛速度尽可能精细的估计.

定理 3.8 假设 $f(\mathbf{x})$ 是凸函数, $g(\mathbf{y})$ 是 μ_g-强凸、L_g-光滑函数, $\phi = 0$, $\psi(\mathbf{y})$ 是 L_ψ-光滑凸函数. 假设 $\|\mathbf{B}^{\mathrm{T}}\boldsymbol{\lambda}\| \geqslant \sigma\|\boldsymbol{\lambda}\|$, $\forall\boldsymbol{\lambda}$, 其中 $\sigma > 0$. 则对算法 3.1, 有

$$\frac{1}{2\beta}\|\boldsymbol{\lambda}^{k+1} - \boldsymbol{\lambda}^*\|^2 + \frac{\beta}{2}\|\mathbf{B}\mathbf{y}^{k+1} - \mathbf{B}\mathbf{y}^*\|^2 + D_\psi(\mathbf{y}^*, \mathbf{y}^{k+1})$$

$$\leqslant \left(1 + \frac{1}{3}\min\left\{\frac{\beta\sigma^2}{L_g + L_\psi}, \frac{\mu_g}{\beta\|\mathbf{B}\|_2^2}, \frac{\mu_g}{L_\psi}\right\}\right)^{-1}$$

$$\times \left(\frac{1}{2\beta}\|\boldsymbol{\lambda}^k - \boldsymbol{\lambda}^*\|^2 + \frac{\beta}{2}\|\mathbf{B}\mathbf{y}^k - \mathbf{B}\mathbf{y}^*\|^2 + D_\psi(\mathbf{y}^*, \mathbf{y}^k)\right).$$

证明 类似于 (3.21) 中的推导并使用 (A.5) 和 (3.38), 我们有

$$\frac{\sigma^2}{2(L_g + L_\psi)}\|\boldsymbol{\lambda}^{k+1} - \boldsymbol{\lambda}^*\|^2 - D_\psi(\mathbf{y}^{k+1}, \mathbf{y}^k)$$

$$\leqslant \frac{1}{2(L_g + L_\psi)}\|\mathbf{B}^{\mathrm{T}}(\boldsymbol{\lambda}^{k+1} - \boldsymbol{\lambda}^*)\|^2 - \frac{1}{2L_\psi}\|\nabla\psi(\mathbf{y}^{k+1}) - \nabla\psi(\mathbf{y}^k)\|^2$$

$$\overset{\mathrm{a}}{\leqslant} \frac{1}{2L_g}\|\mathbf{B}^{\mathrm{T}}(\boldsymbol{\lambda}^{k+1} - \boldsymbol{\lambda}^*) + \nabla\psi(\mathbf{y}^{k+1}) - \nabla\psi(\mathbf{y}^k)\|^2$$

$$= \frac{1}{2L_g}\|\nabla g(\mathbf{y}^{k+1}) - \nabla g(\mathbf{y}^*)\|^2, \tag{3.43}$$

其中 $\overset{\mathrm{a}}{\leqslant}$ 使用了 $\|\mathbf{u} + \mathbf{v}\|^2 \geqslant (1-\nu)\|\mathbf{u}\|^2 - \left(\frac{1}{\nu} - 1\right)\|\mathbf{v}\|^2$, 这里令 $\nu = \frac{L_\psi}{L_g + L_\psi}$. 由 (3.40)、(3.41)、(3.43) 和引理 3.1, 并使用 (A.4), 可得

$$\frac{\mu_g}{2\|\mathbf{B}\|_2^2}\|\mathbf{By}^{k+1} - \mathbf{By}^*\|^2 \leqslant \frac{\mu_g}{2}\|\mathbf{y}^{k+1} - \mathbf{y}^*\|^2$$

$$\leqslant \frac{1}{2\beta}\|\boldsymbol{\lambda}^k - \boldsymbol{\lambda}^*\|^2 - \frac{1}{2\beta}\|\boldsymbol{\lambda}^{k+1} - \boldsymbol{\lambda}^*\|^2$$

$$+ \frac{\beta}{2}\|\mathbf{By}^k - \mathbf{By}^*\|^2 - \frac{\beta}{2}\|\mathbf{By}^{k+1} - \mathbf{By}^*\|^2$$

$$+ D_\psi(\mathbf{y}^*, \mathbf{y}^k) - D_\psi(\mathbf{y}^*, \mathbf{y}^{k+1}),$$

$$\frac{\mu_g}{L_\psi}D_\psi(\mathbf{y}^*, \mathbf{y}^{k+1}) \leqslant \frac{\mu_g}{2}\|\mathbf{y}^{k+1} - \mathbf{y}^*\|^2$$

$$\leqslant \frac{1}{2\beta}\|\boldsymbol{\lambda}^k - \boldsymbol{\lambda}^*\|^2 - \frac{1}{2\beta}\|\boldsymbol{\lambda}^{k+1} - \boldsymbol{\lambda}^*\|^2$$

$$+ \frac{\beta}{2}\|\mathbf{By}^k - \mathbf{By}^*\|^2 - \frac{\beta}{2}\|\mathbf{By}^{k+1} - \mathbf{By}^*\|^2$$

$$+ D_\psi(\mathbf{y}^*, \mathbf{y}^k) - D_\psi(\mathbf{y}^*, \mathbf{y}^{k+1})$$

和

$$\frac{\sigma^2}{2(L_g + L_\psi)}\|\boldsymbol{\lambda}^{k+1} - \boldsymbol{\lambda}^*\|^2 \leqslant \frac{1}{2\beta}\|\boldsymbol{\lambda}^k - \boldsymbol{\lambda}^*\|^2 - \frac{1}{2\beta}\|\boldsymbol{\lambda}^{k+1} - \boldsymbol{\lambda}^*\|^2$$

$$+ \frac{\beta}{2}\|\mathbf{By}^k - \mathbf{By}^*\|^2 - \frac{\beta}{2}\|\mathbf{By}^{k+1} - \mathbf{By}^*\|^2$$

$$+ D_\psi(\mathbf{y}^*, \mathbf{y}^k) - D_\psi(\mathbf{y}^*, \mathbf{y}^{k+1}).$$

把三个式子相加, 可得

$$\left(1 + \frac{1}{3}\min\left\{\frac{\beta\sigma^2}{L_g + L_\psi}, \frac{\mu_g}{\beta\|\mathbf{B}\|_2^2}, \frac{\mu_g}{L_\psi}\right\}\right)$$

$$\times \left(\frac{1}{2\beta} \|\boldsymbol{\lambda}^{k+1} - \boldsymbol{\lambda}^*\|^2 + \frac{\beta}{2} \|\mathbf{B}\mathbf{y}^{k+1} - \mathbf{B}\mathbf{y}^*\|^2 + D_\psi(\mathbf{y}^*, \mathbf{y}^{k+1}) \right)$$

$$\leqslant \frac{1}{2\beta} \|\boldsymbol{\lambda}^k - \boldsymbol{\lambda}^*\|^2 + \frac{\beta}{2} \|\mathbf{B}\mathbf{y}^k - \mathbf{B}\mathbf{y}^*\|^2 + D_\psi(\mathbf{y}^*, \mathbf{y}^k).$$

结论得证. □

评注 3.2 由定理 3.8 可知为了找到一个 ϵ-近似最优解, 算法的复杂度为

$$O\left(\left(\frac{L_g + L_\psi}{\beta\sigma^2} + \frac{\beta\|\mathbf{B}\|_2^2}{\mu_g} + \frac{L_\psi}{\mu_g} \right) \log \frac{1}{\epsilon} \right).$$

当

$$\psi(\mathbf{y}) = \frac{L_g + \beta\|\mathbf{B}\|_2^2}{2} \|\mathbf{y}\|^2 - g(\mathbf{y}) - \frac{\beta}{2} \|\mathbf{B}\mathbf{y}\|^2$$

时, 可得 $L_\psi = L_g + \beta\|\mathbf{B}\|_2^2$ 和

$$O\left(\left(\frac{L_g + L_\psi}{\beta\sigma^2} + \frac{\beta\|\mathbf{B}\|_2^2}{\mu_g} + \frac{L_\psi}{\mu_g} \right) \log \frac{1}{\epsilon} \right)$$

$$= O\left(\left(\frac{L_g}{\beta\sigma^2} + \frac{\|\mathbf{B}\|_2^2}{\sigma^2} + \frac{\beta\|\mathbf{B}\|_2^2}{\mu_g} + \frac{L_g}{\mu_g} \right) \log \frac{1}{\epsilon} \right).$$

令 $\beta = \dfrac{\sqrt{\mu_g L_g}}{\sigma\|\mathbf{B}\|_2}$ 并使用 $ab \leqslant \dfrac{1}{2}(a^2 + b^2)$ 对任意 $a, b \geqslant 0$ 成立, 上述复杂度变成

$$O\left(\left(\frac{\|\mathbf{B}\|_2}{\sigma}\sqrt{\frac{L_g}{\mu_g}} + \frac{\|\mathbf{B}\|_2^2}{\sigma^2} + \frac{L_g}{\mu_g} \right) \log \frac{1}{\epsilon} \right) = O\left(\left(\frac{\|\mathbf{B}\|_2^2}{\sigma^2} + \frac{L_g}{\mu_g} \right) \log \frac{1}{\epsilon} \right). \quad (3.44)$$

类似地, 当

$$\psi(\mathbf{y}) = \frac{\beta\|\mathbf{B}\|_2^2}{2} \|\mathbf{y}\|^2 - \frac{\beta}{2} \|\mathbf{B}\mathbf{y}\|^2$$

时, 可得 $L_\psi = \beta\|\mathbf{B}\|_2^2$. 相应地, 令 $\beta = \dfrac{\sqrt{\mu_g L_g}}{\sigma\|\mathbf{B}\|_2}$, 复杂度为

$$O\left(\left(\frac{\|\mathbf{B}\|_2}{\sigma}\sqrt{\frac{L_g}{\mu_g}} + \frac{\|\mathbf{B}\|_2^2}{\sigma^2} \right) \log \frac{1}{\epsilon} \right),$$

即 (3.44) 中等号左边复杂度去掉 $\dfrac{L_g}{\mu_g}$ 这一项. 表 3.1 列举了 ADMM 和两个线性化 ADMM (LADMM) 的复杂度比较.

表 3.1　ADMM 和两个线性化 ADMM (LADMM) 的复杂度比较

算法	复杂度	线性化
ADMM	$O\left(\sqrt{\dfrac{L_g}{\mu_g}}\dfrac{\|\mathbf{B}\|_2}{\sigma}\log\dfrac{1}{\epsilon}\right)$	无线性化
LADMM-1	$O\left(\left(\sqrt{\dfrac{L_g}{\mu_g}}\dfrac{\|\mathbf{B}\|_2}{\sigma}+\dfrac{\|\mathbf{B}\|_2^2}{\sigma^2}\right)\log\dfrac{1}{\epsilon}\right)$	只线性化增广项
LADMM-2	$O\left(\left(\dfrac{\|\mathbf{B}\|_2^2}{\sigma^2}+\dfrac{L_g}{\mu_g}\right)\log\dfrac{1}{\epsilon}\right)$	g 和增广项都线性化

定理 3.9　假设 $f(\mathbf{x})$ 是 μ_f-强凸函数, $g(\mathbf{y})$ 是 μ_g-强凸、L_g-光滑函数, ϕ 是 L_ϕ-光滑凸函数, $\psi(\mathbf{y})$ 是 L_ψ-光滑凸函数. 假设 $\|\mathbf{B}^{\mathrm{T}}\boldsymbol{\lambda}\| \geqslant \sigma\|\boldsymbol{\lambda}\|$, $\forall\boldsymbol{\lambda}$, 其中 $\sigma > 0$. 则对算法 3.1 有

$$\frac{1}{2\beta}\|\boldsymbol{\lambda}^{k+1}-\boldsymbol{\lambda}^*\|^2+\frac{\beta}{2}\|\mathbf{B}\mathbf{y}^{k+1}-\mathbf{B}\mathbf{y}^*\|^2+D_\phi(\mathbf{x}^*,\mathbf{x}^{k+1})+D_\psi(\mathbf{y}^*,\mathbf{y}^{k+1})$$

$$\leqslant \left(1+\frac{1}{4}\min\left\{\frac{\beta\sigma^2}{L_g+L_\psi},\frac{\mu_g}{\beta\|\mathbf{B}\|_2^2},\frac{\mu_g}{L_\psi},\frac{\mu_f}{L_\phi}\right\}\right)^{-1}$$

$$\times\left(\frac{1}{2\beta}\|\boldsymbol{\lambda}^k-\boldsymbol{\lambda}^*\|^2+\frac{\beta}{2}\|\mathbf{B}\mathbf{y}^k-\mathbf{B}\mathbf{y}^*\|^2+D_\phi(\mathbf{x}^*,\mathbf{x}^k)+D_\psi(\mathbf{y}^*,\mathbf{y}^k)\right).$$

证明　由 f 的强凸性, 可得类似于 (3.40) 的不等式, 进而可得

$$\frac{\mu_f}{L_\phi}D_\phi(\mathbf{x}^*,\mathbf{x}^{k+1}) \leqslant \frac{\mu_f}{2}\|\mathbf{x}^{k+1}-\mathbf{x}^*\|^2$$

$$\leqslant \frac{1}{2\beta}\|\boldsymbol{\lambda}^k-\boldsymbol{\lambda}^*\|^2-\frac{1}{2\beta}\|\boldsymbol{\lambda}^{k+1}-\boldsymbol{\lambda}^*\|^2$$

$$+\frac{\beta}{2}\|\mathbf{B}\mathbf{y}^k-\mathbf{B}\mathbf{y}^*\|^2-\frac{\beta}{2}\|\mathbf{B}\mathbf{y}^{k+1}-\mathbf{B}\mathbf{y}^*\|^2$$

$$+D_\phi(\mathbf{x}^*,\mathbf{x}^k)-D_\phi(\mathbf{x}^*,\mathbf{x}^{k+1})$$

$$+D_\psi(\mathbf{y}^*,\mathbf{y}^k)-D_\psi(\mathbf{y}^*,\mathbf{y}^{k+1}).$$

类似于定理 3.8 的证明, 可得

$$\left(1+\frac{1}{4}\min\left\{\frac{\beta\sigma^2}{L_g+L_\psi},\frac{\mu_g}{\beta\|\mathbf{B}\|_2^2},\frac{\mu_g}{L_\psi},\frac{\mu_f}{L_\phi}\right\}\right)$$

$$\times\left(\frac{1}{2\beta}\|\boldsymbol{\lambda}^{k+1}-\boldsymbol{\lambda}^*\|^2+\frac{\beta}{2}\|\mathbf{B}\mathbf{y}^{k+1}-\mathbf{B}\mathbf{y}^*\|^2+D_\phi(\mathbf{x}^*,\mathbf{x}^{k+1})+D_\psi(\mathbf{y}^*,\mathbf{y}^{k+1})\right)$$

$$\leqslant \frac{1}{2\beta}\|\boldsymbol{\lambda}^k - \boldsymbol{\lambda}^*\|^2 + \frac{\beta}{2}\|\mathbf{B}\mathbf{y}^k - \mathbf{B}\mathbf{y}^*\|^2 + D_\phi(\mathbf{x}^*, \mathbf{x}^k) + D_\psi(\mathbf{y}^*, \mathbf{y}^k).$$

结论得证. $\qquad\qquad\qquad\qquad\qquad\qquad\qquad\qquad\qquad\qquad\qquad\qquad\qquad\Box$

3.3 加速线性化 ADMM

本节介绍如何结合 ADMM 和 Nesterov 加速技巧, 并给出收敛速度更快的加速线性化 ADMM.

3.3.1 次线性收敛速度

我们首先考虑 f 和 g 都是一般凸函数, 并且 g 是 L_g-光滑函数的情况. 我们介绍如下加速线性化 ADMM, 该算法首先由 Ouyang 等[73] 提出, 后被 Lu 等[65] 扩展. 该算法包含步骤 (3.45a)–(3.45f), 在更新变量 $\mathbf{y}$ 时, 我们在辅助变量 $\mathbf{v}^k$ 处线性化 g 及增广项. 具体描述见算法 3.4.

$$\mathbf{v}^k = \theta_k \mathbf{y}^k + (1 - \theta_k)\widetilde{\mathbf{y}}^k, \tag{3.45a}$$

$$\mathbf{x}^{k+1} = \underset{\mathbf{x}}{\operatorname{argmin}}\left(f(\mathbf{x}) + \langle \boldsymbol{\lambda}^k, \mathbf{A}\mathbf{x} + \mathbf{B}\mathbf{y}^k - \mathbf{b}\rangle + \frac{\beta}{2}\|\mathbf{A}\mathbf{x} + \mathbf{B}\mathbf{y}^k - \mathbf{b}\|^2\right), \tag{3.45b}$$

$$\begin{aligned}
\mathbf{y}^{k+1} = \underset{\mathbf{y}}{\operatorname{argmin}}\bigg(& g(\mathbf{v}^k) + \langle \nabla g(\mathbf{v}^k), \mathbf{y} - \mathbf{v}^k\rangle + \langle \boldsymbol{\lambda}^k, \mathbf{A}\mathbf{x}^{k+1} + \mathbf{B}\mathbf{y} - \mathbf{b}\rangle \\
& + \beta \langle \mathbf{B}^{\mathrm{T}}(\mathbf{A}\mathbf{x}^{k+1} + \mathbf{B}\mathbf{y}^k - \mathbf{b}), \mathbf{y} - \mathbf{y}^k\rangle \\
& + \frac{L_g\theta_k + \beta\|\mathbf{B}\|_2^2}{2}\|\mathbf{y} - \mathbf{y}^k\|^2\bigg),
\end{aligned} \tag{3.45c}$$

$$\widetilde{\mathbf{x}}^{k+1} = \theta_k \mathbf{x}^{k+1} + (1 - \theta_k)\widetilde{\mathbf{x}}^k, \tag{3.45d}$$

$$\widetilde{\mathbf{y}}^{k+1} = \theta_k \mathbf{y}^{k+1} + (1 - \theta_k)\widetilde{\mathbf{y}}^k, \tag{3.45e}$$

$$\boldsymbol{\lambda}^{k+1} = \boldsymbol{\lambda}^k + \beta(\mathbf{A}\mathbf{x}^{k+1} + \mathbf{B}\mathbf{y}^{k+1} - \mathbf{b}). \tag{3.45f}$$

算法 3.4　求解非强凸问题时的加速线性化 ADMM (Acc-LADMM-1)

初始化 $\mathbf{x}^0 = \widetilde{\mathbf{x}}^0$, $\mathbf{y}^0 = \widetilde{\mathbf{y}}^0$, $\boldsymbol{\lambda}^0$.
for $k = 0, 1, 2, 3, \cdots$ **do**
　　分别使用 (3.45a)–(3.45f) 更新变量.
end for

加速线性化 ADMM 具有 $O\left(\dfrac{1}{K} + \dfrac{L_g}{K^2}\right)$ 的收敛速度, 当 L_g 很大时, 该收敛速度快于线性化 ADMM 所具有的 $O\left(\dfrac{L_g}{K}\right)$ 收敛速度 (见定理 3.6, 我们只保留 L_g, 忽略其他常数, 其中 L_g 来自 (3.35) 中定义的 $D_\psi(\mathbf{y}^*, \mathbf{y}^0)$). 下面给出收敛速度分析.

定义

$$\ell_k = f(\widetilde{\mathbf{x}}^k) - f(\mathbf{x}^*) + g(\widetilde{\mathbf{y}}^k) - g(\mathbf{y}^*) + \left\langle \boldsymbol{\lambda}^*, \mathbf{A}\widetilde{\mathbf{x}}^k + \mathbf{B}\widetilde{\mathbf{y}}^k - \mathbf{b} \right\rangle.$$

由引理 3.1, 可得 $\ell_k \geqslant 0$.

引理 3.12 假设 $f(\mathbf{x})$ 和 $g(\mathbf{y})$ 是凸函数, $g(\mathbf{y})$ 是 L_g-光滑函数. 令 $\theta_k \in (0, 1]$, $k \geqslant 0$, 满足

$$\frac{1 - \theta_k}{\theta_k^2} = \frac{1}{\theta_{k-1}^2} \quad \text{对任意} \quad k \geqslant 1, \quad \theta_0 = 1 \quad \text{和} \quad \theta_{-1} = \infty.$$

则对算法 3.4, 有

$$\frac{\ell_{k+1}}{\theta_k^2} \leqslant \frac{\ell_k}{\theta_{k-1}^2} + \frac{1}{2\beta\theta_k} \left(\|\boldsymbol{\lambda}^k - \boldsymbol{\lambda}^*\|^2 - \|\boldsymbol{\lambda}^{k+1} - \boldsymbol{\lambda}^*\|^2 \right)$$
$$+ \left(\frac{L_g}{2} + \frac{\beta\|\mathbf{B}\|_2^2}{2\theta_k} \right) \left(\|\mathbf{y}^k - \mathbf{y}^*\|^2 - \|\mathbf{y}^{k+1} - \mathbf{y}^*\|^2 \right) \tag{3.46}$$

和

$$\frac{\ell_{k+1}}{\theta_k} \leqslant \frac{\ell_k}{\theta_{k-1}} + \frac{1}{2\beta} \left(\|\boldsymbol{\lambda}^k - \boldsymbol{\lambda}^*\|^2 - \|\boldsymbol{\lambda}^{k+1} - \boldsymbol{\lambda}^*\|^2 \right)$$
$$+ \left(\frac{L_g\theta_k}{2} + \frac{\beta\|\mathbf{B}\|_2^2}{2} \right) \|\mathbf{y}^k - \mathbf{y}^*\|^2$$
$$- \left(\frac{L_g\theta_{k+1}}{2} + \frac{\beta\|\mathbf{B}\|_2^2}{2} \right) \|\mathbf{y}^{k+1} - \mathbf{y}^*\|^2. \tag{3.47}$$

证明 在本证明中, 为了简化符号, 我们将 L_g 简记为 L. 由 (3.45b) 和 (3.45c) 的最优性条件, 可得

$$\mathbf{0} \in \partial f(\mathbf{x}^{k+1}) + \mathbf{A}^{\mathrm{T}}\boldsymbol{\lambda}^k + \beta\mathbf{A}^{\mathrm{T}}(\mathbf{A}\mathbf{x}^{k+1} + \mathbf{B}\mathbf{y}^k - \mathbf{b})$$
$$= \partial f(\mathbf{x}^{k+1}) + \mathbf{A}^{\mathrm{T}}\boldsymbol{\lambda}^{k+1} - \beta\mathbf{A}^{\mathrm{T}}(\mathbf{B}\mathbf{y}^{k+1} - \mathbf{B}\mathbf{y}^k) \tag{3.48}$$

和

$$0 = \nabla g(\mathbf{v}^k) + \mathbf{B}^{\mathrm{T}}\boldsymbol{\lambda}^k + \beta\mathbf{B}^{\mathrm{T}}(\mathbf{A}\mathbf{x}^{k+1} + \mathbf{B}\mathbf{y}^k - \mathbf{b})$$

$$+ (L\theta_k + \beta\|\mathbf{B}\|_2^2)(\mathbf{y}^{k+1} - \mathbf{y}^k)$$

$$= \nabla g(\mathbf{v}^k) + \mathbf{B}^{\mathrm{T}}\boldsymbol{\lambda}^{k+1} - \beta\mathbf{B}^{\mathrm{T}}\mathbf{B}(\mathbf{y}^{k+1} - \mathbf{y}^k)$$

$$+ (L\theta_k + \beta\|\mathbf{B}\|_2^2)(\mathbf{y}^{k+1} - \mathbf{y}^k). \tag{3.49}$$

由 (3.48) 可得

$$f(\mathbf{x}^*) - f(\mathbf{x}^{k+1})$$

$$\geqslant \left\langle \boldsymbol{\lambda}^{k+1}, \mathbf{A}\mathbf{x}^{k+1} - \mathbf{A}\mathbf{x}^* \right\rangle - \beta \left\langle \mathbf{B}\mathbf{y}^{k+1} - \mathbf{B}\mathbf{y}^k, \mathbf{A}\mathbf{x}^{k+1} - \mathbf{A}\mathbf{x}^* \right\rangle.$$

因此, 由 (3.45d) 和 f 的凸性, 可得

$$f(\widetilde{\mathbf{x}}^{k+1}) - f(\mathbf{x}^*)$$

$$\leqslant \theta_k \left(f(\mathbf{x}^{k+1}) - f(\mathbf{x}^*) \right) + (1 - \theta_k) \left(f(\widetilde{\mathbf{x}}^k) - f(\mathbf{x}^*) \right)$$

$$\leqslant \theta_k \left\langle \boldsymbol{\lambda}^{k+1}, \mathbf{A}\mathbf{x}^* - \mathbf{A}\mathbf{x}^{k+1} \right\rangle + \beta\theta_k \left\langle \mathbf{B}\mathbf{y}^{k+1} - \mathbf{B}\mathbf{y}^k, \mathbf{A}\mathbf{x}^{k+1} - \mathbf{A}\mathbf{x}^* \right\rangle$$

$$+ (1 - \theta_k) \left(f(\widetilde{\mathbf{x}}^k) - f(\mathbf{x}^*) \right). \tag{3.50}$$

由 g 的凸性及光滑性, 可得

$$g(\widetilde{\mathbf{y}}^{k+1})$$

$$\leqslant g(\mathbf{v}^k) + \left\langle \nabla g(\mathbf{v}^k), \widetilde{\mathbf{y}}^{k+1} - \mathbf{v}^k \right\rangle + \frac{L}{2}\|\widetilde{\mathbf{y}}^{k+1} - \mathbf{v}^k\|^2$$

$$\overset{\mathrm{a}}{=} g(\mathbf{v}^k) + \left\langle \nabla g(\mathbf{v}^k), (1 - \theta_k)\widetilde{\mathbf{y}}^k + \theta_k\mathbf{y}^{k+1} - \mathbf{v}^k \right\rangle + \frac{L\theta_k^2}{2}\|\mathbf{y}^{k+1} - \mathbf{y}^k\|^2$$

$$= (1 - \theta_k) \left(g(\mathbf{v}^k) + \left\langle \nabla g(\mathbf{v}^k), \widetilde{\mathbf{y}}^k - \mathbf{v}^k \right\rangle \right)$$

$$+ \theta_k \left(g(\mathbf{v}^k) + \left\langle \nabla g(\mathbf{v}^k), \mathbf{y}^{k+1} - \mathbf{v}^k \right\rangle \right) + \frac{L\theta_k^2}{2}\|\mathbf{y}^{k+1} - \mathbf{y}^k\|^2$$

$$\leqslant (1 - \theta_k)g(\widetilde{\mathbf{y}}^k)$$

$$+ \theta_k \left(g(\mathbf{v}^k) + \left\langle \nabla g(\mathbf{v}^k), \mathbf{y}^* - \mathbf{v}^k \right\rangle + \left\langle \nabla g(\mathbf{v}^k), \mathbf{y}^{k+1} - \mathbf{y}^* \right\rangle \right)$$

$$+ \frac{L\theta_k^2}{2}\|\mathbf{y}^{k+1} - \mathbf{y}^k\|^2 \tag{3.51}$$

$$\overset{\mathrm{b}}{\leqslant} (1 - \theta_k)g(\widetilde{\mathbf{y}}^k) + \theta_k g(\mathbf{y}^*) + \frac{L\theta_k^2}{2}\|\mathbf{y}^{k+1} - \mathbf{y}^k\|^2$$

$$+ \theta_k \left\langle \mathbf{B}^{\mathrm{T}} \boldsymbol{\lambda}^{k+1} - \beta \mathbf{B}^{\mathrm{T}} \mathbf{B}(\mathbf{y}^{k+1} - \mathbf{y}^k) + (L\theta_k + \beta\|\mathbf{B}\|_2^2)(\mathbf{y}^{k+1} - \mathbf{y}^k), \mathbf{y}^* - \mathbf{y}^{k+1} \right\rangle$$

$$= (1 - \theta_k)g(\widetilde{\mathbf{y}}^k) + \theta_k g(\mathbf{y}^*) + \frac{L\theta_k^2}{2}\|\mathbf{y}^{k+1} - \mathbf{y}^k\|^2$$

$$+ \theta_k \left\langle \boldsymbol{\lambda}^{k+1}, \mathbf{By}^* - \mathbf{By}^{k+1} \right\rangle - \beta\theta_k \left\langle \mathbf{B}(\mathbf{y}^{k+1} - \mathbf{y}^k), \mathbf{B}(\mathbf{y}^* - \mathbf{y}^{k+1}) \right\rangle$$

$$+ \left(L\theta_k^2 + \beta\theta_k\|\mathbf{B}\|_2^2 \right) \left\langle \mathbf{y}^{k+1} - \mathbf{y}^k, \mathbf{y}^* - \mathbf{y}^{k+1} \right\rangle,$$

其中 $\overset{\mathrm{a}}{=}$ 使用了 (3.45a) 和 (3.45e)，$\overset{\mathrm{b}}{\leqslant}$ 使用了 (3.49). 把上式与 (3.50) 相加，我们有

$$f(\widetilde{\mathbf{x}}^{k+1}) - f(\mathbf{x}^*) + g(\widetilde{\mathbf{y}}^{k+1}) - g(\mathbf{y}^*)$$

$$\leqslant (1 - \theta_k)\left(f(\widetilde{\mathbf{x}}^k) - f(\mathbf{x}^*) + g(\widetilde{\mathbf{y}}^k) - g(\mathbf{y}^*) \right) + \frac{L\theta_k^2}{2}\|\mathbf{y}^{k+1} - \mathbf{y}^k\|^2$$

$$+ \theta_k \left\langle \boldsymbol{\lambda}^{k+1}, \mathbf{b} - \mathbf{Ax}^{k+1} - \mathbf{By}^{k+1} \right\rangle$$

$$+ \beta\theta_k \left\langle \mathbf{B}(\mathbf{y}^{k+1} - \mathbf{y}^k), \mathbf{Ax}^{k+1} + \mathbf{By}^{k+1} - \mathbf{b} \right\rangle$$

$$+ \left(L\theta_k^2 + \beta\theta_k\|\mathbf{B}\|_2^2 \right) \left\langle \mathbf{y}^{k+1} - \mathbf{y}^k, \mathbf{y}^* - \mathbf{y}^{k+1} \right\rangle.$$

将 $\left\langle \boldsymbol{\lambda}^*, \mathbf{A}\widetilde{\mathbf{x}}^{k+1} + \mathbf{B}\widetilde{\mathbf{y}}^{k+1} - \mathbf{b} \right\rangle$ 加到不等式两边并使用引理 A.1，可得

$$f(\widetilde{\mathbf{x}}^{k+1}) - f(\mathbf{x}^*) + g(\widetilde{\mathbf{y}}^{k+1}) - g(\mathbf{y}^*) + \left\langle \boldsymbol{\lambda}^*, \mathbf{A}\widetilde{\mathbf{x}}^{k+1} + \mathbf{B}\widetilde{\mathbf{y}}^{k+1} - \mathbf{b} \right\rangle$$

$$\overset{\mathrm{a}}{\leqslant} (1 - \theta_k)\left(f(\widetilde{\mathbf{x}}^k) - f(\mathbf{x}^*) + g(\widetilde{\mathbf{y}}^k) - g(\mathbf{y}^*) + \left\langle \boldsymbol{\lambda}^*, \mathbf{A}\widetilde{\mathbf{x}}^k + \mathbf{B}\widetilde{\mathbf{y}}^k - \mathbf{b} \right\rangle \right)$$

$$- \frac{\theta_k}{\beta} \left\langle \boldsymbol{\lambda}^{k+1} - \boldsymbol{\lambda}^*, \boldsymbol{\lambda}^{k+1} - \boldsymbol{\lambda}^k \right\rangle$$

$$+ \beta\theta_k \left\langle \mathbf{B}(\mathbf{y}^{k+1} - \mathbf{y}^k), \mathbf{Ax}^{k+1} + \mathbf{By}^{k+1} - \mathbf{b} \right\rangle$$

$$+ \left(L\theta_k^2 + \beta\theta_k\|\mathbf{B}\|_2^2 \right) \left\langle \mathbf{y}^{k+1} - \mathbf{y}^k, \mathbf{y}^* - \mathbf{y}^{k+1} \right\rangle + \frac{L\theta_k^2}{2}\|\mathbf{y}^{k+1} - \mathbf{y}^k\|^2$$

$$= (1 - \theta_k)\left(f(\widetilde{\mathbf{x}}^k) - f(\mathbf{x}^*) + g(\widetilde{\mathbf{y}}^k) - g(\mathbf{y}^*) + \left\langle \boldsymbol{\lambda}^*, \mathbf{A}\widetilde{\mathbf{x}}^k + \mathbf{B}\widetilde{\mathbf{y}}^k - \mathbf{b} \right\rangle \right)$$

$$+ \frac{\theta_k}{2\beta} \left(\|\boldsymbol{\lambda}^k - \boldsymbol{\lambda}^*\|^2 - \|\boldsymbol{\lambda}^{k+1} - \boldsymbol{\lambda}^*\|^2 - \|\boldsymbol{\lambda}^{k+1} - \boldsymbol{\lambda}^k\|^2 \right)$$

$$+ \frac{\beta\theta_k}{2} \left(\|\mathbf{Ax}^{k+1} + \mathbf{By}^{k+1} - \mathbf{b}\|^2 + \|\mathbf{B}(\mathbf{y}^{k+1} - \mathbf{y}^k)\|^2 - \|\mathbf{Ax}^{k+1} + \mathbf{By}^k - \mathbf{b}\|^2 \right)$$

$$+ \frac{L\theta_k^2 + \beta\theta_k\|\mathbf{B}\|_2^2}{2} \left(\|\mathbf{y}^k - \mathbf{y}^*\|^2 - \|\mathbf{y}^{k+1} - \mathbf{y}^*\|^2 \right) - \frac{\beta\theta_k\|\mathbf{B}\|_2^2}{2}\|\mathbf{y}^{k+1} - \mathbf{y}^k\|^2$$

$$\overset{\mathrm{b}}{\leqslant} (1 - \theta_k)\left(f(\widetilde{\mathbf{x}}^k) - f(\mathbf{x}^*) + g(\widetilde{\mathbf{y}}^k) - g(\mathbf{y}^*) + \left\langle \boldsymbol{\lambda}^*, \mathbf{A}\widetilde{\mathbf{x}}^k + \mathbf{B}\widetilde{\mathbf{y}}^k - \mathbf{b} \right\rangle \right)$$

$$+ \frac{\theta_k}{2\beta} \left(\|\boldsymbol{\lambda}^k - \boldsymbol{\lambda}^*\|^2 - \|\boldsymbol{\lambda}^{k+1} - \boldsymbol{\lambda}^*\|^2 \right)$$

$$+ \frac{L\theta_k^2 + \beta\theta_k \|\mathbf{B}\|_2^2}{2} \left(\|\mathbf{y}^k - \mathbf{y}^*\|^2 - \|\mathbf{y}^{k+1} - \mathbf{y}^*\|^2 \right),$$

其中 $\overset{a}{\leqslant}$ 使用了 (3.45d) 和 (3.45e), $\overset{b}{\leqslant}$ 使用了 (3.45f). 不等式两边同时除以 θ_k^2 并使用 $\dfrac{1 - \theta_k}{\theta_k^2} = \dfrac{1}{\theta_{k-1}^2}$, 可得第一个结论. 易验证 θ_k 是递减函数. 因此可得 $\dfrac{1 - \theta_k}{\theta_k} = \dfrac{1}{\theta_{k-1}} \dfrac{\theta_k}{\theta_{k-1}} \leqslant \dfrac{1}{\theta_{k-1}}$. 上述不等式两边同时除以 θ_k, 可得第二个结论. $\square$

定理 3.10 假设 $f(\mathbf{x})$ 和 $g(\mathbf{y})$ 是凸函数, $g(\mathbf{y})$ 是 L_g-光滑函数. 令 $\theta_k \in (0,1]$, $k \geqslant 0$, 满足

$$\frac{1 - \theta_k}{\theta_k^2} = \frac{1}{\theta_{k-1}^2} \quad \text{对任意} \quad k \geqslant 1, \quad \theta_0 = 1 \quad \text{和} \quad \theta_{-1} = \infty.$$

假设

$$\|\boldsymbol{\lambda}^k - \boldsymbol{\lambda}^*\|^2 \leqslant D_{\boldsymbol{\lambda}} \quad \text{和} \quad \|\mathbf{y}^k - \mathbf{y}^*\|^2 \leqslant D_{\mathbf{y}}, \quad \forall k.$$

则对算法 3.4, 有

$$|f(\widetilde{\mathbf{x}}^{K+1}) + g(\widetilde{\mathbf{y}}^{K+1}) - f(\mathbf{x}^*) - g(\mathbf{y}^*)| \leqslant O\left(\frac{D_{\mathbf{y}} + D_{\boldsymbol{\lambda}} + \|\boldsymbol{\lambda}^*\| \sqrt{D_{\boldsymbol{\lambda}}}}{K} + \frac{L_g}{K^2} \right),$$

$$\|\mathbf{A}\widetilde{\mathbf{x}}^{K+1} + \mathbf{B}\widetilde{\mathbf{y}}^{K+1} - \mathbf{b}\| \leqslant O\left(\frac{\sqrt{D_{\boldsymbol{\lambda}}}}{K} \right).$$

证明 将 (3.46) 对 $k = 0, \cdots, K$ 累加求和, 我们有

$$\frac{\ell_{K+1}}{\theta_K^2} \leqslant \frac{1}{2\beta} \sum_{k=1}^{K} \|\boldsymbol{\lambda}^k - \boldsymbol{\lambda}^*\|^2 \left(\frac{1}{\theta_k} - \frac{1}{\theta_{k-1}} \right) + \frac{1}{2\beta} \|\boldsymbol{\lambda}^0 - \boldsymbol{\lambda}^*\|^2$$

$$+ \frac{\beta \|\mathbf{B}\|_2^2}{2} \sum_{k=1}^{K} \|\mathbf{y}^k - \mathbf{y}^*\|^2 \left(\frac{1}{\theta_k} - \frac{1}{\theta_{k-1}} \right) + \left(\frac{L_g}{2} + \frac{\beta \|\mathbf{B}\|_2^2}{2} \right) \|\mathbf{y}^0 - \mathbf{y}^*\|^2$$

$$\leqslant \frac{D_{\boldsymbol{\lambda}}}{2\beta\theta_K} + \frac{1}{2\beta} \|\boldsymbol{\lambda}^0 - \boldsymbol{\lambda}^*\|^2 + \frac{\beta D_{\mathbf{y}} \|\mathbf{B}\|_2^2}{2\theta_K} + \left(\frac{L_g}{2} + \frac{\beta \|\mathbf{B}\|_2^2}{2} \right) \|\mathbf{y}^0 - \mathbf{y}^*\|^2.$$

因此有

$$\ell_{K+1} \leqslant \theta_K \left(\frac{D_{\boldsymbol{\lambda}}}{2\beta} + \frac{\beta D_{\mathbf{y}} \|\mathbf{B}\|_2^2}{2} \right)$$

$$+ \theta_K^2 \left[\frac{1}{2\beta} \| \boldsymbol{\lambda}^0 - \boldsymbol{\lambda}^* \|^2 + \left(\frac{L_g}{2} + \frac{\beta \| \mathbf{B} \|_2^2}{2} \right) \| \mathbf{y}^0 - \mathbf{y}^* \|^2 \right]$$

$$\stackrel{\text{a}}{=} O \left(\frac{D_{\mathbf{y}} + D_{\boldsymbol{\lambda}}}{K} + \frac{L_g}{K^2} \right),$$

其中 $\stackrel{\text{a}}{=}$ 使用了

$$\theta_k \leqslant \frac{2}{k+1}, \quad k \geqslant 0, \tag{3.52}$$

上式由

$$\left(\frac{1}{\theta_k} - \frac{1}{2} \right)^2 = \frac{1}{\theta_{k-1}^2} + \frac{1}{4} \geqslant \frac{1}{\theta_{k-1}^2} \quad \text{和} \quad \theta_0 = 1$$

得到. 另一方面, 我们也有

$$\frac{1}{\theta_k^2} \left(\mathbf{A} \widetilde{\mathbf{x}}^{k+1} + \mathbf{B} \widetilde{\mathbf{y}}^{k+1} - \mathbf{b} \right)$$

$$= \frac{1}{\theta_k} \left(\mathbf{A} \mathbf{x}^{k+1} + \mathbf{B} \mathbf{y}^{k+1} - \mathbf{b} \right) + \frac{1 - \theta_k}{\theta_k^2} \left(\mathbf{A} \widetilde{\mathbf{x}}^k + \mathbf{B} \widetilde{\mathbf{y}}^k - \mathbf{b} \right)$$

$$= \frac{1}{\theta_k} \left(\mathbf{A} \mathbf{x}^{k+1} + \mathbf{B} \mathbf{y}^{k+1} - \mathbf{b} \right) + \frac{1}{\theta_{k-1}^2} \left(\mathbf{A} \widetilde{\mathbf{x}}^k + \mathbf{B} \widetilde{\mathbf{y}}^k - \mathbf{b} \right), \quad k \geqslant 0.$$

因此可得

$$\frac{1}{\theta_K^2} \left(\mathbf{A} \widetilde{\mathbf{x}}^{K+1} + \mathbf{B} \widetilde{\mathbf{y}}^{K+1} - \mathbf{b} \right)$$

$$\stackrel{\text{a}}{=} \sum_{k=0}^{K} \frac{1}{\theta_k} \left(\mathbf{A} \mathbf{x}^{k+1} + \mathbf{B} \mathbf{y}^{k+1} - \mathbf{b} \right)$$

$$= \frac{1}{\beta} \sum_{k=0}^{K} \frac{1}{\theta_k} \left[(\boldsymbol{\lambda}^{k+1} - \boldsymbol{\lambda}^*) - (\boldsymbol{\lambda}^k - \boldsymbol{\lambda}^*) \right]$$

$$= \frac{1}{\beta} \sum_{k=0}^{K} \left(\frac{1}{\theta_{k-1}} - \frac{1}{\theta_k} \right) (\boldsymbol{\lambda}^k - \boldsymbol{\lambda}^*) + \frac{1}{\beta \theta_K} (\boldsymbol{\lambda}^{K+1} - \boldsymbol{\lambda}^*),$$

其中 $\stackrel{\text{a}}{=}$ 使用了 $\frac{1}{\theta_{-1}} = 0$. 因此有

$$\frac{1}{\theta_K^2} \left\| \mathbf{A} \widetilde{\mathbf{x}}^{K+1} + \mathbf{B} \widetilde{\mathbf{y}}^{K+1} - \mathbf{b} \right\|$$

$$\leqslant \frac{1}{\beta} \sum_{k=0}^{K} \left(\frac{1}{\theta_k} - \frac{1}{\theta_{k-1}} \right) \|\boldsymbol{\lambda}^k - \boldsymbol{\lambda}^*\| + \frac{1}{\beta\theta_K} \|\boldsymbol{\lambda}^{K+1} - \boldsymbol{\lambda}^*\|$$

$$\overset{a}{\leqslant} \frac{2\sqrt{D_{\boldsymbol{\lambda}}}}{\beta\theta_K},$$

其中 $\overset{a}{\leqslant}$ 再次使用了 $\frac{1}{\theta_{-1}} = 0$. 由引理 3.2 和 (3.52), 可得结论. □

评注 3.3 当 $D_{\mathbf{y}}$ 和 $D_{\boldsymbol{\lambda}}$ 是独立于 L_g 的较小常数, 且 L_g 较大时, 加速线性化 ADMM (即算法 3.4) 具有更快的收敛速度. 然而, 这是一个较强的假设, 一般来说, 很难被证明. 事实上, 由 (3.47) 可知

$$\frac{\ell_{k+1}}{\theta_k} + \frac{1}{2\beta} \|\boldsymbol{\lambda}^{k+1} - \boldsymbol{\lambda}^*\|^2 + \left(\frac{L_g \theta_{k+1}}{2} + \frac{\beta \|\mathbf{B}\|_2^2}{2} \right) \|\mathbf{y}^{k+1} - \mathbf{y}^*\|^2$$

$$\leqslant \frac{1}{2\beta} \|\boldsymbol{\lambda}^0 - \boldsymbol{\lambda}^*\|^2 + \left(\frac{L_g}{2} + \frac{\beta \|\mathbf{B}\|_2^2}{2} \right) \|\mathbf{y}^0 - \mathbf{y}^*\|^2 \equiv C.$$

因此有

$$\|\boldsymbol{\lambda}^{k+1} - \boldsymbol{\lambda}^*\|^2 \leqslant 2\beta C \quad \text{和} \quad \|\mathbf{y}^{k+1} - \mathbf{y}^*\|^2 \leqslant \frac{2C}{\beta\|\mathbf{B}\|_2^2},$$

可见常数 C 依赖于 L_g.

下面我们给出另一个加速线性化 ADMM[52], 该算法由步骤 (3.53a)–(3.53e) 组成, 具体见算法 3.5.

$$\mathbf{u}^k = \mathbf{x}^k + \frac{\theta_k(1 - \theta_{k-1})}{\theta_{k-1}} (\mathbf{x}^k - \mathbf{x}^{k-1}), \tag{3.53a}$$

$$\mathbf{v}^k = \mathbf{y}^k + \frac{\theta_k(1 - \theta_{k-1})}{\theta_{k-1}} (\mathbf{y}^k - \mathbf{y}^{k-1}), \tag{3.53b}$$

$$\mathbf{x}^{k+1} = \underset{\mathbf{x}}{\operatorname{argmin}} \left(f_1(\mathbf{x}) + \langle \nabla f_2(\mathbf{u}^k), \mathbf{x} \rangle + \frac{L}{2} \|\mathbf{x} - \mathbf{u}^k\|^2 + \langle \boldsymbol{\lambda}^k, \mathbf{A}\mathbf{x} \rangle \right.$$
$$\left. + \frac{\beta}{\theta_k} \langle \mathbf{A}^{\mathrm{T}}(\mathbf{A}\mathbf{u}^k + \mathbf{B}\mathbf{v}^k - \mathbf{b}), \mathbf{x} \rangle + \frac{\beta\|\mathbf{A}\|_2^2}{2\theta_k} \|\mathbf{x} - \mathbf{u}^k\|^2 \right), \tag{3.53c}$$

$$\mathbf{y}^{k+1} = \underset{\mathbf{y}}{\operatorname{argmin}} \left(g_1(\mathbf{y}) + \langle \nabla g_2(\mathbf{v}^k), \mathbf{y} \rangle + \frac{L}{2} \|\mathbf{y} - \mathbf{v}^k\|^2 + \langle \boldsymbol{\lambda}^k, \mathbf{B}\mathbf{y} \rangle \right.$$
$$\left. + \frac{\beta}{\theta_k} \langle \mathbf{B}^{\mathrm{T}}(\mathbf{A}\mathbf{x}^{k+1} + \mathbf{B}\mathbf{v}^k - \mathbf{b}), \mathbf{y} \rangle + \frac{\beta\|\mathbf{B}\|_2^2}{2\theta_k} \|\mathbf{y} - \mathbf{v}^k\|^2 \right), \tag{3.53d}$$

$$\boldsymbol{\lambda}^{k+1} = \boldsymbol{\lambda}^k + \beta\tau(\mathbf{A}\mathbf{x}^{k+1} + \mathbf{B}\mathbf{y}^{k+1} - \mathbf{b}). \tag{3.53e}$$

算法 3.5　求解非强凸问题的加速线性化 ADMM (Acc-LADMM-2)

初始化 $\mathbf{x}^0 = \mathbf{x}^{-1}$, $\mathbf{y}^0 = \mathbf{y}^{-1}$, $\boldsymbol{\lambda}^0$.

for $k = 0, 1, 2, 3, \cdots$ **do**

　　使用 (3.53a)–(3.53e) 更新变量.

end for

该加速线性化 ADMM 与算法 3.4 相比有三点不同. 首先, 算法 3.5 线性化了两个子问题, 而算法 3.4 只线性化了第二个子问题. 其次, 算法 3.5 可用于求解复合优化问题, 即

$$f(\mathbf{x}) = f_1(\mathbf{x}) + f_2(\mathbf{x}), \quad g(\mathbf{y}) = g_1(\mathbf{y}) + g_2(\mathbf{y}),$$

其中 f_1 和 g_1 是非光滑函数, f_2 和 g_2 是 L-光滑函数. 最后, 算法 3.4 给出的是平均值点 $(\tilde{\mathbf{x}}^k, \tilde{\mathbf{y}}^k)$ 处的收敛速度, 即遍历意义收敛速度. 而算法 3.5 的收敛速度是非遍历意义的. 当对所有 k 有 $\theta_k = 1$ 并且 $\tau = 1$ 时, 算法 3.5 退化为非加速线性化 ADMM. 具体地, 若 $f_2 = g_2 = 0$ (即 $L = 0$), 算法 3.5 退化为算法 3.2, 若 $f_1 = g_1 = 0$, 则退化为算法 3.3. 下面给出算法 3.5 的收敛性分析.

定义辅助变量

$$\overline{\boldsymbol{\lambda}}_1^{k+1} = \boldsymbol{\lambda}^k + \frac{\beta}{\theta_k} \left(\mathbf{A}\mathbf{u}^k + \mathbf{B}\mathbf{v}^k - \mathbf{b} \right),$$

$$\overline{\boldsymbol{\lambda}}_2^{k+1} = \boldsymbol{\lambda}^k + \frac{\beta}{\theta_k} \left(\mathbf{A}\mathbf{x}^{k+1} + \mathbf{B}\mathbf{v}^k - \mathbf{b} \right),$$

$$\hat{\boldsymbol{\lambda}}^k = \boldsymbol{\lambda}^k + \frac{\beta(1 - \theta_k)}{\theta_k} \left(\mathbf{A}\mathbf{x}^k + \mathbf{B}\mathbf{y}^k - \mathbf{b} \right), \tag{3.54}$$

$$\mathbf{r}^{k+1} = \frac{1}{\theta_k} \mathbf{x}^{k+1} - \frac{1 - \theta_k}{\theta_k} \mathbf{x}^k,$$

$$\mathbf{s}^{k+1} = \frac{1}{\theta_k} \mathbf{y}^{k+1} - \frac{1 - \theta_k}{\theta_k} \mathbf{y}^k,$$

并令 $\{\theta_k\}$ 满足

$$\frac{1 - \theta_{k+1}}{\theta_{k+1}} = \frac{1}{\theta_k} - \tau, \quad \theta_0 = 1 \quad \text{和} \quad \theta_{-1} = 1/\tau, \tag{3.55}$$

其中 $0 < \tau < 1$. 首先给出如下引理.

引理 3.13 对 (3.54) 中的定义, 有

$$\hat{\boldsymbol{\lambda}}^{k+1} - \hat{\boldsymbol{\lambda}}^k = \frac{\beta}{\theta_k} \left[\mathbf{A}\mathbf{x}^{k+1} + \mathbf{B}\mathbf{y}^{k+1} - \mathbf{b} - (1-\theta_k)(\mathbf{A}\mathbf{x}^k + \mathbf{B}\mathbf{y}^k - \mathbf{b}) \right],$$

$$\left\| \hat{\boldsymbol{\lambda}}^{k+1} - \overline{\boldsymbol{\lambda}}_2^{k+1} \right\| = \frac{\beta}{\theta_k} \left\| \mathbf{B}\mathbf{y}^{k+1} - \mathbf{B}\mathbf{v}^k \right\|,$$

$$\hat{\boldsymbol{\lambda}}^{K+1} - \hat{\boldsymbol{\lambda}}^0 = \frac{\beta}{\theta_K} (\mathbf{A}\mathbf{x}^{K+1} + \mathbf{B}\mathbf{y}^{K+1} - \mathbf{b}) + \beta\tau \sum_{k=1}^{K} \left(\mathbf{A}\mathbf{x}^k + \mathbf{B}\mathbf{y}^k - \mathbf{b} \right),$$

$$\mathbf{u}^k - (1-\theta_k)\mathbf{x}^k = \theta_k \mathbf{r}^k,$$

$$\mathbf{v}^k - (1-\theta_k)\mathbf{y}^k = \theta_k \mathbf{s}^k.$$

证明 由 $\hat{\boldsymbol{\lambda}}^k$ 和 $\boldsymbol{\lambda}^{k+1}$ 的定义以及 $\dfrac{1-\theta_{k+1}}{\theta_{k+1}} = \dfrac{1}{\theta_k} - \tau$, 我们有

$$\hat{\boldsymbol{\lambda}}^{k+1} = \boldsymbol{\lambda}^{k+1} + \beta\frac{1-\theta_{k+1}}{\theta_{k+1}} \left(\mathbf{A}\mathbf{x}^{k+1} + \mathbf{B}\mathbf{y}^{k+1} - \mathbf{b} \right)$$

$$= \boldsymbol{\lambda}^{k+1} + \beta \left(\frac{1}{\theta_k} - \tau \right) \left(\mathbf{A}\mathbf{x}^{k+1} + \mathbf{B}\mathbf{y}^{k+1} - \mathbf{b} \right)$$

$$= \boldsymbol{\lambda}^k + \beta\tau \left(\mathbf{A}\mathbf{x}^{k+1} + \mathbf{B}\mathbf{y}^{k+1} - \mathbf{b} \right) + \beta \left(\frac{1}{\theta_k} - \tau \right) \left(\mathbf{A}\mathbf{x}^{k+1} + \mathbf{B}\mathbf{y}^{k+1} - \mathbf{b} \right)$$

$$= \boldsymbol{\lambda}^k + \frac{\beta}{\theta_k} \left(\mathbf{A}\mathbf{x}^{k+1} + \mathbf{B}\mathbf{y}^{k+1} - \mathbf{b} \right) \tag{3.56}$$

$$= \hat{\boldsymbol{\lambda}}^k - \beta\frac{1-\theta_k}{\theta_k} \left(\mathbf{A}\mathbf{x}^k + \mathbf{B}\mathbf{y}^k - \mathbf{b} \right) + \frac{\beta}{\theta_k} \left(\mathbf{A}\mathbf{x}^{k+1} + \mathbf{B}\mathbf{y}^{k+1} - \mathbf{b} \right) \tag{3.57}$$

$$= \hat{\boldsymbol{\lambda}}^k + \frac{\beta}{\theta_k} \left[\mathbf{A}\mathbf{x}^{k+1} + \mathbf{B}\mathbf{y}^{k+1} - \mathbf{b} - (1-\theta_k)(\mathbf{A}\mathbf{x}^k + \mathbf{B}\mathbf{y}^k - \mathbf{b}) \right].$$

另一方面, 由 (3.56) 和 $\overline{\boldsymbol{\lambda}}_2^{k+1}$ 的定义, 可得

$$\left\| \hat{\boldsymbol{\lambda}}^{k+1} - \overline{\boldsymbol{\lambda}}_2^{k+1} \right\| = \frac{\beta}{\theta_k} \left\| \mathbf{B}(\mathbf{y}^{k+1} - \mathbf{v}^k) \right\|.$$

由 (3.57), $\dfrac{1-\theta_k}{\theta_k} = \dfrac{1}{\theta_{k-1}} - \tau$ 和 $\dfrac{1}{\theta_{-1}} = \tau$, 我们有

$$\hat{\boldsymbol{\lambda}}^{K+1} - \hat{\boldsymbol{\lambda}}^0 = \sum_{k=0}^{K} (\hat{\boldsymbol{\lambda}}^{k+1} - \hat{\boldsymbol{\lambda}}^k)$$

$$= \beta \sum_{k=0}^{K} \left[\frac{1}{\theta_k} (\mathbf{A}\mathbf{x}^{k+1} + \mathbf{B}\mathbf{y}^{k+1} - \mathbf{b}) - \frac{1-\theta_k}{\theta_k} \left(\mathbf{A}\mathbf{x}^k + \mathbf{B}\mathbf{y}^k - \mathbf{b} \right) \right]$$

$$= \beta \sum_{k=0}^{K} \left[\frac{1}{\theta_k} (\mathbf{A}\mathbf{x}^{k+1} + \mathbf{B}\mathbf{y}^{k+1} - \mathbf{b}) - \frac{1}{\theta_{k-1}} (\mathbf{A}\mathbf{x}^k + \mathbf{B}\mathbf{y}^k - \mathbf{b}) \right.$$

$$\left. + \tau \left(\mathbf{A}\mathbf{x}^k + \mathbf{B}\mathbf{y}^k - \mathbf{b} \right) \right]$$

$$= \frac{\beta}{\theta_K} (\mathbf{A}\mathbf{x}^{K+1} + \mathbf{B}\mathbf{y}^{K+1} - \mathbf{b}) + \beta\tau \sum_{k=1}^{K} \left(\mathbf{A}\mathbf{x}^k + \mathbf{B}\mathbf{y}^k - \mathbf{b} \right).$$

对第四个等式, 我们有

$$(1-\theta_k)\mathbf{x}^k + \theta_k\mathbf{r}^k = (1-\theta_k)\mathbf{x}^k + \frac{\theta_k}{\theta_{k-1}} \left[\mathbf{x}^k - (1-\theta_{k-1})\mathbf{x}^{k-1} \right]$$

$$= \mathbf{x}^k + \frac{\theta_k(1-\theta_{k-1})}{\theta_{k-1}} (\mathbf{x}^k - \mathbf{x}^{k-1}).$$

等式右边为 $\mathbf{u}^k$ 的定义. 类似地, 可得最后一个等式 $\mathbf{v}^k - (1-\theta_k)\mathbf{y}^k = \theta_k\mathbf{s}^k$.   □

引理 3.14   假设 f_1, f_2, g_1 和 g_2 是凸函数, f_2 和 g_2 是 L-光滑函数. 由 (3.54) 中的定义及 (3.55), 对算法 3.5, 有

$$\frac{1}{\theta_k} \left(f(\mathbf{x}^{k+1}) + g(\mathbf{y}^{k+1}) - f(\mathbf{x}^*) - g(\mathbf{y}^*) + \left\langle \boldsymbol{\lambda}^*, \mathbf{A}\mathbf{x}^{k+1} + \mathbf{B}\mathbf{y}^{k+1} - \mathbf{b} \right\rangle \right)$$

$$- \frac{1}{\theta_{k-1}} \left(f(\mathbf{x}^k) + g(\mathbf{y}^k) - f(\mathbf{x}^*) - g(\mathbf{y}^*) + \left\langle \boldsymbol{\lambda}^*, \mathbf{A}\mathbf{x}^k + \mathbf{B}\mathbf{y}^k - \mathbf{b} \right\rangle \right)$$

$$+ \tau \left(f(\mathbf{x}^k) + g(\mathbf{y}^k) - f(\mathbf{x}^*) - g(\mathbf{y}^*) + \left\langle \boldsymbol{\lambda}^*, \mathbf{A}\mathbf{x}^k + \mathbf{B}\mathbf{y}^k - \mathbf{b} \right\rangle \right)$$

$$\leqslant \frac{\beta}{2} (\|\mathbf{A}\mathbf{x}^* - \mathbf{A}\mathbf{r}^{k+1}\|^2 - \|\mathbf{A}\mathbf{x}^* - \mathbf{A}\mathbf{r}^k\|^2)$$

$$+ \frac{1}{2\beta} (\|\hat{\boldsymbol{\lambda}}^k - \boldsymbol{\lambda}^*\|^2 - \|\hat{\boldsymbol{\lambda}}^{k+1} - \boldsymbol{\lambda}^*\|^2)$$

$$+ \frac{1}{2} \left(L\theta_k + \beta\|\mathbf{A}\|_2^2 \right) \|\mathbf{x}^* - \mathbf{r}^k\|^2 - \frac{1}{2} \left(L\theta_{k+1} + \beta\|\mathbf{A}\|_2^2 \right) \|\mathbf{x}^* - \mathbf{r}^{k+1}\|^2$$

$$+ \frac{1}{2} \left(L\theta_k + \beta\|\mathbf{B}\|_2^2 \right) \|\mathbf{y}^* - \mathbf{s}^k\|^2 - \frac{1}{2} \left(L\theta_{k+1} + \beta\|\mathbf{B}\|_2^2 \right) \|\mathbf{y}^* - \mathbf{s}^{k+1}\|^2. \quad (3.58)$$

证明   由步骤 (3.53c) 和 (3.53d) 的最优性条件以及 $\overline{\boldsymbol{\lambda}}_1^{k+1}$ 和 $\overline{\boldsymbol{\lambda}}_2^{k+1}$ 的定义,

我们有

$$\mathbf{0} \in \partial f_1(\mathbf{x}^{k+1}) + \nabla f_2(\mathbf{u}^k) + \mathbf{A}^{\mathrm{T}}\overline{\boldsymbol{\lambda}}_1^{k+1} + \left(L + \frac{\beta\|\mathbf{A}\|_2^2}{\theta_k}\right)(\mathbf{x}^{k+1} - \mathbf{u}^k),$$

$$\mathbf{0} \in \partial g_1(\mathbf{y}^{k+1}) + \nabla g_2(\mathbf{v}^k) + \mathbf{B}^{\mathrm{T}}\overline{\boldsymbol{\lambda}}_2^{k+1} + \left(L + \frac{\beta\|\mathbf{B}\|_2^2}{\theta_k}\right)(\mathbf{y}^{k+1} - \mathbf{v}^k).$$

于是由 f_1 和 g_1 的凸性, 可得

$$f_1(\mathbf{x}) - f_1(\mathbf{x}^{k+1})$$
$$\geqslant -\left\langle \nabla f_2(\mathbf{u}^k) + \mathbf{A}^{\mathrm{T}}\overline{\boldsymbol{\lambda}}_1^{k+1} + \left(L + \frac{\beta\|\mathbf{A}\|_2^2}{\theta_k}\right)(\mathbf{x}^{k+1} - \mathbf{u}^k), \mathbf{x} - \mathbf{x}^{k+1}\right\rangle,$$

$$g_1(\mathbf{y}) - g_1(\mathbf{y}^{k+1})$$
$$\geqslant -\left\langle \nabla g_2(\mathbf{v}^k) + \mathbf{B}^{\mathrm{T}}\overline{\boldsymbol{\lambda}}_2^{k+1} + \left(L + \frac{\beta\|\mathbf{B}\|_2^2}{\theta_k}\right)(\mathbf{y}^{k+1} - \mathbf{v}^k), \mathbf{y} - \mathbf{y}^{k+1}\right\rangle.$$

另一方面, 由 f_2 和 g_2 的光滑性及凸性, 可得

$$f_2(\mathbf{x}^{k+1}) \leqslant f_2(\mathbf{u}^k) + \left\langle \nabla f_2(\mathbf{u}^k), \mathbf{x}^{k+1} - \mathbf{u}^k\right\rangle + \frac{L}{2}\|\mathbf{x}^{k+1} - \mathbf{u}^k\|^2$$

$$= f_2(\mathbf{u}^k) + \left\langle \nabla f_2(\mathbf{u}^k), \mathbf{x} - \mathbf{u}^k\right\rangle + \left\langle \nabla f_2(\mathbf{u}^k), \mathbf{x}^{k+1} - \mathbf{x}\right\rangle + \frac{L}{2}\|\mathbf{x}^{k+1} - \mathbf{u}^k\|^2$$

$$\leqslant f_2(\mathbf{x}) + \left\langle \nabla f_2(\mathbf{u}^k), \mathbf{x}^{k+1} - \mathbf{x}\right\rangle + \frac{L}{2}\|\mathbf{x}^{k+1} - \mathbf{u}^k\|^2$$

和

$$g_2(\mathbf{y}^{k+1}) \leqslant g_2(\mathbf{y}) + \left\langle \nabla g_2(\mathbf{v}^k), \mathbf{y}^{k+1} - \mathbf{y}\right\rangle + \frac{L}{2}\|\mathbf{y}^{k+1} - \mathbf{v}^k\|^2.$$

因此有

$$f(\mathbf{x}) - f(\mathbf{x}^{k+1})$$

$$= f_1(\mathbf{x}) + f_2(\mathbf{x}) - f_1(\mathbf{x}^{k+1}) - f_2(\mathbf{x}^{k+1})$$

$$\geqslant -\left\langle \mathbf{A}^{\mathrm{T}}\overline{\boldsymbol{\lambda}}_1^{k+1} + \left(L + \frac{\beta\|\mathbf{A}\|_2^2}{\theta_k}\right)(\mathbf{x}^{k+1} - \mathbf{u}^k), \mathbf{x} - \mathbf{x}^{k+1}\right\rangle - \frac{L}{2}\|\mathbf{x}^{k+1} - \mathbf{u}^k\|^2$$

$$= -\left\langle \overline{\boldsymbol{\lambda}}_1^{k+1}, \mathbf{A}\mathbf{x} - \mathbf{A}\mathbf{x}^{k+1}\right\rangle - \left(L + \frac{\beta\|\mathbf{A}\|_2^2}{\theta_k}\right)\left\langle \mathbf{x}^{k+1} - \mathbf{u}^k, \mathbf{x} - \mathbf{x}^{k+1}\right\rangle$$

$$- \frac{L}{2}\|\mathbf{x}^{k+1} - \mathbf{u}^k\|^2.$$

类似地,

$$g(\mathbf{y}) - g(\mathbf{y}^{k+1})$$

$$\geqslant - \left\langle \overline{\boldsymbol{\lambda}}_2^{k+1}, \mathbf{By} - \mathbf{By}^{k+1} \right\rangle - \left(L + \frac{\beta \|\mathbf{B}\|_2^2}{\theta_k} \right) \left\langle \mathbf{y}^{k+1} - \mathbf{v}^k, \mathbf{y} - \mathbf{y}^{k+1} \right\rangle$$

$$- \frac{L}{2} \|\mathbf{y}^{k+1} - \mathbf{v}^k\|^2.$$

以上两式相加, 可得

$$f(\mathbf{x}^{k+1}) + g(\mathbf{y}^{k+1}) - f(\mathbf{x}) - g(\mathbf{y})$$

$$\leqslant \left\langle \overline{\boldsymbol{\lambda}}_1^{k+1}, \mathbf{Ax} - \mathbf{Ax}^{k+1} \right\rangle + \left(L + \frac{\beta \|\mathbf{A}\|_2^2}{\theta_k} \right) \left\langle \mathbf{x}^{k+1} - \mathbf{u}^k, \mathbf{x} - \mathbf{x}^{k+1} \right\rangle$$

$$+ \frac{L}{2} \|\mathbf{x}^{k+1} - \mathbf{u}^k\|^2 + \left\langle \overline{\boldsymbol{\lambda}}_2^{k+1}, \mathbf{By} - \mathbf{By}^{k+1} \right\rangle$$

$$+ \left(L + \frac{\beta \|\mathbf{B}\|_2^2}{\theta_k} \right) \left\langle \mathbf{y}^{k+1} - \mathbf{v}^k, \mathbf{y} - \mathbf{y}^{k+1} \right\rangle + \frac{L}{2} \|\mathbf{y}^{k+1} - \mathbf{v}^k\|^2.$$

分别令 $(\mathbf{x}, \mathbf{y}) = (\mathbf{x}^k, \mathbf{y}^k)$ 和 $(\mathbf{x}, \mathbf{y}) = (\mathbf{x}^*, \mathbf{y}^*)$, 可得

$$f(\mathbf{x}^{k+1}) + g(\mathbf{y}^{k+1}) - f(\mathbf{x}^*) - g(\mathbf{y}^*)$$

$$\leqslant \left\langle \overline{\boldsymbol{\lambda}}_1^{k+1}, \mathbf{Ax}^* - \mathbf{Ax}^{k+1} \right\rangle + \left(L + \frac{\beta \|\mathbf{A}\|_2^2}{\theta_k} \right) \left\langle \mathbf{x}^{k+1} - \mathbf{u}^k, \mathbf{x}^* - \mathbf{x}^{k+1} \right\rangle$$

$$+ \frac{L}{2} \|\mathbf{x}^{k+1} - \mathbf{u}^k\|^2 + \left\langle \overline{\boldsymbol{\lambda}}_2^{k+1}, \mathbf{By}^* - \mathbf{By}^{k+1} \right\rangle$$

$$+ \left(L + \frac{\beta \|\mathbf{B}\|_2^2}{\theta_k} \right) \left\langle \mathbf{y}^{k+1} - \mathbf{v}^k, \mathbf{y}^* - \mathbf{y}^{k+1} \right\rangle + \frac{L}{2} \|\mathbf{y}^{k+1} - \mathbf{v}^k\|^2$$

和

$$f(\mathbf{x}^{k+1}) + g(\mathbf{y}^{k+1}) - f(\mathbf{x}^k) - g(\mathbf{y}^k)$$

$$\leqslant \left\langle \overline{\boldsymbol{\lambda}}_1^{k+1}, \mathbf{Ax}^k - \mathbf{Ax}^{k+1} \right\rangle + \left(L + \frac{\beta \|\mathbf{A}\|_2^2}{\theta_k} \right) \left\langle \mathbf{x}^{k+1} - \mathbf{u}^k, \mathbf{x}^k - \mathbf{x}^{k+1} \right\rangle$$

$$+ \frac{L}{2} \|\mathbf{x}^{k+1} - \mathbf{u}^k\|^2 + \left\langle \overline{\boldsymbol{\lambda}}_2^{k+1}, \mathbf{By}^k - \mathbf{By}^{k+1} \right\rangle$$

$$+ \left(L + \frac{\beta \|\mathbf{B}\|_2^2}{\theta_k} \right) \left\langle \mathbf{y}^{k+1} - \mathbf{v}^k, \mathbf{y}^k - \mathbf{y}^{k+1} \right\rangle + \frac{L}{2} \|\mathbf{y}^{k+1} - \mathbf{v}^k\|^2.$$

第一个不等式两边同时乘以 θ_k, 第二个不等式两边同时乘以 $1 - \theta_k$, 相加, 可得

$$f(\mathbf{x}^{k+1}) + g(\mathbf{y}^{k+1}) - f(\mathbf{x}^*) - g(\mathbf{y}^*) - (1 - \theta_k)\left(f(\mathbf{x}^k) + g(\mathbf{y}^k) - f(\mathbf{x}^*) - g(\mathbf{y}^*)\right)$$

$$\leqslant \left\langle \overline{\boldsymbol{\lambda}}_1^{k+1}, \theta_k \mathbf{A}\mathbf{x}^* + (1 - \theta_k)\mathbf{A}\mathbf{x}^k - \mathbf{A}\mathbf{x}^{k+1} \right\rangle$$

$$+ \left\langle \overline{\boldsymbol{\lambda}}_2^{k+1}, \theta_k \mathbf{B}\mathbf{y}^* + (1 - \theta_k)\mathbf{B}\mathbf{y}^k - \mathbf{B}\mathbf{y}^{k+1} \right\rangle$$

$$+ \left(L + \frac{\beta\|\mathbf{A}\|_2^2}{\theta_k}\right) \left\langle \mathbf{x}^{k+1} - \mathbf{u}^k, \theta_k \mathbf{x}^* + (1 - \theta_k)\mathbf{x}^k - \mathbf{x}^{k+1} \right\rangle$$

$$+ \left(L + \frac{\beta\|\mathbf{B}\|_2^2}{\theta_k}\right) \left\langle \mathbf{y}^{k+1} - \mathbf{v}^k, \theta_k \mathbf{y}^* + (1 - \theta_k)\mathbf{y}^k - \mathbf{y}^{k+1} \right\rangle$$

$$+ \frac{L}{2}\|\mathbf{x}^{k+1} - \mathbf{u}^k\|^2 + \frac{L}{2}\|\mathbf{y}^{k+1} - \mathbf{v}^k\|^2.$$

将

$$\left\langle \boldsymbol{\lambda}^*, \mathbf{A}\mathbf{x}^{k+1} + \mathbf{B}\mathbf{y}^{k+1} - (1 - \theta_k)(\mathbf{A}\mathbf{x}^k + \mathbf{B}\mathbf{y}^k) - \theta_k \mathbf{b} \right\rangle$$

加到不等式两边, 可得

$$f(\mathbf{x}^{k+1}) + g(\mathbf{y}^{k+1}) - f(\mathbf{x}^*) - g(\mathbf{y}^*) + \left\langle \boldsymbol{\lambda}^*, \mathbf{A}\mathbf{x}^{k+1} + \mathbf{B}\mathbf{y}^{k+1} - \mathbf{b} \right\rangle$$

$$- (1 - \theta_k)\left(f(\mathbf{x}^k) + g(\mathbf{y}^k) - f(\mathbf{x}^*) - g(\mathbf{y}^*) + \left\langle \boldsymbol{\lambda}^*, \mathbf{A}\mathbf{x}^k + \mathbf{B}\mathbf{y}^k - \mathbf{b} \right\rangle\right)$$

$$\leqslant \left\langle \overline{\boldsymbol{\lambda}}_1^{k+1} - \boldsymbol{\lambda}^*, \theta_k \mathbf{A}\mathbf{x}^* + (1 - \theta_k)\mathbf{A}\mathbf{x}^k - \mathbf{A}\mathbf{x}^{k+1} \right\rangle$$

$$+ \left\langle \overline{\boldsymbol{\lambda}}_2^{k+1} - \boldsymbol{\lambda}^*, \theta_k \mathbf{B}\mathbf{y}^* + (1 - \theta_k)\mathbf{B}\mathbf{y}^k - \mathbf{B}\mathbf{y}^{k+1} \right\rangle$$

$$+ \left(L + \frac{\beta\|\mathbf{A}\|_2^2}{\theta_k}\right) \left\langle \mathbf{x}^{k+1} - \mathbf{u}^k, \theta_k \mathbf{x}^* + (1 - \theta_k)\mathbf{x}^k - \mathbf{x}^{k+1} \right\rangle$$

$$+ \left(L + \frac{\beta\|\mathbf{B}\|_2^2}{\theta_k}\right) \left\langle \mathbf{y}^{k+1} - \mathbf{v}^k, \theta_k \mathbf{y}^* + (1 - \theta_k)\mathbf{y}^k - \mathbf{y}^{k+1} \right\rangle$$

$$+ \frac{L}{2}\|\mathbf{x}^{k+1} - \mathbf{u}^k\|^2 + \frac{L}{2}\|\mathbf{y}^{k+1} - \mathbf{v}^k\|^2$$

$$= \left\langle \overline{\boldsymbol{\lambda}}_1^{k+1} - \overline{\boldsymbol{\lambda}}_2^{k+1}, \theta_k \mathbf{A}\mathbf{x}^* + (1 - \theta_k)\mathbf{A}\mathbf{x}^k - \mathbf{A}\mathbf{x}^{k+1} \right\rangle$$

$$+ \left\langle \overline{\boldsymbol{\lambda}}_2^{k+1} - \boldsymbol{\lambda}^*, \theta_k \mathbf{b} + (1 - \theta_k)(\mathbf{A}\mathbf{x}^k + \mathbf{B}\mathbf{y}^k) - (\mathbf{A}\mathbf{x}^{k+1} + \mathbf{B}\mathbf{y}^{k+1}) \right\rangle$$

$$+ \left(L + \frac{\beta\|\mathbf{A}\|_2^2}{\theta_k}\right) \left\langle \mathbf{x}^{k+1} - \mathbf{u}^k, \theta_k \mathbf{x}^* + (1 - \theta_k)\mathbf{x}^k - \mathbf{x}^{k+1} \right\rangle$$

$$+ \left(L + \frac{\beta \|\mathbf{B}\|_2^2}{\theta_k} \right) \left\langle \mathbf{y}^{k+1} - \mathbf{v}^k, \theta_k \mathbf{y}^* + (1 - \theta_k) \mathbf{y}^k - \mathbf{y}^{k+1} \right\rangle$$

$$+ \frac{L}{2} \|\mathbf{x}^{k+1} - \mathbf{u}^k\|^2 + \frac{L}{2} \|\mathbf{y}^{k+1} - \mathbf{v}^k\|^2.$$

由引理 3.13, 对等号右侧第一个内积, 我们有

$$\left\langle \overline{\boldsymbol{\lambda}}_1^{k+1} - \overline{\boldsymbol{\lambda}}_2^{k+1}, \theta_k \mathbf{A} \mathbf{x}^* + (1 - \theta_k) \mathbf{A} \mathbf{x}^k - \mathbf{A} \mathbf{x}^{k+1} \right\rangle$$

$$= \frac{\beta}{\theta_k} \left\langle \mathbf{A} \mathbf{u}^k - \mathbf{A} \mathbf{x}^{k+1}, \theta_k \mathbf{A} \mathbf{x}^* + (1 - \theta_k) \mathbf{A} \mathbf{x}^k - \mathbf{A} \mathbf{x}^{k+1} \right\rangle$$

$$\overset{\mathrm{a}}{=} \frac{\beta}{2\theta_k} \left(\|\theta_k \mathbf{A} \mathbf{x}^* + (1 - \theta_k) \mathbf{A} \mathbf{x}^k - \mathbf{A} \mathbf{x}^{k+1}\|^2 \right.$$

$$\left. - \|\theta_k \mathbf{A} \mathbf{x}^* + (1 - \theta_k) \mathbf{A} \mathbf{x}^k - \mathbf{A} \mathbf{u}^k\|^2 \right) + \frac{\beta}{2\theta_k} \|\mathbf{A} \mathbf{u}^k - \mathbf{A} \mathbf{x}^{k+1}\|^2$$

$$= \frac{\beta \theta_k}{2} \left(\|\mathbf{A} \mathbf{x}^* - \mathbf{A} \mathbf{r}^{k+1}\|^2 - \|\mathbf{A} \mathbf{x}^* - \mathbf{A} \mathbf{r}^k\|^2 \right) + \frac{\beta}{2\theta_k} \|\mathbf{A} \mathbf{u}^k - \mathbf{A} \mathbf{x}^{k+1}\|^2$$

$$\leqslant \frac{\beta \theta_k}{2} \left(\|\mathbf{A} \mathbf{x}^* - \mathbf{A} \mathbf{r}^{k+1}\|^2 - \|\mathbf{A} \mathbf{x}^* - \mathbf{A} \mathbf{r}^k\|^2 \right) + \frac{\beta \|\mathbf{A}\|_2^2}{2\theta_k} \|\mathbf{u}^k - \mathbf{x}^{k+1}\|^2,$$

其中 $\overset{\mathrm{a}}{=}$ 使用了 (A.1); 对第二个内积, 我们有

$$\left\langle \overline{\boldsymbol{\lambda}}_2^{k+1} - \boldsymbol{\lambda}^*, \theta_k \mathbf{b} + (1 - \theta_k)(\mathbf{A} \mathbf{x}^k + \mathbf{B} \mathbf{y}^k) - (\mathbf{A} \mathbf{x}^{k+1} + \mathbf{B} \mathbf{y}^{k+1}) \right\rangle$$

$$= \frac{\theta_k}{\beta} \left\langle \overline{\boldsymbol{\lambda}}_2^{k+1} - \boldsymbol{\lambda}^*, \hat{\boldsymbol{\lambda}}^k - \hat{\boldsymbol{\lambda}}^{k+1} \right\rangle$$

$$\overset{\mathrm{a}}{=} \frac{\theta_k}{2\beta} \left(\|\hat{\boldsymbol{\lambda}}^k - \boldsymbol{\lambda}^*\|^2 - \|\hat{\boldsymbol{\lambda}}^{k+1} - \boldsymbol{\lambda}^*\|^2 - \left\|\overline{\boldsymbol{\lambda}}_2^{k+1} - \hat{\boldsymbol{\lambda}}^k\right\|^2 + \left\|\overline{\boldsymbol{\lambda}}_2^{k+1} - \hat{\boldsymbol{\lambda}}^{k+1}\right\|^2 \right)$$

$$\leqslant \frac{\theta_k}{2\beta} \left(\|\hat{\boldsymbol{\lambda}}^k - \boldsymbol{\lambda}^*\|^2 - \|\hat{\boldsymbol{\lambda}}^{k+1} - \boldsymbol{\lambda}^*\|^2 \right) + \frac{\beta \|\mathbf{B}\|_2^2}{2\theta_k} \|\mathbf{v}^k - \mathbf{y}^{k+1}\|^2,$$

其中 $\overset{\mathrm{a}}{=}$ 使用了 (A.3); 对第三个和第四个内积, 我们有

$$\left\langle \mathbf{x}^{k+1} - \mathbf{u}^k, \theta_k \mathbf{x}^* + (1 - \theta_k) \mathbf{x}^k - \mathbf{x}^{k+1} \right\rangle$$

$$\overset{\mathrm{a}}{=} \frac{1}{2} \|\theta_k \mathbf{x}^* + (1 - \theta_k) \mathbf{x}^k - \mathbf{u}^k\|^2 - \frac{1}{2} \|\theta_k \mathbf{x}^* + (1 - \theta_k) \mathbf{x}^k - \mathbf{x}^{k+1}\|^2 - \frac{1}{2} \|\mathbf{x}^{k+1} - \mathbf{u}^k\|^2$$

$$= \frac{1}{2} \theta_k^2 \|\mathbf{x}^* - \mathbf{r}^k\|^2 - \frac{1}{2} \theta_k^2 \|\mathbf{x}^* - \mathbf{r}^{k+1}\|^2 - \frac{1}{2} \|\mathbf{x}^{k+1} - \mathbf{u}^k\|^2$$

和

$$
\langle \mathbf{y}^{k+1} - \mathbf{v}^k, \theta_k \mathbf{y}^* + (1 - \theta_k)\mathbf{y}^k - \mathbf{y}^{k+1} \rangle
$$

$$
\overset{\mathrm{b}}{=} \frac{1}{2}\|\theta_k \mathbf{y}^* + (1 - \theta_k)\mathbf{y}^k - \mathbf{v}^k\|^2 - \frac{1}{2}\|\theta_k \mathbf{y}^* + (1 - \theta_k)\mathbf{y}^k - \mathbf{y}^{k+1}\|^2
$$

$$
\quad - \frac{1}{2}\|\mathbf{y}^{k+1} - \mathbf{v}^k\|^2
$$

$$
= \frac{1}{2}\theta_k^2\|\mathbf{y}^* - \mathbf{s}^k\|^2 - \frac{1}{2}\theta_k^2\|\mathbf{y}^* - \mathbf{s}^{k+1}\|^2 - \frac{1}{2}\|\mathbf{y}^{k+1} - \mathbf{v}^k\|^2,
$$

其中 $\overset{\mathrm{a}}{=}$ 和 $\overset{\mathrm{b}}{=}$ 使用了 (A.2). 因此我们有

$$
f(\mathbf{x}^{k+1}) + g(\mathbf{y}^{k+1}) - f(\mathbf{x}^*) - g(\mathbf{y}^*) + \langle \boldsymbol{\lambda}^*, \mathbf{A}\mathbf{x}^{k+1} + \mathbf{B}\mathbf{y}^{k+1} - \mathbf{b} \rangle
$$

$$
\quad - (1 - \theta_k)\left(f(\mathbf{x}^k) + g(\mathbf{y}^k) - f(\mathbf{x}^*) - g(\mathbf{y}^*) + \langle \boldsymbol{\lambda}^*, \mathbf{A}\mathbf{x}^k + \mathbf{B}\mathbf{y}^k - \mathbf{b} \rangle \right)
$$

$$
\leqslant \frac{\beta \theta_k}{2}\left(\|\mathbf{A}\mathbf{x}^* - \mathbf{A}\mathbf{r}^{k+1}\|^2 - \|\mathbf{A}\mathbf{x}^* - \mathbf{A}\mathbf{r}^k\|^2 \right)
$$

$$
\quad + \frac{\theta_k}{2\beta}\left(\|\hat{\boldsymbol{\lambda}}^k - \boldsymbol{\lambda}^*\|^2 - \|\hat{\boldsymbol{\lambda}}^{k+1} - \boldsymbol{\lambda}^*\|^2 \right)
$$

$$
\quad + \frac{1}{2}\left(L\theta_k^2 + \beta\theta_k\|\mathbf{A}\|_2^2 \right)\left(\|\mathbf{x}^* - \mathbf{r}^k\|^2 - \|\mathbf{x}^* - \mathbf{r}^{k+1}\|^2 \right)
$$

$$
\quad + \frac{1}{2}\left(L\theta_k^2 + \beta\theta_k\|\mathbf{B}\|_2^2 \right)\left(\|\mathbf{y}^* - \mathbf{s}^k\|^2 - \|\mathbf{y}^* - \mathbf{s}^{k+1}\|^2 \right).
$$

不等式两边同时除以 θ_k 并使用 $\dfrac{1 - \theta_k}{\theta_k} = \dfrac{1}{\theta_{k-1}} - \tau$, 可得

$$
\frac{1}{\theta_k}\left(f(\mathbf{x}^{k+1}) + g(\mathbf{y}^{k+1}) - f(\mathbf{x}^*) - g(\mathbf{y}^*) + \langle \boldsymbol{\lambda}^*, \mathbf{A}\mathbf{x}^{k+1} + \mathbf{B}\mathbf{y}^{k+1} - \mathbf{b} \rangle \right)
$$

$$
\quad - \frac{1}{\theta_{k-1}}\left(f(\mathbf{x}^k) + g(\mathbf{y}^k) - f(\mathbf{x}^*) - g(\mathbf{y}^*) + \langle \boldsymbol{\lambda}^*, \mathbf{A}\mathbf{x}^k + \mathbf{B}\mathbf{y}^k - \mathbf{b} \rangle \right)
$$

$$
\quad + \tau\left(f(\mathbf{x}^k) + g(\mathbf{y}^k) - f(\mathbf{x}^*) - g(\mathbf{y}^*) + \langle \boldsymbol{\lambda}^*, \mathbf{A}\mathbf{x}^k + \mathbf{B}\mathbf{y}^k - \mathbf{b} \rangle \right)
$$

$$
\leqslant \frac{\beta}{2}\left(\|\mathbf{A}\mathbf{x}^* - \mathbf{A}\mathbf{r}^{k+1}\|^2 - \|\mathbf{A}\mathbf{x}^* - \mathbf{A}\mathbf{r}^k\|^2 \right)
$$

$$
\quad + \frac{1}{2\beta}\left(\|\hat{\boldsymbol{\lambda}}^k - \boldsymbol{\lambda}^*\|^2 - \|\hat{\boldsymbol{\lambda}}^{k+1} - \boldsymbol{\lambda}^*\|^2 \right)
$$

$$
\quad + \frac{1}{2}\left(L\theta_k + \beta\|\mathbf{A}\|_2^2 \right)\left(\|\mathbf{x}^* - \mathbf{r}^k\|^2 - \|\mathbf{x}^* - \mathbf{r}^{k+1}\|^2 \right)
$$

$$
\quad + \frac{1}{2}\left(L\theta_k + \beta\|\mathbf{B}\|_2^2 \right)\left(\|\mathbf{y}^* - \mathbf{s}^k\|^2 - \|\mathbf{y}^* - \mathbf{s}^{k+1}\|^2 \right).
$$

由 $\theta_{k+1} \leqslant \theta_k$, 结论得证. □

引理 3.15　假设 f_1, f_2, g_1 和 g_2 是凸函数, f_2 和 g_2 是 L-光滑函数. 使用 (3.54) 中的定义及 (3.55), 对算法 3.5 有

$$f(\mathbf{x}^{K+1}) + g(\mathbf{y}^{K+1}) - f(\mathbf{x}^*) - g(\mathbf{y}^*) + \left\langle \boldsymbol{\lambda}^*, \mathbf{A}\mathbf{x}^{K+1} + \mathbf{B}\mathbf{y}^{K+1} - \mathbf{b} \right\rangle \leqslant \theta_K C \quad (3.59)$$

和

$$\left\| \frac{1}{\theta_K} \left(\mathbf{A}\mathbf{x}^{K+1} + \mathbf{B}\mathbf{y}^{K+1} - \mathbf{b} \right) + \tau \sum_{k=1}^{K} \left(\mathbf{A}\mathbf{x}^k + \mathbf{B}\mathbf{y}^k - \mathbf{b} \right) \right\|$$

$$\leqslant \frac{1}{\beta} \left\| \hat{\boldsymbol{\lambda}}^0 - \boldsymbol{\lambda}^* \right\| + \sqrt{\frac{2C}{\beta}}, \quad (3.60)$$

其中

$$C = \frac{1}{2\beta} \left\| \hat{\boldsymbol{\lambda}}^0 - \boldsymbol{\lambda}^* \right\|^2 - \frac{\beta}{2} \left\| \mathbf{A}\mathbf{x}^* - \mathbf{A}\mathbf{r}^0 \right\|^2$$

$$+ \frac{1}{2} \left(L + \beta \|\mathbf{A}\|_2^2 \right) \left\| \mathbf{x}^* - \mathbf{r}^0 \right\|^2 + \frac{1}{2} \left(L + \beta \|\mathbf{B}\|_2^2 \right) \left\| \mathbf{y}^* - \mathbf{s}^0 \right\|^2.$$

证明　将 (3.58) 对 $k = 0, \cdots, K$ 累加求和, 可得

$$\frac{1}{\theta_K} \left(f(\mathbf{x}^{K+1}) + g(\mathbf{y}^{K+1}) - f(\mathbf{x}^*) - g(\mathbf{y}^*) + \left\langle \boldsymbol{\lambda}^*, \mathbf{A}\mathbf{x}^{K+1} + \mathbf{B}\mathbf{y}^{K+1} - \mathbf{b} \right\rangle \right)$$

$$+ \tau \sum_{k=1}^{K} \left(f(\mathbf{x}^k) + g(\mathbf{y}^k) - f(\mathbf{x}^*) - g(\mathbf{y}^*) + \left\langle \boldsymbol{\lambda}^*, \mathbf{A}\mathbf{x}^k + \mathbf{B}\mathbf{y}^k - \mathbf{b} \right\rangle \right)$$

$$\leqslant \frac{1}{2\beta} \left(\|\hat{\boldsymbol{\lambda}}^0 - \boldsymbol{\lambda}^*\|^2 - \|\hat{\boldsymbol{\lambda}}^{K+1} - \boldsymbol{\lambda}^*\|^2 \right) - \frac{\beta}{2} \|\mathbf{A}\mathbf{x}^* - \mathbf{A}\mathbf{r}^0\|^2$$

$$+ \frac{1}{2} \left(L + \beta \|\mathbf{A}\|_2^2 \right) \|\mathbf{x}^* - \mathbf{r}^0\|^2 + \frac{1}{2} \left(L + \beta \|\mathbf{B}\|_2^2 \right) \|\mathbf{y}^* - \mathbf{s}^0\|^2$$

$$= C - \frac{1}{2\beta} \|\hat{\boldsymbol{\lambda}}^{K+1} - \boldsymbol{\lambda}^*\|^2,$$

其中我们使用了

$$\frac{1}{\theta_{-1}} = \tau, \quad \theta_0 = 1,$$

$$\frac{1}{2} \left(L\theta_{K+1} + \beta \|\mathbf{A}\|_2^2 \right) \|\mathbf{x}^* - \mathbf{r}^{K+1}\|^2 \geqslant \frac{\beta}{2} \|\mathbf{A}\mathbf{x}^* - \mathbf{A}\mathbf{r}^{K+1}\|^2.$$

由引理 3.1, 可得 (3.59) 和

$$\left\|\hat{\boldsymbol{\lambda}}^{K+1} - \boldsymbol{\lambda}^*\right\| \leqslant \sqrt{2\beta C},$$

$$\left\|\hat{\boldsymbol{\lambda}}^{K+1} - \hat{\boldsymbol{\lambda}}^0\right\| \leqslant \left\|\hat{\boldsymbol{\lambda}}^0 - \boldsymbol{\lambda}^*\right\| + \sqrt{2\beta C}.$$

由引理 3.13, 可得 (3.60). □

对约束误差, 我们需要给出形如 $\|\mathbf{Ax} + \mathbf{By} - \mathbf{b}\|$ 的界, 而不是 (3.60). 下述引理为我们提供了一个重要的工具.

引理 3.16 考虑向量序列 $\{\mathbf{a}^k\}_{k=1}^{\infty}$. 如果 $\{\mathbf{a}^k\}$ 满足

$$\left\|[1/\tau + K(1/\tau - 1)]\mathbf{a}^{K+1} + \sum_{k=1}^{K} \mathbf{a}^k\right\| \leqslant c, \quad \forall K = 0, 1, 2, \cdots, \tag{3.61}$$

其中 $0 < \tau < 1$, 则有

$$\left\|\sum_{k=1}^{K} \mathbf{a}^k\right\| < c, \quad \forall K = 1, 2, \cdots.$$

证明 定义

$$\mathbf{b}^K = \eta_K \mathbf{a}^{K+1} + \sum_{k=1}^{K} \mathbf{a}^k \quad 和 \quad \mathbf{s}^K = \sum_{k=1}^{K} \mathbf{a}^k,$$

其中 $\eta_K = 1/\tau + K(1/\tau - 1)$, 则有

$$\mathbf{b}^K = \eta_K(\mathbf{s}^{K+1} - \mathbf{s}^K) + \mathbf{s}^K = \eta_K \mathbf{s}^{K+1} + (1 - \eta_K)\mathbf{s}^K.$$

于是

$$\mathbf{s}^{K+1} = \frac{1}{\eta_K}\mathbf{b}^K + \left(1 - \frac{1}{\eta_K}\right)\mathbf{s}^K.$$

由假设 $\|\mathbf{b}^K\| \leqslant c$ 及 $\frac{1}{\eta_K} \in (0, 1)$, 若 $\|\mathbf{s}^K\| < c$, 我们有

$$\|\mathbf{s}^{K+1}\| \leqslant \frac{1}{\eta_K}\|\mathbf{b}^K\| + \left(1 - \frac{1}{\eta_K}\right)\|\mathbf{s}^K\| < c.$$

另一方面, 在 (3.61) 中取 $K = 0$, 可得 $\|\mathbf{s}^1\| = \|\mathbf{a}^1\| \leqslant \tau c < c$. 由数学归纳法, 引理得证. □

基于前面的结果, 我们可以给出最终的收敛速度.

定理 3.11 假设 f_1, f_2, g_1 和 g_2 是凸函数, f_2 和 g_2 是 L-光滑函数. 使用 (3.54) 中的定义以及 (3.55), 对算法 3.5, 有

$$-\frac{2C_1\|\boldsymbol{\lambda}^*\|}{1+K(1-\tau)} \leqslant f(\mathbf{x}^{K+1}) + g(\mathbf{y}^{K+1}) - f(\mathbf{x}^*) - g(\mathbf{y}^*)$$

$$\leqslant \frac{2C_1\|\boldsymbol{\lambda}^*\|}{1+K(1-\tau)} + \frac{C}{1+K(1-\tau)}$$

和

$$\left\|\mathbf{A}\mathbf{x}^{K+1} + \mathbf{B}\mathbf{y}^{K+1} - \mathbf{b}\right\| \leqslant \frac{2C_1}{1+K(1-\tau)},$$

其中

$$C = \frac{1}{2\beta}\left\|\hat{\boldsymbol{\lambda}}^0 - \boldsymbol{\lambda}^*\right\|^2 - \frac{\beta}{2}\left\|\mathbf{A}\mathbf{x}^* - \mathbf{A}\mathbf{r}^0\right\|^2$$

$$+ \frac{1}{2}\left(L + \beta\|\mathbf{A}\|_2^2\right)\left\|\mathbf{x}^* - \mathbf{r}^0\right\|^2 + \frac{1}{2}\left(L + \beta\|\mathbf{B}\|_2^2\right)\left\|\mathbf{y}^* - \mathbf{s}^0\right\|^2$$

以及 $C_1 = \frac{1}{\beta}\left\|\hat{\boldsymbol{\lambda}}^0 - \boldsymbol{\lambda}^*\right\| + \sqrt{\frac{2C}{\beta}}$.

证明 由

$$\frac{1}{\theta_k} = \frac{1}{\theta_{k-1}} + 1 - \tau = \frac{1}{\theta_0} + k(1-\tau),$$

可得

$$\theta_k = \frac{1}{\frac{1}{\theta_0} + k(1-\tau)} = \frac{1}{1 + k(1-\tau)}.$$

为了表述方便, 令 $\mathbf{a}^k = \mathbf{A}\mathbf{x}^k + \mathbf{B}\mathbf{y}^k - \mathbf{b}$. 则由 (3.60) 我们有

$$\left\|[1/\tau + K(1/\tau - 1)]\mathbf{a}^{K+1} + \sum_{k=1}^{K}\mathbf{a}^k\right\|$$

$$\leqslant \frac{1}{\tau\beta}\|\hat{\boldsymbol{\lambda}}^0 - \boldsymbol{\lambda}^*\| + \frac{1}{\tau}\sqrt{\frac{2C}{\beta}} \equiv \frac{1}{\tau}C_1, \quad \forall K = 0, 1, \cdots. \tag{3.62}$$

由引理 3.16 可得

$$\left\|\sum_{k=1}^{K}\mathbf{a}^k\right\| \leqslant \frac{1}{\tau}C_1, \quad \forall K = 1, 2, \cdots.$$

因此有

$$\|\mathbf{a}^{K+1}\| \leqslant \frac{2\dfrac{1}{\tau}C_1}{1/\tau + K(1/\tau - 1)}, \quad \forall K = 1, 2, \cdots.$$

进一步, 在 (3.62) 中取 $K = 0$, 可得

$$\|\mathbf{a}^1\| \leqslant C_1 \leqslant \frac{2\dfrac{1}{\tau}C_1}{1/\tau + 0(1/\tau - 1)}.$$

因此有

$$\|\mathbf{A}\mathbf{x}^{K+1} + \mathbf{B}\mathbf{y}^{K+1} - \mathbf{b}\| \leqslant \frac{2C_1}{1 + K(1 - \tau)}, \quad \forall K = 0, 1, \cdots.$$

由 (3.59) 及引理 3.2, 结论得证. □

3.3.2 线性收敛速度

本节进一步假设 g 是 μ_g-强凸函数. 我们希望加速如下线性化 ADMM:

$$\mathbf{x}^{k+1} = \underset{\mathbf{x}}{\operatorname{argmin}} \left(f(\mathbf{x}) + \langle \boldsymbol{\lambda}^k, \mathbf{A}\mathbf{x} + \mathbf{B}\mathbf{y}^k - \mathbf{b} \rangle + \frac{\beta}{2} \|\mathbf{A}\mathbf{x} + \mathbf{B}\mathbf{y}^k - \mathbf{b}\|^2 \right),$$

$$\mathbf{y}^{k+1} = \underset{\mathbf{y}}{\operatorname{argmin}} \left(g(\mathbf{y}^k) + \langle \nabla g(\mathbf{y}^k), \mathbf{y} - \mathbf{y}^k \rangle + \langle \boldsymbol{\lambda}^k, \mathbf{A}\mathbf{x}^{k+1} + \mathbf{B}\mathbf{y} - \mathbf{b} \rangle \right.$$

$$\left. + \beta \langle \mathbf{B}^{\mathrm{T}}(\mathbf{A}\mathbf{x}^{k+1} + \mathbf{B}\mathbf{y}^k - \mathbf{b}), \mathbf{y} - \mathbf{y}^k \rangle + \frac{L_g + \beta\|\mathbf{B}\|_2^2}{2} \|\mathbf{y} - \mathbf{y}^k\|^2 \right),$$

$$\boldsymbol{\lambda}^{k+1} = \boldsymbol{\lambda}^k + \beta(\mathbf{A}\mathbf{x}^{k+1} + \mathbf{B}\mathbf{y}^{k+1} - \mathbf{b}),$$

其中 f 和 g 是凸函数, g 是 L_g-光滑函数. 回顾评注 3.2 (令 $\phi = 0$), 上述算法的复杂度为 $O\left(\left(\dfrac{\|\mathbf{B}\|_2^2}{\sigma^2} + \dfrac{L_g}{\mu_g}\right) \log \dfrac{1}{\epsilon}\right)$.

我们给出如下加速线性化 ADMM, 该算法由文献 [53] 中的加速线性化增广拉格朗日算法扩展得到. 算法包含步骤 (3.63a)–(3.63f), 具体描述见算法 3.6.

$$\mathbf{w}^k = \theta\mathbf{y}^k + (1 - \theta)\widetilde{\mathbf{y}}^k, \tag{3.63a}$$

$$\mathbf{x}^{k+1} = \underset{\mathbf{x}}{\operatorname{argmin}} \left(f(\mathbf{x}) + \langle \boldsymbol{\lambda}^k, \mathbf{A}\mathbf{x} + \mathbf{B}\mathbf{y}^k - \mathbf{b} \rangle + \frac{\beta\theta}{2} \|\mathbf{A}\mathbf{x} + \mathbf{B}\mathbf{y}^k - \mathbf{b}\|^2 \right), \tag{3.63b}$$

$$\mathbf{y}^{k+1} = \underset{\mathbf{y}}{\operatorname{argmin}} \left(\langle \nabla g(\mathbf{w}^k), \mathbf{y} \rangle + \langle \boldsymbol{\lambda}^k, \mathbf{B}\mathbf{y} \rangle + \beta\theta \langle \mathbf{B}^{\mathrm{T}}(\mathbf{A}\mathbf{x}^{k+1} + \mathbf{B}\mathbf{y}^k - \mathbf{b}), \mathbf{y} \rangle \right.$$

$$+ \frac{1}{2}\left(\frac{\theta}{\alpha} + \mu_g\right)\left\| \mathbf{y} - \frac{1}{\frac{\theta}{\alpha} + \mu_g}\left(\frac{\theta}{\alpha}\mathbf{y}^k + \mu_g\mathbf{w}^k\right)\right\|^2\right)$$

$$= \frac{1}{\frac{\theta}{\alpha} + \mu_g}\left\{ \mu_g\mathbf{w}^k + \frac{\theta}{\alpha}\mathbf{y}^k \right.$$

$$\left. - \left[\nabla g(\mathbf{w}^k) + \mathbf{B}^{\mathrm{T}}\boldsymbol{\lambda}^k + \beta\theta\mathbf{B}^{\mathrm{T}}(\mathbf{A}\mathbf{x}^{k+1} + \mathbf{B}\mathbf{y}^k - \mathbf{b})\right] \right\}, \quad (3.63\mathrm{c})$$

$$\widetilde{\mathbf{x}}^{k+1} = \theta\mathbf{x}^{k+1} + (1-\theta)\widetilde{\mathbf{x}}^k, \quad (3.63\mathrm{d})$$

$$\widetilde{\mathbf{y}}^{k+1} = \theta\mathbf{y}^{k+1} + (1-\theta)\widetilde{\mathbf{y}}^k, \quad (3.63\mathrm{e})$$

$$\boldsymbol{\lambda}^{k+1} = \boldsymbol{\lambda}^k + \beta\theta(\mathbf{A}\mathbf{x}^{k+1} + \mathbf{B}\mathbf{y}^{k+1} - \mathbf{b}). \quad (3.63\mathrm{f})$$

算法 3.6　　求解强凸问题的加速线性化 ADMM

初始化 $\mathbf{x}^0 = \widetilde{\mathbf{x}}^0$, $\mathbf{y}^0 = \widetilde{\mathbf{y}}^0$, $\boldsymbol{\lambda}^0$.

for $k = 0, 1, 2, 3, \cdots$ **do**

　　使用 (3.63a)–(3.63f) 更新变量.

end for

算法 3.6 的复杂度为 $O\left(\sqrt{\frac{L_g\|\mathbf{B}\|_2^2}{\mu_g\sigma^2}}\log\frac{1}{\epsilon}\right)$, 低于本节开头所介绍的线性化

ADMM 的 $O\left(\left(\frac{\|\mathbf{B}\|_2^2}{\sigma^2} + \frac{L_g}{\mu_g}\right)\log\frac{1}{\epsilon}\right)$ 复杂度. 我们在表 3.2 中比较了各个算法的

复杂度. 注意 ADMM 在更新变量 $\mathbf{y}$ 时需要求解一个子问题, 而线性化 ADMM 及加速线性化 ADMM 只需要执行一步梯度下降. 因此, ADMM 比线性化 ADMM 复杂度更低是合理的. 加速线性化 ADMM 弥补了线性化 ADMM 和 ADMM 之间的差距.

表 3.2　　**ADMM、线性化 ADMM (LADMM) 和加速线性化 ADMM 复杂度的比较**

算法	ADMM	LADMM	加速 LADMM
复杂度	$O\left(\sqrt{\frac{L_g\|\mathbf{B}\|_2^2}{\mu_g\sigma^2}}\log\frac{1}{\epsilon}\right)$	$O\left(\left(\frac{\|\mathbf{B}\|_2^2}{\sigma^2} + \frac{L_g}{\mu_g}\right)\log\frac{1}{\epsilon}\right)$	$O\left(\sqrt{\frac{L_g\|\mathbf{B}\|_2^2}{\mu_g\sigma^2}}\log\frac{1}{\epsilon}\right)$

　　引理 3.17　　假设 $f(\mathbf{x})$ 是凸函数, $g(\mathbf{y})$ 是 μ_g-强凸、L_g-光滑函数. 令 $\theta \leqslant 1$. 则对算法 3.6, 有

$$f(\widetilde{\mathbf{x}}^{k+1}) - f(\mathbf{x}^*) + g(\widetilde{\mathbf{y}}^{k+1}) - g(\mathbf{y}^*) + \langle \boldsymbol{\lambda}^*, \mathbf{A}\widetilde{\mathbf{x}}^{k+1} + \mathbf{B}\widetilde{\mathbf{y}}^{k+1} - \mathbf{b}\rangle$$

$$\leqslant (1-\theta)\left(f(\widetilde{\mathbf{x}}^k) - f(\mathbf{x}^*) + g(\widetilde{\mathbf{y}}^k) - g(\mathbf{y}^*) + \langle \boldsymbol{\lambda}^*, \mathbf{A}\widetilde{\mathbf{x}}^k + \mathbf{B}\widetilde{\mathbf{y}}^k - \mathbf{b} \rangle\right)$$

$$+ \frac{\theta^2}{2\alpha}\|\mathbf{y}^k - \mathbf{y}^*\|^2 - \left(\frac{\theta^2}{2\alpha} + \frac{\mu_g\theta}{2}\right)\|\mathbf{y}^{k+1} - \mathbf{y}^*\|^2 - \frac{\mu_g\theta}{2}\|\mathbf{y}^{k+1} - \mathbf{w}^k\|^2$$

$$+ \frac{1}{2\beta}\left(\|\boldsymbol{\lambda}^k - \boldsymbol{\lambda}^*\|^2 - \|\boldsymbol{\lambda}^{k+1} - \boldsymbol{\lambda}^*\|^2\right)$$

$$- \left(\frac{\theta^2}{2\alpha} - \frac{L_g\theta^2}{2} - \frac{\beta\theta^2\|\mathbf{B}\|_2^2}{2}\right)\|\mathbf{y}^{k+1} - \mathbf{y}^k\|^2. \tag{3.64}$$

证明 为了简化记号, 我们分别简记 μ_g 和 L_g 为 μ 和 L. 类似于 (3.50) 和 (3.51), 我们有

$$f(\widetilde{\mathbf{x}}^{k+1}) - f(\mathbf{x}^*)$$

$$\leqslant \theta\left(f(\mathbf{x}^{k+1}) - f(\mathbf{x}^*)\right) + (1-\theta)\left(f(\widetilde{\mathbf{x}}^k) - f(\mathbf{x}^*)\right)$$

$$\overset{\mathrm{a}}{\leqslant} \theta\left\langle \boldsymbol{\lambda}^{k+1}, \mathbf{A}\mathbf{x}^* - \mathbf{A}\mathbf{x}^{k+1} \right\rangle + \beta\theta^2\left\langle \mathbf{B}\mathbf{y}^{k+1} - \mathbf{B}\mathbf{y}^k, \mathbf{A}\mathbf{x}^{k+1} - \mathbf{A}\mathbf{x}^* \right\rangle$$

$$+ (1-\theta)\left(f(\widetilde{\mathbf{x}}^k) - f(\mathbf{x}^*)\right) \tag{3.65}$$

和

$$g(\widetilde{\mathbf{y}}^{k+1})$$

$$\leqslant (1-\theta)g(\widetilde{\mathbf{y}}^k) + \theta\left(g(\mathbf{w}^k) + \langle \nabla g(\mathbf{w}^k), \mathbf{y}^* - \mathbf{w}^k \rangle + \langle \nabla g(\mathbf{w}^k), \mathbf{y}^{k+1} - \mathbf{y}^* \rangle\right)$$

$$+ \frac{L\theta^2}{2}\|\mathbf{y}^{k+1} - \mathbf{y}^k\|^2$$

$$\leqslant (1-\theta)g(\widetilde{\mathbf{y}}^k) + \theta g(\mathbf{y}^*) - \frac{\mu\theta}{2}\|\mathbf{w}^k - \mathbf{y}^*\|^2 + \theta\left\langle \nabla g(\mathbf{w}^k), \mathbf{y}^{k+1} - \mathbf{y}^* \right\rangle$$

$$+ \frac{L\theta^2}{2}\|\mathbf{y}^{k+1} - \mathbf{y}^k\|^2, \tag{3.66}$$

其中 $\overset{\mathrm{a}}{\leqslant}$ 与 (3.50) 相比多出了一个 θ, 这是由于 (3.63b) 和 (3.63f) 中多出了 θ. 由 (3.63c) 我们有

$$-\mu(\mathbf{y}^{k+1} - \mathbf{w}^k) - \frac{\theta}{\alpha}(\mathbf{y}^{k+1} - \mathbf{y}^k)$$

$$= \nabla g(\mathbf{w}^k) + \mathbf{B}^{\mathrm{T}}\boldsymbol{\lambda}^{k+1} - \beta\theta\mathbf{B}^{\mathrm{T}}(\mathbf{B}\mathbf{y}^{k+1} - \mathbf{B}\mathbf{y}^k). \tag{3.67}$$

因此可得

$$\theta \left\langle \nabla g(\mathbf{w}^k), \mathbf{y}^{k+1} - \mathbf{y}^* \right\rangle$$

$$= -\theta \left\langle \mu(\mathbf{y}^{k+1} - \mathbf{w}^k) + \frac{\theta}{\alpha}(\mathbf{y}^{k+1} - \mathbf{y}^k) + \mathbf{B}^{\mathrm{T}}\boldsymbol{\lambda}^{k+1} - \beta\theta\mathbf{B}^{\mathrm{T}}(\mathbf{B}\mathbf{y}^{k+1} - \mathbf{B}\mathbf{y}^k), \right.$$

$$\left. \mathbf{y}^{k+1} - \mathbf{y}^* \right\rangle$$

$$= \frac{\mu\theta}{2} \left(\|\mathbf{w}^k - \mathbf{y}^*\|^2 - \|\mathbf{y}^{k+1} - \mathbf{y}^*\|^2 - \|\mathbf{y}^{k+1} - \mathbf{w}^k\|^2 \right)$$

$$+ \frac{\theta^2}{2\alpha} \left(\|\mathbf{y}^k - \mathbf{y}^*\|^2 - \|\mathbf{y}^{k+1} - \mathbf{y}^*\|^2 - \|\mathbf{y}^{k+1} - \mathbf{y}^k\|^2 \right)$$

$$- \theta \left\langle \boldsymbol{\lambda}^{k+1}, \mathbf{B}\mathbf{y}^{k+1} - \mathbf{B}\mathbf{y}^* \right\rangle + \beta\theta^2 \left\langle \mathbf{B}\mathbf{y}^{k+1} - \mathbf{B}\mathbf{y}^k, \mathbf{B}\mathbf{y}^{k+1} - \mathbf{B}\mathbf{y}^* \right\rangle. \tag{3.68}$$

结合 (3.65)、(3.66) 和 (3.68), 我们有

$$f(\widetilde{\mathbf{x}}^{k+1}) - f(\mathbf{x}^*) + g(\widetilde{\mathbf{y}}^{k+1}) - g(\mathbf{y}^*)$$

$$\leqslant (1 - \theta) \left(f(\widetilde{\mathbf{x}}^k) - f(\mathbf{x}^*) + g(\widetilde{\mathbf{y}}^k) - g(\mathbf{y}^*) \right)$$

$$+ \frac{\theta^2}{2\alpha} \|\mathbf{y}^k - \mathbf{y}^*\|^2 - \left(\frac{\theta^2}{2\alpha} + \frac{\mu\theta}{2} \right) \|\mathbf{y}^{k+1} - \mathbf{y}^*\|^2$$

$$- \frac{\mu\theta}{2} \|\mathbf{y}^{k+1} - \mathbf{w}^k\|^2 - \left(\frac{\theta^2}{2\alpha} - \frac{L\theta^2}{2} \right) \|\mathbf{y}^{k+1} - \mathbf{y}^k\|^2$$

$$- \theta \left\langle \boldsymbol{\lambda}^{k+1}, \mathbf{A}\mathbf{x}^{k+1} + \mathbf{B}\mathbf{y}^{k+1} - \mathbf{b} \right\rangle$$

$$+ \beta\theta^2 \left\langle \mathbf{B}\mathbf{y}^{k+1} - \mathbf{B}\mathbf{y}^k, \mathbf{A}\mathbf{x}^{k+1} + \mathbf{B}\mathbf{y}^{k+1} - \mathbf{b} \right\rangle.$$

将 $\left\langle \boldsymbol{\lambda}^*, \mathbf{A}\widetilde{\mathbf{x}}^{k+1} + \mathbf{B}\widetilde{\mathbf{y}}^{k+1} - \mathbf{b} \right\rangle$ 加到不等式两边, 使用 (3.63d) 和 (3.63e), 可得

$$f(\widetilde{\mathbf{x}}^{k+1}) - f(\mathbf{x}^*) + g(\widetilde{\mathbf{y}}^{k+1}) - g(\mathbf{y}^*) + \left\langle \boldsymbol{\lambda}^*, \mathbf{A}\widetilde{\mathbf{x}}^{k+1} + \mathbf{B}\widetilde{\mathbf{y}}^{k+1} - \mathbf{b} \right\rangle$$

$$\leqslant (1 - \theta) \left(f(\widetilde{\mathbf{x}}^k) - f(\mathbf{x}^*) + g(\widetilde{\mathbf{y}}^k) - g(\mathbf{y}^*) + \left\langle \boldsymbol{\lambda}^*, \mathbf{A}\widetilde{\mathbf{x}}^k + \mathbf{B}\widetilde{\mathbf{y}}^k - \mathbf{b} \right\rangle \right)$$

$$+ \frac{\theta^2}{2\alpha} \|\mathbf{y}^k - \mathbf{y}^*\|^2 - \left(\frac{\theta^2}{2\alpha} + \frac{\mu\theta}{2} \right) \|\mathbf{y}^{k+1} - \mathbf{y}^*\|^2$$

$$- \frac{\mu\theta}{2} \|\mathbf{y}^{k+1} - \mathbf{w}^k\|^2 - \left(\frac{\theta^2}{2\alpha} - \frac{L\theta^2}{2} \right) \|\mathbf{y}^{k+1} - \mathbf{y}^k\|^2$$

$$- \theta \left\langle \boldsymbol{\lambda}^{k+1} - \boldsymbol{\lambda}^*, \mathbf{A}\mathbf{x}^{k+1} + \mathbf{B}\mathbf{y}^{k+1} - \mathbf{b} \right\rangle$$

$$+ \beta\theta^2 \left\langle \mathbf{B}\mathbf{y}^{k+1} - \mathbf{B}\mathbf{y}^k, \mathbf{A}\mathbf{x}^{k+1} + \mathbf{B}\mathbf{y}^{k+1} - \mathbf{b} \right\rangle$$

$$\overset{\mathrm{a}}{=} (1 - \theta) \left(f(\widetilde{\mathbf{x}}^k) - f(\mathbf{x}^*) + g(\widetilde{\mathbf{y}}^k) - g(\mathbf{y}^*) + \left\langle \boldsymbol{\lambda}^*, \mathbf{A}\widetilde{\mathbf{x}}^k + \mathbf{B}\widetilde{\mathbf{y}}^k - \mathbf{b} \right\rangle \right)$$

$$+ \frac{\theta^2}{2\alpha}\|\mathbf{y}^k - \mathbf{y}^*\|^2 - \left(\frac{\theta^2}{2\alpha} + \frac{\mu\theta}{2}\right)\|\mathbf{y}^{k+1} - \mathbf{y}^*\|^2$$

$$- \frac{\mu\theta}{2}\|\mathbf{y}^{k+1} - \mathbf{w}^k\|^2 - \left(\frac{\theta^2}{2\alpha} - \frac{L\theta^2}{2}\right)\|\mathbf{y}^{k+1} - \mathbf{y}^k\|^2$$

$$- \frac{1}{\beta}\left\langle \boldsymbol{\lambda}^{k+1} - \boldsymbol{\lambda}^*, \boldsymbol{\lambda}^{k+1} - \boldsymbol{\lambda}^k \right\rangle + \beta\theta^2 \left\langle \mathbf{B}\mathbf{y}^{k+1} - \mathbf{B}\mathbf{y}^k, \mathbf{A}\mathbf{x}^{k+1} + \mathbf{B}\mathbf{y}^{k+1} - \mathbf{b} \right\rangle$$

$$\stackrel{\mathrm{a}}{=} (1-\theta)\left(f(\widetilde{\mathbf{x}}^k) - f(\mathbf{x}^*) + g(\widetilde{\mathbf{y}}^k) - g(\mathbf{y}^*) + \left\langle \boldsymbol{\lambda}^*, \mathbf{A}\widetilde{\mathbf{x}}^k + \mathbf{B}\widetilde{\mathbf{y}}^k - \mathbf{b} \right\rangle\right)$$

$$+ \frac{\theta^2}{2\alpha}\|\mathbf{y}^k - \mathbf{y}^*\|^2 - \left(\frac{\theta^2}{2\alpha} + \frac{\mu\theta}{2}\right)\|\mathbf{y}^{k+1} - \mathbf{y}^*\|^2$$

$$- \frac{\mu\theta}{2}\|\mathbf{y}^{k+1} - \mathbf{w}^k\|^2 - \left(\frac{\theta^2}{2\alpha} - \frac{L\theta^2}{2}\right)\|\mathbf{y}^{k+1} - \mathbf{y}^k\|^2$$

$$+ \frac{1}{2\beta}\left(\|\boldsymbol{\lambda}^k - \boldsymbol{\lambda}^*\|^2 - \|\boldsymbol{\lambda}^{k+1} - \boldsymbol{\lambda}^*\|^2 - \|\boldsymbol{\lambda}^{k+1} - \boldsymbol{\lambda}^k\|^2\right)$$

$$+ \frac{\beta\theta^2}{2}\left(\|\mathbf{A}\mathbf{x}^{k+1} + \mathbf{B}\mathbf{y}^{k+1} - \mathbf{b}\|^2 + \|\mathbf{B}(\mathbf{y}^{k+1} - \mathbf{y}^k)\|^2 - \|\mathbf{A}\mathbf{x}^{k+1} + \mathbf{B}\mathbf{y}^k - \mathbf{b}\|^2\right)$$

$$\stackrel{\mathrm{b}}{\leqslant} (1-\theta)\left(f(\widetilde{\mathbf{x}}^k) - f(\mathbf{x}^*) + g(\widetilde{\mathbf{y}}^k) - g(\mathbf{y}^*) + \left\langle \boldsymbol{\lambda}^*, \mathbf{A}\widetilde{\mathbf{x}}^k + \mathbf{B}\widetilde{\mathbf{y}}^k - \mathbf{b} \right\rangle\right)$$

$$+ \frac{\theta^2}{2\alpha}\|\mathbf{y}^k - \mathbf{y}^*\|^2 - \left(\frac{\theta^2}{2\alpha} + \frac{\mu\theta}{2}\right)\|\mathbf{y}^{k+1} - \mathbf{y}^*\|^2$$

$$- \frac{\mu\theta}{2}\|\mathbf{y}^{k+1} - \mathbf{w}^k\|^2 - \left(\frac{\theta^2}{2\alpha} - \frac{L\theta^2}{2} - \frac{\beta\theta^2\|\mathbf{B}\|_2^2}{2}\right)\|\mathbf{y}^{k+1} - \mathbf{y}^k\|^2$$

$$+ \frac{1}{2\beta}\left(\|\boldsymbol{\lambda}^k - \boldsymbol{\lambda}^*\|^2 - \|\boldsymbol{\lambda}^{k+1} - \boldsymbol{\lambda}^*\|^2\right),$$

其中 $\stackrel{\mathrm{a}}{=}$ 和 $\stackrel{\mathrm{b}}{\leqslant}$ 使用了 (3.63f). 因此结论得证. $\qquad\square$

定义

$$\ell_k = (1-\theta)\left(f(\widetilde{\mathbf{x}}^k) - f(\mathbf{x}^*) + g(\widetilde{\mathbf{y}}^k) - g(\mathbf{y}^*) + \left\langle \boldsymbol{\lambda}^*, \mathbf{A}\widetilde{\mathbf{x}}^k + \mathbf{B}\widetilde{\mathbf{y}}^k - \mathbf{b} \right\rangle\right)$$

$$+ \frac{\theta^2}{2\alpha}\|\mathbf{y}^k - \mathbf{y}^*\|^2 + \frac{1}{2\beta}\|\boldsymbol{\lambda}^k - \boldsymbol{\lambda}^*\|^2.$$

定理 3.12 假设 $f(\mathbf{x})$ 是凸函数, $g(\mathbf{y})$ 是 μ_g-强凸、L_g-光滑函数. 假设

$$\frac{\|\mathbf{B}\|_2^2}{\sigma^2} \leqslant \frac{L_g}{\mu_g} \quad \text{和} \quad \|\mathbf{B}^{\mathrm{T}}\boldsymbol{\lambda}\| \geqslant \sigma\|\boldsymbol{\lambda}\|, \quad \forall\boldsymbol{\lambda}, \quad \text{其中}\sigma > 0.$$

令

$$\alpha = \frac{1}{4L_g}, \quad \beta = \frac{L_g}{\|\mathbf{B}\|_2^2} \quad \text{和} \quad \theta = \sqrt{\frac{\mu_g \|\mathbf{B}\|_2^2}{L_g \sigma^2}} \leqslant 1.$$

则对算法 3.6, 有

$$\ell_{k+1} \leqslant \left(1 - \sqrt{\frac{\mu_g \sigma^2}{L_g \|\mathbf{B}\|_2^2}}\right) \ell_k.$$

证明　为了记号方便, 也分别简记 μ_g 和 L_g 为 μ 和 L. 对算法 3.6, 我们有

$$f(\widetilde{\mathbf{x}}^{k+1}) - f(\mathbf{x}^*) + g(\widetilde{\mathbf{y}}^{k+1}) - g(\mathbf{y}^*) + \langle \boldsymbol{\lambda}^*, \mathbf{A}\widetilde{\mathbf{x}}^{k+1} + \mathbf{B}\widetilde{\mathbf{y}}^{k+1} - \mathbf{b}\rangle$$

$$\stackrel{\text{a}}{=} f(\widetilde{\mathbf{x}}^{k+1}) - f(\mathbf{x}^*) - \langle -\mathbf{A}^{\mathrm{T}}\boldsymbol{\lambda}^*, \widetilde{\mathbf{x}}^{k+1} - \mathbf{x}^*\rangle$$

$$\quad + g(\widetilde{\mathbf{y}}^{k+1}) - g(\mathbf{y}^*) - \langle -\mathbf{B}^{\mathrm{T}}\boldsymbol{\lambda}^*, \widetilde{\mathbf{y}}^{k+1} - \mathbf{y}^*\rangle$$

$$\stackrel{\text{b}}{\geqslant} \frac{1}{2L}\|\nabla g(\widetilde{\mathbf{y}}^{k+1}) - \nabla g(\mathbf{y}^*)\|^2$$

$$\stackrel{\text{c}}{=} \frac{1}{2L}\|\nabla g(\widetilde{\mathbf{y}}^{k+1}) + \mathbf{B}^{\mathrm{T}}\boldsymbol{\lambda}^*\|^2$$

$$\stackrel{\text{d}}{=} \frac{1}{2L}\left\| \mu(\mathbf{y}^{k+1} - \mathbf{w}^k) + \frac{\theta}{\alpha}(\mathbf{y}^{k+1} - \mathbf{y}^k) + \mathbf{B}^{\mathrm{T}}(\boldsymbol{\lambda}^{k+1} - \boldsymbol{\lambda}^*)\right.$$

$$\quad \left. - \beta\theta\mathbf{B}^{\mathrm{T}}(\mathbf{B}\mathbf{y}^{k+1} - \mathbf{B}\mathbf{y}^k) + \nabla g(\mathbf{w}^k) - \nabla g(\widetilde{\mathbf{y}}^{k+1})\right\|^2$$

$$\stackrel{\text{e}}{\geqslant} \frac{1-\nu}{2L}\|\mathbf{B}^{\mathrm{T}}(\boldsymbol{\lambda}^{k+1} - \boldsymbol{\lambda}^*)\|^2 - \frac{1}{2L}\left(\frac{1}{\nu} - 1\right)\left\| \mu(\mathbf{y}^{k+1} - \mathbf{w}^k)\right.$$

$$\quad \left. + \frac{\theta}{\alpha}(\mathbf{y}^{k+1} - \mathbf{y}^k) - \beta\theta\mathbf{B}^{\mathrm{T}}(\mathbf{B}\mathbf{y}^{k+1} - \mathbf{B}\mathbf{y}^k) + \nabla g(\mathbf{w}^k) - \nabla g(\widetilde{\mathbf{y}}^{k+1})\right\|^2$$

$$\stackrel{\text{f}}{\geqslant} \frac{(1-\nu)\sigma^2}{2L}\|\boldsymbol{\lambda}^{k+1} - \boldsymbol{\lambda}^*\|^2 - \frac{1}{2L}\left(\frac{1}{\nu} - 1\right)\left(4\mu^2\|\mathbf{y}^{k+1} - \mathbf{w}^k\|^2\right.$$

$$\quad + \frac{4\theta^2}{\alpha^2}\|\mathbf{y}^{k+1} - \mathbf{y}^k\|^2 + 4\beta^2\theta^2\|\mathbf{B}\|_2^4\|\mathbf{y}^{k+1} - \mathbf{y}^k\|^2$$

$$\quad \left. + 4L^2\theta^2\|\mathbf{y}^{k+1} - \mathbf{y}^k\|^2\right), \tag{3.69}$$

其中 $\stackrel{\text{a}}{=}$ 使用了 (3.6); $\stackrel{\text{b}}{\geqslant}$ 使用了 f 的凸性、(3.4)、g 的凸性和光滑性、(3.5) 以及 (A.5); $\stackrel{\text{c}}{=}$ 使用了 (3.5); $\stackrel{\text{d}}{=}$ 使用了 (3.67); $\stackrel{\text{e}}{\geqslant}$ 使用了 $\|\mathbf{u} + \mathbf{v}\|^2 \geqslant (1 - \nu)\|\mathbf{u}\|^2 - \left(\frac{1}{\nu} - 1\right)\|\mathbf{v}\|^2$; $\stackrel{\text{f}}{\geqslant}$ 使用了 (3.63a) 和 (3.63e).

在 (3.69) 两边同时乘以 $\frac{\theta}{2}$ 并代入 (3.64), 可得

$$\left(1 - \frac{\theta}{2}\right)\left(f(\widetilde{\mathbf{x}}^{k+1}) - f(\mathbf{x}^*) + g(\widetilde{\mathbf{y}}^{k+1}) - g(\mathbf{y}^*) + \left\langle \boldsymbol{\lambda}^*, \mathbf{A}\widetilde{\mathbf{x}}^{k+1} + \mathbf{B}\widetilde{\mathbf{y}}^{k+1} - \mathbf{b}\right\rangle\right)$$

$$\leqslant (1 - \theta)\left(f(\widetilde{\mathbf{x}}^k) - f(\mathbf{x}^*) + g(\widetilde{\mathbf{y}}^k) - g(\mathbf{y}^*) + \left\langle \boldsymbol{\lambda}^*, \mathbf{A}\widetilde{\mathbf{x}}^k + \mathbf{B}\widetilde{\mathbf{y}}^k - \mathbf{b}\right\rangle\right)$$

$$+ \frac{\theta^2}{2\alpha}\|\mathbf{y}^k - \mathbf{y}^*\|^2 - \left(\frac{\theta^2}{2\alpha} + \frac{\mu\theta}{2}\right)\|\mathbf{y}^{k+1} - \mathbf{y}^*\|^2$$

$$+ \frac{1}{2\beta}\|\boldsymbol{\lambda}^k - \boldsymbol{\lambda}^*\|^2 - \left[\frac{1}{2\beta} + \frac{(1-\nu)\sigma^2\theta}{4L}\right]\|\boldsymbol{\lambda}^{k+1} - \boldsymbol{\lambda}^*\|^2$$

$$- \left[\frac{\mu\theta}{2} - \left(\frac{1}{\nu} - 1\right)\frac{\theta\mu^2}{L}\right]\|\mathbf{y}^{k+1} - \mathbf{w}^k\|^2$$

$$- \theta^2\left[\frac{1}{2\alpha} - \frac{L}{2} - \frac{\beta\|\mathbf{B}\|_2^2}{2} - \frac{\theta}{L}\left(\frac{1}{\nu} - 1\right)\left(\frac{1}{\alpha^2} + \beta^2\|\mathbf{B}\|_2^4 + L^2\right)\right]$$

$$\times \|\mathbf{y}^{k+1} - \mathbf{y}^k\|^2$$

$$\leqslant (1 - \theta)\left(f(\widetilde{\mathbf{x}}^k) - f(\mathbf{x}^*) + g(\widetilde{\mathbf{y}}^k) - g(\mathbf{y}^*) + \left\langle \boldsymbol{\lambda}^*, \mathbf{A}\widetilde{\mathbf{x}}^k + \mathbf{B}\widetilde{\mathbf{y}}^k - \mathbf{b}\right\rangle\right)$$

$$+ \frac{\theta^2}{2\alpha}\|\mathbf{y}^k - \mathbf{y}^*\|^2 - \left(\frac{\theta^2}{2\alpha} + \frac{\mu\theta}{2}\right)\|\mathbf{y}^{k+1} - \mathbf{y}^*\|^2$$

$$+ \frac{1}{2\beta}\|\boldsymbol{\lambda}^k - \boldsymbol{\lambda}^*\|^2 - \left[\frac{1}{2\beta} + \frac{(1-\nu)\sigma^2\theta}{4L}\right]\|\boldsymbol{\lambda}^{k+1} - \boldsymbol{\lambda}^*\|^2,$$

其中我们令

$$\nu = \frac{18}{19}, \quad \beta = \frac{L}{\|\mathbf{B}\|_2^2} \quad \text{和} \quad \alpha = \frac{1}{4L},$$

使得

$$\frac{\mu\theta}{2} - \left(\frac{1}{\nu} - 1\right)\frac{\theta\mu^2}{L} \geqslant 0,$$

$$\frac{1}{2\alpha} - \frac{L}{2} - \frac{\beta\|\mathbf{B}\|_2^2}{2} - \frac{\theta}{L}\left(\frac{1}{\nu} - 1\right)\left(\frac{1}{\alpha^2} + \beta^2\|\mathbf{B}\|_2^4 + L^2\right) \geqslant 0.$$

因此, 我们有

$$\min\left\{\frac{1-\theta/2}{1-\theta}, 1 + \frac{\alpha\mu}{\theta}, 1 + \frac{(1-\nu)\sigma^2\beta\theta}{2L}\right\}$$

$$\times \left[(1-\theta)\left(f(\widetilde{\mathbf{x}}^{k+1}) - f(\mathbf{x}^*) + g(\widetilde{\mathbf{y}}^{k+1}) - g(\mathbf{y}^*)\right.\right.$$

$$\left.+ \left\langle \boldsymbol{\lambda}^*, \mathbf{A}\widetilde{\mathbf{x}}^{k+1} + \mathbf{B}\widetilde{\mathbf{y}}^{k+1} - \mathbf{b}\right\rangle\right) + \frac{\theta^2}{2\alpha}\|\mathbf{y}^{k+1} - \mathbf{y}^*\|^2 + \frac{1}{2\beta}\|\boldsymbol{\lambda}^{k+1} - \boldsymbol{\lambda}^*\|^2\right]$$

$$\leqslant (1-\theta)\left(f(\widetilde{\mathbf{x}}^k) - f(\mathbf{x}^*) + g(\widetilde{\mathbf{y}}^k) - g(\mathbf{y}^*) + \langle \boldsymbol{\lambda}^*, \mathbf{A}\widetilde{\mathbf{x}}^k + \mathbf{B}\widetilde{\mathbf{y}}^k - \mathbf{b}\rangle\right)$$

$$+ \frac{\theta^2}{2\alpha}\|\mathbf{y}^k - \mathbf{y}^*\|^2 + \frac{1}{2\beta}\|\boldsymbol{\lambda}^k - \boldsymbol{\lambda}^*\|^2.$$

于是

$$\ell_{k+1} \leqslant \max\left\{\frac{1-\theta}{1-\theta/2}, \frac{1}{1+\dfrac{\alpha\mu}{\theta}}, \frac{1}{1+\dfrac{(1-\nu)\sigma^2\beta\theta}{2L}}\right\}\ell_k$$

$$\overset{\text{a}}{\leqslant} \max\left\{1-\frac{\theta}{2}, 1-\frac{\alpha\mu}{2\theta}, 1-\frac{(1-\nu)\sigma^2\beta\theta}{4L}\right\}\ell_k$$

$$= O\left(\max\left\{1-\theta, 1-\frac{\mu}{L\theta}, 1-\frac{\sigma^2\theta}{\|\mathbf{B}\|_2^2}\right\}\right)\ell_k$$

$$= O\left(\max\left\{1-\frac{\mu}{L\theta}, 1-\frac{\sigma^2\theta}{\|\mathbf{B}\|_2^2}\right\}\right)\ell_k,$$

其中我们令

$$\frac{\alpha\mu}{\theta} \leqslant 1 \quad \text{和} \quad \frac{(1-\nu)\sigma^2\beta\theta}{2L} \leqslant 1$$

使得 $\overset{\text{a}}{\leqslant}$ 成立. 这一点可以通过如下的参数设定来实现. 令 $\theta = \sqrt{\dfrac{\mu\|\mathbf{B}\|_2^2}{L\sigma^2}}$, 则有

$\dfrac{\mu}{L\theta} = \sqrt{\dfrac{\mu\sigma^2}{L\|\mathbf{B}\|_2^2}}$. 由假设 $\dfrac{\|\mathbf{B}\|_2^2}{\sigma^2} \leqslant \dfrac{L}{\mu}$, 可得 $\theta \leqslant 1$, 于是

$$\frac{\alpha\mu}{\theta} \leqslant 1/4 \quad \text{和} \quad \frac{(1-\nu)\sigma^2\beta\theta}{2L} \leqslant (1-\nu)/2 < 1.$$

定理得证.   □

3.4   特例: 线性化增广拉格朗日算法及其加速

本节考虑如下简化问题:

$$\min_{\mathbf{y}} g(\mathbf{y}), \quad \text{s.t.} \quad \mathbf{B}\mathbf{y} = \mathbf{b}.$$

该问题将用于第 6 章中的分布式优化, 它是问题 (2.13) 当 $f(\mathbf{x}) = 0$ 和 $\mathbf{A} = \mathbf{0}$ 时的特例. 考虑下述布雷格曼增广拉格朗日法 (Bregman ALM):

$$\mathbf{y}^{k+1} = \underset{\mathbf{y}}{\operatorname{argmin}}\left(g(\mathbf{y}) + \langle \boldsymbol{\lambda}^k, \mathbf{B}\mathbf{y} - \mathbf{b}\rangle + \frac{\beta}{2}\|\mathbf{B}\mathbf{y} - \mathbf{b}\|^2 + D_\psi(\mathbf{y}, \mathbf{y}^k)\right), \quad (3.70a)$$

$$\boldsymbol{\lambda}^{k+1} = \boldsymbol{\lambda}^k + \beta(\mathbf{B}\mathbf{y}^{k+1} - \mathbf{b}). \tag{3.70b}$$

该算法是布雷格曼 ADMM (算法 3.1) 的特例, 具体描述见算法 3.7.

算法 3.7　布雷格曼增广拉格朗日法

初始化 $\mathbf{y}^0$ 和 $\boldsymbol{\lambda}^0$.

for $k = 0, 1, 2, 3, \cdots$ **do**

　分别使用 (3.70a) 和 (3.70b) 更新 $\mathbf{y}^{k+1}$ 和 $\boldsymbol{\lambda}^{k+1}$.

end for

作为定理 3.6 和定理 3.8 的特例, 我们分别给出如下关于一般凸问题和强凸问题收敛速度的定理.

定理 3.13　假设 $g(\mathbf{y})$ 是凸函数, 则对算法 3.7, 有

$$|g(\hat{\mathbf{y}}^{K+1}) - g(\mathbf{y}^*)| \leqslant \frac{D}{2(K+1)} + \frac{2\sqrt{D}\|\boldsymbol{\lambda}^*\|}{\sqrt{\beta}(K+1)},$$

$$\|\mathbf{B}\hat{\mathbf{y}}^{K+1} - \mathbf{b}\| \leqslant \frac{2\sqrt{D}}{\sqrt{\beta}(K+1)},$$

其中

$$\hat{\mathbf{y}}^{K+1} = \frac{1}{K+1}\sum_{k=1}^{K+1}\mathbf{y}^k,$$

$$D = \frac{1}{\beta}\|\boldsymbol{\lambda}^0 - \boldsymbol{\lambda}^*\|^2 + \beta\|\mathbf{B}\mathbf{y}^0 - \mathbf{B}\mathbf{y}^*\|^2 + 2D_\psi(\mathbf{y}^*, \mathbf{y}^0).$$

定理 3.14　假设 $g(\mathbf{y})$ 是 μ_g-强凸、L_g-光滑函数, $\psi(\mathbf{y})$ 是 L_ψ-光滑凸函数. 假设 $\|\mathbf{B}^{\mathrm{T}}\boldsymbol{\lambda}\| \geqslant \sigma\|\boldsymbol{\lambda}\|, \forall\boldsymbol{\lambda}$, 其中 $\sigma > 0$. 则对算法 3.7, 有

$$\frac{1}{2\beta}\|\boldsymbol{\lambda}^{k+1} - \boldsymbol{\lambda}^*\|^2 + \frac{\beta}{2}\|\mathbf{B}\mathbf{y}^{k+1} - \mathbf{B}\mathbf{y}^*\|^2 + D_\psi(\mathbf{y}^*, \mathbf{y}^{k+1})$$

$$\leqslant \left(1 + \frac{1}{3}\min\left\{\frac{\beta\sigma^2}{L_g + L_\psi}, \frac{\mu_g}{\beta\|\mathbf{B}\|_2^2}, \frac{\mu_g}{L_\psi}\right\}\right)^{-1}$$

$$\times \left(\frac{1}{2\beta}\|\boldsymbol{\lambda}^k - \boldsymbol{\lambda}^*\|^2 + \frac{\beta}{2}\|\mathbf{B}\mathbf{y}^k - \mathbf{B}\mathbf{y}^*\|^2 + D_\psi(\mathbf{y}^*, \mathbf{y}^k)\right).$$

评注 3.4　类似于评注 3.2, 当

$$\psi(\mathbf{y}) = \frac{L_g + \beta\|\mathbf{B}\|_2^2}{2}\|\mathbf{y}\|^2 - g(\mathbf{y}) - \frac{\beta}{2}\|\mathbf{B}\mathbf{y}\|^2$$

时, 令 $\beta = \dfrac{\sqrt{\mu_g L_g}}{\sigma \|\mathbf{B}\|_2}$, 复杂度为

$$O\left(\left(\frac{\|\mathbf{B}\|_2^2}{\sigma^2} + \frac{L_g}{\mu_g}\right) \log \frac{1}{\epsilon}\right).$$

当

$$\psi(\mathbf{y}) = \frac{\beta \|\mathbf{B}\|_2^2}{2} \|\mathbf{y}\|^2 - \frac{\beta}{2} \|\mathbf{B}\mathbf{y}\|^2$$

时, 复杂度为

$$O\left(\left(\frac{\|\mathbf{B}\|_2}{\sigma}\sqrt{\frac{L_g}{\mu_g}} + \frac{\|\mathbf{B}\|_2^2}{\sigma^2}\right) \log \frac{1}{\epsilon}\right).$$

下面介绍如下加速线性化增广拉格朗日法:

$$\mathbf{w}^k = \theta \mathbf{y}^k + (1-\theta)\widetilde{\mathbf{y}}^k, \tag{3.71a}$$

$$\mathbf{y}^{k+1} = \operatorname*{argmin}_{\mathbf{y}} \left(\langle \nabla g(\mathbf{w}^k), \mathbf{y} \rangle + \langle \boldsymbol{\lambda}^k, \mathbf{B}\mathbf{y} \rangle + \beta\theta \langle \mathbf{B}^{\mathrm{T}}(\mathbf{B}\mathbf{y}^k - \mathbf{b}), \mathbf{y} \rangle \right.$$

$$\left. + \frac{1}{2}\left(\frac{\theta}{\alpha} + \mu_g\right) \left\| \mathbf{y} - \frac{1}{\frac{\theta}{\alpha} + \mu_g}\left(\frac{\theta}{\alpha}\mathbf{y}^k + \mu_g \mathbf{w}^k\right) \right\|^2 \right)$$

$$= \frac{1}{\frac{\theta}{\alpha} + \mu_g}\left\{ \mu_g \mathbf{w}^k + \frac{\theta}{\alpha}\mathbf{y}^k - \left[\nabla g(\mathbf{w}^k) + \mathbf{B}^{\mathrm{T}}\boldsymbol{\lambda}^k + \beta\theta\mathbf{B}^{\mathrm{T}}(\mathbf{B}\mathbf{y}^k - \mathbf{b})\right] \right\},$$

$$\tag{3.71b}$$

$$\widetilde{\mathbf{y}}^{k+1} = \theta \mathbf{y}^{k+1} + (1-\theta)\widetilde{\mathbf{y}}^k, \tag{3.71c}$$

$$\boldsymbol{\lambda}^{k+1} = \boldsymbol{\lambda}^k + \beta\theta(\mathbf{B}\mathbf{y}^{k+1} - \mathbf{b}). \tag{3.71d}$$

为方便查阅, 我们把上述步骤写在算法 3.8 里.

算法 3.8 　　加速线性化 ALM

初始化 $\mathbf{y}^0 = \widetilde{\mathbf{y}}^0$ 和 $\boldsymbol{\lambda}^0$.

for $k = 0, 1, 2, 3, \cdots$ **do**

使用 (3.71a)–(3.71d) 更新 $\mathbf{w}^k$, $\mathbf{y}^{k+1}$, $\widetilde{\mathbf{y}}^{k+1}$ 和 $\boldsymbol{\lambda}^{k+1}$.

end for

作为定理 3.12 的特殊情况, 关于算法 3.8 有如下收敛速度定理.

定理 3.15 假设 $g(\mathbf{y})$ 是 μ_g-强凸、L_g-光滑函数,

$$\frac{\|\mathbf{B}\|_2^2}{\sigma^2} \leqslant \frac{L_g}{\mu_g} \quad \text{和} \quad \|\mathbf{B}^{\mathrm{T}}\boldsymbol{\lambda}\| \geqslant \sigma\|\boldsymbol{\lambda}\|, \quad \forall \boldsymbol{\lambda}, \quad \text{其中} \quad \sigma > 0.$$

令

$$\alpha = \frac{1}{4L_g}, \quad \beta = \frac{L_g}{\|\mathbf{B}\|_2^2} \quad \text{和} \quad \theta = \sqrt{\frac{\mu_g\|\mathbf{B}\|_2^2}{L_g\sigma^2}}.$$

则对算法 3.8, 有

$$\ell_{k+1} \leqslant \left(1 - \sqrt{\frac{\mu_g\sigma^2}{L_g\|\mathbf{B}\|_2^2}}\right)\ell_k,$$

其中我们定义

$$\ell_k = (1-\theta)\left(g(\widetilde{\mathbf{y}}^k) - g(\mathbf{y}^*) + \left\langle \boldsymbol{\lambda}^*, \mathbf{B}\widetilde{\mathbf{y}}^k - \mathbf{b}\right\rangle\right)$$
$$+ \frac{\theta^2}{2\alpha}\|\mathbf{y}^k - \mathbf{y}^*\|^2 + \frac{1}{2\beta}\|\boldsymbol{\lambda}^k - \boldsymbol{\lambda}^*\|^2.$$

3.5 多变量块 ADMM

本节将 ADMM 扩展到如下多变量块 (Multi-block) 问题:

$$\min_{\mathbf{x}_i} \sum_{i=1}^m f_i(\mathbf{x}_i), \quad \text{s.t.} \quad \sum_{i=1}^m \mathbf{A}_i\mathbf{x}_i = \mathbf{b}, \tag{3.72}$$

在前面章节, 我们只介绍了两变量块的问题, 即 $m = 2$. 定义

$$f(\mathbf{x}) = \sum_{i=1}^m f_i(\mathbf{x}_i), \quad \mathbf{A} = [\mathbf{A}_1, \cdots, \mathbf{A}_m] \quad \text{和} \quad \mathbf{x} = (\mathbf{x}_1^{\mathrm{T}}, \cdots, \mathbf{x}_m^{\mathrm{T}})^{\mathrm{T}}.$$

引入增广拉格朗日函数:

$$L(\mathbf{x}_1, \cdots, \mathbf{x}_m, \boldsymbol{\lambda}) = \sum_{i=1}^m f_i(\mathbf{x}_i) + \left\langle \boldsymbol{\lambda}, \sum_{i=1}^m \mathbf{A}_i\mathbf{x}_i - \mathbf{b} \right\rangle + \frac{\beta}{2}\left\|\sum_{i=1}^m \mathbf{A}_i\mathbf{x}_i - \mathbf{b}\right\|^2.$$

从两变量块 ADMM 到多变量块 ADMM 的一个直接扩展是首先顺序更新变量 $\mathbf{x}_1, \cdots, \mathbf{x}_m$, 然后更新对偶变量, 描述如下

$$\widetilde{\mathbf{x}}_1^{k+1} = \underset{\mathbf{x}_1}{\operatorname{argmin}} \, L(\mathbf{x}_1, \mathbf{x}_2^k, \cdots, \mathbf{x}_m^k, \boldsymbol{\lambda}^k), \tag{3.73a}$$

$$\widetilde{\mathbf{x}}_2^{k+1} = \underset{\mathbf{x}_2}{\operatorname{argmin}}\, L(\widetilde{\mathbf{x}}_1^{k+1}, \mathbf{x}_2, \mathbf{x}_3^k, \cdots, \mathbf{x}_m^k, \boldsymbol{\lambda}^k),$$

$$\vdots$$

$$\widetilde{\mathbf{x}}_i^{k+1} = \underset{\mathbf{x}_i}{\operatorname{argmin}}\, L(\widetilde{\mathbf{x}}_1^{k+1}, \cdots, \widetilde{\mathbf{x}}_{i-1}^{k+1}, \mathbf{x}_i, \mathbf{x}_{i+1}^k, \cdots, \mathbf{x}_m^k, \boldsymbol{\lambda}^k),$$

$$\vdots$$

$$\widetilde{\mathbf{x}}_m^{k+1} = \underset{\mathbf{x}_m}{\operatorname{argmin}}\, L(\widetilde{\mathbf{x}}_1^{k+1}, \cdots, \widetilde{\mathbf{x}}_{m-1}^{k+1}, \mathbf{x}_m, \boldsymbol{\lambda}^k), \tag{3.73b}$$

$$\boldsymbol{\lambda}^{k+1} = \boldsymbol{\lambda}^k + \beta\left(\sum_{i=1}^m \mathbf{A}_i \widetilde{\mathbf{x}}_i^{k+1} - \mathbf{b}\right), \tag{3.73c}$$

其中 $\mathbf{x}_i^{k+1} = \widetilde{\mathbf{x}}_i^{k+1}$. 不幸的是, Chen 等[13] 设计了一个反例, 证明上述 ADMM 在求解多变量块凸优化问题时会发散. 因此, 我们需要对经典 ADMM 做适当调整, 从而保证算法在求解多变量块问题时收敛.

3.5.1　使用高斯回代的 ADMM

本节介绍使用高斯回代的 ADMM[33], 该策略首先使用 (3.73a)–(3.73b) 预测 $\widetilde{\mathbf{x}}_i^{k+1}$, $i \in [m]$, 然后对 $\widetilde{\mathbf{x}}_i^{k+1}$ 做校正得到 $\mathbf{x}_i^{k+1}$.

定义

$$\mathbf{M} = \begin{pmatrix} \mathbf{A}_1^{\mathrm{T}}\mathbf{A}_1 & \mathbf{0} & \cdots & \mathbf{0} \\ \mathbf{A}_2^{\mathrm{T}}\mathbf{A}_1 & \mathbf{A}_2^{\mathrm{T}}\mathbf{A}_2 & \ddots & \mathbf{0} \\ \vdots & \vdots & \ddots & \mathbf{0} \\ \mathbf{A}_m^{\mathrm{T}}\mathbf{A}_1 & \mathbf{A}_m^{\mathrm{T}}\mathbf{A}_2 & \cdots & \mathbf{A}_m^{\mathrm{T}}\mathbf{A}_m \end{pmatrix},$$

$$\mathbf{H} = \begin{pmatrix} \mathbf{A}_1^{\mathrm{T}}\mathbf{A}_1 & \mathbf{0} & \cdots & \mathbf{0} \\ \mathbf{0} & \mathbf{A}_2^{\mathrm{T}}\mathbf{A}_2 & \ddots & \mathbf{0} \\ \vdots & \vdots & \ddots & \mathbf{0} \\ \mathbf{0} & \mathbf{0} & \cdots & \mathbf{A}_m^{\mathrm{T}}\mathbf{A}_m \end{pmatrix}.$$

引理 3.18　假设 $f_i(\mathbf{x}_i)$ 是凸函数, $i \in [m]$, 则对迭代 (3.73a)–(3.73c), 有

$$f(\widetilde{\mathbf{x}}^{k+1}) - f(\mathbf{x}^*) + \left\langle \boldsymbol{\lambda}^*, \sum_{i=1}^m \mathbf{A}_i \widetilde{\mathbf{x}}_i^{k+1} - \mathbf{b} \right\rangle$$

$$\leqslant \frac{1}{2\beta}\left(\|\boldsymbol{\lambda}^k - \boldsymbol{\lambda}^*\|^2 - \|\boldsymbol{\lambda}^{k+1} - \boldsymbol{\lambda}^*\|^2\right) - \frac{\beta}{2}\|\widetilde{\mathbf{x}}^{k+1} - \mathbf{x}^k\|_{\mathbf{H}}^2$$

$$-\beta\left(\mathbf{x}^k-\mathbf{x}^*\right)^{\mathrm{T}}\mathbf{M}\left(\widetilde{\mathbf{x}}^{k+1}-\mathbf{x}^k\right). \tag{3.74}$$

证明 由 $\widetilde{\mathbf{x}}_i^{k+1}$ 的更新步骤的最优性条件, 我们有

$$\mathbf{0}\in\partial f_i(\widetilde{\mathbf{x}}_i^{k+1})+\mathbf{A}_i^{\mathrm{T}}\boldsymbol{\lambda}^k+\beta\mathbf{A}_i^{\mathrm{T}}\left(\sum_{j=1}^{i}\mathbf{A}_j\widetilde{\mathbf{x}}_j^{k+1}+\sum_{j=i+1}^{m}\mathbf{A}_j\mathbf{x}_j^k-\mathbf{b}\right)$$

$$=\partial f_i(\widetilde{\mathbf{x}}_i^{k+1})+\mathbf{A}_i^{\mathrm{T}}\widetilde{\boldsymbol{\lambda}}^{k+1}+\beta\mathbf{A}_i^{\mathrm{T}}\left[\sum_{j=1}^{i}\mathbf{A}_j\left(\widetilde{\mathbf{x}}_j^{k+1}-\mathbf{x}_j^k\right)\right],$$

其中我们定义

$$\widetilde{\boldsymbol{\lambda}}^{k+1}=\boldsymbol{\lambda}^k+\beta\left(\sum_{j=1}^{m}\mathbf{A}_j\mathbf{x}_j^k-\mathbf{b}\right).$$

因此我们有

$$f_i(\widetilde{\mathbf{x}}_i^{k+1})\leqslant f_i(\mathbf{x}_i^*)-\left\langle\mathbf{A}_i^{\mathrm{T}}\widetilde{\boldsymbol{\lambda}}^{k+1}+\beta\mathbf{A}_i^{\mathrm{T}}\left[\sum_{j=1}^{i}\mathbf{A}_j\left(\widetilde{\mathbf{x}}_j^{k+1}-\mathbf{x}_j^k\right)\right],\widetilde{\mathbf{x}}_i^{k+1}-\mathbf{x}_i^*\right\rangle.$$

进而有

$$f(\widetilde{\mathbf{x}}^{k+1})\leqslant f(\mathbf{x}^*)-\sum_{i=1}^{m}\left\langle\mathbf{A}_i^{\mathrm{T}}\widetilde{\boldsymbol{\lambda}}^{k+1}+\beta\mathbf{A}_i^{\mathrm{T}}\left[\sum_{j=1}^{i}\mathbf{A}_j\left(\widetilde{\mathbf{x}}_j^{k+1}-\mathbf{x}_j^k\right)\right],\widetilde{\mathbf{x}}_i^{k+1}-\mathbf{x}_i^*\right\rangle$$

$$=f(\mathbf{x}^*)-\left\langle\widetilde{\boldsymbol{\lambda}}^{k+1},\sum_{i=1}^{m}\mathbf{A}_i\left(\widetilde{\mathbf{x}}_i^{k+1}-\mathbf{x}_i^*\right)\right\rangle$$

$$-\beta\sum_{i=1}^{m}\left\langle\sum_{j=1}^{i}\mathbf{A}_j\left(\widetilde{\mathbf{x}}_j^{k+1}-\mathbf{x}_j^k\right),\mathbf{A}_i\left(\widetilde{\mathbf{x}}_i^{k+1}-\mathbf{x}_i^*\right)\right\rangle.$$

进一步可得

$$f(\widetilde{\mathbf{x}}^{k+1})-f(\mathbf{x}^*)+\left\langle\boldsymbol{\lambda}^*,\sum_{i=1}^{m}\mathbf{A}_i\widetilde{\mathbf{x}}_i^{k+1}-\mathbf{b}\right\rangle$$

$$\leqslant-\left\langle\widetilde{\boldsymbol{\lambda}}^{k+1}-\boldsymbol{\lambda}^*,\sum_{i=1}^{m}\mathbf{A}_i\widetilde{\mathbf{x}}_i^{k+1}-\mathbf{b}\right\rangle$$

$$-\beta\sum_{i=1}^{m}\left\langle\sum_{j=1}^{i}\mathbf{A}_j\left(\widetilde{\mathbf{x}}_j^{k+1}-\mathbf{x}_j^k\right),\mathbf{A}_i\left(\widetilde{\mathbf{x}}_i^{k+1}-\mathbf{x}_i^*\right)\right\rangle$$

$$= -\frac{1}{\beta} \left\langle \widetilde{\boldsymbol{\lambda}}^{k+1} - \boldsymbol{\lambda}^*, \boldsymbol{\lambda}^{k+1} - \boldsymbol{\lambda}^k \right\rangle - \beta \left(\widetilde{\mathbf{x}}^{k+1} - \mathbf{x}^* \right)^{\mathrm{T}} \mathbf{M} \left(\widetilde{\mathbf{x}}^{k+1} - \mathbf{x}^k \right)$$

$$\overset{\mathrm{a}}{=} \frac{1}{2\beta} \left(\|\boldsymbol{\lambda}^k - \boldsymbol{\lambda}^*\|^2 - \|\boldsymbol{\lambda}^{k+1} - \boldsymbol{\lambda}^*\|^2 - \|\widetilde{\boldsymbol{\lambda}}^{k+1} - \boldsymbol{\lambda}^k\|^2 + \|\widetilde{\boldsymbol{\lambda}}^{k+1} - \boldsymbol{\lambda}^{k+1}\|^2 \right)$$

$$- \beta \left(\widetilde{\mathbf{x}}^{k+1} - \mathbf{x}^* \right)^{\mathrm{T}} \mathbf{M} \left(\widetilde{\mathbf{x}}^{k+1} - \mathbf{x}^k \right),$$

其中 $\overset{\mathrm{a}}{=}$ 使用了 (A.3).

另一方面, 我们有

$$- \beta \left(\widetilde{\mathbf{x}}^{k+1} - \mathbf{x}^* \right)^{\mathrm{T}} \mathbf{M} \left(\widetilde{\mathbf{x}}^{k+1} - \mathbf{x}^k \right) + \frac{1}{2\beta} \|\widetilde{\boldsymbol{\lambda}}^{k+1} - \boldsymbol{\lambda}^{k+1}\|^2$$

$$= -\beta \left(\widetilde{\mathbf{x}}^{k+1} - \mathbf{x}^k \right)^{\mathrm{T}} \mathbf{M} \left(\widetilde{\mathbf{x}}^{k+1} - \mathbf{x}^k \right) - \beta \left(\mathbf{x}^k - \mathbf{x}^* \right)^{\mathrm{T}} \mathbf{M} \left(\widetilde{\mathbf{x}}^{k+1} - \mathbf{x}^k \right)$$

$$+ \frac{1}{2\beta} \|\widetilde{\boldsymbol{\lambda}}^{k+1} - \boldsymbol{\lambda}^{k+1}\|^2$$

$$\overset{\mathrm{a}}{=} -\frac{\beta}{2} \left\| \widetilde{\mathbf{x}}^{k+1} - \mathbf{x}^k \right\|_{\mathbf{H}}^2 - \beta \left(\mathbf{x}^k - \mathbf{x}^* \right)^{\mathrm{T}} \mathbf{M} \left(\widetilde{\mathbf{x}}^{k+1} - \mathbf{x}^k \right),$$

其中 $\overset{\mathrm{a}}{=}$ 使用了

$$\left(\widetilde{\mathbf{x}}^{k+1} - \mathbf{x}^k \right)^{\mathrm{T}} \mathbf{M} \left(\widetilde{\mathbf{x}}^{k+1} - \mathbf{x}^k \right)$$

$$= \left(\widetilde{\mathbf{x}}^{k+1} - \mathbf{x}^k \right)^{\mathrm{T}} \mathbf{M}^{\mathrm{T}} \left(\widetilde{\mathbf{x}}^{k+1} - \mathbf{x}^k \right)$$

$$= \frac{1}{2} \left(\widetilde{\mathbf{x}}^{k+1} - \mathbf{x}^k \right)^{\mathrm{T}} \left(\mathbf{M} + \mathbf{M}^{\mathrm{T}} \right) \left(\widetilde{\mathbf{x}}^{k+1} - \mathbf{x}^k \right)$$

$$= \frac{1}{2} \left\| \sum_{j=1}^m \mathbf{A}_j \left(\widetilde{\mathbf{x}}_j^{k+1} - \mathbf{x}_j^k \right) \right\|^2 + \frac{1}{2} \left(\widetilde{\mathbf{x}}^{k+1} - \mathbf{x}^k \right)^{\mathrm{T}} \mathbf{H} \left(\widetilde{\mathbf{x}}^{k+1} - \mathbf{x}^k \right)$$

$$= \frac{1}{2\beta^2} \|\widetilde{\boldsymbol{\lambda}}^{k+1} - \boldsymbol{\lambda}^{k+1}\|^2 + \frac{1}{2} \left(\widetilde{\mathbf{x}}^{k+1} - \mathbf{x}^k \right)^{\mathrm{T}} \mathbf{H} \left(\widetilde{\mathbf{x}}^{k+1} - \mathbf{x}^k \right).$$

结论得证.　　　　　　　　　　　　　　　　　　　　　　　　　　　□

我们希望不等式(3.74)的右边具有 $\Phi^k - \Phi^{k+1}$ 的形式, 从而方便累加相消. 基于该思路, 我们定义 $\mathbf{x}^{k+1}$ 并寻找 $\mathbf{G} \succcurlyeq \mathbf{0}$ 使得

$$-\frac{\beta}{2} \left\| \widetilde{\mathbf{x}}^{k+1} - \mathbf{x}^k \right\|_{\mathbf{H}}^2 - \beta \left(\mathbf{x}^k - \mathbf{x}^* \right)^{\mathrm{T}} \mathbf{M} \left(\widetilde{\mathbf{x}}^{k+1} - \mathbf{x}^k \right)$$

$$= \frac{\beta}{2} \left(\left\| \mathbf{x}^k - \mathbf{x}^* \right\|_{\mathbf{G}}^2 - \left\| \mathbf{x}^{k+1} - \mathbf{x}^* \right\|_{\mathbf{G}}^2 \right) \tag{3.75}$$

成立. 注意到

$$\left\| \mathbf{x}^k - \mathbf{x}^* \right\|_{\mathbf{G}}^2 - \left\| \mathbf{x}^k - \mathbf{x}^* + \mathbf{D} \left(\widetilde{\mathbf{x}}^{k+1} - \mathbf{x}^k \right) \right\|_{\mathbf{G}}^2$$

$$= - \left(\widetilde{\mathbf{x}}^{k+1} - \mathbf{x}^k \right)^{\mathrm{T}} \mathbf{D}^{\mathrm{T}} \mathbf{G} \mathbf{D} \left(\widetilde{\mathbf{x}}^{k+1} - \mathbf{x}^k \right) - 2 \left(\mathbf{x}^k - \mathbf{x}^* \right)^{\mathrm{T}} \mathbf{G} \mathbf{D} \left(\widetilde{\mathbf{x}}^{k+1} - \mathbf{x}^k \right).$$

比较上述等式和 (3.75), 可知我们只需要定义

$$\mathbf{x}^{k+1} = \mathbf{x}^k + \mathbf{D} \left(\widetilde{\mathbf{x}}^{k+1} - \mathbf{x}^k \right) \tag{3.76}$$

并寻找 $\mathbf{G} \succcurlyeq \mathbf{0}$ 和 $\mathbf{D}$ 使得

$$\mathbf{D}^{\mathrm{T}} \mathbf{G} \mathbf{D} = \mathbf{H} \quad \text{和} \quad \mathbf{G} \mathbf{D} = \mathbf{M}$$

成立. 假设 $\mathbf{A}_i$ 均为列满秩, 则 $\mathbf{M}$ 和 $\mathbf{H}$ 都是可逆的. 令

$$\mathbf{D} = \mathbf{M}^{-\mathrm{T}} \mathbf{H} \quad \text{和} \quad \mathbf{G} = \mathbf{M} \mathbf{H}^{-1} \mathbf{M}^{\mathrm{T}},$$

可以验证上述选择满足对 $\mathbf{G}$ 和 $\mathbf{D}$ 的要求.

使用上述关于 $\mathbf{D}$ 的选择, (3.76) 可以重写为

$$\mathbf{x}^{k+1} = \mathbf{x}^k + \mathbf{M}^{-\mathrm{T}} \left[\mathbf{H} \left(\widetilde{\mathbf{x}}^{k+1} - \mathbf{x}^k \right) \right]. \tag{3.77}$$

由于 $\mathbf{M}$ 具有特殊的下三角结构, 可以使用经典的高斯回代快速求解线性方程组 $\mathbf{M}^{\mathrm{T}} \mathbf{z} = \mathbf{y}$ 来获得 $\mathbf{M}^{-\mathrm{T}} \mathbf{y}$. 因此, 上述校正步骤被称为高斯回代. 最后, 算法 3.9 给出了具体描述.

算法 3.9 使用高斯回代的 ADMM

初始化 $\mathbf{x}_1^0, \cdots, \mathbf{x}_m^0, \boldsymbol{\lambda}^0$.

for $k = 0, 1, 2, 3, \cdots$ **do**

    使用 (3.73a)–(3.73c) 更新 $\widetilde{\mathbf{x}}_1^{k+1}, \cdots, \widetilde{\mathbf{x}}_m^{k+1}$ 和 $\boldsymbol{\lambda}^{k+1}$.

    使用 (3.77) 更新 $\mathbf{x}_1^{k+1}, \cdots, \mathbf{x}_m^{k+1}$.

end for

有了 (3.75), (3.74) 可写为

$$f(\widetilde{\mathbf{x}}^{k+1}) - f(\mathbf{x}^*) + \left\langle \boldsymbol{\lambda}^*, \sum_{i=1}^m \mathbf{A}_i \widetilde{\mathbf{x}}_i^{k+1} - \mathbf{b} \right\rangle$$

$$\leqslant \frac{1}{2\beta} \left(\left\| \boldsymbol{\lambda}^k - \boldsymbol{\lambda}^* \right\|^2 - \left\| \boldsymbol{\lambda}^{k+1} - \boldsymbol{\lambda}^* \right\|^2 \right) + \frac{\beta}{2} \left(\left\| \mathbf{x}^k - \mathbf{x}^* \right\|_{\mathbf{G}}^2 - \left\| \mathbf{x}^{k+1} - \mathbf{x}^* \right\|_{\mathbf{G}}^2 \right).$$

类似于定理 3.3 中的证明, 我们可以得到遍历意义下 $O\left(\dfrac{1}{K} \right)$ 的收敛速度.

定理 3.16　假设 $f_i(\mathbf{x}_i)$ 是凸函数, $i \in [m]$. 则对算法 3.9, 有

$$\left| f(\hat{\mathbf{x}}^{K+1}) - f(\mathbf{x}^*) \right| \leqslant \frac{C}{2(K+1)} + \frac{2\sqrt{C}\|\boldsymbol{\lambda}^*\|}{\sqrt{\beta}(K+1)},$$

$$\left\| \mathbf{A}\hat{\mathbf{x}}^{K+1} - \mathbf{b} \right\| \leqslant \frac{2\sqrt{C}}{\sqrt{\beta}(K+1)},$$

其中

$$\hat{\mathbf{x}}^{K+1} = \frac{1}{K+1}\sum_{k=0}^{K} \widetilde{\mathbf{x}}^{k+1} \quad \text{和} \quad C = \frac{1}{\beta}\left\|\boldsymbol{\lambda}^0 - \boldsymbol{\lambda}^*\right\|^2 + \beta\left\|\mathbf{x}^0 - \mathbf{x}^*\right\|_{\mathbf{G}}^2.$$

3.5.2　使用预测-校正的 ADMM

在计算 (3.77) 时需要用高斯回代求解 m 个小型线性方程组, 因此算法还不够简单. 本节给出一种改进的策略[35]. 该策略基于如下观察: 当计算 (3.73a)–(3.73b)时, 我们只需要 $\mathbf{A}_i\mathbf{x}_i^k$ 而不是 $\mathbf{x}_i^k$. 因此, 我们不需要如 (3.77) 那样显式计算 $\mathbf{x}_i^k$.

定义

$$\mathbf{P} = \begin{pmatrix} \mathbf{A}_1 & \mathbf{0} & \cdots & \mathbf{0} \\ \mathbf{0} & \mathbf{A}_2 & \cdots & \mathbf{0} \\ \vdots & \vdots & \ddots & \vdots \\ \mathbf{0} & \mathbf{0} & \cdots & \mathbf{A}_m \end{pmatrix} \quad \text{和} \quad \mathbf{L} = \begin{pmatrix} \mathbf{I} & \mathbf{0} & \cdots & \mathbf{0} \\ \mathbf{I} & \mathbf{I} & \cdots & \mathbf{0} \\ \vdots & \vdots & \ddots & \vdots \\ \mathbf{I} & \mathbf{I} & \cdots & \mathbf{I} \end{pmatrix}. \tag{3.78}$$

可以验证

$$\mathbf{L}^{-\mathrm{T}} = \begin{pmatrix} \mathbf{I} & -\mathbf{I} & \mathbf{0} & \cdots & \mathbf{0} & \mathbf{0} \\ \mathbf{0} & \mathbf{I} & -\mathbf{I} & \cdots & \mathbf{0} & \mathbf{0} \\ \vdots & \vdots & \vdots & & \vdots & \vdots \\ \mathbf{0} & \mathbf{0} & \mathbf{0} & \cdots & \mathbf{I} & -\mathbf{I} \\ \mathbf{0} & \mathbf{0} & \mathbf{0} & \cdots & \mathbf{0} & \mathbf{I} \end{pmatrix}, \quad \mathbf{M} = \mathbf{P}^{\mathrm{T}}\mathbf{L}\mathbf{P} \quad \text{和} \quad \mathbf{H} = \mathbf{P}^{\mathrm{T}}\mathbf{P}.$$

类似于高斯回代中的推导, 我们需要定义 $\mathbf{x}^{k+1}$ 并寻找 $\mathbf{G}' \succcurlyeq \mathbf{0}$ 使得下述关系成立:

$$-\frac{\beta}{2}\left\|\widetilde{\mathbf{x}}^{k+1} - \mathbf{x}^k\right\|_{\mathbf{H}}^2 - \beta\left(\mathbf{x}^k - \mathbf{x}^*\right)^{\mathrm{T}}\mathbf{M}\left(\widetilde{\mathbf{x}}^{k+1} - \mathbf{x}^k\right)$$

$$= \frac{\beta}{2} \left(\left\| \mathbf{Px}^k - \mathbf{Px}^* \right\|_{\mathbf{G}'}^2 - \left\| \mathbf{Px}^{k+1} - \mathbf{Px}^* \right\|_{\mathbf{G}'}^2 \right). \tag{3.79}$$

注意到

$$- \frac{\beta}{2} \left\| \widetilde{\mathbf{x}}^{k+1} - \mathbf{x}^k \right\|_{\mathbf{H}}^2 - \beta \left(\mathbf{x}^k - \mathbf{x}^* \right)^{\mathrm{T}} \mathbf{M} \left(\widetilde{\mathbf{x}}^{k+1} - \mathbf{x}^k \right)$$

$$= - \frac{\beta}{2} \left\| \mathbf{P}\widetilde{\mathbf{x}}^{k+1} - \mathbf{Px}^k \right\|^2 - \beta \left(\mathbf{Px}^k - \mathbf{Px}^* \right)^{\mathrm{T}} \mathbf{L} \left(\mathbf{P}\widetilde{\mathbf{x}}^{k+1} - \mathbf{Px}^k \right)$$

以及

$$\left\| \mathbf{Px}^k - \mathbf{Px}^* \right\|_{\mathbf{G}'}^2 - \left\| \mathbf{Px}^k - \mathbf{Px}^* + \mathbf{D}' \left(\mathbf{P}\widetilde{\mathbf{x}}^{k+1} - \mathbf{Px}^k \right) \right\|_{\mathbf{G}'}^2$$

$$= - \left(\mathbf{P}\widetilde{\mathbf{x}}^{k+1} - \mathbf{Px}^k \right)^{\mathrm{T}} \left(\mathbf{D}' \right)^{\mathrm{T}} \mathbf{G}' \mathbf{D}' \left(\mathbf{P}\widetilde{\mathbf{x}}^{k+1} - \mathbf{Px}^k \right)$$

$$- 2 \left(\mathbf{Px}^k - \mathbf{Px}^* \right)^{\mathrm{T}} \mathbf{G}' \mathbf{D}' \left(\mathbf{P}\widetilde{\mathbf{x}}^{k+1} - \mathbf{Px}^k \right).$$

因此只需定义

$$\mathbf{Px}^{k+1} = \mathbf{Px}^k + \mathbf{D}' \left(\mathbf{P}\widetilde{\mathbf{x}}^{k+1} - \mathbf{Px}^k \right) \tag{3.80}$$

并选择

$$\mathbf{D}' = \mathbf{L}^{-\mathrm{T}} \quad \text{和} \quad \mathbf{G}' = \mathbf{L}\mathbf{L}^{\mathrm{T}} \tag{3.81}$$

使得 $(\mathbf{D}')^{\mathrm{T}} \mathbf{G}' \mathbf{D}' = \mathbf{I}$ 和 $\mathbf{G}' \mathbf{D}' = \mathbf{L}$ 成立.

(3.80) 可被显式地写为

$$\begin{pmatrix} \mathbf{A}_1 \mathbf{x}_1^{k+1} \\ \mathbf{A}_2 \mathbf{x}_2^{k+1} \\ \vdots \\ \mathbf{A}_{m-1} \mathbf{x}_{m-1}^{k+1} \\ \mathbf{A}_m \mathbf{x}_m^{k+1} \end{pmatrix} = \begin{pmatrix} \mathbf{A}_1 \mathbf{x}_1^k \\ \mathbf{A}_2 \mathbf{x}_2^k \\ \vdots \\ \mathbf{A}_{m-1} \mathbf{x}_{m-1}^k \\ \mathbf{A}_m \mathbf{x}_m^k \end{pmatrix}$$

$$+ \begin{pmatrix} \mathbf{I} & -\mathbf{I} & \mathbf{0} & \cdots & \mathbf{0} & \mathbf{0} \\ \mathbf{0} & \mathbf{I} & -\mathbf{I} & \cdots & \mathbf{0} & \mathbf{0} \\ \vdots & \vdots & \vdots & \vdots & \vdots & \vdots \\ \mathbf{0} & \mathbf{0} & \mathbf{0} & \cdots & \mathbf{I} & -\mathbf{I} \\ \mathbf{0} & \mathbf{0} & \mathbf{0} & \cdots & \mathbf{0} & \mathbf{I} \end{pmatrix} \begin{pmatrix} \mathbf{A}_1 \widetilde{\mathbf{x}}_1^{k+1} - \mathbf{A}_1 \mathbf{x}_1^k \\ \mathbf{A}_2 \widetilde{\mathbf{x}}_2^{k+1} - \mathbf{A}_2 \mathbf{x}_2^k \\ \vdots \\ \mathbf{A}_{m-1} \widetilde{\mathbf{x}}_{m-1}^{k+1} - \mathbf{A}_{m-1} \mathbf{x}_{m-1}^k \\ \mathbf{A}_m \widetilde{\mathbf{x}}_m^{k+1} - \mathbf{A}_m \mathbf{x}_m^k \end{pmatrix}$$

$$= \begin{pmatrix} \mathbf{A}_1 \widetilde{\mathbf{x}}_1^{k+1} + \mathbf{A}_2 \mathbf{x}_2^k - \mathbf{A}_2 \widetilde{\mathbf{x}}_2^{k+1} \\ \mathbf{A}_2 \widetilde{\mathbf{x}}_2^{k+1} + \mathbf{A}_3 \mathbf{x}_3^k - \mathbf{A}_3 \widetilde{\mathbf{x}}_3^{k+1} \\ \vdots \\ \mathbf{A}_{m-1} \widetilde{\mathbf{x}}_{m-1}^{k+1} + \mathbf{A}_m \mathbf{x}_m^k - \mathbf{A}_m \widetilde{\mathbf{x}}_m^{k+1} \\ \mathbf{A}_m \widetilde{\mathbf{x}}_m^{k+1} \end{pmatrix}. \tag{3.82}$$

因此我们不用求解线性方程组就能方便地得到 $\mathbf{A}_i \mathbf{x}_i^{k+1}$. 然而, 这里有一个问题需要注意, 即给定 $\widetilde{\boldsymbol{\xi}}_i^{k+1}$ (其在计算中视作 $\mathbf{A}_i \mathbf{x}_i^{k+1}$), 满足 $\mathbf{A}_i \mathbf{x}_i^{k+1} = \widetilde{\boldsymbol{\xi}}_i^{k+1}$ 的 $\mathbf{x}_i^{k+1}$ 不一定存在, 从而使得 (3.73a)–(3.73b) 的下一次迭代及引理 3.18 无意义. 因此我们需要相应地修正迭代 (3.73a)–(3.73b) 及引理 3.18.

引入 $\boldsymbol{\xi}_i^k$, 该变量将起到 (3.73a)–(3.73b) 中 $\mathbf{A}_i \mathbf{x}_i^k$ 的作用, 则迭代 (3.73a)–(3.73b) 可重写如下

$$\widetilde{\mathbf{x}}_1^{k+1} = \underset{\mathbf{x}_1}{\arg\min} \, \tilde{L}_1(\mathbf{x}_1, \boldsymbol{\xi}_2^k, \cdots, \boldsymbol{\xi}_m^k, \boldsymbol{\lambda}^k), \tag{3.83a}$$

$$\widetilde{\mathbf{x}}_2^{k+1} = \underset{\mathbf{x}_2}{\arg\min} \, \tilde{L}_2(\widetilde{\mathbf{x}}_1^{k+1}, \mathbf{x}_2, \boldsymbol{\xi}_3^k, \cdots, \boldsymbol{\xi}_m^k, \boldsymbol{\lambda}^k),$$

$$\vdots$$

$$\widetilde{\mathbf{x}}_i^{k+1} = \underset{\mathbf{x}_i}{\arg\min} \, \tilde{L}_i(\widetilde{\mathbf{x}}_1^{k+1}, \cdots, \widetilde{\mathbf{x}}_{i-1}^{k+1}, \mathbf{x}_i, \boldsymbol{\xi}_{i+1}^k, \cdots, \boldsymbol{\xi}_m^k, \boldsymbol{\lambda}^k),$$

$$\vdots$$

$$\widetilde{\mathbf{x}}_m^{k+1} = \underset{\mathbf{x}_m}{\arg\min} \, \tilde{L}_m(\widetilde{\mathbf{x}}_1^{k+1}, \cdots, \widetilde{\mathbf{x}}_{m-1}^{k+1}, \mathbf{x}_m, \boldsymbol{\lambda}^k), \tag{3.83b}$$

$$\boldsymbol{\lambda}^{k+1} = \boldsymbol{\lambda}^k + \beta \left(\sum_{i=1}^m \mathbf{A}_i \widetilde{\mathbf{x}}_i^{k+1} - \mathbf{b} \right), \tag{3.83c}$$

$$\boldsymbol{\xi}^{k+1} = \boldsymbol{\xi}^k + \mathbf{L}^{-\mathrm{T}} \left(\mathbf{P} \widetilde{\mathbf{x}}^{k+1} - \boldsymbol{\xi}^k \right), \tag{3.83d}$$

其中

$$\tilde{L}_i(\mathbf{x}_1, \cdots, \mathbf{x}_i, \boldsymbol{\xi}_{i+1}, \cdots, \boldsymbol{\xi}_m, \boldsymbol{\lambda})$$

$$= \sum_{j=1}^i f_j(\mathbf{x}_j) + \left\langle \boldsymbol{\lambda}, \sum_{j=1}^i \mathbf{A}_j \mathbf{x}_j + \sum_{j=i+1}^m \boldsymbol{\xi}_j - \mathbf{b} \right\rangle + \frac{\beta}{2} \left\| \sum_{j=1}^i \mathbf{A}_j \mathbf{x}_j + \sum_{j=i+1}^m \boldsymbol{\xi}_j - \mathbf{b} \right\|^2$$

以及 $\boldsymbol{\xi} = \left(\boldsymbol{\xi}_1^{\mathrm{T}}, \boldsymbol{\xi}_2^{\mathrm{T}}, \cdots, \boldsymbol{\xi}_m^{\mathrm{T}} \right)^{\mathrm{T}}$. 我们把上述迭代步骤写成算法 3.10.

算法 3.10   使用预测-校正的 ADMM

初始化 $\boldsymbol{\xi}_1^0, \cdots, \boldsymbol{\xi}_m^0, \boldsymbol{\lambda}^0$.

for $k = 0, 1, 2, 3, \cdots$ **do**

  使用 (3.83a)–(3.83c) 更新 $\widetilde{\mathbf{x}}_1^{k+1}, \cdots, \widetilde{\mathbf{x}}_m^{k+1}$ 和 $\boldsymbol{\lambda}^{k+1}$.

  使用 (3.83d) 更新 $\boldsymbol{\xi}_1^{k+1}, \cdots, \boldsymbol{\xi}_m^{k+1}$.

end for

有了 (3.79) 和 (3.81), 引理 3.18 变为如下引理.

引理 3.19   假设 $f_i(\mathbf{x}_i)$ 是凸函数, $i \in [m]$. 则对算法 3.10, 有

$$f(\widetilde{\mathbf{x}}^{k+1}) - f(\mathbf{x}^*) + \left\langle \boldsymbol{\lambda}^*, \sum_{i=1}^m \mathbf{A}_i \widetilde{\mathbf{x}}_i^{k+1} - \mathbf{b} \right\rangle$$

$$\leqslant \frac{1}{2\beta} \left(\left\| \boldsymbol{\lambda}^k - \boldsymbol{\lambda}^* \right\|^2 - \left\| \boldsymbol{\lambda}^{k+1} - \boldsymbol{\lambda}^* \right\|^2 \right)$$

$$+ \frac{\beta}{2} \left(\left\| \boldsymbol{\xi}^k - \mathbf{P}\mathbf{x}^* \right\|_{\mathbf{L}\mathbf{L}^{\mathrm{T}}}^2 - \left\| \boldsymbol{\xi}^{k+1} - \mathbf{P}\mathbf{x}^* \right\|_{\mathbf{L}\mathbf{L}^{\mathrm{T}}}^2 \right).$$

定理 3.16 对算法 3.10 同样成立, 只需将 C 改为

$$\frac{1}{\beta} \left\| \boldsymbol{\lambda}^0 - \boldsymbol{\lambda}^* \right\|^2 + \beta \left\| \boldsymbol{\xi}^0 - \mathbf{P}\mathbf{x}^* \right\|_{\mathbf{L}\mathbf{L}^{\mathrm{T}}}^2.$$

3.5.3   使用并行分裂的线性化 ADMM

尽管前一节介绍的预测-校正技术解决了多变量块 ADMM 的收敛性问题, 它仍然存在一些不足. 首先, 它需要两组变量, 一组用于预测, 另一组用于校正, 因此增加了内存消耗 (至少翻倍). 其次, 对于稀疏、低秩优化问题, 高斯回代中的 $\mathbf{x}_i^{k+1}$ 和预测-校正中的 $\boldsymbol{\xi}_i^{k+1}$ 都不是稀疏和低秩的, 因此, 内存消耗可能更多. 最后, 子问题 (3.73a)–(3.73b) 或 (3.83a)–(3.83b) 可能不好求解, 因为关于 $\mathbf{x}_i$ 的子问题可能不是 f_i 的邻近算子形式. 因此, 本节使用线性化增广拉格朗日算法 (算法 3.7) 求解问题 (3.72), 算法包含如下步骤:

$$\mathbf{x}^{k+1} = \underset{\mathbf{x}}{\operatorname{argmin}} \left(f(\mathbf{x}) + \left\langle \boldsymbol{\lambda}^k, \mathbf{A}\mathbf{x} - \mathbf{b} \right\rangle + \beta \left\langle \mathbf{A}^{\mathrm{T}}(\mathbf{A}\mathbf{x}^k - \mathbf{b}), \mathbf{x} - \mathbf{x}^k \right\rangle \right.$$

$$\left. + \frac{\beta}{2} \| \mathbf{x} - \mathbf{x}^k \|_{\mathbf{L}}^2 \right), \tag{3.84}$$

$$\boldsymbol{\lambda}^{k+1} = \boldsymbol{\lambda}^k + \beta \left(\sum_{i=1}^m \mathbf{A}_i \mathbf{x}_i^{k+1} - \mathbf{b} \right), \tag{3.85}$$

其中 $\mathbf{L} = \mathrm{Diag}([L_1\mathbf{I}_{n_1}, \cdots, L_m\mathbf{I}_{n_m}])$, n_i 是 $\mathbf{x}_i$ 的维数, L_i 将在下面定义. (3.84) 是在 (3.70a) 中使用

$$\psi(\mathbf{x}) = \frac{\beta}{2}\|\mathbf{x}\|_{\mathbf{L}}^2 - \frac{\beta}{2}\|\mathbf{Ax}\|^2$$

得到的, 其中

$$\frac{\beta}{2}\|\mathbf{Ax} - \mathbf{b}\|^2 + D_\psi(\mathbf{x}, \mathbf{x}^k)$$
$$= \frac{\beta}{2}\|\mathbf{Ax}^k - \mathbf{b}\|^2 + \beta\left\langle\mathbf{A}^{\mathrm{T}}(\mathbf{Ax}^k - \mathbf{b}), \mathbf{x} - \mathbf{x}^k\right\rangle + \frac{\beta}{2}\|\mathbf{x} - \mathbf{x}^k\|_{\mathbf{L}}^2.$$

我们只需要验证 $\psi(\mathbf{x})$ 是凸函数, 这等价于

$$\|\mathbf{x}\|_{\mathbf{L}}^2 \geqslant \|\mathbf{Ax}\|^2, \quad \forall\mathbf{x}.$$

容易验证

$$\|\mathbf{Ax}\|^2 = \left\|\sum_{i=1}^m \mathbf{A}_i\mathbf{x}_i\right\|^2 \leqslant m\sum_{i=1}^m \|\mathbf{A}_i\mathbf{x}_i\|^2 \leqslant m\sum_{i=1}^m \|\mathbf{A}_i\|_2^2\|\mathbf{x}_i\|^2.$$

因此我们只需选择 $L_i \geqslant m\|\mathbf{A}_i\|_2^2$. 此时 (3.84) 是可分离的, 对每个变量 $\mathbf{x}_i$ 的子问题为

$$\mathbf{x}_i^{k+1} = \underset{\mathbf{x}_i}{\mathrm{argmin}}\left(f_i(\mathbf{x}_i) + \langle\boldsymbol{\lambda}^k, \mathbf{A}_i\mathbf{x}_i\rangle + \beta\left\langle\mathbf{A}_i^{\mathrm{T}}\left(\sum_{j=1}^m \mathbf{A}_j\mathbf{x}_j^k - \mathbf{b}\right), \mathbf{x}_i - \mathbf{x}_i^k\right\rangle\right.$$
$$\left. + \frac{\beta L_i}{2}\|\mathbf{x}_i - \mathbf{x}_i^k\|^2\right), \quad i \in [m]. \tag{3.86}$$

这些子问题可以并行计算. 因此, 该算法被称为使用并行分裂的线性化 ADMM[57,61], 具体描述见算法 3.11.

算法 3.11　　使用并行分裂的线性化 ADMM
___
初始化 $\mathbf{x}_1^0, \cdots, \mathbf{x}_m^0$, $\boldsymbol{\lambda}^0$.
for $k = 0, 1, 2, 3, \cdots$ **do**
　　使用 (3.86) 和 (3.85) 更新 $\mathbf{x}_1^{k+1}, \cdots, \mathbf{x}_m^{k+1}$ 和 $\boldsymbol{\lambda}^{k+1}$.
end for

由定理 3.13 和定理 3.14, 可知算法 3.11 在不同条件下具有 $O(1/K)$ 次线性收敛速度及线性收敛速度.

3.5.4 结合串行与并行更新

在前一节, 通过将线性化 ADMM 中的串行更新替换为线性化增广拉格朗日算法 (即使用并行分裂的线性化 ADMM) 中的并行更新, 我们可以解决多变量块情况下的收敛性问题. 对于两变量块问题, 串行更新要快于并行更新, 因此我们可以在求解多变量块问题时将串行更新和并行更新进行结合[64]. 具体地, 将 m 个块分成两部分

$$(1, \cdots, m') \quad \text{和} \quad (m'+1, \cdots, m),$$

采用串行顺序更新这两部分, 而对每一部分里的块使用并行更新. 算法具体描述如下 (见文献 [34, 64, 83]):

$$\mathbf{x}_i^{k+1} = \underset{\mathbf{x}_i}{\arg\min} \left(f_i(\mathbf{x}_i) + \langle \boldsymbol{\lambda}^k, \mathbf{A}_i \mathbf{x}_i \rangle + \beta \left\langle \mathbf{A}_i^{\mathrm{T}} \left(\sum_{t=1}^m \mathbf{A}_t \mathbf{x}_t^k - \mathbf{b} \right), \mathbf{x}_i - \mathbf{x}_i^k \right\rangle \right.$$
$$\left. + \frac{m'\beta \|\mathbf{A}_i\|_2^2}{2} \|\mathbf{x}_i - \mathbf{x}_i^k\|^2 \right), \quad \forall 1 \leqslant i \leqslant m',$$

$$\mathbf{x}_j^{k+1} = \underset{\mathbf{x}_j}{\arg\min} \left(f_j(\mathbf{x}_j) + \langle \boldsymbol{\lambda}^k, \mathbf{A}_j \mathbf{x}_j \rangle \right.$$
$$+ \beta \left\langle \mathbf{A}_j^{\mathrm{T}} \left(\sum_{t=1}^{m'} \mathbf{A}_t \mathbf{x}_t^{k+1} + \sum_{t=m'+1}^m \mathbf{A}_t \mathbf{x}_t^k - \mathbf{b} \right), \mathbf{x}_j - \mathbf{x}_j^k \right\rangle$$
$$\left. + \frac{(m-m')\beta \|\mathbf{A}_j\|_2^2}{2} \|\mathbf{x}_j - \mathbf{x}_j^k\|^2 \right), \quad \forall m'+1 \leqslant j \leqslant m,$$

$$\boldsymbol{\lambda}^{k+1} = \boldsymbol{\lambda}^k + \beta \left(\sum_{i=1}^m \mathbf{A}_i \mathbf{x}_i^{k+1} - \mathbf{b} \right).$$

定义

$$F_1(\mathbf{x}) = \sum_{i=1}^{m'} f_i(\mathbf{x}_i), \quad F_2(\mathbf{x}) = \sum_{i=m'+1}^m f_i(\mathbf{x}_i),$$
$$\mathbf{B} = [\mathbf{A}_1, \cdots, \mathbf{A}_{m'}], \quad \mathbf{C} = [\mathbf{A}_{m'+1}, \cdots, \mathbf{A}_m],$$
$$\mathbf{y} = (\mathbf{x}_1^{\mathrm{T}}, \cdots, \mathbf{x}_{m'}^{\mathrm{T}})^{\mathrm{T}} \quad \text{和} \quad \mathbf{z} = (\mathbf{x}_{m'+1}^{\mathrm{T}}, \cdots, \mathbf{x}_m^{\mathrm{T}})^{\mathrm{T}}.$$

类似于前面章节, 我们可以将前两步重写为

$$\mathbf{y}^{k+1} = \underset{\mathbf{y}}{\arg\min} \left(F_1(\mathbf{y}) + \langle \boldsymbol{\lambda}^k, \mathbf{B}\mathbf{y} \rangle + \beta \left\langle \mathbf{B}^{\mathrm{T}} \left(\mathbf{B}\mathbf{y}^k + \mathbf{C}\mathbf{z}^k - \mathbf{b} \right), \mathbf{y} - \mathbf{y}^k \right\rangle \right.$$

$$+ \frac{\beta}{2} \|\mathbf{y} - \mathbf{y}^k\|_{\mathbf{L}_1}^2 \Bigg)$$

$$= \underset{\mathbf{y}}{\arg\min} \left(F_1(\mathbf{y}) + \langle \boldsymbol{\lambda}^k, \mathbf{By} \rangle + \frac{\beta}{2} \|\mathbf{By} + \mathbf{Cz}^k - \mathbf{b}\|^2 + D_\phi(\mathbf{y}, \mathbf{y}^k) \right)$$

和

$$\mathbf{z}^{k+1} = \underset{\mathbf{z}}{\arg\min} \left(F_2(\mathbf{z}) + \langle \boldsymbol{\lambda}^k, \mathbf{Cz} \rangle + \beta \left\langle \mathbf{C}^{\mathrm{T}} \left(\mathbf{By}^{k+1} + \mathbf{Cz}^k - \mathbf{b} \right), \mathbf{z} - \mathbf{z}^k \right\rangle \right.$$

$$\left. + \frac{\beta}{2} \|\mathbf{z} - \mathbf{z}^k\|_{\mathbf{L}_2}^2 \right)$$

$$= \underset{\mathbf{z}}{\arg\min} \left(F_2(\mathbf{z}) + \langle \boldsymbol{\lambda}^k, \mathbf{Cz} \rangle + \frac{\beta}{2} \|\mathbf{By}^{k+1} + \mathbf{Cz} - \mathbf{b}\|^2 + D_\psi(\mathbf{z}, \mathbf{z}^k) \right),$$

其中

$$\mathbf{L}_1 = \mathrm{Diag} \left(\left[m' \|\mathbf{A}_1\|_2^2 \mathbf{I}_{n_1}, \cdots, m' \|\mathbf{A}_{m'}\|_2^2 \mathbf{I}_{n_{m'}} \right] \right),$$

$$\mathbf{L}_2 = \mathrm{Diag} \left(\left[(m - m') \|\mathbf{A}_{m'+1}\|_2^2 \mathbf{I}_{n_{m'+1}}, \cdots, (m - m') \|\mathbf{A}_m\|_2^2 \mathbf{I}_{n_m} \right] \right),$$

$$\phi(\mathbf{y}) = \frac{\beta}{2} \|\mathbf{y}\|_{\mathbf{L}_1}^2 - \frac{\beta}{2} \|\mathbf{By}\|^2,$$

$$\psi(\mathbf{z}) = \frac{\beta}{2} \|\mathbf{z}\|_{\mathbf{L}_2}^2 - \frac{\beta}{2} \|\mathbf{Cz}\|^2,$$

n_i 是 $\mathbf{x}_i$ 的维数. 易见该算法等价于 (3.28a)–(3.28c) 中的布雷格曼 ADMM. 因此由定理 3.6 和定理 3.8, 我们可以得到算法在不同条件下的次线性及线性收敛速度. 在实践中这种结合串行与并行更新的算法比完全并行更新 m 个变量块要快.

3.6　变分不等式视角下的 ADMM

本节介绍变分不等式视角下的 ADMM. 变分不等式在何炳生教授的工作中广泛使用 (见文献 [33, 35, 38] 等). 对问题 (2.13) 引入拉格朗日函数:

$$L(\mathbf{x}, \mathbf{y}, \boldsymbol{\lambda}) = f(\mathbf{x}) + g(\mathbf{y}) + \langle \boldsymbol{\lambda}, \mathbf{Ax} + \mathbf{By} - \mathbf{b} \rangle.$$

$(\mathbf{x}^*, \mathbf{y}^*, \boldsymbol{\lambda}^*)$ 如果满足下列不等式, 则称其为鞍点:

$$L(\mathbf{x}^*, \mathbf{y}^*, \boldsymbol{\lambda}) \leqslant L(\mathbf{x}^*, \mathbf{y}^*, \boldsymbol{\lambda}^*) \leqslant L(\mathbf{x}, \mathbf{y}, \boldsymbol{\lambda}^*), \quad \forall \mathbf{x}, \mathbf{y}, \boldsymbol{\lambda}.$$

左边不等式等价于

$$-\langle \boldsymbol{\lambda} - \boldsymbol{\lambda}^*, \mathbf{A}\mathbf{x}^* + \mathbf{B}\mathbf{y}^* - \mathbf{b}\rangle \geqslant 0.$$

右边不等式等价于

$$f(\mathbf{x}) + g(\mathbf{y}) - f(\mathbf{x}^*) - g(\mathbf{y}^*) + \langle \mathbf{x} - \mathbf{x}^*, \mathbf{A}^{\mathrm{T}}\boldsymbol{\lambda}^*\rangle + \langle \mathbf{y} - \mathbf{y}^*, \mathbf{B}^{\mathrm{T}}\boldsymbol{\lambda}^*\rangle \geqslant 0.$$

相加, 可得

$$f(\mathbf{x}) + g(\mathbf{y}) - f(\mathbf{x}^*) - g(\mathbf{y}^*) + \left\langle \begin{pmatrix} \mathbf{x} - \mathbf{x}^* \\ \mathbf{y} - \mathbf{y}^* \\ \boldsymbol{\lambda} - \boldsymbol{\lambda}^* \end{pmatrix}, \begin{pmatrix} \mathbf{A}^{\mathrm{T}}\boldsymbol{\lambda}^* \\ \mathbf{B}^{\mathrm{T}}\boldsymbol{\lambda}^* \\ -(\mathbf{A}\mathbf{x}^* + \mathbf{B}\mathbf{y}^* - \mathbf{b}) \end{pmatrix} \right\rangle$$

$$\geqslant 0, \quad \forall \mathbf{x}, \mathbf{y}, \boldsymbol{\lambda}. \tag{3.87}$$

定义

$$\mathbf{w} = \begin{pmatrix} \mathbf{x} \\ \mathbf{y} \\ \boldsymbol{\lambda} \end{pmatrix}, \quad \mathbf{u}(\mathbf{w}) = \begin{pmatrix} \mathbf{x} \\ \mathbf{y} \end{pmatrix} \quad 和 \quad F(\mathbf{w}) = \begin{pmatrix} \mathbf{A}^{\mathrm{T}}\boldsymbol{\lambda} \\ \mathbf{B}^{\mathrm{T}}\boldsymbol{\lambda} \\ -(\mathbf{A}\mathbf{x} + \mathbf{B}\mathbf{y} - \mathbf{b}) \end{pmatrix}.$$

为了简化描述, 在本节其余部分, 我们简记 $\mathbf{u}(\mathbf{w})$ 为 $\mathbf{u}$ 并定义

$$\theta(\mathbf{u}) = f(\mathbf{x}) + g(\mathbf{y}).$$

则 (3.87) 可写成

$$\theta(\mathbf{u}) - \theta(\mathbf{u}^*) + \langle \mathbf{w} - \mathbf{w}^*, F(\mathbf{w}^*)\rangle \geqslant 0, \quad \forall \mathbf{w}. \tag{3.88}$$

(3.88) 被称为问题 (2.13) 的变分不等式. 容易验证变分不等式具有下述性质.

引理 3.20 $(\mathbf{x}^*, \mathbf{y}^*, \boldsymbol{\lambda}^*)$ 是 $L(\mathbf{x}, \mathbf{y}, \boldsymbol{\lambda})$ 的鞍点当且仅当它满足 (3.87).

也容易验证

$$\langle \mathbf{w} - \hat{\mathbf{w}}, F(\mathbf{w}) - F(\hat{\mathbf{w}})\rangle = 0, \quad \forall \mathbf{w}, \hat{\mathbf{w}}. \tag{3.89}$$

因此, (3.88) 等价于

$$\theta(\mathbf{u}) - \theta(\mathbf{u}^*) + \langle \mathbf{w} - \mathbf{w}^*, F(\mathbf{w})\rangle \geqslant 0, \quad \forall \mathbf{w}. \tag{3.90}$$

如果 $\widetilde{\mathbf{w}}$ 满足

$$\theta(\widetilde{\mathbf{u}}) - \theta(\mathbf{u}) + \langle \widetilde{\mathbf{w}} - \mathbf{w}, F(\mathbf{w})\rangle \leqslant \epsilon, \quad \forall \mathbf{w}, \tag{3.91}$$

我们称 $\widetilde{\mathbf{w}}$ 是变分不等式问题 (3.90) 的 ϵ-近似解. 当 $\epsilon = 0$ 时, 可得 (3.90).

3.6.1　统一的变分不等式框架

本节首先将经典 ADMM (算法 2.1) 写成 (3.88) 的形式, 然后给出统一框架. 由 (3.1)、(3.2) 以及 f 和 g 的凸性, 可得

$$f(\mathbf{x}) - f(\mathbf{x}^{k+1}) + \left\langle \mathbf{A}^{\mathrm{T}}\widetilde{\boldsymbol{\lambda}}^{k+1}, \mathbf{x} - \mathbf{x}^{k+1} \right\rangle \geqslant 0, \qquad (3.92)$$

$$g(\mathbf{y}) - g(\mathbf{y}^{k+1}) + \left\langle \mathbf{B}^{\mathrm{T}}\widetilde{\boldsymbol{\lambda}}^{k+1} + \beta\mathbf{B}^{\mathrm{T}}(\mathbf{B}\mathbf{y}^{k+1} - \mathbf{B}\mathbf{y}^{k}), \mathbf{y} - \mathbf{y}^{k+1} \right\rangle \geqslant 0, \qquad (3.93)$$

其中我们定义

$$\widetilde{\mathbf{w}}^{k+1} = \begin{pmatrix} \widetilde{\mathbf{x}}^{k+1} \\ \widetilde{\mathbf{y}}^{k+1} \\ \widetilde{\boldsymbol{\lambda}}^{k+1} \end{pmatrix} = \begin{pmatrix} \mathbf{x}^{k+1} \\ \mathbf{y}^{k+1} \\ \boldsymbol{\lambda}^{k} + \beta(\mathbf{A}\mathbf{x}^{k+1} + \mathbf{B}\mathbf{y}^{k} - \mathbf{b}) \end{pmatrix}.$$

将 (3.92) 和 (3.93) 相加, 并写成 (3.87) 的形式, 可得

$$f(\mathbf{x}) + g(\mathbf{y}) - f(\widetilde{\mathbf{x}}^{k+1}) - g(\widetilde{\mathbf{y}}^{k+1})$$

$$+ \left\langle \begin{pmatrix} \mathbf{x} - \widetilde{\mathbf{x}}^{k+1} \\ \mathbf{y} - \widetilde{\mathbf{y}}^{k+1} \\ \boldsymbol{\lambda} - \widetilde{\boldsymbol{\lambda}}^{k+1} \end{pmatrix}, \begin{pmatrix} \mathbf{A}^{\mathrm{T}}\widetilde{\boldsymbol{\lambda}}^{k+1} \\ \mathbf{B}^{\mathrm{T}}\widetilde{\boldsymbol{\lambda}}^{k+1} \\ -(\mathbf{A}\widetilde{\mathbf{x}}^{k+1} + \mathbf{B}\widetilde{\mathbf{y}}^{k+1} - \mathbf{b}) \end{pmatrix} \right\rangle$$

$$\geqslant \left\langle \widetilde{\boldsymbol{\lambda}}^{k+1} - \boldsymbol{\lambda}, \mathbf{A}\widetilde{\mathbf{x}}^{k+1} + \mathbf{B}\widetilde{\mathbf{y}}^{k+1} - \mathbf{b} \right\rangle + \beta \left\langle \mathbf{B}\widetilde{\mathbf{y}}^{k+1} - \mathbf{B}\mathbf{y}^{k}, \mathbf{B}\widetilde{\mathbf{y}}^{k+1} - \mathbf{B}\mathbf{y} \right\rangle$$

$$= \begin{pmatrix} \mathbf{A}\widetilde{\mathbf{x}}^{k+1} - \mathbf{A}\mathbf{x} \\ \mathbf{B}\widetilde{\mathbf{y}}^{k+1} - \mathbf{B}\mathbf{y} \\ \widetilde{\boldsymbol{\lambda}}^{k+1} - \boldsymbol{\lambda} \end{pmatrix}^{\mathrm{T}} \begin{pmatrix} \mathbf{0} & \mathbf{0} & \mathbf{0} \\ \mathbf{0} & \beta\mathbf{I} & \mathbf{0} \\ \mathbf{0} & \mathbf{I} & \dfrac{1}{\beta}\mathbf{I} \end{pmatrix} \begin{pmatrix} \mathbf{A}\widetilde{\mathbf{x}}^{k+1} - \mathbf{A}\mathbf{x}^{k} \\ \mathbf{B}\widetilde{\mathbf{y}}^{k+1} - \mathbf{B}\mathbf{y}^{k} \\ \widetilde{\boldsymbol{\lambda}}^{k+1} - \boldsymbol{\lambda}^{k} \end{pmatrix}$$

$$= (\widetilde{\mathbf{w}}^{k+1} - \mathbf{w})^{\mathrm{T}}\mathbf{P}^{\mathrm{T}}\mathbf{H}\mathbf{M}\mathbf{P}(\widetilde{\mathbf{w}}^{k+1} - \mathbf{w}^{k}),$$

其中我们定义

$$\mathbf{H} = \begin{pmatrix} \mathbf{0} & \mathbf{0} & \mathbf{0} \\ \mathbf{0} & \beta\mathbf{I} & \mathbf{0} \\ \mathbf{0} & \mathbf{0} & \dfrac{1}{\beta}\mathbf{I} \end{pmatrix}, \quad \mathbf{M} = \begin{pmatrix} \mathbf{I} & \mathbf{0} & \mathbf{0} \\ \mathbf{0} & \mathbf{I} & \mathbf{0} \\ \mathbf{0} & \beta\mathbf{I} & \mathbf{I} \end{pmatrix} \quad \text{和} \quad \mathbf{P} = \begin{pmatrix} \mathbf{A} & \mathbf{0} & \mathbf{0} \\ \mathbf{0} & \mathbf{B} & \mathbf{0} \\ \mathbf{0} & \mathbf{0} & \mathbf{I} \end{pmatrix}.$$

由 (3.3), 容易验证

$$\mathbf{P}\mathbf{w}^{k+1} = \mathbf{P}\mathbf{w}^{k} - \mathbf{M}(\mathbf{P}\mathbf{w}^{k} - \mathbf{P}\widetilde{\mathbf{w}}^{k+1}).$$

因此 ADMM 属于算法 3.12 所示的统一框架[35], 其中我们令 $\boldsymbol{\xi}^{k} = \mathbf{P}\mathbf{w}^{k}$.

算法 3.12   变分不等式视角下的 ADMM 统一框架

初始化 $\boldsymbol{\xi}^0$.

for $k = 0, 1, 2, 3, \cdots$ **do**

    预测 $\widetilde{\mathbf{w}}^{k+1}$, 使其满足:

$$\theta(\mathbf{u}) - \theta(\widetilde{\mathbf{u}}^{k+1}) + \left\langle \mathbf{w} - \widetilde{\mathbf{w}}^{k+1}, F(\widetilde{\mathbf{w}}^{k+1}) \right\rangle$$

$$\geqslant (\widetilde{\mathbf{w}}^{k+1} - \mathbf{w})^{\mathrm{T}} \mathbf{P}^{\mathrm{T}} \mathbf{H} \mathbf{M} (\mathbf{P} \widetilde{\mathbf{w}}^{k+1} - \boldsymbol{\xi}^k), \quad \forall \mathbf{w}.$$

    通过如下方式校正 $\boldsymbol{\xi}^{k+1}$:

$$\boldsymbol{\xi}^{k+1} = \boldsymbol{\xi}^k - \mathbf{M}(\boldsymbol{\xi}^k - \mathbf{P}\widetilde{\mathbf{w}}^{k+1}).$$

end for

下面我们说明线性化 ADMM 和使用预测-校正的 ADMM 都属于算法 3.12 所描述的统一框架. 更多的例子见文献 [35]. 由于使用并行分裂的线性化 ADMM 是线性化 ADMM 的一个特例, 这里不讨论该算法.

对线性化 ADMM, 由 (3.31) 和 (3.32), 可得

$$f(\mathbf{x}) + g(\mathbf{y}) - f(\widetilde{\mathbf{x}}^{k+1}) - g(\widetilde{\mathbf{y}}^{k+1})$$

$$+ \left\langle \begin{pmatrix} \mathbf{x} - \widetilde{\mathbf{x}}^{k+1} \\ \mathbf{y} - \widetilde{\mathbf{y}}^{k+1} \\ \boldsymbol{\lambda} - \widetilde{\boldsymbol{\lambda}}^{k+1} \end{pmatrix}, \begin{pmatrix} \mathbf{A}^{\mathrm{T}} \widetilde{\boldsymbol{\lambda}}^{k+1} \\ \mathbf{B}^{\mathrm{T}} \widetilde{\boldsymbol{\lambda}}^{k+1} \\ -(\mathbf{A}\widetilde{\mathbf{x}}^{k+1} + \mathbf{B}\widetilde{\mathbf{y}}^{k+1} - \mathbf{b}) \end{pmatrix} \right\rangle$$

$$\geqslant \left\langle \widetilde{\boldsymbol{\lambda}}^{k+1} - \boldsymbol{\lambda}, \mathbf{A}\widetilde{\mathbf{x}}^{k+1} + \mathbf{B}\widetilde{\mathbf{y}}^{k+1} - \mathbf{b} \right\rangle + \beta \|\mathbf{A}\|_2^2 \left\langle \widetilde{\mathbf{x}}^{k+1} - \mathbf{x}^k, \widetilde{\mathbf{x}}^{k+1} - \mathbf{x} \right\rangle$$

$$- \beta \left\langle \mathbf{A}\widetilde{\mathbf{x}}^{k+1} - \mathbf{A}\mathbf{x}^k, \mathbf{A}\widetilde{\mathbf{x}}^{k+1} - \mathbf{A}\mathbf{x} \right\rangle + \beta \|\mathbf{B}\|_2^2 \left\langle \widetilde{\mathbf{y}}^{k+1} - \mathbf{y}^k, \widetilde{\mathbf{y}}^{k+1} - \mathbf{y} \right\rangle$$

$$= \begin{pmatrix} \widetilde{\mathbf{x}}^{k+1} - \mathbf{x} \\ \widetilde{\mathbf{y}}^{k+1} - \mathbf{y} \\ \widetilde{\boldsymbol{\lambda}}^{k+1} - \boldsymbol{\lambda} \end{pmatrix}^{\mathrm{T}} \begin{pmatrix} \beta\|\mathbf{A}\|_2^2\mathbf{I} - \beta\mathbf{A}^{\mathrm{T}}\mathbf{A} & \mathbf{0} & \mathbf{0} \\ \mathbf{0} & \beta\|\mathbf{B}\|_2^2\mathbf{I} & \mathbf{0} \\ \mathbf{0} & \mathbf{B} & \frac{1}{\beta}\mathbf{I} \end{pmatrix} \begin{pmatrix} \widetilde{\mathbf{x}}^{k+1} - \mathbf{x}^k \\ \widetilde{\mathbf{y}}^{k+1} - \mathbf{y}^k \\ \widetilde{\boldsymbol{\lambda}}^{k+1} - \boldsymbol{\lambda}^k \end{pmatrix}$$

$$= (\widetilde{\mathbf{w}}^{k+1} - \mathbf{w})^{\mathrm{T}} \mathbf{H} \mathbf{M} (\widetilde{\mathbf{w}}^{k+1} - \mathbf{w}^k),$$

其中我们定义

$$\widetilde{\mathbf{w}}^{k+1} = \begin{pmatrix} \widetilde{\mathbf{x}}^{k+1} \\ \widetilde{\mathbf{y}}^{k+1} \\ \widetilde{\boldsymbol{\lambda}}^{k+1} \end{pmatrix} = \begin{pmatrix} \mathbf{x}^{k+1} \\ \mathbf{y}^{k+1} \\ \boldsymbol{\lambda}^k + \beta(\mathbf{A}\mathbf{x}^{k+1} + \mathbf{B}\mathbf{y}^k - \mathbf{b}) \end{pmatrix},$$

$$\mathbf{H} = \begin{pmatrix} \beta\|\mathbf{A}\|_2^2\mathbf{I} - \beta\mathbf{A}^{\mathrm{T}}\mathbf{A} & \mathbf{0} & \mathbf{0} \\ \mathbf{0} & \beta\|\mathbf{B}\|_2^2\mathbf{I} & \mathbf{0} \\ \mathbf{0} & \mathbf{0} & \dfrac{1}{\beta}\mathbf{I} \end{pmatrix} \quad \text{和} \quad \mathbf{M} = \begin{pmatrix} \mathbf{I} & \mathbf{0} & \mathbf{0} \\ \mathbf{0} & \mathbf{I} & \mathbf{0} \\ \mathbf{0} & \beta\mathbf{B} & \mathbf{I} \end{pmatrix}. \tag{3.94}$$

容易验证

$$\mathbf{w}^{k+1} = \mathbf{w}^k - \mathbf{M}(\mathbf{w}^k - \widetilde{\mathbf{w}}^{k+1}).$$

因此线性化 ADMM 属于算法 3.12 所示的统一框架, 其中我们令 $\mathbf{P} = \mathbf{I}, \boldsymbol{\xi}^k = \mathbf{w}^k$, $\mathbf{H}$ 和 $\mathbf{M}$ 的定义见 (3.94).

对于多变量块问题, 定义

$$\mathbf{w} = \begin{pmatrix} \mathbf{x}_1 \\ \vdots \\ \mathbf{x}_m \\ \boldsymbol{\lambda} \end{pmatrix}, \quad \mathbf{u} = \begin{pmatrix} \mathbf{x}_1 \\ \vdots \\ \mathbf{x}_m \end{pmatrix}, \quad F(\mathbf{w}) = \begin{pmatrix} \mathbf{A}_1^{\mathrm{T}}\boldsymbol{\lambda} \\ \vdots \\ \mathbf{A}_m^{\mathrm{T}}\boldsymbol{\lambda} \\ -\left(\sum_{i=1}^m \mathbf{A}_i\mathbf{x}_i - \mathbf{b}\right) \end{pmatrix},$$

$$\theta(\mathbf{u}) = \sum_{i=1}^m f_i(\mathbf{x}_i) \quad \text{和} \quad \widetilde{\boldsymbol{\lambda}}^{k+1} = \boldsymbol{\lambda}^k + \beta\left(\sum_{i=1}^m \boldsymbol{\xi}_i^k - \mathbf{b}\right).$$

则对于预测步骤 (3.83a)–(3.83d), 我们有

$$\sum_{i=1}^m f_i(\mathbf{x}_i) - \sum_{i=1}^m f_i(\widetilde{\mathbf{x}}_i^{k+1}) + \left\langle \begin{pmatrix} \mathbf{x}_1 - \widetilde{\mathbf{x}}_1^{k+1} \\ \vdots \\ \mathbf{x}_m - \widetilde{\mathbf{x}}_m^{k+1} \\ \boldsymbol{\lambda} - \widetilde{\boldsymbol{\lambda}}^{k+1} \end{pmatrix}, \begin{pmatrix} \mathbf{A}_1^{\mathrm{T}}\widetilde{\boldsymbol{\lambda}}^{k+1} \\ \vdots \\ \mathbf{A}_m^{\mathrm{T}}\widetilde{\boldsymbol{\lambda}}^{k+1} \\ -\left(\sum_{i=1}^m \mathbf{A}_i\widetilde{\mathbf{x}}_i^{k+1} - \mathbf{b}\right) \end{pmatrix} \right\rangle$$

$$\geqslant \left\langle \widetilde{\boldsymbol{\lambda}}^{k+1} - \boldsymbol{\lambda}, \sum_{i=1}^m \mathbf{A}_i\widetilde{\mathbf{x}}_i^{k+1} - \mathbf{b} \right\rangle + \beta\sum_{i=1}^m \left\langle \sum_{j=1}^i \left(\mathbf{A}_j\widetilde{\mathbf{x}}_j^{k+1} - \boldsymbol{\xi}_j^k\right), \mathbf{A}_i\widetilde{\mathbf{x}}_i^{k+1} - \mathbf{A}_i\mathbf{x}_i \right\rangle$$

$$= \begin{pmatrix} \mathbf{A}_1\widetilde{\mathbf{x}}_1^{k+1} - \mathbf{A}_1\mathbf{x}_1 \\ \vdots \\ \mathbf{A}_m\widetilde{\mathbf{x}}_m^{k+1} - \mathbf{A}_m\mathbf{x}_m \\ \widetilde{\boldsymbol{\lambda}}^{k+1} - \boldsymbol{\lambda} \end{pmatrix}^{\mathrm{T}} \begin{pmatrix} \beta\mathbf{I} & \mathbf{0} & \cdots & \mathbf{0} & \mathbf{0} \\ \vdots & \vdots & \ddots & \vdots & \vdots \\ \beta\mathbf{I} & \beta\mathbf{I} & \cdots & \beta\mathbf{I} & \mathbf{0} \\ \mathbf{I} & \mathbf{I} & \mathbf{I} & \mathbf{I} & \dfrac{1}{\beta}\mathbf{I} \end{pmatrix} \begin{pmatrix} \mathbf{A}_1\widetilde{\mathbf{x}}_1^{k+1} - \boldsymbol{\xi}_1^k \\ \vdots \\ \mathbf{A}_m\widetilde{\mathbf{x}}_m^{k+1} - \boldsymbol{\xi}_m^k \\ \widetilde{\boldsymbol{\lambda}}^{k+1} - \boldsymbol{\lambda}^k \end{pmatrix}$$

$$= (\widetilde{\mathbf{w}}^{k+1} - \mathbf{w})^{\mathrm{T}}\mathbf{P}^{\mathrm{T}}\mathbf{H}\mathbf{M}(\mathbf{P}\widetilde{\mathbf{w}}^{k+1} - \boldsymbol{\xi}^k),$$

其中我们定义

$$\mathbf{H} = \begin{pmatrix} \beta \mathbf{L} \mathbf{L}^{\mathrm{T}} & \mathbf{0} \\ \mathbf{0} & \frac{1}{\beta} \mathbf{I} \end{pmatrix}, \quad \mathbf{M} = \begin{pmatrix} \mathbf{L}^{-\mathrm{T}} & \mathbf{0} \\ \beta(\mathbf{I} \cdots \mathbf{I}) & \mathbf{I} \end{pmatrix}, \quad \mathbf{P} = \begin{pmatrix} \mathbf{A}_1 & \cdots & \mathbf{0} & \mathbf{0} \\ \vdots & \ddots & \vdots & \vdots \\ \mathbf{0} & \cdots & \mathbf{A}_m & \mathbf{0} \\ \mathbf{0} & \cdots & \mathbf{0} & \mathbf{I} \end{pmatrix},$$

$$\widetilde{\mathbf{w}} = (\widetilde{\mathbf{x}}_1^{\mathrm{T}}, \cdots, \widetilde{\mathbf{x}}_m^{\mathrm{T}}, \widetilde{\boldsymbol{\lambda}}^{\mathrm{T}})^{\mathrm{T}}, \quad \boldsymbol{\xi} = (\boldsymbol{\xi}_1^{\mathrm{T}}, \cdots, \boldsymbol{\xi}_m^{\mathrm{T}}, \boldsymbol{\lambda}^{\mathrm{T}})^{\mathrm{T}},$$

$\mathbf{L}$ 的定义见 (3.78). 由 (3.83d) 和 (3.83c), 容易验证下述等式成立

$$\boldsymbol{\xi}^{k+1} = \boldsymbol{\xi}^k - \mathbf{M}(\boldsymbol{\xi}^k - \mathbf{P}\widetilde{\mathbf{w}}^{k+1}).$$

因此使用预测-校正的 ADMM 同样属于算法 3.12 所描述的统一框架.

3.6.2 统一的收敛速度分析

本节给出算法 3.12 所描述的统一框架的收敛速度分析[35].

定理 3.17 假设 $\theta(\mathbf{u})$ 是凸函数. 定义

$$\hat{\mathbf{w}}^{K+1} = \frac{1}{K+1} \sum_{k=0}^{K} \widetilde{\mathbf{w}}^{k+1} \quad \text{和} \quad \hat{\mathbf{u}}^{K+1} = \frac{1}{K+1} \sum_{k=0}^{K} \widetilde{\mathbf{u}}^{k+1}.$$

假设

$$\mathbf{M}^{\mathrm{T}} \mathbf{H}^{\mathrm{T}} + \mathbf{H} \mathbf{M} - \mathbf{M}^{\mathrm{T}} \mathbf{H} \mathbf{M} \succcurlyeq \mathbf{0} \quad \text{和} \quad \mathbf{H} \succcurlyeq \mathbf{0}. \tag{3.95}$$

则对算法 3.12, 有

$$\theta(\hat{\mathbf{u}}^{K+1}) - \theta(\mathbf{u}) - \langle \mathbf{w} - \hat{\mathbf{w}}^{K+1}, F(\mathbf{w}) \rangle \leqslant \frac{1}{2(K+1)} \|\boldsymbol{\xi}^0 - \mathbf{P}\mathbf{w}\|_{\mathbf{H}}^2, \quad \forall \mathbf{w}.$$

证明 由算法 3.12 中的两个条件, 对任意 $\mathbf{w}$ 有

$$\theta(\mathbf{u}) - \theta(\widetilde{\mathbf{u}}^{k+1}) + \langle \mathbf{w} - \widetilde{\mathbf{w}}^{k+1}, F(\widetilde{\mathbf{w}}^{k+1}) \rangle$$

$$\geqslant (\widetilde{\mathbf{w}}^{k+1} - \mathbf{w})^{\mathrm{T}} \mathbf{P}^{\mathrm{T}} \mathbf{H} \mathbf{M} (\mathbf{P}\widetilde{\mathbf{w}}^{k+1} - \boldsymbol{\xi}^k)$$

$$= (\widetilde{\mathbf{w}}^{k+1} - \mathbf{w})^{\mathrm{T}} \mathbf{P}^{\mathrm{T}} \mathbf{H} (\boldsymbol{\xi}^{k+1} - \boldsymbol{\xi}^k)$$

$$\overset{\mathrm{a}}{=} \frac{1}{2} \left(\|\boldsymbol{\xi}^{k+1} - \mathbf{P}\mathbf{w}\|_{\mathbf{H}}^2 - \|\boldsymbol{\xi}^k - \mathbf{P}\mathbf{w}\|_{\mathbf{H}}^2 + \|\mathbf{P}\widetilde{\mathbf{w}}^{k+1} - \boldsymbol{\xi}^k\|_{\mathbf{H}}^2 \right.$$

$$\left. - \|\mathbf{P}\widetilde{\mathbf{w}}^{k+1} - \boldsymbol{\xi}^{k+1}\|_{\mathbf{H}}^2 \right),$$

其中 $\stackrel{a}{=}$ 使用了 (A.3).

容易验证

$$
\|\mathbf{P}\widetilde{\mathbf{w}}^{k+1} - \boldsymbol{\xi}^k\|_{\mathbf{H}}^2 - \|\mathbf{P}\widetilde{\mathbf{w}}^{k+1} - \boldsymbol{\xi}^{k+1}\|_{\mathbf{H}}^2
$$

$$
= \|\mathbf{P}\widetilde{\mathbf{w}}^{k+1} - \boldsymbol{\xi}^k\|_{\mathbf{H}}^2 - \|\mathbf{P}\widetilde{\mathbf{w}}^{k+1} - \boldsymbol{\xi}^k - \mathbf{M}(\mathbf{P}\widetilde{\mathbf{w}}^{k+1} - \boldsymbol{\xi}^k)\|_{\mathbf{H}}^2
$$

$$
= 2(\mathbf{P}\widetilde{\mathbf{w}}^{k+1} - \boldsymbol{\xi}^k)^{\mathrm{T}}\mathbf{H}\mathbf{M}(\mathbf{P}\widetilde{\mathbf{w}}^{k+1} - \boldsymbol{\xi}^k)
$$

$$
\quad - (\mathbf{P}\widetilde{\mathbf{w}}^{k+1} - \boldsymbol{\xi}^k)^{\mathrm{T}}\mathbf{M}^{\mathrm{T}}\mathbf{H}\mathbf{M}(\mathbf{P}\widetilde{\mathbf{w}}^{k+1} - \boldsymbol{\xi}^k)
$$

$$
= (\mathbf{P}\widetilde{\mathbf{w}}^{k+1} - \boldsymbol{\xi}^k)^{\mathrm{T}}\left(\mathbf{H}\mathbf{M} + \mathbf{M}^{\mathrm{T}}\mathbf{H}^{\mathrm{T}} - \mathbf{M}^{\mathrm{T}}\mathbf{H}\mathbf{M}\right)(\mathbf{P}\widetilde{\mathbf{w}}^{k+1} - \boldsymbol{\xi}^k)
$$

$$
\geqslant 0.
$$

使用(3.89), 对任意 $\mathbf{w}$, 我们有

$$
\theta(\mathbf{u}) - \theta(\widetilde{\mathbf{u}}^{k+1}) + \left\langle \mathbf{w} - \widetilde{\mathbf{w}}^{k+1}, F(\mathbf{w})\right\rangle
$$

$$
\geqslant \frac{1}{2}\left(\|\boldsymbol{\xi}^{k+1} - \mathbf{P}\mathbf{w}\|_{\mathbf{H}}^2 - \|\boldsymbol{\xi}^k - \mathbf{P}\mathbf{w}\|_{\mathbf{H}}^2\right).
$$

把上式对 $k = 0, \cdots, K$ 累加求和, 并在不等式两边同时除以 $K + 1$, 再使用 f 和 g 的凸性, 定理得证.　　　　　　　　　　　　　　　　　　　　　　　　　　□

容易验证 ADMM、线性化 ADMM 和使用预测-校正的 ADMM 都满足 (3.95). 因此其收敛速度可由定理 3.17 统一给出.

3.7　非线性约束问题

本节介绍求解带线性等式和非线性不等式约束的一般凸优化问题的 ADMM. 考虑问题:

$$
\min_{\mathbf{x}, \mathbf{y}} \quad (f(\mathbf{x}) + g(\mathbf{y})),
$$

$$
\text{s.t.} \quad h_0(\mathbf{x}) \leqslant 0,
$$

$$
p_0(\mathbf{y}) \leqslant 0,
$$

$$
\mathbf{A}\mathbf{x} + \mathbf{B}\mathbf{y} = \mathbf{b},
$$

其中 f, g, h_0 和 p_0 是凸函数. 定义

$$
h(\mathbf{x}) = \max\{0, h_0(\mathbf{x})\} \quad \text{和} \quad p(\mathbf{y}) = \max\{0, p_0(\mathbf{y})\}.
$$

我们可以将不等式约束转化为等式约束. 因此, 可以考虑如下等价问题:

$$\min_{\mathbf{x},\mathbf{y}} \quad (f(\mathbf{x}) + g(\mathbf{y})),$$
$$\text{s.t.} \quad h(\mathbf{x}) = 0,$$
$$p(\mathbf{y}) = 0,$$
$$\mathbf{Ax} + \mathbf{By} = \mathbf{b}. \tag{3.96}$$

定义如下增广拉格朗日函数:

$$L_{\rho_1,\rho_2,\beta}(\mathbf{x},\mathbf{y},\gamma,\tau,\boldsymbol{\lambda})$$
$$= f(\mathbf{x}) + g(\mathbf{y}) + \gamma h(\mathbf{x}) + \frac{\rho_1}{2}h^2(\mathbf{x}) + \tau p(\mathbf{y}) + \frac{\rho_2}{2}p^2(\mathbf{y})$$
$$+ \langle\boldsymbol{\lambda}, \mathbf{Ax} + \mathbf{By} - \mathbf{b}\rangle + \frac{\beta}{2}\|\mathbf{Ax} + \mathbf{By} - \mathbf{b}\|^2.$$

可以使用如下 ADMM 求解问题 (3.96), 算法具有 $O\left(\dfrac{1}{K}\right)$ 收敛速度[26]:

$$\mathbf{x}^{k+1} = \underset{\mathbf{x}}{\operatorname{argmin}}\, L_{\rho_1,\rho_2,\beta}(\mathbf{x},\mathbf{y}^k,\gamma^k,\tau^k,\boldsymbol{\lambda}^k), \tag{3.97a}$$

$$\mathbf{y}^{k+1} = \underset{\mathbf{y}}{\operatorname{argmin}}\, L_{\rho_1,\rho_2,\beta}(\mathbf{x}^{k+1},\mathbf{y},\gamma^k,\tau^k,\boldsymbol{\lambda}^k), \tag{3.97b}$$

$$\gamma^{k+1} = \gamma^k + \rho_1 h(\mathbf{x}^{k+1}), \tag{3.97c}$$

$$\tau^{k+1} = \tau^k + \rho_2 p(\mathbf{y}^{k+1}), \tag{3.97d}$$

$$\boldsymbol{\lambda}^{k+1} = \boldsymbol{\lambda}^k + \beta(\mathbf{Ax}^{k+1} + \mathbf{By}^{k+1} - \mathbf{b}). \tag{3.97e}$$

具体描述见算法 3.13.

算法 3.13　　求解非线性约束问题的 ADMM

初始化 $\mathbf{x}^0, \mathbf{y}^0, \gamma^0, \tau^0$ 和 $\boldsymbol{\lambda}^0$.

for $k = 0, 1, 2, 3, \cdots$ **do**

　　使用 (3.97a)–(3.97e) 更新 $\mathbf{x}^{k+1}, \mathbf{y}^{k+1}, \gamma^{k+1}, \tau^{k+1}$ 和 $\boldsymbol{\lambda}^{k+1}$.

end for

定理 3.18　　假设 $f(\mathbf{x}), g(\mathbf{y}), h_0(\mathbf{x})$ 和 $p_0(\mathbf{y})$ 是凸函数, 则对上述 ADMM, 有

$$|f(\hat{\mathbf{x}}^{K+1}) + g(\hat{\mathbf{y}}^{K+1}) - f(\mathbf{x}^*) - g(\mathbf{y}^*)| \leqslant \frac{C}{2(K+1)} + \frac{2\sqrt{C}\|\boldsymbol{\lambda}^*\|}{\sqrt{\beta}(K+1)}$$

$$+ \frac{2\sqrt{C}|\gamma^*|}{\sqrt{\rho_1}(K+1)} + \frac{2\sqrt{C}|\tau^*|}{\sqrt{\rho_2}(K+1)},$$

$$\|\mathbf{A}\hat{\mathbf{x}}^{K+1} + \mathbf{B}\hat{\mathbf{y}}^{K+1} - \mathbf{b}\| \leqslant \frac{2\sqrt{C}}{\sqrt{\beta}(K+1)},$$

$$h(\hat{\mathbf{x}}^{K+1}) \leqslant \frac{2\sqrt{C}}{\sqrt{\rho_1}(K+1)},$$

$$p(\hat{\mathbf{y}}^{K+1}) \leqslant \frac{2\sqrt{C}}{\sqrt{\rho_2}(K+1)},$$

其中

$$\hat{\mathbf{x}}^{K+1} = \frac{1}{K+1}\sum_{k=1}^{K+1}\mathbf{x}^k, \quad \hat{\mathbf{y}}^{K+1} = \frac{1}{K+1}\sum_{k=1}^{K+1}\mathbf{y}^k,$$

$$C = \frac{1}{\beta}\|\boldsymbol{\lambda}^0 - \boldsymbol{\lambda}^*\|^2 + \frac{1}{\rho_1}(\gamma^0 - \gamma^*)^2 + \frac{1}{\rho_2}(\tau^0 - \tau^*)^2 + \beta\|\mathbf{B}\mathbf{y}^0 - \mathbf{B}\mathbf{y}^*\|^2.$$

证明　类似于引理 3.3, 有如下性质:

$$\mathbf{0} \in \partial f(\mathbf{x}^{k+1}) + \mathbf{A}^{\mathrm{T}}\boldsymbol{\lambda}^k + \beta\mathbf{A}^{\mathrm{T}}(\mathbf{A}\mathbf{x}^{k+1} + \mathbf{B}\mathbf{y}^k - \mathbf{b})$$
$$+ \gamma^k\partial h(\mathbf{x}^{k+1}) + \rho_1 h(\mathbf{x}^{k+1})\partial h(\mathbf{x}^{k+1}),$$

$$\mathbf{0} \in \partial g(\mathbf{y}^{k+1}) + \mathbf{B}^{\mathrm{T}}\boldsymbol{\lambda}^k + \beta\mathbf{B}^{\mathrm{T}}(\mathbf{A}\mathbf{x}^{k+1} + \mathbf{B}\mathbf{y}^{k+1} - \mathbf{b})$$
$$+ \tau^k\partial p(\mathbf{y}^{k+1}) + \rho_2 p(\mathbf{y}^{k+1})\partial p(\mathbf{y}^{k+1}),$$

$$\mathbf{0} \in \partial f(\mathbf{x}^*) + \mathbf{A}^{\mathrm{T}}\boldsymbol{\lambda}^* + \gamma^*\partial h(\mathbf{x}^*),$$

$$\mathbf{0} \in \partial g(\mathbf{y}^*) + \mathbf{B}^{\mathrm{T}}\boldsymbol{\lambda}^* + \tau^*\partial p(\mathbf{y}^*),$$

$$\mathbf{A}\mathbf{x}^* + \mathbf{B}\mathbf{y}^* = \mathbf{b},$$

$$h(\mathbf{x}^*) = 0,$$

$$p(\mathbf{y}^*) = 0,$$

其中 $(\mathbf{x}^*, \mathbf{y}^*, \gamma^*, \tau^*, \boldsymbol{\lambda}^*)$ 是 KKT 点. 则存在

$$\hat{\nabla}h(\mathbf{x}^{k+1}) \in \partial h(\mathbf{x}^{k+1}) \quad 和 \quad \hat{\nabla}p(\mathbf{y}^{k+1}) \in \partial p(\mathbf{y}^{k+1}),$$

使得

$$\hat{\nabla}f(\mathbf{x}^{k+1}) \in \partial f(\mathbf{x}^{k+1}) \quad 和 \quad \hat{\nabla}g(\mathbf{y}^{k+1}) \in \partial g(\mathbf{y}^{k+1}),$$

其中

$$\hat{\nabla} f(\mathbf{x}^{k+1}) = -\mathbf{A}^{\mathrm{T}} \boldsymbol{\lambda}^k - \beta \mathbf{A}^{\mathrm{T}}(\mathbf{A}\mathbf{x}^{k+1} + \mathbf{B}\mathbf{y}^k - \mathbf{b})$$
$$- \gamma^k \hat{\nabla} h(\mathbf{x}^{k+1}) - \rho_1 h(\mathbf{x}^{k+1}) \hat{\nabla} h(\mathbf{x}^{k+1})$$
$$= -\mathbf{A}^{\mathrm{T}} \boldsymbol{\lambda}^{k+1} + \beta \mathbf{A}^{\mathrm{T}}(\mathbf{B}\mathbf{y}^{k+1} - \mathbf{B}\mathbf{y}^k) - \gamma^{k+1} \hat{\nabla} h(\mathbf{x}^{k+1}),$$
$$\hat{\nabla} g(\mathbf{y}^{k+1}) = -\mathbf{B}^{\mathrm{T}} \boldsymbol{\lambda}^k - \beta \mathbf{B}^{\mathrm{T}}(\mathbf{A}\mathbf{x}^{k+1} + \mathbf{B}\mathbf{y}^{k+1} - \mathbf{b})$$
$$- \tau^k \hat{\nabla} p(\mathbf{y}^{k+1}) - \rho_2 p(\mathbf{y}^{k+1}) \hat{\nabla} p(\mathbf{y}^{k+1})$$
$$= -\mathbf{B}^{\mathrm{T}} \boldsymbol{\lambda}^{k+1} - \tau^{k+1} \hat{\nabla} p(\mathbf{y}^{k+1}).$$

类似于引理 3.4, 可得

$$\left\langle \hat{\nabla} g(\mathbf{y}^{k+1}), \mathbf{y}^{k+1} - \mathbf{y} \right\rangle$$
$$= - \left\langle \boldsymbol{\lambda}^{k+1}, \mathbf{B}\mathbf{y}^{k+1} - \mathbf{B}\mathbf{y} \right\rangle - \tau^{k+1} \left\langle \hat{\nabla} p(\mathbf{y}^{k+1}), \mathbf{y}^{k+1} - \mathbf{y} \right\rangle$$

和

$$\left\langle \hat{\nabla} f(\mathbf{x}^{k+1}), \mathbf{x}^{k+1} - \mathbf{x} \right\rangle + \left\langle \hat{\nabla} g(\mathbf{y}^{k+1}), \mathbf{y}^{k+1} - \mathbf{y} \right\rangle$$
$$= - \left\langle \boldsymbol{\lambda}^{k+1}, \mathbf{A}\mathbf{x}^{k+1} + \mathbf{B}\mathbf{y}^{k+1} - \mathbf{A}\mathbf{x} - \mathbf{B}\mathbf{y} \right\rangle + \beta \left\langle \mathbf{B}\mathbf{y}^{k+1} - \mathbf{B}\mathbf{y}^k, \mathbf{A}\mathbf{x}^{k+1} - \mathbf{A}\mathbf{x} \right\rangle$$
$$- \gamma^{k+1} \left\langle \hat{\nabla} h(\mathbf{x}^{k+1}), \mathbf{x}^{k+1} - \mathbf{x} \right\rangle - \tau^{k+1} \left\langle \hat{\nabla} p(\mathbf{y}^{k+1}), \mathbf{y}^{k+1} - \mathbf{y} \right\rangle$$
$$\overset{\mathrm{a}}{\leqslant} - \left\langle \boldsymbol{\lambda}^{k+1}, \mathbf{A}\mathbf{x}^{k+1} + \mathbf{B}\mathbf{y}^{k+1} - \mathbf{A}\mathbf{x} - \mathbf{B}\mathbf{y} \right\rangle + \beta \left\langle \mathbf{B}\mathbf{y}^{k+1} - \mathbf{B}\mathbf{y}^k, \mathbf{A}\mathbf{x}^{k+1} - \mathbf{A}\mathbf{x} \right\rangle$$
$$- \gamma^{k+1} \left(h(\mathbf{x}^{k+1}) - h(\mathbf{x}) \right) - \tau^{k+1} \left(p(\mathbf{y}^{k+1}) - p(\mathbf{y}) \right), \tag{3.98}$$

其中 $\overset{\mathrm{a}}{\leqslant}$ 使用了 h 和 p 的凸性 (h 和 p 是凸函数因为 h_0 和 p_0 是凸函数).

在 (3.98) 中取 $\mathbf{x} = \mathbf{x}^*$ 和 $\mathbf{y} = \mathbf{y}^*$, 并将

$$\left\langle \boldsymbol{\lambda}^*, \mathbf{A}\mathbf{x}^{k+1} + \mathbf{B}\mathbf{y}^{k+1} - \mathbf{b} \right\rangle + \gamma^* h(\mathbf{x}^{k+1}) + \tau^* p(\mathbf{y}^{k+1})$$

加到不等式 (3.98) 两边, 类似于引理 3.5, 我们有

$$\left\langle \hat{\nabla} f(\mathbf{x}^{k+1}), \mathbf{x}^{k+1} - \mathbf{x}^* \right\rangle + \left\langle \hat{\nabla} g(\mathbf{y}^{k+1}), \mathbf{y}^{k+1} - \mathbf{y}^* \right\rangle + \left\langle \boldsymbol{\lambda}^*, \mathbf{A}\mathbf{x}^{k+1} + \mathbf{B}\mathbf{y}^{k+1} - \mathbf{b} \right\rangle$$
$$+ \gamma^* h(\mathbf{x}^{k+1}) + \tau^* p(\mathbf{y}^{k+1})$$
$$\overset{\mathrm{a}}{\leqslant} - \left\langle \boldsymbol{\lambda}^{k+1} - \boldsymbol{\lambda}^*, \mathbf{A}\mathbf{x}^{k+1} + \mathbf{B}\mathbf{y}^{k+1} - \mathbf{b} \right\rangle + \beta \left\langle \mathbf{B}\mathbf{y}^{k+1} - \mathbf{B}\mathbf{y}^k, \mathbf{A}\mathbf{x}^{k+1} - \mathbf{A}\mathbf{x}^* \right\rangle$$
$$- (\gamma^{k+1} - \gamma^*) h(\mathbf{x}^{k+1}) - (\tau^{k+1} - \tau^*) p(\mathbf{y}^{k+1})$$

$$= \frac{1}{2\beta}\|\boldsymbol{\lambda}^k - \boldsymbol{\lambda}^*\|^2 - \frac{1}{2\beta}\|\boldsymbol{\lambda}^{k+1} - \boldsymbol{\lambda}^*\|^2 - \frac{1}{2\beta}\|\boldsymbol{\lambda}^{k+1} - \boldsymbol{\lambda}^k\|^2$$

$$+ \frac{\beta}{2}\|\mathbf{B}\mathbf{y}^k - \mathbf{B}\mathbf{y}^*\|^2 - \frac{\beta}{2}\|\mathbf{B}\mathbf{y}^{k+1} - \mathbf{B}\mathbf{y}^*\|^2 - \frac{\beta}{2}\|\mathbf{B}\mathbf{y}^{k+1} - \mathbf{B}\mathbf{y}^k\|^2$$

$$+ \langle \mathbf{B}\mathbf{y}^{k+1} - \mathbf{B}\mathbf{y}^k, \boldsymbol{\lambda}^{k+1} - \boldsymbol{\lambda}^k \rangle$$

$$- (\gamma^{k+1} - \gamma^*)h(\mathbf{x}^{k+1}) - (\tau^{k+1} - \tau^*)p(\mathbf{y}^{k+1})$$

$$\stackrel{\text{b}}{=} \frac{1}{2\beta}\|\boldsymbol{\lambda}^k - \boldsymbol{\lambda}^*\|^2 - \frac{1}{2\beta}\|\boldsymbol{\lambda}^{k+1} - \boldsymbol{\lambda}^*\|^2 - \frac{1}{2\beta}\|\boldsymbol{\lambda}^{k+1} - \boldsymbol{\lambda}^k\|^2$$

$$+ \frac{\beta}{2}\|\mathbf{B}\mathbf{y}^k - \mathbf{B}\mathbf{y}^*\|^2 - \frac{\beta}{2}\|\mathbf{B}\mathbf{y}^{k+1} - \mathbf{B}\mathbf{y}^*\|^2 - \frac{\beta}{2}\|\mathbf{B}\mathbf{y}^{k+1} - \mathbf{B}\mathbf{y}^k\|^2$$

$$+ \langle \mathbf{B}\mathbf{y}^{k+1} - \mathbf{B}\mathbf{y}^k, \boldsymbol{\lambda}^{k+1} - \boldsymbol{\lambda}^k \rangle$$

$$+ \frac{1}{2\rho_1}(\gamma^k - \gamma^*)^2 - \frac{1}{2\rho_1}(\gamma^{k+1} - \gamma^*)^2 - \frac{1}{2\rho_1}(\gamma^{k+1} - \gamma^k)^2$$

$$+ \frac{1}{2\rho_2}(\tau^k - \tau^*)^2 - \frac{1}{2\rho_2}(\tau^{k+1} - \tau^*)^2 - \frac{1}{2\rho_2}(\tau^{k+1} - \tau^k)^2,$$

其中 $\stackrel{\text{a}}{\leqslant}$ 使用了 $h(\mathbf{x}^*) = 0$ 和 $p(\mathbf{y}^*) = 0$; $\stackrel{\text{b}}{=}$ 使用了 $\gamma^{k+1} = \gamma^k + \rho_1 h(\mathbf{x}^{k+1})$, $\tau^{k+1} = \tau^k + \rho_2 p(\mathbf{y}^{k+1})$ 和引理 A.1. 因此利用 f 和 g 的凸性, 我们有

$$f(\mathbf{x}^{k+1}) + g(\mathbf{y}^{k+1}) - f(\mathbf{x}^*) - g(\mathbf{y}^*) + \langle \boldsymbol{\lambda}^*, \mathbf{A}^{k+1} + \mathbf{B}\mathbf{y}^{k+1} - \mathbf{b} \rangle$$

$$+ \gamma^* h(\mathbf{x}^{k+1}) + \tau^* p(\mathbf{y}^{k+1})$$

$$\leqslant \frac{1}{2\beta}\|\boldsymbol{\lambda}^k - \boldsymbol{\lambda}^*\|^2 - \frac{1}{2\beta}\|\boldsymbol{\lambda}^{k+1} - \boldsymbol{\lambda}^*\|^2$$

$$+ \frac{\beta}{2}\|\mathbf{B}\mathbf{y}^k - \mathbf{B}\mathbf{y}^*\|^2 - \frac{\beta}{2}\|\mathbf{B}\mathbf{y}^{k+1} - \mathbf{B}\mathbf{y}^*\|^2$$

$$+ \frac{1}{2\rho_1}(\gamma^k - \gamma^*)^2 - \frac{1}{2\rho_1}(\gamma^{k+1} - \gamma^*)^2 - \frac{1}{2\rho_1}(\gamma^{k+1} - \gamma^k)^2$$

$$+ \frac{1}{2\rho_2}(\tau^k - \tau^*)^2 - \frac{1}{2\rho_2}(\tau^{k+1} - \tau^*)^2 - \frac{1}{2\rho_2}(\tau^{k+1} - \tau^k)^2,$$

其中我们丢掉了非正项

$$\langle \mathbf{B}\mathbf{y}^{k+1} - \mathbf{B}\mathbf{y}^k, \boldsymbol{\lambda}^{k+1} - \boldsymbol{\lambda}^k \rangle - \frac{1}{2\beta}\|\boldsymbol{\lambda}^{k+1} - \boldsymbol{\lambda}^k\|^2 - \frac{\beta}{2}\|\mathbf{B}\mathbf{y}^{k+1} - \mathbf{B}\mathbf{y}^k\|^2.$$

注意到引理 3.1 和引理 3.2 对问题 (3.96) 同样成立, 仅需稍加改变. 类似于

定理 3.3, 使用 f, g, h 和 p 的凸性, 我们有

$$f(\hat{\mathbf{x}}^{K+1}) + g(\hat{\mathbf{y}}^{K+1}) - f(\mathbf{x}^*) - g(\mathbf{y}^*) + \left\langle \boldsymbol{\lambda}^*, \mathbf{A}\hat{\mathbf{x}}^{K+1} + \mathbf{B}\hat{\mathbf{y}}^{K+1} - \mathbf{b} \right\rangle$$

$$+ \gamma^* h(\hat{\mathbf{x}}^{K+1}) + \tau^* p(\hat{\mathbf{y}}^{K+1}) \leqslant \frac{C}{2(K+1)},$$

$$\|\boldsymbol{\lambda}^{K+1} - \boldsymbol{\lambda}^*\| \leqslant \sqrt{\beta C}, \quad |\gamma^{K+1} - \gamma^*| \leqslant \sqrt{\rho_1 C}, \quad |\tau^{K+1} - \tau^*| \leqslant \sqrt{\rho_2 C},$$

$$\|\mathbf{A}\hat{\mathbf{x}}^{K+1} + \mathbf{B}\hat{\mathbf{y}}^{K+1} - \mathbf{b}\| \leqslant \frac{2\sqrt{C}}{\sqrt{\beta}(K+1)},$$

以及

$$
\begin{aligned}
h(\hat{\mathbf{x}}^{K+1}) &\leqslant \frac{1}{K+1} \sum_{k=0}^{K} h(\mathbf{x}^{k+1}) \\
&= \frac{1}{\rho_1(K+1)} \sum_{k=0}^{K} (\gamma^{k+1} - \gamma^k) \\
&= \frac{1}{\rho_1(K+1)} (\gamma^{K+1} - \gamma^0) \\
&\leqslant \frac{1}{\rho_1(K+1)} \left(|\gamma^0 - \gamma^*| + |\gamma^{K+1} - \gamma^*| \right) \\
&\leqslant \frac{2\sqrt{\rho_1 C}}{\rho_1(K+1)}.
\end{aligned}
$$

类似地, 同样可得 $p(\hat{\mathbf{y}}^{K+1}) \leqslant \dfrac{2\sqrt{\rho_2 C}}{\rho_2(K+1)}$. 定理得证. $\qquad \square$

最后, 我们考虑如下一般化的带约束凸优化问题:

$$
\begin{aligned}
\min_{\mathbf{x}} \quad & \sum_{i=1}^{m} f_i(\mathbf{x}), \\
\text{s.t.} \quad & h_i(\mathbf{x}) \leqslant 0, \quad i \in [m], \\
& \mathbf{A}\mathbf{x} = \mathbf{b}.
\end{aligned}
$$

我们把它重写为如下问题:

$$
\min_{\{\mathbf{x}_i\}, \mathbf{z}} \quad \sum_{i=1}^{m} f_i(\mathbf{x}_i),
$$

$$\text{s.t.} \quad h_i(\mathbf{x}_i) \leqslant 0, \quad i \in [m],$$

$$\begin{pmatrix} \mathbf{I} \\ \mathbf{I} \\ \vdots \\ \mathbf{I} \\ \mathbf{A} \end{pmatrix} \mathbf{z} - \begin{pmatrix} \mathbf{I} & \mathbf{0} & \cdots & \mathbf{0} \\ \mathbf{0} & \mathbf{I} & \cdots & \mathbf{0} \\ \vdots & \vdots & \ddots & \vdots \\ \mathbf{0} & \mathbf{0} & \mathbf{0} & \mathbf{I} \\ \mathbf{0} & \mathbf{0} & \mathbf{0} & \mathbf{0} \end{pmatrix} \begin{pmatrix} \mathbf{x}_1 \\ \mathbf{x}_2 \\ \vdots \\ \mathbf{x}_m \end{pmatrix} = \begin{pmatrix} \mathbf{0} \\ \mathbf{0} \\ \vdots \\ \mathbf{0} \\ \mathbf{b} \end{pmatrix}.$$

该问题可以使用 ADMM 求解. 具体地, 首先求解关于 $(\mathbf{x}_1^{\mathrm{T}}, \cdots, \mathbf{x}_m^{\mathrm{T}})^{\mathrm{T}}$ 的子问题, 它可以被分解成 m 个并行子问题, 然后求解关于 $\mathbf{z}$ 的子问题.

第 4 章 确定性非凸优化问题中的 ADMM

在本章, 我们介绍非凸优化中的 ADMM. 我们首先介绍布雷格曼 ADMM 在求解一般多变量块线性约束问题时的收敛性; 然后介绍使用指数平均的邻近 ADMM, 该算法对线性约束没有额外假设; 最后介绍如何使用 ADMM 求解多线性 (Multilinear) 约束优化问题, 尤其是 RPCA 问题.

4.1 多变量块布雷格曼 ADMM

考虑如下多变量块线性约束问题

$$
\begin{aligned}
\min_{\mathbf{x}_1,\cdots,\mathbf{x}_m,\mathbf{y}} \quad & \sum_{i=1}^{m} f_i(\mathbf{x}_i) + g(\mathbf{y}), \\
\text{s.t.} \quad & \sum_{i=1}^{m} \mathbf{A}_i\mathbf{x}_i + \mathbf{B}\mathbf{y} = \mathbf{b}.
\end{aligned}
\tag{4.1}
$$

在本节, 我们做如下假设.

假设 4.1 假设 f_i, $i \in [m]$, 是正常下半连续函数 (Lower Semicontinuous Function, 见定义 A.26), g 是 L-光滑函数 (它们都可以是非凸函数).

有大量文献研究 ADMM 求解问题 (4.1) 的收敛性 (见文献 [7,43,47,51,87,90] 等). 我们介绍如下多变量块布雷格曼 ADMM, 具体描述见算法 4.1:

$$
\begin{aligned}
\mathbf{x}_i^{k+1} = \operatorname*{argmin}_{\mathbf{x}_i} \bigg(& f_i(\mathbf{x}_i) + \langle \boldsymbol{\lambda}^k, \mathbf{A}_i\mathbf{x}_i \rangle \\
& + \frac{\beta}{2} \bigg\| \sum_{j<i} \mathbf{A}_j\mathbf{x}_j^{k+1} + \mathbf{A}_i\mathbf{x}_i + \sum_{j>i} \mathbf{A}_j\mathbf{x}_j^k + \mathbf{B}\mathbf{y}^k - \mathbf{b} \bigg\|^2 \\
& + D_{\phi_i}(\mathbf{x}_i, \mathbf{x}_i^k) \bigg), \quad \text{对所有} \, i \in [m] \text{采用串行更新},
\end{aligned}
\tag{4.2a}
$$

$$
\mathbf{y}^{k+1} = \operatorname*{argmin}_{\mathbf{y}} \bigg(g(\mathbf{y}) + \langle \boldsymbol{\lambda}^k, \mathbf{B}\mathbf{y} \rangle + \frac{\beta}{2} \bigg\| \sum_{i=1}^{m} \mathbf{A}_i\mathbf{x}_i^{k+1} + \mathbf{B}\mathbf{y} - \mathbf{b} \bigg\|^2
$$

$$+ D_{\phi_0}(\mathbf{y}, \mathbf{y}^k) \Bigg), \tag{4.2b}$$

$$\boldsymbol{\lambda}^{k+1} = \boldsymbol{\lambda}^k + \beta \left(\sum_{i=1}^{m} \mathbf{A}_i \mathbf{x}_i^{k+1} + \mathbf{B} \mathbf{y}^{k+1} - \mathbf{b} \right). \tag{4.2c}$$

算法 4.1   多变量块布雷格曼 ADMM

初始化 $\mathbf{x}_1^0, \cdots, \mathbf{x}_m^0$, $\mathbf{y}^0$ 和 $\boldsymbol{\lambda}^0$.

for $k = 0, 1, 2, 3, \cdots$ **do**

　　使用 (4.2a)–(4.2c) 更新 $\mathbf{x}_1^{k+1}, \cdots, \mathbf{x}_m^{k+1}$, $\mathbf{y}^{k+1}$ 和 $\boldsymbol{\lambda}^{k+1}$.

end for

类似于求解凸问题的线性化 ADMM (见 3.2 节), 可以通过选择合适的 ϕ_i 来使得每一个子问题容易求解. 例如, 令

$$\phi_0(\mathbf{y}) = \frac{L + \beta \|\mathbf{B}\|_2^2}{2} \|\mathbf{y}\|^2 - g(\mathbf{y}) - \frac{\beta}{2} \|\mathbf{B}\mathbf{y}\|^2,$$

则 $\mathbf{y}$ 的更新步骤等价于 (见(3.37))

$$\mathbf{y}^{k+1} = \mathbf{y}^k - \frac{1}{L + \beta \|\mathbf{B}\|_2^2} \nabla_{\mathbf{y}} L_\beta(\mathbf{x}^{k+1}, \mathbf{y}^k, \boldsymbol{\lambda}^k),$$

其中 L_β 是增广拉格朗日函数:

$$L_\beta(\mathbf{x}, \mathbf{y}, \boldsymbol{\lambda}) = \sum_{i=1}^{m} f_i(\mathbf{x}_i) + g(\mathbf{y}) + \left\langle \boldsymbol{\lambda}, \sum_{i=1}^{m} \mathbf{A}_i \mathbf{x}_i + \mathbf{B}\mathbf{y} - \mathbf{b} \right\rangle$$

$$+ \frac{\beta}{2} \left\| \sum_{i=1}^{m} \mathbf{A}_i \mathbf{x}_i + \mathbf{B}\mathbf{y} - \mathbf{b} \right\|^2.$$

这里我们定义 $\mathbf{x} = (\mathbf{x}_1^{\mathrm{T}}, \cdots, \mathbf{x}_m^{\mathrm{T}})^{\mathrm{T}}$. 进一步定义 $\mathbf{A} = [\mathbf{A}_1, \cdots, \mathbf{A}_m]$.

4.1.1   满射条件下的收敛性分析

当假设 4.1 被满足并且 $\mathbf{B}$ 是满射 (Surjective) 时, 即 $\|\mathbf{B}^{\mathrm{T}}\boldsymbol{\lambda}\| \geqslant \sigma \|\boldsymbol{\lambda}\|$ ($\sigma > 0$), 上述布雷格曼 ADMM 需要 $O\left(\dfrac{1}{\epsilon^2}\right)$ 次迭代即可找到 ϵ-近似的 KKT 点, 见如下定理.

定理 4.1 假定假设 4.1 被满足, 且存在 $\sigma > 0$ 使得 $\|\mathbf{B}^{\mathrm{T}}\boldsymbol{\lambda}\| \geqslant \sigma\|\boldsymbol{\lambda}\|$ 对任意 $\boldsymbol{\lambda}$ 成立, ϕ_i 是 ρ-强凸、L_i-光滑函数, $\rho > \dfrac{12(L^2 + 2L_0^2)}{\sigma^2\beta}$, $i = 0, \cdots, m$. 进一步假设序列 $\{(\mathbf{x}^k, \mathbf{y}^k, \boldsymbol{\lambda}^k)\}_k$ 是有界的并且当 $(\mathbf{x}, \mathbf{y})$ 有界时 $\sum_{i=1}^m f_i(\mathbf{x}_i) + g(\mathbf{y})$ 是有下界的, 则算法 4.1 需要 $O\left(\dfrac{1}{\epsilon^2}\right)$ 次迭代找到一个 ϵ-近似的 KKT 点 $(\mathbf{x}^{k+1}, \mathbf{y}^{k+1}, \boldsymbol{\lambda}^{k+1})$, 即

$$\left\|\sum_{i=1}^m \mathbf{A}_i \mathbf{x}_i^{k+1} + \mathbf{B}\mathbf{y}^{k+1} - \mathbf{b}\right\| \leqslant O(\epsilon),$$

$$\|\nabla g(\mathbf{y}^{k+1}) + \mathbf{B}^{\mathrm{T}}\boldsymbol{\lambda}^{k+1}\| \leqslant O(\epsilon),$$

$$\mathrm{dist}\left(-\mathbf{A}_i^{\mathrm{T}}\boldsymbol{\lambda}^{k+1}, \partial f_i(\mathbf{x}_i^{k+1})\right) \leqslant O(\epsilon), \quad \forall i \in [m].$$

证明 由算法第一步, 我们有

$$L_\beta(\mathbf{x}_{j\leqslant i}^{k+1}, \mathbf{x}_{j>i}^k, \mathbf{y}^k, \boldsymbol{\lambda}^k) + D_{\phi_i}(\mathbf{x}_i^{k+1}, \mathbf{x}_i^k) \leqslant L_\beta(\mathbf{x}_{j<i}^{k+1}, \mathbf{x}_{j\geqslant i}^k, \mathbf{y}^k, \boldsymbol{\lambda}^k).$$

由于 $D_{\phi_i}(\mathbf{x}_i^{k+1}, \mathbf{x}_i^k) \geqslant \dfrac{\rho}{2}\|\mathbf{x}_i^{k+1} - \mathbf{x}_i^k\|^2$ (引理 A.2), 我们有

$$\frac{\rho}{2}\|\mathbf{x}_i^{k+1} - \mathbf{x}_i^k\|^2 \leqslant L_\beta(\mathbf{x}_{j<i}^{k+1}, \mathbf{x}_{j\geqslant i}^k, \mathbf{y}^k, \boldsymbol{\lambda}^k) - L_\beta(\mathbf{x}_{j\leqslant i}^{k+1}, \mathbf{x}_{j>i}^k, \mathbf{y}^k, \boldsymbol{\lambda}^k).$$

把上式对 $i = 1, \cdots, m$ 累加求和, 可得

$$\frac{\rho}{2}\|\mathbf{x}^{k+1} - \mathbf{x}^k\|^2 \leqslant L_\beta(\mathbf{x}^k, \mathbf{y}^k, \boldsymbol{\lambda}^k) - L_\beta(\mathbf{x}^{k+1}, \mathbf{y}^k, \boldsymbol{\lambda}^k).$$

类似地, 对第二步, 我们有

$$\frac{\rho}{2}\|\mathbf{y}^{k+1} - \mathbf{y}^k\|^2 \leqslant L_\beta(\mathbf{x}^{k+1}, \mathbf{y}^k, \boldsymbol{\lambda}^k) - L_\beta(\mathbf{x}^{k+1}, \mathbf{y}^{k+1}, \boldsymbol{\lambda}^k).$$

由 $\boldsymbol{\lambda}$ 的更新方式, 可得

$$-\frac{1}{\beta}\|\boldsymbol{\lambda}^{k+1} - \boldsymbol{\lambda}^k\|^2 = L_\beta(\mathbf{x}^{k+1}, \mathbf{y}^{k+1}, \boldsymbol{\lambda}^k) - L_\beta(\mathbf{x}^{k+1}, \mathbf{y}^{k+1}, \boldsymbol{\lambda}^{k+1}).$$

两式相加, 可得

$$\frac{\rho}{2}\|\mathbf{x}^{k+1} - \mathbf{x}^k\|^2 + \frac{\rho}{2}\|\mathbf{y}^{k+1} - \mathbf{y}^k\|^2 - \frac{1}{\beta}\|\boldsymbol{\lambda}^{k+1} - \boldsymbol{\lambda}^k\|^2$$

$$\leqslant L_\beta(\mathbf{x}^k, \mathbf{y}^k, \boldsymbol{\lambda}^k) - L_\beta(\mathbf{x}^{k+1}, \mathbf{y}^{k+1}, \boldsymbol{\lambda}^{k+1}). \tag{4.3}$$

另一方面, 由 $\mathbf{y}$ 更新步骤的最优性条件, 我们有

$$\begin{aligned}
\mathbf{0} &= \nabla g(\mathbf{y}^{k+1}) + \mathbf{B}^{\mathrm{T}}\boldsymbol{\lambda}^k + \beta \mathbf{B}^{\mathrm{T}}(\mathbf{A}\mathbf{x}^{k+1} + \mathbf{B}\mathbf{y}^{k+1} - \mathbf{b}) + \nabla\phi_0(\mathbf{y}^{k+1}) - \nabla\phi_0(\mathbf{y}^k) \\
&= \nabla g(\mathbf{y}^{k+1}) + \mathbf{B}^{\mathrm{T}}\boldsymbol{\lambda}^{k+1} + \nabla\phi_0(\mathbf{y}^{k+1}) - \nabla\phi_0(\mathbf{y}^k).
\end{aligned} \tag{4.4}$$

因此有

$$\begin{aligned}
\sigma^2 \|\boldsymbol{\lambda}^{k+1} - \boldsymbol{\lambda}^k\|^2 &\leqslant \|\mathbf{B}^{\mathrm{T}}(\boldsymbol{\lambda}^{k+1} - \boldsymbol{\lambda}^k)\|^2 \\
&= \big\| \nabla g(\mathbf{y}^{k+1}) - \nabla g(\mathbf{y}^k) + \nabla\phi_0(\mathbf{y}^{k+1}) - \nabla\phi_0(\mathbf{y}^k) \\
&\qquad - (\nabla\phi_0(\mathbf{y}^k) - \nabla\phi_0(\mathbf{y}^{k-1})) \big\|^2 \\
&\leqslant 3\|\nabla g(\mathbf{y}^{k+1}) - \nabla g(\mathbf{y}^k)\|^2 + 3\|\nabla\phi_0(\mathbf{y}^{k+1}) - \nabla\phi_0(\mathbf{y}^k)\|^2 \\
&\qquad + 3\|\nabla\phi_0(\mathbf{y}^k) - \nabla\phi_0(\mathbf{y}^{k-1})\|^2 \\
&\leqslant 3(L^2 + L_0^2)\|\mathbf{y}^{k+1} - \mathbf{y}^k\|^2 + 3L_0^2\|\mathbf{y}^k - \mathbf{y}^{k-1}\|^2. \tag{4.5}
\end{aligned}$$

将 (4.3) 和 (4.5) 相加, 可得

$$\begin{aligned}
&\frac{\rho}{2}\|\mathbf{x}^{k+1} - \mathbf{x}^k\|^2 + \frac{\rho}{2}\|\mathbf{y}^{k+1} - \mathbf{y}^k\|^2 + \frac{1}{\beta}\|\boldsymbol{\lambda}^{k+1} - \boldsymbol{\lambda}^k\|^2 \\
&\leqslant L_\beta(\mathbf{x}^k, \mathbf{y}^k, \boldsymbol{\lambda}^k) - L_\beta(\mathbf{x}^{k+1}, \mathbf{y}^{k+1}, \boldsymbol{\lambda}^{k+1}) \\
&\qquad + \frac{6(L^2 + L_0^2)}{\sigma^2\beta}\|\mathbf{y}^{k+1} - \mathbf{y}^k\|^2 + \frac{6L_0^2}{\sigma^2\beta}\|\mathbf{y}^k - \mathbf{y}^{k-1}\|^2.
\end{aligned}$$

定义

$$\Phi^k = L_\beta(\mathbf{x}^k, \mathbf{y}^k, \boldsymbol{\lambda}^k) + \frac{6L_0^2}{\sigma^2\beta}\|\mathbf{y}^k - \mathbf{y}^{k-1}\|^2,$$

则有

$$\begin{aligned}
&\frac{\rho}{2}\|\mathbf{x}^{k+1} - \mathbf{x}^k\|^2 + \left(\frac{\rho}{2} - \frac{6L^2 + 12L_0^2}{\sigma^2\beta}\right)\|\mathbf{y}^{k+1} - \mathbf{y}^k\|^2 + \frac{1}{\beta}\|\boldsymbol{\lambda}^{k+1} - \boldsymbol{\lambda}^k\|^2 \\
&\leqslant \Phi^k - \Phi^{k+1}.
\end{aligned}$$

由 $\{(\mathbf{x}^k, \mathbf{y}^k, \boldsymbol{\lambda}^k)\}_k$ 是有界的并且 $\sum_{i=1}^m f_i(\mathbf{x}_i) + g(\mathbf{y})$ 是有下界的假设, 可知 Φ^k 是有下界的, 记为 Φ^*. 将上述不等式对 $k = 0, \cdots, K$ 累加求和, 我们有

$$\min_{k \leqslant K} \left\{ \frac{\rho}{2} \|\mathbf{x}^{k+1} - \mathbf{x}^k\|^2 + \left(\frac{\rho}{2} - \frac{6L^2 + 12L_0^2}{\sigma^2 \beta} \right) \|\mathbf{y}^{k+1} - \mathbf{y}^k\|^2 + \frac{1}{\beta} \|\boldsymbol{\lambda}^{k+1} - \boldsymbol{\lambda}^k\|^2 \right\}$$
$$\leqslant \frac{\Phi^0 - \Phi^*}{K+1}.$$

因此, 算法需要 $O\left(\dfrac{1}{\epsilon^2}\right)$ 次迭代找到满足

$$\|\mathbf{x}^{k+1} - \mathbf{x}^k\| \leqslant \epsilon, \quad \|\mathbf{y}^{k+1} - \mathbf{y}^k\| \leqslant \epsilon \quad \text{和} \quad \|\boldsymbol{\lambda}^{k+1} - \boldsymbol{\lambda}^k\| \leqslant \epsilon$$

的点 $(\mathbf{x}^{k+1}, \mathbf{y}^{k+1}, \boldsymbol{\lambda}^{k+1})$. 由 (4.4), 我们有

$$\|\nabla g(\mathbf{y}^{k+1}) + \mathbf{B}^{\mathrm{T}} \boldsymbol{\lambda}^{k+1}\| = \|\nabla \phi_0(\mathbf{y}^{k+1}) - \nabla \phi_0(\mathbf{y}^k)\|$$
$$\leqslant L_0 \|\mathbf{y}^{k+1} - \mathbf{y}^k\| \leqslant O(\epsilon). \tag{4.6}$$

由 $\boldsymbol{\lambda}$ 的更新方式, 可得

$$\left\| \sum_{i=1}^m \mathbf{A}_i \mathbf{x}_i^{k+1} + \mathbf{B}\mathbf{y}^{k+1} - \mathbf{b} \right\| = \frac{1}{\beta} \|\boldsymbol{\lambda}^{k+1} - \boldsymbol{\lambda}^k\| \leqslant O(\epsilon).$$

由 $\mathbf{x}_i$ 的最优性条件, 可知存在 $\widetilde{\nabla} f_i(\mathbf{x}_i^{k+1}) \in \partial f_i(\mathbf{x}_i^{k+1})$ 使得

$$\widetilde{\nabla} f_i(\mathbf{x}_i^{k+1}) + \mathbf{A}_i^{\mathrm{T}} \left[\boldsymbol{\lambda}^k + \beta \left(\sum_{j \leqslant i} \mathbf{A}_j \mathbf{x}_j^{k+1} + \sum_{j > i} \mathbf{A}_j \mathbf{x}_j^k + \mathbf{B}\mathbf{y}^k - \mathbf{b} \right) \right]$$
$$+ \nabla \phi_i(\mathbf{x}_i^{k+1}) - \nabla \phi_i(\mathbf{x}_i^k) = \mathbf{0}.$$

因此, 我们有

$$\left\| \widetilde{\nabla} f_i(\mathbf{x}_i^{k+1}) + \mathbf{A}_i^{\mathrm{T}} \boldsymbol{\lambda}^{k+1} \right\|$$
$$\leqslant \left\| \nabla \phi_i(\mathbf{x}_i^{k+1}) - \nabla \phi_i(\mathbf{x}_i^k) \right\| + \beta \left\| \mathbf{A}_i^{\mathrm{T}} \left(\sum_{j > i} \mathbf{A}_j (\mathbf{x}_j^{k+1} - \mathbf{x}_j^k) + \mathbf{B}(\mathbf{y}^{k+1} - \mathbf{y}^k) \right) \right\|$$
$$\leqslant O(\epsilon). \qquad \square$$

评注 4.1 上述证明的关键一步是在 (4.5) 中使用原始变量给出对偶变量的上界, 其建立的关键是满射假设, 即 $\|\mathbf{B}^{\mathrm{T}} \boldsymbol{\lambda}\| \geqslant \sigma \|\boldsymbol{\lambda}\|$, 从而有 $\|\mathbf{B}^{\mathrm{T}}(\boldsymbol{\lambda}^{k+1} - \boldsymbol{\lambda}^k)\| \geqslant \sigma \|\boldsymbol{\lambda}^{k+1} - \boldsymbol{\lambda}^k\|$. 文献 [90] 将 $\|\mathbf{B}^{\mathrm{T}} \boldsymbol{\lambda}\| \geqslant \sigma \|\boldsymbol{\lambda}\|$ 替换为假设 $\text{Im}(\mathbf{A}_i) \subseteq \text{Im}(\mathbf{B})$. 此时, 我们有

$$\boldsymbol{\lambda}^{k+1} - \boldsymbol{\lambda}^k = \beta \left(\sum_i \mathbf{A}_i \mathbf{x}_i^{k+1} + \mathbf{B}\mathbf{y}^{k+1} - \mathbf{b} \right) \in \mathrm{Im}(\mathbf{B}).$$

假设 $\mathbf{B}$ 的瘦型奇异值分解为 $\mathbf{B} = \mathbf{U}\boldsymbol{\Sigma}\mathbf{V}^\mathrm{T}$, 则有 $\boldsymbol{\lambda}^{k+1} - \boldsymbol{\lambda}^k = \mathbf{U}\boldsymbol{\alpha}$. 于是

$$\begin{aligned}
\|\mathbf{B}^\mathrm{T}(\boldsymbol{\lambda}^{k+1} - \boldsymbol{\lambda}^k)\|^2 &= \|\mathbf{V}\boldsymbol{\Sigma}\mathbf{U}^\mathrm{T}\mathbf{U}\boldsymbol{\alpha}\|^2 \\
&= \|\boldsymbol{\Sigma}\boldsymbol{\alpha}\|^2 \\
&\geqslant \lambda_+(\mathbf{B}\mathbf{B}^\mathrm{T})\|\boldsymbol{\alpha}\|^2 \\
&= \lambda_+(\mathbf{B}\mathbf{B}^\mathrm{T})\|\boldsymbol{\lambda}^{k+1} - \boldsymbol{\lambda}^k\|^2,
\end{aligned} \tag{4.7}$$

其中 $\lambda_+(\mathbf{B}\mathbf{B}^\mathrm{T})$ 是 $\mathbf{B}\mathbf{B}^\mathrm{T}$ 的严格正的最小特征值. 因此, 我们无须假设 $\mathbf{B}$ 是行满秩的 (即对所有 $\boldsymbol{\lambda}$ 有 $\|\mathbf{B}^\mathrm{T}\boldsymbol{\lambda}\| \geqslant \sigma\|\boldsymbol{\lambda}\|$).

另一方面, 当问题只有一个变量块时, 即 $f_i = 0, \forall i$, 不再需要假设 $\mathrm{Im}(\mathbf{A}_i) \subseteq \mathrm{Im}(\mathbf{B})$. 这是因为 $\boldsymbol{\lambda}^{k+1} - \boldsymbol{\lambda}^k = \beta(\mathbf{B}\mathbf{y}^{k+1} - \mathbf{b}) \in \mathrm{Im}(\mathbf{B})$ 总是成立.

在定理 4.1 中, 我们假设目标函数是正常下半连续, 使得次微分 (见定义 A.28) 是良好定义的. 另外, 我们也假设了目标函数是强制的 (Coercive) (见定义 A.27). 文献 [90] 使用了更弱的假设, 只要求目标函数在约束集 $\{(\mathbf{x}, \mathbf{y}) | \mathbf{A}\mathbf{x} + \mathbf{B}\mathbf{y} = \mathbf{b}\}$ 上是强制的.

如果我们在更新 $\mathbf{x}_i$ 时不使用布雷格曼距离, 我们需要假设 $\mathbf{A}_i^\mathrm{T}\mathbf{A}_i$ 的最小特征值是正的, 并且 β 要足够大, 使得 $L_\beta(\mathbf{x}, \mathbf{y}, \boldsymbol{\lambda})$ 关于 $\mathbf{x}_i$ 是 μ-强凸函数 (必要时假设 f_i 是光滑函数). 因此对第一步, 有

$$L_\beta(\mathbf{x}_{j<i}^{k+1}, \mathbf{x}_{j\geqslant i}^k, \mathbf{y}^k, \boldsymbol{\lambda}^k) - L_\beta(\mathbf{x}_{j\leqslant i}^{k+1}, \mathbf{x}_{j>i}^k, \mathbf{y}^k, \boldsymbol{\lambda}^k) \geqslant \frac{\mu}{2}\|\mathbf{x}_i^{k+1} - \mathbf{x}_i^k\|^2.$$

这里使用了 $\mathbf{0} \in \partial_{\mathbf{x}_i} L_\beta(\mathbf{x}_{j\leqslant i}^{k+1}, \mathbf{x}_{j>i}^k, \mathbf{y}^k, \boldsymbol{\lambda}^k)$.

4.1.2 对目标函数做更多假设下的收敛性分析

正如评注 4.1 所讨论的, 关于线性约束的假设, 无论是 $\|\mathbf{B}^\mathrm{T}\boldsymbol{\lambda}\| \geqslant \sigma\|\boldsymbol{\lambda}\|$ 还是 $\mathrm{Im}(\mathbf{A}_i) \subseteq \mathrm{Im}(\mathbf{B})$, 在定理 4.1 的证明过程中都起着重要作用. 这些假设在很多问题中并不成立. 在本节, 我们介绍当对目标函数假设更多、相应地对线性约束假设更少时算法的收敛性. 关于目标函数, 我们做如下假设.

假设 4.2 各 f_i, $i \in [m]$ 和 g 都是 L-光滑函数.

在定理 4.1 中, 我们只假设 g 是光滑函数, f_i 允许是非光滑函数, 因此定理 4.1 可应用于稀疏低秩优化等问题中. 当假设 g 和 f_i 都是光滑函数时, 我们有如下收敛性定理.

定理 4.2 若上页假设 4.2 成立, 并且 ϕ_i 是 ρ-强凸、L_i-光滑函数, $\rho >$ $\dfrac{4\max\{c_1 + c_2, c_3 + c_4\}}{\beta\lambda_+}$, $i = 0, 1, \cdots, m$, 其中 λ_+ 是 $[\mathbf{A}, \mathbf{B}][\mathbf{A}, \mathbf{B}]^{\mathrm{T}}$ 的严格正的最小特征值,

$$c_1 = 5L^2 + 5L_{\max}^2 + 10\beta^2\|\mathbf{A}\|_2^2\sum_{i=1}^m\|\mathbf{A}_i\|_2^2,$$

$$c_2 = 5L_{\max}^2 + 10\beta^2\|\mathbf{A}\|_2^2\sum_{i=1}^m\|\mathbf{A}_i\|_2^2,$$

$$c_3 = 3L^2 + 3L_0^2 + 10\beta^2\|\mathbf{B}\|_2^2\sum_{i=1}^m\|\mathbf{A}_i\|_2^2,$$

$$c_4 = 3L_0^2 + 10\beta^2\|\mathbf{B}\|_2^2\sum_{i=1}^m\|\mathbf{A}_i\|_2^2,$$

$$L_{\max} = \max\{L_i, i \in [m]\}.$$

假设序列 $\{(\mathbf{x}^k, \mathbf{y}^k, \boldsymbol{\lambda}^k)\}_k$ 是有界的, 当 $(\mathbf{x}, \mathbf{y})$ 有界时, $\sum_{i=1}^m f_i(\mathbf{x}_i) + g(\mathbf{y})$ 有下界. 令 $\boldsymbol{\lambda}^0 = \mathbf{0}$, 则算法 4.1 经 $O\left(\dfrac{1}{\epsilon^2}\right)$ 次迭代可以找到 ϵ-近似的 KKT 点 $(\mathbf{x}^{k+1}, \mathbf{y}^{k+1}, \boldsymbol{\lambda}^{k+1})$, 即

$$\left\|\sum_{i=1}^m \mathbf{A}_i\mathbf{x}_i^{k+1} + \mathbf{B}\mathbf{y}^{k+1} - \mathbf{b}\right\| \leqslant O(\epsilon),$$

$$\|\nabla g(\mathbf{y}^{k+1}) + \mathbf{B}^{\mathrm{T}}\boldsymbol{\lambda}^{k+1}\| \leqslant O(\epsilon),$$

$$\|\nabla f_i(\mathbf{x}_i^{k+1}) + \mathbf{A}^{\mathrm{T}}\boldsymbol{\lambda}^{k+1}\| \leqslant O(\epsilon).$$

证明 回顾 (4.3), 我们希望使用 $\|\mathbf{x}^{k+1} - \mathbf{x}^k\|^2$ 和 $\|\mathbf{y}^{k+1} - \mathbf{y}^k\|^2$ 给出 $\|\boldsymbol{\lambda}^{k+1} - \boldsymbol{\lambda}^k\|^2$ 的上界. 由 (4.2c) 和 $\boldsymbol{\lambda}^0 = \mathbf{0}$, 可知 $\boldsymbol{\lambda}^k$ 属于由 $[\mathbf{A}, \mathbf{B}]$ 线性张成的空间 (Linear Span). 因此, 类似于 (4.7), 我们有

$$\lambda_+\|\boldsymbol{\lambda}^{k+1} - \boldsymbol{\lambda}^k\|^2$$

$$\leqslant \|[\mathbf{A}, \mathbf{B}]^{\mathrm{T}}(\boldsymbol{\lambda}^{k+1} - \boldsymbol{\lambda}^k)\|^2$$

$$= \sum_{i=1}^m \|\mathbf{A}_i^{\mathrm{T}}(\boldsymbol{\lambda}^{k+1} - \boldsymbol{\lambda}^k)\|^2 + \|\mathbf{B}^{\mathrm{T}}(\boldsymbol{\lambda}^{k+1} - \boldsymbol{\lambda}^k)\|^2. \tag{4.8}$$

由 (4.2a) 的最优性条件, 我们有

$$
\begin{aligned}
\mathbf{0} &= \nabla f_i(\mathbf{x}_i^{k+1}) + \mathbf{A}_i^{\mathrm{T}}\left[\boldsymbol{\lambda}^k + \beta\left(\sum_{j \leqslant i}\mathbf{A}_j\mathbf{x}_j^{k+1} + \sum_{j > i}\mathbf{A}_j\mathbf{x}_j^{k} + \mathbf{B}\mathbf{y}^k - \mathbf{b}\right)\right] \\
&\quad + \nabla\phi_i(\mathbf{x}_i^{k+1}) - \nabla\phi_i(\mathbf{x}_i^{k}) \\
&= \nabla f_i(\mathbf{x}_i^{k+1}) + \mathbf{A}_i^{\mathrm{T}}\boldsymbol{\lambda}^{k+1} + \beta\mathbf{A}_i^{\mathrm{T}}\left[\sum_{j > i}\mathbf{A}_j(\mathbf{x}_j^{k} - \mathbf{x}_j^{k+1}) + \mathbf{B}(\mathbf{y}^k - \mathbf{y}^{k+1})\right] \\
&\quad + \nabla\phi_i(\mathbf{x}_i^{k+1}) - \nabla\phi_i(\mathbf{x}_i^{k}).
\end{aligned}
$$

因此有

$$
\begin{aligned}
\|\mathbf{A}_i^{\mathrm{T}}(\boldsymbol{\lambda}^{k+1} - \boldsymbol{\lambda}^k)\|^2 &= \left\|\, \left[\nabla f_i(\mathbf{x}_i^{k+1}) - \nabla f_i(\mathbf{x}_i^{k})\right] \right. \\
&\quad + \beta\mathbf{A}_i^{\mathrm{T}}\left[\sum_{j > i}\mathbf{A}_j(\mathbf{x}_j^{k} - \mathbf{x}_j^{k+1}) + \mathbf{B}(\mathbf{y}^k - \mathbf{y}^{k+1})\right] \\
&\quad - \beta\mathbf{A}_i^{\mathrm{T}}\left[\sum_{j > i}\mathbf{A}_j(\mathbf{x}_j^{k-1} - \mathbf{x}_j^{k}) + \mathbf{B}(\mathbf{y}^{k-1} - \mathbf{y}^{k})\right] \\
&\quad \left. + \left[\nabla\phi_i(\mathbf{x}_i^{k+1}) - \nabla\phi_i(\mathbf{x}_i^{k})\right] - \left[\nabla\phi_i(\mathbf{x}_i^{k}) - \nabla\phi_i(\mathbf{x}_i^{k-1})\right] \right\|^2 \\
&\leqslant 5\|\nabla f_i(\mathbf{x}_i^{k+1}) - \nabla f_i(\mathbf{x}_i^{k})\|^2 \\
&\quad + 5\beta^2\|\mathbf{A}_i\|_2^2\left\|\sum_{j > i}\mathbf{A}_j(\mathbf{x}_j^{k} - \mathbf{x}_j^{k+1}) + \mathbf{B}(\mathbf{y}^k - \mathbf{y}^{k+1})\right\|^2 \\
&\quad + 5\beta^2\|\mathbf{A}_i\|_2^2\left\|\sum_{j > i}\mathbf{A}_j(\mathbf{x}_j^{k-1} - \mathbf{x}_j^{k}) + \mathbf{B}(\mathbf{y}^{k-1} - \mathbf{y}^{k})\right\|^2 \\
&\quad + 5\|\nabla\phi_i(\mathbf{x}_i^{k+1}) - \nabla\phi_i(\mathbf{x}_i^{k})\|^2 + 5\|\nabla\phi_i(\mathbf{x}_i^{k}) - \nabla\phi_i(\mathbf{x}_i^{k-1})\|^2 \\
&\overset{a}{\leqslant} 5\left(L^2 + L_i^2\right)\|\mathbf{x}_i^{k+1} - \mathbf{x}_i^{k}\|^2 + 5L_i^2\|\mathbf{x}_i^{k} - \mathbf{x}_i^{k-1}\|^2 \\
&\quad + 10\beta^2\|\mathbf{A}_i\|_2^2\left(\|\mathbf{A}\|_2^2\|\mathbf{x}^{k+1} - \mathbf{x}^{k}\|^2 + \|\mathbf{B}\|_2^2\|\mathbf{y}^{k+1} - \mathbf{y}^{k}\|^2\right) \\
&\quad + 10\beta^2\|\mathbf{A}_i\|_2^2\left(\|\mathbf{A}\|_2^2\|\mathbf{x}^{k} - \mathbf{x}^{k-1}\|^2 + \|\mathbf{B}\|_2^2\|\mathbf{y}^{k} - \mathbf{y}^{k-1}\|^2\right),
\end{aligned}
$$

其中 $\overset{a}{\leqslant}$ 使用了

$$\left\| \sum_{j>i} \mathbf{A}_j (\mathbf{x}_j^k - \mathbf{x}_j^{k+1}) \right\|^2 \leqslant \|[\mathbf{A}_{i+1}, \cdots, \mathbf{A}_m]\|_2^2 \sum_{j>i} \|\mathbf{x}_j^k - \mathbf{x}_j^{k+1}\|^2$$

$$\leqslant \|\mathbf{A}\|_2^2 \|\mathbf{x}^{k+1} - \mathbf{x}^k\|^2.$$

类似地, 由 (4.4) 可得

$$\|\mathbf{B}^{\mathrm{T}}(\boldsymbol{\lambda}^{k+1} - \boldsymbol{\lambda}^k)\|^2 \leqslant 3\left(L^2 + L_0^2\right)\|\mathbf{y}^{k+1} - \mathbf{y}^k\|^2 + 3L_0^2\|\mathbf{y}^k - \mathbf{y}^{k-1}\|^2. \tag{4.9}$$

结合 (4.8)–(4.9), 我们有

$$\begin{aligned}
\lambda_+ \|\boldsymbol{\lambda}^{k+1} - \boldsymbol{\lambda}^k\|^2 \leqslant & \left(5L^2 + 5L_{\max}^2 + 10\beta^2 \|\mathbf{A}\|_2^2 \sum_{i=1}^m \|\mathbf{A}_i\|_2^2\right) \|\mathbf{x}^{k+1} - \mathbf{x}^k\|^2 \\
& + \left(5L_{\max}^2 + 10\beta^2 \|\mathbf{A}\|_2^2 \sum_{i=1}^m \|\mathbf{A}_i\|_2^2\right) \|\mathbf{x}^k - \mathbf{x}^{k-1}\|^2 \\
& + \left(3L^2 + 3L_0^2 + 10\beta^2 \|\mathbf{B}\|_2^2 \sum_{i=1}^m \|\mathbf{A}_i\|_2^2\right) \|\mathbf{y}^{k+1} - \mathbf{y}^k\|^2 \\
& + \left(3L_0^2 + 10\beta^2 \|\mathbf{B}\|_2^2 \sum_{i=1}^m \|\mathbf{A}_i\|_2^2\right) \|\mathbf{y}^k - \mathbf{y}^{k-1}\|^2 \\
= & c_1 \|\mathbf{x}^{k+1} - \mathbf{x}^k\|^2 + c_2 \|\mathbf{x}^k - \mathbf{x}^{k-1}\|^2 \\
& + c_3 \|\mathbf{y}^{k+1} - \mathbf{y}^k\|^2 + c_4 \|\mathbf{y}^k - \mathbf{y}^{k-1}\|^2.
\end{aligned}$$

结合 (4.3), 可得

$$\begin{aligned}
& \frac{\rho}{2} \|\mathbf{x}^{k+1} - \mathbf{x}^k\|^2 + \frac{\rho}{2} \|\mathbf{y}^{k+1} - \mathbf{y}^k\|^2 + \frac{1}{\beta} \|\boldsymbol{\lambda}^{k+1} - \boldsymbol{\lambda}^k\|^2 \\
& \leqslant L_\beta(\mathbf{x}^k, \mathbf{y}^k, \boldsymbol{\lambda}^k) - L_\beta(\mathbf{x}^{k+1}, \mathbf{y}^{k+1}, \boldsymbol{\lambda}^{k+1}) \\
& \quad + \frac{2c_1}{\beta\lambda_+} \|\mathbf{x}^{k+1} - \mathbf{x}^k\|^2 + \frac{2c_3}{\beta\lambda_+} \|\mathbf{y}^{k+1} - \mathbf{y}^k\|^2 \\
& \quad + \frac{2c_2}{\beta\lambda_+} \|\mathbf{x}^k - \mathbf{x}^{k-1}\|^2 + \frac{2c_4}{\beta\lambda_+} \|\mathbf{y}^k - \mathbf{y}^{k-1}\|^2.
\end{aligned}$$

定义

$$\Phi^k = L_\beta(\mathbf{x}^k, \mathbf{y}^k, \boldsymbol{\lambda}^k) + \frac{2}{\beta\lambda_+} \left(c_2 \|\mathbf{x}^k - \mathbf{x}^{k-1}\|^2 + c_4 \|\mathbf{y}^k - \mathbf{y}^{k-1}\|^2\right),$$

则有

$$\left[\frac{\rho}{2} - \frac{2(c_1 + c_2)}{\beta\lambda_+}\right]\|\mathbf{x}^{k+1} - \mathbf{x}^k\|^2 + \left[\frac{\rho}{2} - \frac{2(c_3 + c_4)}{\beta\lambda_+}\right]\|\mathbf{y}^{k+1} - \mathbf{y}^k\|^2$$

$$+ \frac{1}{\beta}\|\boldsymbol{\lambda}^{k+1} - \boldsymbol{\lambda}^k\|^2$$

$$\leqslant \Phi^k - \Phi^{k+1}.$$

类似于定理 4.1 的证明, 定理得证. □

4.2　使用指数平均的邻近 ADMM

前一节介绍的布雷格曼 ADMM (4.2a)–(4.2c) 使用了布雷格曼距离 $D_{\phi_i}(\mathbf{x}_i, \mathbf{x}_i^k)$, 从而产生了邻近项 $\frac{\beta'}{2}\|\mathbf{x} - \mathbf{x}^k\|^2$. 在本节, 我们介绍另一种邻近 ADMM, 该算法首先由文献 [99] 提出, 并使用了邻近项 $\frac{\beta'}{2}\|\mathbf{x}_i - \mathbf{z}_i^k\|^2$, 其中 $\mathbf{z}_i^k$ 是历史迭代值 $\mathbf{x}_i^0, \cdots, \mathbf{x}_i^k$ 的指数平均.

考虑如下一般化问题

$$\min_{\mathbf{x}_1, \cdots, \mathbf{x}_m} \quad f(\mathbf{x}_1, \cdots, \mathbf{x}_m),$$

$$\text{s.t.} \quad \sum_{i=1}^m \mathbf{A}_i \mathbf{x}_i = \mathbf{b},$$

其中目标函数是不可分离的 (Non-separable). 定义

$$\mathbf{x} = (\mathbf{x}_1^{\mathrm{T}}, \cdots, \mathbf{x}_m^{\mathrm{T}})^{\mathrm{T}} \quad \text{和} \quad \mathbf{A} = [\mathbf{A}_1, \cdots, \mathbf{A}_m].$$

定义邻近增广拉格朗日函数

$$P(\mathbf{x}, \mathbf{z}, \boldsymbol{\lambda}) = f(\mathbf{x}) + \langle \boldsymbol{\lambda}, \mathbf{A}\mathbf{x} - \mathbf{b} \rangle + \frac{\beta}{2}\|\mathbf{A}\mathbf{x} - \mathbf{b}\|^2 + \frac{\rho}{2}\|\mathbf{x} - \mathbf{z}\|^2.$$

文献 [99] 中提出的算法每次迭代执行如下步骤:

$$\mathbf{x}_j^{k+1} = \mathbf{x}_j^k - \alpha_1 \nabla_j P(\mathbf{x}_1^{k+1}, \cdots, \mathbf{x}_{j-1}^{k+1}, \mathbf{x}_j^k, \cdots, \mathbf{x}_m^k, \mathbf{z}^k, \boldsymbol{\lambda}^k),$$

$$\text{对所有} j \in [m] \text{采用串行更新}, \tag{4.10a}$$

$$\boldsymbol{\lambda}^{k+1} = \boldsymbol{\lambda}^k + \alpha_2(\mathbf{A}\mathbf{x}^{k+1} - \mathbf{b}), \tag{4.10b}$$

$$\mathbf{z}^{k+1} = \mathbf{z}^k + \alpha_3(\mathbf{x}^{k+1} - \mathbf{z}^k). \tag{4.10c}$$

由最后一步, 我们有

$$\mathbf{z}^{k+1} = (1 - \alpha_3)\mathbf{z}^k + \alpha_3\mathbf{x}^{k+1},$$

进而有

$$\mathbf{z}^{k+1} = \sum_{t=0}^{k} \alpha_3(1 - \alpha_3)^{k-t}\mathbf{x}^{t+1} + (1 - \alpha_3)^{k+1}\mathbf{z}^0.$$

$P(\mathbf{x}, \mathbf{z}, \boldsymbol{\lambda})$ 中的邻近项 $\frac{\rho}{2}\|\mathbf{x} - \mathbf{z}\|^2$ 保证了 $\mathbf{x}^{k+1}$ 距离 $\mathbf{z}^k$ 不太远. 具体描述见算法 4.2.

算法 4.2 使用指数平均的邻近 ADMM

初始化 $\mathbf{x}_1^0, \cdots, \mathbf{x}_m^0, \mathbf{z}^0$ 和 $\boldsymbol{\lambda}^0$.

for $k = 0, 1, 2, 3, \cdots$ **do**

    使用 (4.10a)–(4.10c) 分别更新 $\mathbf{x}_1^{k+1}, \cdots, \mathbf{x}_m^{k+1}, \boldsymbol{\lambda}^{k+1}$ 和 $\mathbf{z}^{k+1}$.

end for

为了证明需要, 定义

$$M(\mathbf{z}) = \min_{\mathbf{A}\mathbf{x}=\mathbf{b}} \left(f(\mathbf{x}) + \frac{\rho}{2}\|\mathbf{x} - \mathbf{z}\|^2 \right), \tag{4.11}$$

$$\mathbf{x}^*(\mathbf{z}) = \underset{\mathbf{A}\mathbf{x}=\mathbf{b}}{\operatorname{argmin}} \left(f(\mathbf{x}) + \frac{\rho}{2}\|\mathbf{x} - \mathbf{z}\|^2 \right),$$

$$d(\mathbf{z}, \boldsymbol{\lambda}) = \min_{\mathbf{x}} P(\mathbf{x}, \mathbf{z}, \boldsymbol{\lambda}),$$

$$\mathbf{x}(\mathbf{z}, \boldsymbol{\lambda}) = \underset{\mathbf{x}}{\operatorname{argmin}} P(\mathbf{x}, \mathbf{z}, \boldsymbol{\lambda})$$

和势函数

$$\Phi^k = P(\mathbf{x}^k, \mathbf{z}^k, \boldsymbol{\lambda}^{k-1}) - 2d(\mathbf{z}^k, \boldsymbol{\lambda}^{k-1}) + 2M(\mathbf{z}^k).$$

我们希望证明 Φ^k 是充分下降的, 从而证明收敛性.

首先, 我们在下述三个引理中给出若干误差界.

引理 4.1 假设 f 关于 $\mathbf{x}$ 是 L-光滑函数, $\rho > L$, 则对算法 4.2, 有

$$\|\mathbf{x}^*(\mathbf{z}^k) - \mathbf{x}^*(\mathbf{z}^{k+1})\| \leqslant \frac{\rho}{\rho - L}\|\mathbf{z}^k - \mathbf{z}^{k+1}\|, \tag{4.12}$$

$$\|\mathbf{x}(\mathbf{z}^k, \boldsymbol{\lambda}^k) - \mathbf{x}(\mathbf{z}^{k+1}, \boldsymbol{\lambda}^k)\| \leqslant \frac{\rho}{\rho - L}\|\mathbf{z}^k - \mathbf{z}^{k+1}\|, \tag{4.13}$$

$$\|\mathbf{x}(\mathbf{z}^k, \boldsymbol{\lambda}^k) - \mathbf{x}^*(\mathbf{z}^k)\| \leqslant \frac{\widetilde{\sigma}}{\rho - L}\|\boldsymbol{\lambda}^k - \boldsymbol{\lambda}^*(\mathbf{z}^k)\|, \tag{4.14}$$

其中 $\widetilde{\sigma} = \|\mathbf{A}\|_2$, $\boldsymbol{\lambda}^*(\mathbf{z}^k)$ 是问题 (4.11) 的最优对偶变量.

证明　定义

$$g(\mathbf{x}, \mathbf{z}) = f(\mathbf{x}) + I_{\mathbf{A}\mathbf{x}=\mathbf{b}}(\mathbf{x}) + \frac{\rho}{2}\|\mathbf{x} - \mathbf{z}\|^2,$$

其中

$$I_{\mathbf{A}\mathbf{x}=\mathbf{b}}(\mathbf{x}) = \begin{cases} 0, & \mathbf{A}\mathbf{x} = \mathbf{b}, \\ \infty, & \text{否则}. \end{cases}$$

则 g 关于 $\mathbf{x}$ 是 $(\rho - L)$-强凸函数, $\mathbf{x}^*(\mathbf{z})$ 是 $g(\mathbf{x}, \mathbf{z})$ 的最小值点. 因此, 由 (A.7) 我们有

$$g(\mathbf{x}^*(\mathbf{z}^k), \mathbf{z}^{k+1}) - g(\mathbf{x}^*(\mathbf{z}^{k+1}), \mathbf{z}^{k+1}) \geqslant \frac{\rho - L}{2}\|\mathbf{x}^*(\mathbf{z}^k) - \mathbf{x}^*(\mathbf{z}^{k+1})\|^2.$$

另一方面, 我们有

$$
\begin{aligned}
& g(\mathbf{x}^*(\mathbf{z}^k), \mathbf{z}^{k+1}) - g(\mathbf{x}^*(\mathbf{z}^{k+1}), \mathbf{z}^{k+1}) \\
= {} & g(\mathbf{x}^*(\mathbf{z}^k), \mathbf{z}^k) - g(\mathbf{x}^*(\mathbf{z}^{k+1}), \mathbf{z}^k) \\
& - \left(g(\mathbf{x}^*(\mathbf{z}^{k+1}), \mathbf{z}^{k+1}) - g(\mathbf{x}^*(\mathbf{z}^{k+1}), \mathbf{z}^k)\right) \\
& + \left(g(\mathbf{x}^*(\mathbf{z}^k), \mathbf{z}^{k+1}) - g(\mathbf{x}^*(\mathbf{z}^k), \mathbf{z}^k)\right) \\
= {} & g(\mathbf{x}^*(\mathbf{z}^k), \mathbf{z}^k) - g(\mathbf{x}^*(\mathbf{z}^{k+1}), \mathbf{z}^k) \\
& - \frac{\rho}{2}\left(-2\left\langle \mathbf{z}^{k+1} - \mathbf{z}^k, \mathbf{x}^*(\mathbf{z}^{k+1})\right\rangle + \|\mathbf{z}^{k+1}\|^2 - \|\mathbf{z}^k\|^2\right) \\
& + \frac{\rho}{2}\left(-2\left\langle \mathbf{z}^{k+1} - \mathbf{z}^k, \mathbf{x}^*(\mathbf{z}^k)\right\rangle + \|\mathbf{z}^{k+1}\|^2 - \|\mathbf{z}^k\|^2\right) \\
= {} & g(\mathbf{x}^*(\mathbf{z}^k), \mathbf{z}^k) - g(\mathbf{x}^*(\mathbf{z}^{k+1}), \mathbf{z}^k) + \rho\left\langle \mathbf{z}^{k+1} - \mathbf{z}^k, \mathbf{x}^*(\mathbf{z}^{k+1}) - \mathbf{x}^*(\mathbf{z}^k)\right\rangle \\
\leqslant {} & -\frac{\rho - L}{2}\|\mathbf{x}^*(\mathbf{z}^{k+1}) - \mathbf{x}^*(\mathbf{z}^k)\|^2 + \rho\left\langle \mathbf{z}^{k+1} - \mathbf{z}^k, \mathbf{x}^*(\mathbf{z}^{k+1}) - \mathbf{x}^*(\mathbf{z}^k)\right\rangle.
\end{aligned}
$$

因此有

$$(\rho - L)\|\mathbf{x}^*(\mathbf{z}^{k+1}) - \mathbf{x}^*(\mathbf{z}^k)\|^2 \leqslant \rho\left\langle \mathbf{z}^{k+1} - \mathbf{z}^k, \mathbf{x}^*(\mathbf{z}^{k+1}) - \mathbf{x}^*(\mathbf{z}^k)\right\rangle.$$

由 Cauchy-Schwarz 不等式, 可得 (4.12). 类似地, 用 $P(\mathbf{x}, \mathbf{z}, \boldsymbol{\lambda})$ 替换 $g(\mathbf{x}, \mathbf{z})$, 同样可得 (4.13).

最后, 考虑 (4.14). 通过检验 KKT 条件, 可知 $\mathbf{x}^*(\mathbf{z}^k)$ 是 $P(\mathbf{x}, \mathbf{z}^k, \boldsymbol{\lambda}^*(\mathbf{z}^k))$ 的最小值点. 由于 $P(\mathbf{x}, \mathbf{z}^k, \boldsymbol{\lambda}^*(\mathbf{z}^k))$ 关于 $\mathbf{x}$ 是 $(\rho - L)$-强凸函数, 最小值点是唯一的. 因此有 $\mathbf{x}^*(\mathbf{z}^k) = \mathbf{x}(\mathbf{z}^k, \boldsymbol{\lambda}^*(\mathbf{z}^k))$. 于是我们只需证明

$$\|\mathbf{x}(\mathbf{z}^k, \boldsymbol{\lambda}^k) - \mathbf{x}(\mathbf{z}^k, \boldsymbol{\lambda}^*(\mathbf{z}^k))\| \leqslant \frac{\widetilde{\sigma}}{\rho - L} \|\boldsymbol{\lambda}^k - \boldsymbol{\lambda}^*(\mathbf{z}^k)\|.$$

为了记号简单, 在本节的剩余部分我们简记 $\boldsymbol{\lambda}^*(\mathbf{z}^k)$ 为 $\boldsymbol{\lambda}^*$. 由于 $P(\mathbf{x}, \mathbf{z}, \boldsymbol{\lambda})$ 关于 $\mathbf{x}$ 是 $(\rho - L)$-强凸函数, $\mathbf{x}(\mathbf{z}, \boldsymbol{\lambda})$ 是 $P(\mathbf{x}, \mathbf{z}, \boldsymbol{\lambda})$ 的最小值点, 由 (A.7) 可得

$$P(\mathbf{x}(\mathbf{z}^k, \boldsymbol{\lambda}^*), \mathbf{z}^k, \boldsymbol{\lambda}^k) - P(\mathbf{x}(\mathbf{z}^k, \boldsymbol{\lambda}^k), \mathbf{z}^k, \boldsymbol{\lambda}^k) \geqslant \frac{\rho - L}{2} \|\mathbf{x}(\mathbf{z}^k, \boldsymbol{\lambda}^*) - \mathbf{x}(\mathbf{z}^k, \boldsymbol{\lambda}^k)\|^2.$$

另一方面, 可得

$$
\begin{aligned}
& P(\mathbf{x}(\mathbf{z}^k, \boldsymbol{\lambda}^*), \mathbf{z}^k, \boldsymbol{\lambda}^k) - P(\mathbf{x}(\mathbf{z}^k, \boldsymbol{\lambda}^k), \mathbf{z}^k, \boldsymbol{\lambda}^k) \\
= {} & P(\mathbf{x}(\mathbf{z}^k, \boldsymbol{\lambda}^*), \mathbf{z}^k, \boldsymbol{\lambda}^*) - P(\mathbf{x}(\mathbf{z}^k, \boldsymbol{\lambda}^k), \mathbf{z}^k, \boldsymbol{\lambda}^*) \\
& - \left(P(\mathbf{x}(\mathbf{z}^k, \boldsymbol{\lambda}^k), \mathbf{z}^k, \boldsymbol{\lambda}^k) - P(\mathbf{x}(\mathbf{z}^k, \boldsymbol{\lambda}^k), \mathbf{z}^k, \boldsymbol{\lambda}^*) \right) \\
& + \left(P(\mathbf{x}(\mathbf{z}^k, \boldsymbol{\lambda}^*), \mathbf{z}^k, \boldsymbol{\lambda}^k) - P(\mathbf{x}(\mathbf{z}^k, \boldsymbol{\lambda}^*), \mathbf{z}^k, \boldsymbol{\lambda}^*) \right) \\
= {} & P(\mathbf{x}(\mathbf{z}^k, \boldsymbol{\lambda}^*), \mathbf{z}^k, \boldsymbol{\lambda}^*) - P(\mathbf{x}(\mathbf{z}^k, \boldsymbol{\lambda}^k), \mathbf{z}^k, \boldsymbol{\lambda}^*) \\
& - \langle \mathbf{A}\mathbf{x}(\mathbf{z}^k, \boldsymbol{\lambda}^k) - \mathbf{A}\mathbf{x}(\mathbf{z}^k, \boldsymbol{\lambda}^*), \boldsymbol{\lambda}^k - \boldsymbol{\lambda}^* \rangle \\
\leqslant {} & -\frac{\rho - L}{2} \|\mathbf{x}(\mathbf{z}^k, \boldsymbol{\lambda}^*) - \mathbf{x}(\mathbf{z}^k, \boldsymbol{\lambda}^k)\|^2 \\
& - \langle \mathbf{A}\mathbf{x}(\mathbf{z}^k, \boldsymbol{\lambda}^k) - \mathbf{A}\mathbf{x}(\mathbf{z}^k, \boldsymbol{\lambda}^*), \boldsymbol{\lambda}^k - \boldsymbol{\lambda}^* \rangle.
\end{aligned}
$$

因此有

$$(\rho - L)\|\mathbf{x}(\mathbf{z}^k, \boldsymbol{\lambda}^k) - \mathbf{x}(\mathbf{z}^k, \boldsymbol{\lambda}^*)\|^2 \leqslant \widetilde{\sigma}\|\mathbf{x}(\mathbf{z}^k, \boldsymbol{\lambda}^k) - \mathbf{x}(\mathbf{z}^k, \boldsymbol{\lambda}^*)\|\|\boldsymbol{\lambda}^k - \boldsymbol{\lambda}^*\|,$$

进而有 (4.14). □

引理 4.2 假设 f 关于 $\mathbf{x}$ 是 L-光滑函数, $\rho > L$, 则对算法 4.2, 有

$$\|\mathbf{x}^k - \mathbf{x}(\mathbf{z}^k, \boldsymbol{\lambda}^k)\| \leqslant \frac{1 + \alpha_1 \sqrt{2mL^2 + (m-1)m\beta^2\sigma^4}}{\alpha_1(\rho - L)} \|\mathbf{x}^{k+1} - \mathbf{x}^k\|, \qquad (4.15)$$

其中 $\sigma = \max\{\|\mathbf{A}_i\|_2, i \in [m]\}$.

证明　$\mathbf{x}_j$ 的更新步骤等价于

$$\begin{aligned}
\mathbf{x}_j^{k+1} = \mathbf{x}_j^k &- \alpha_1 \nabla_j P(\mathbf{x}^k, \mathbf{z}^k, \boldsymbol{\lambda}^k) \\
&+ \alpha_1 \nabla_j P(\mathbf{x}^k, \mathbf{z}^k, \boldsymbol{\lambda}^k) - \alpha_1 \nabla_j P(\mathbf{x}_1^{k+1}, \cdots, \mathbf{x}_{j-1}^{k+1}, \mathbf{x}_j^k, \cdots, \mathbf{x}_m^k, \mathbf{z}^k, \boldsymbol{\lambda}^k).
\end{aligned}$$

因此有

$$\alpha_1 \sqrt{\sum_{j=1}^m \left\| \nabla_j P(\mathbf{x}^k, \mathbf{z}^k, \boldsymbol{\lambda}^k) - \nabla_j P(\mathbf{x}_1^{k+1}, \cdots, \mathbf{x}_{j-1}^{k+1}, \mathbf{x}_j^k, \cdots, \mathbf{x}_m^k, \mathbf{z}^k, \boldsymbol{\lambda}^k) \right\|^2}$$
$$= \left\| \mathbf{x}^{k+1} - \mathbf{x}^k + \alpha_1 \nabla_{\mathbf{x}} P(\mathbf{x}^k, \mathbf{z}^k, \boldsymbol{\lambda}^k) \right\|.$$

另一方面, 我们有

$$\sum_{j=1}^m \left\| \nabla_j P(\mathbf{x}^k, \mathbf{z}^k, \boldsymbol{\lambda}^k) - \nabla_j P(\mathbf{x}_1^{k+1}, \cdots, \mathbf{x}_{j-1}^{k+1}, \mathbf{x}_j^k, \cdots, \mathbf{x}_m^k, \mathbf{z}^k, \boldsymbol{\lambda}^k) \right\|^2$$
$$= \sum_{j=1}^m \left\| \nabla_j f(\mathbf{x}^k) - \nabla_j f(\mathbf{x}_1^{k+1}, \cdots, \mathbf{x}_{j-1}^{k+1}, \mathbf{x}_j^k, \cdots, \mathbf{x}_m^k) \right. $$
$$\left. - \beta \mathbf{A}_j^{\mathrm{T}} \sum_{i=1}^{j-1} \mathbf{A}_i \left(\mathbf{x}_i^{k+1} - \mathbf{x}_i^k \right) \right\|^2$$
$$\leqslant 2L^2 \sum_{j=1}^m \sum_{i=1}^{j-1} \| \mathbf{x}_i^{k+1} - \mathbf{x}_i^k \|^2 + 2\beta^2 \sigma^4 \sum_{j=1}^m (j-1) \sum_{i=1}^{j-1} \| \mathbf{x}_i^{k+1} - \mathbf{x}_i^k \|^2$$
$$\leqslant [2mL^2 + (m-1)m\beta^2\sigma^4] \| \mathbf{x}^{k+1} - \mathbf{x}^k \|^2.$$

因此

$$\alpha_1 \sqrt{2mL^2 + (m-1)m\beta^2\sigma^4} \| \mathbf{x}^{k+1} - \mathbf{x}^k \|$$
$$\geqslant \| \mathbf{x}^{k+1} - \mathbf{x}^k + \alpha_1 \nabla_{\mathbf{x}} P(\mathbf{x}^k, \mathbf{z}^k, \boldsymbol{\lambda}^k) \|$$
$$\geqslant \alpha_1 \| \nabla_{\mathbf{x}} P(\mathbf{x}^k, \mathbf{z}^k, \boldsymbol{\lambda}^k) \| - \| \mathbf{x}^{k+1} - \mathbf{x}^k \|. \tag{4.16}$$

由于 $P(\mathbf{x}, \mathbf{z}, \boldsymbol{\lambda})$ 关于 $\mathbf{x}$ 是 $(\rho - L)$-强凸函数, 我们有

$$\| \nabla_{\mathbf{x}} P(\mathbf{x}^k, \mathbf{z}^k, \boldsymbol{\lambda}^k) \| = \| \nabla_{\mathbf{x}} P(\mathbf{x}^k, \mathbf{z}^k, \boldsymbol{\lambda}^k) - \nabla_{\mathbf{x}} P(\mathbf{x}(\mathbf{z}^k, \boldsymbol{\lambda}^k), \mathbf{z}^k, \boldsymbol{\lambda}^k) \|$$
$$\overset{a}{\geqslant} (\rho - L) \| \mathbf{x}^k - \mathbf{x}(\mathbf{z}^k, \boldsymbol{\lambda}^k) \|,$$

其中 $\overset{a}{\geqslant}$ 使用了 (A.9). 因此可得 (4.15). $\qquad\square$

引理 4.3 假设 f 关于 $\mathbf{x}$ 是 L-光滑函数. 对算法 4.2, 有如下对偶误差界:

$$\text{dist}(\boldsymbol{\lambda}, \Lambda^*(\mathbf{z})) \leqslant \frac{\theta^2(L + \rho + \beta\widetilde{\sigma}^2)^2}{\rho - L}\|\mathbf{Ax}(\mathbf{z}, \boldsymbol{\lambda}) - \mathbf{b}\|, \tag{4.17}$$

其中 $\Lambda^*(\mathbf{z})$ 是对偶问题 (4.11) 的最优解集, θ 是 Hoffman 常数 (定义见引理 A.3, Hoffman 常数只依赖于 $\mathbf{A}$).

证明 问题 (4.11) 的 KKT 条件为

$$\nabla f(\mathbf{x}^*(\mathbf{z})) + \rho(\mathbf{x}^*(\mathbf{z}) - \mathbf{z}) + \mathbf{A}^{\mathrm{T}}\boldsymbol{\lambda}^*(\mathbf{z}) = \mathbf{0},$$

$$\mathbf{Ax}^*(\mathbf{z}) = \mathbf{b},$$

其中 $\boldsymbol{\lambda}^*(\mathbf{z})$ 是 $\Lambda^*(\mathbf{z})$ 中的任意对偶变量. 由 $\mathbf{x}(\mathbf{z}, \boldsymbol{\lambda})$ 的定义, 可知

$$\nabla f(\mathbf{x}(\mathbf{z}, \boldsymbol{\lambda})) + \rho(\mathbf{x}(\mathbf{z}, \boldsymbol{\lambda}) - \mathbf{z}) + \mathbf{A}^{\mathrm{T}}\boldsymbol{\lambda} + \beta\mathbf{A}^{\mathrm{T}}(\mathbf{Ax}(\mathbf{z}, \boldsymbol{\lambda}) - \mathbf{b}) = \mathbf{0}.$$

考虑线性方程组:

$$\mathbf{A}^{\mathrm{T}}\boldsymbol{\lambda}(\mathbf{z}) = -\left[\nabla f(\mathbf{x}^*(\mathbf{z})) + \rho(\mathbf{x}^*(\mathbf{z}) - \mathbf{z})\right]. \tag{4.18}$$

由引理 A.3 中的 Hoffman 界, 我们有

$$\text{dist}(\boldsymbol{\lambda}, \Lambda^*(\mathbf{z}))^2$$

$$= \min_{\boldsymbol{\lambda}(\mathbf{z}) \text{ 满足}(4.18)} \|\boldsymbol{\lambda} - \boldsymbol{\lambda}(\mathbf{z})\|^2$$

$$\leqslant \theta^2\|\mathbf{A}^{\mathrm{T}}\boldsymbol{\lambda} + \left[\nabla f(\mathbf{x}^*(\mathbf{z})) + \rho(\mathbf{x}^*(\mathbf{z}) - \mathbf{z})\right]\|^2$$

$$= \theta^2\left\|\left[\nabla f(\mathbf{x}(\mathbf{z}, \boldsymbol{\lambda})) + \rho(\mathbf{x}(\mathbf{z}, \boldsymbol{\lambda}) - \mathbf{z}) + \beta\mathbf{A}^{\mathrm{T}}(\mathbf{Ax}(\mathbf{z}, \boldsymbol{\lambda}) - \mathbf{b})\right]\right.$$

$$\left. - \left[\nabla f(\mathbf{x}^*(\mathbf{z})) + \rho(\mathbf{x}^*(\mathbf{z}) - \mathbf{z})\right]\right\|^2$$

$$\overset{\text{a}}{\leqslant} \theta^2(L + \rho + \beta\widetilde{\sigma}^2)^2\|\mathbf{x}(\mathbf{z}, \boldsymbol{\lambda}) - \mathbf{x}^*(\mathbf{z})\|^2$$

$$\overset{\text{b}}{\leqslant} \frac{\theta^2(L + \rho + \beta\widetilde{\sigma}^2)^2}{\rho - L}$$

$$\times \langle\nabla f(\mathbf{x}(\mathbf{z}, \boldsymbol{\lambda})) + \rho(\mathbf{x}(\mathbf{z}, \boldsymbol{\lambda}) - \mathbf{z}) - \nabla f(\mathbf{x}^*(\mathbf{z})) - \rho(\mathbf{x}^*(\mathbf{z}) - \mathbf{z}),$$

$$\mathbf{x}(\mathbf{z}, \boldsymbol{\lambda}) - \mathbf{x}^*(\mathbf{z})\rangle$$

$$= -\frac{\theta^2(L + \rho + \beta\widetilde{\sigma}^2)^2}{\rho - L}$$

$$\times \left\langle \mathbf{A}^{\mathrm{T}} \boldsymbol{\lambda} + \beta \mathbf{A}^{\mathrm{T}} (\mathbf{A} \mathbf{x}(\mathbf{z}, \boldsymbol{\lambda}) - \mathbf{b}) - \mathbf{A}^{\mathrm{T}} \boldsymbol{\lambda}^*(\mathbf{z}), \mathbf{x}(\mathbf{z}, \boldsymbol{\lambda}) - \mathbf{x}^*(\mathbf{z}) \right\rangle$$

$$= -\frac{\theta^2 (L + \rho + \beta \widetilde{\sigma}^2)^2}{\rho - L} \left(\langle \boldsymbol{\lambda} - \boldsymbol{\lambda}^*(\mathbf{z}), \mathbf{A} \mathbf{x}(\mathbf{z}, \boldsymbol{\lambda}) - \mathbf{b} \rangle + \beta \| \mathbf{A} \mathbf{x}(\mathbf{z}, \boldsymbol{\lambda}) - \mathbf{b} \|^2 \right)$$

$$\leqslant \frac{\theta^2 (L + \rho + \beta \widetilde{\sigma}^2)^2}{\rho - L} \| \boldsymbol{\lambda} - \boldsymbol{\lambda}^*(\mathbf{z}) \| \| \mathbf{A} \mathbf{x}(\mathbf{z}, \boldsymbol{\lambda}) - \mathbf{b} \|,$$

其中 $\overset{\mathrm{a}}{\leqslant}$ 使用了 $P(\mathbf{x}, \mathbf{z}, \boldsymbol{\lambda})$ 关于 $\mathbf{x}$ 是 $(L + \rho + \beta \widetilde{\sigma}^2)$-光滑函数, $\overset{\mathrm{b}}{\leqslant}$ 使用了 $f(\mathbf{x}) + \frac{\rho}{2} \| \mathbf{x} - \mathbf{z} \|^2$ 是 $(\rho - L)$-强凸函数以及 (A.8). 选取 $\boldsymbol{\lambda}^*(\mathbf{z})$ 使得 $\| \boldsymbol{\lambda} - \boldsymbol{\lambda}^*(\mathbf{z}) \| = \mathrm{dist}(\boldsymbol{\lambda}, \Lambda^*(\mathbf{z}))$, 可得 (4.17). □

下面, 我们给出 P, d 和 M 前后两次迭代的差的界.

引理 4.4 假设 f 关于 $\mathbf{x}$ 是 L-光滑函数. 令

$$0 < \alpha_1 \leqslant \frac{1}{L + \beta \sigma^2 + \rho}, \quad \alpha_2 > 0, \quad 0 < \alpha_3 \leqslant 1 \quad 和 \quad \rho > L.$$

则对算法 4.2, 有

$$P(\mathbf{x}^k, \mathbf{z}^k, \boldsymbol{\lambda}^{k-1}) - P(\mathbf{x}^{k+1}, \mathbf{z}^{k+1}, \boldsymbol{\lambda}^k)$$

$$\geqslant \frac{1}{2\alpha_1} \| \mathbf{x}^{k+1} - \mathbf{x}^k \|^2 + \frac{\rho}{2\alpha_3} \| \mathbf{z}^{k+1} - \mathbf{z}^k \|^2 - \alpha_2 \| \mathbf{A} \mathbf{x}^k - \mathbf{b} \|^2, \tag{4.19}$$

$$d(\mathbf{z}^{k+1}, \boldsymbol{\lambda}^k) - d(\mathbf{z}^k, \boldsymbol{\lambda}^{k-1})$$

$$\geqslant \alpha_2 \left\langle \mathbf{A} \mathbf{x}^k - \mathbf{b}, \mathbf{A} \mathbf{x}(\mathbf{z}^k, \boldsymbol{\lambda}^k) - \mathbf{b} \right\rangle + \frac{\rho}{2} \left\langle \mathbf{z}^{k+1} - \mathbf{z}^k, \mathbf{z}^{k+1} + \mathbf{z}^k - 2\mathbf{x}(\mathbf{z}^{k+1}, \boldsymbol{\lambda}^k) \right\rangle,$$

$$\tag{4.20}$$

$$M(\mathbf{z}^{k+1}) - M(\mathbf{z}^k)$$

$$\leqslant \rho \left\langle \mathbf{z}^{k+1} - \mathbf{z}^k, \mathbf{z}^k - \mathbf{x}^*(\mathbf{z}^k) \right\rangle + \frac{\rho}{2} \left(\frac{\rho}{\rho - L} + 1 \right) \| \mathbf{z}^{k+1} - \mathbf{z}^k \|^2. \tag{4.21}$$

证明 由 $\boldsymbol{\lambda}$ 的更新方式, 我们有

$$P(\mathbf{x}^k, \mathbf{z}^k, \boldsymbol{\lambda}^{k-1}) - P(\mathbf{x}^k, \mathbf{z}^k, \boldsymbol{\lambda}^k) = -\alpha_2 \| \mathbf{A} \mathbf{x}^k - \mathbf{b} \|^2.$$

由于 P 关于 $\mathbf{x}_j$ 是 $(L + \beta \sigma^2 + \rho)$-光滑函数, 由 (A.4) 并考虑到 $\mathbf{x}_j$ 的更新是标准的坐标梯度下降, 我们有

$$P(\mathbf{x}_1^{k+1}, \cdots, \mathbf{x}_{j-1}^{k+1}, \mathbf{x}_j^k, \mathbf{x}_{j+1}^k, \cdots, \mathbf{x}_m^k, \mathbf{z}^k, \boldsymbol{\lambda}^k)$$

$$- P(\mathbf{x}_1^{k+1}, \cdots, \mathbf{x}_{j-1}^{k+1}, \mathbf{x}_j^{k+1}, \mathbf{x}_{j+1}^k, \cdots, \mathbf{x}_m^k, \mathbf{z}^k, \boldsymbol{\lambda}^k)$$

$$\geqslant - \left\langle \nabla_j P(\mathbf{x}_1^{k+1}, \cdots, \mathbf{x}_{j-1}^{k+1}, \mathbf{x}_j^k, \mathbf{x}_{j+1}^k, \cdots, \mathbf{x}_m^k, \mathbf{z}^k, \boldsymbol{\lambda}^k), \mathbf{x}_j^{k+1} - \mathbf{x}_j^k \right\rangle$$

$$- \frac{L + \beta\sigma^2 + \rho}{2} \left\| \mathbf{x}_j^{k+1} - \mathbf{x}_j^k \right\|^2$$

$$= \frac{1}{\alpha_1} \left\| \mathbf{x}_j^{k+1} - \mathbf{x}_j^k \right\|^2 - \frac{L + \beta\sigma^2 + \rho}{2} \left\| \mathbf{x}_j^{k+1} - \mathbf{x}_j^k \right\|^2$$

$$\geqslant \frac{1}{2\alpha_1} \left\| \mathbf{x}_j^{k+1} - \mathbf{x}_j^k \right\|^2.$$

把上式对 $i = 1, \cdots, m$ 累加求和, 可得

$$P(\mathbf{x}^k, \mathbf{z}^k, \boldsymbol{\lambda}^k) - P(\mathbf{x}^{k+1}, \mathbf{z}^k, \boldsymbol{\lambda}^k) \geqslant \frac{1}{2\alpha_1} \|\mathbf{x}^{k+1} - \mathbf{x}^k\|^2.$$

由 $\mathbf{z}$ 的更新方式, 我们有

$$P(\mathbf{x}^{k+1}, \mathbf{z}^k, \boldsymbol{\lambda}^k) - P(\mathbf{x}^{k+1}, \mathbf{z}^{k+1}, \boldsymbol{\lambda}^k)$$

$$= \frac{\rho}{2} \left(\|\mathbf{x}^{k+1} - \mathbf{z}^k\|^2 - \|\mathbf{x}^{k+1} - \mathbf{z}^{k+1}\|^2 \right)$$

$$= \frac{\rho}{2} \left\langle \mathbf{z}^{k+1} - \mathbf{z}^k, 2\mathbf{x}^{k+1} - \mathbf{z}^k - \mathbf{z}^{k+1} \right\rangle$$

$$= \frac{\rho}{2} \left(\frac{2}{\alpha_3} - 1 \right) \|\mathbf{z}^{k+1} - \mathbf{z}^k\|^2$$

$$\geqslant \frac{\rho}{2\alpha_3} \|\mathbf{z}^{k+1} - \mathbf{z}^k\|^2,$$

其中 $\alpha_3 \leqslant 1$. 将上述三个不等式相加, 可得 (4.19).

类似地, 我们有

$$d(\mathbf{z}^k, \boldsymbol{\lambda}^k) - d(\mathbf{z}^k, \boldsymbol{\lambda}^{k-1})$$

$$= P(\mathbf{x}(\mathbf{z}^k, \boldsymbol{\lambda}^k), \mathbf{z}^k, \boldsymbol{\lambda}^k) - P(\mathbf{x}(\mathbf{z}^k, \boldsymbol{\lambda}^{k-1}), \mathbf{z}^k, \boldsymbol{\lambda}^{k-1})$$

$$\geqslant P(\mathbf{x}(\mathbf{z}^k, \boldsymbol{\lambda}^k), \mathbf{z}^k, \boldsymbol{\lambda}^k) - P(\mathbf{x}(\mathbf{z}^k, \boldsymbol{\lambda}^k), \mathbf{z}^k, \boldsymbol{\lambda}^{k-1})$$

$$= \left\langle \boldsymbol{\lambda}^k - \boldsymbol{\lambda}^{k-1}, \mathbf{A}\mathbf{x}(\mathbf{z}^k, \boldsymbol{\lambda}^k) - \mathbf{b} \right\rangle$$

$$= \alpha_2 \left\langle \mathbf{A}\mathbf{x}^k - \mathbf{b}, \mathbf{A}\mathbf{x}(\mathbf{z}^k, \boldsymbol{\lambda}^k) - \mathbf{b} \right\rangle$$

以及

$$d(\mathbf{z}^{k+1}, \boldsymbol{\lambda}^k) - d(\mathbf{z}^k, \boldsymbol{\lambda}^k)$$

$$= P(\mathbf{x}(\mathbf{z}^{k+1}, \boldsymbol{\lambda}^k), \mathbf{z}^{k+1}, \boldsymbol{\lambda}^k) - P(\mathbf{x}(\mathbf{z}^k, \boldsymbol{\lambda}^k), \mathbf{z}^k, \boldsymbol{\lambda}^k)$$

$$\geqslant P(\mathbf{x}(\mathbf{z}^{k+1}, \boldsymbol{\lambda}^k), \mathbf{z}^{k+1}, \boldsymbol{\lambda}^k) - P(\mathbf{x}(\mathbf{z}^{k+1}, \boldsymbol{\lambda}^k), \mathbf{z}^k, \boldsymbol{\lambda}^k)$$

$$= \frac{\rho}{2}\left(\|\mathbf{x}(\mathbf{z}^{k+1}, \boldsymbol{\lambda}^k) - \mathbf{z}^{k+1}\|^2 - \|\mathbf{x}(\mathbf{z}^{k+1}, \boldsymbol{\lambda}^k) - \mathbf{z}^k\|^2\right)$$

$$= \frac{\rho}{2}\left\langle \mathbf{z}^{k+1} - \mathbf{z}^k, \mathbf{z}^{k+1} + \mathbf{z}^k - 2\mathbf{x}(\mathbf{z}^{k+1}, \boldsymbol{\lambda}^k)\right\rangle.$$

相加, 可得 (4.20).

为了证明 (4.21), 我们首先证明

$$\nabla M(\mathbf{z}) = \rho\left(\mathbf{z} - \mathbf{x}^*(\mathbf{z})\right). \tag{4.22}$$

定义

$$\phi(\mathbf{x}, \mathbf{z}) = \frac{\rho}{2}\|\mathbf{z}\|^2 - f(\mathbf{x}) - \frac{\rho}{2}\|\mathbf{x} - \mathbf{z}\|^2,$$

$$\psi(\mathbf{z}) = \max_{\mathbf{A}\mathbf{x}=\mathbf{b}} \phi(\mathbf{x}, \mathbf{z}) = \frac{\rho}{2}\|\mathbf{z}\|^2 - M(\mathbf{z}).$$

则 $\phi(\mathbf{x}, \cdot)$ 关于每一个 $\mathbf{x} \in \{\mathbf{x}|\mathbf{A}\mathbf{x} = \mathbf{b}\}$ 都是凸函数, 并且

$$\mathbf{x}^*(\mathbf{z}) = \operatorname*{argmax}_{\mathbf{A}\mathbf{x}=\mathbf{b}} \phi(\mathbf{x}, \mathbf{z})$$

是一个孤点 (Singleton). 由 Danskin 定理以及命题 A.7, 可知 $\psi(\mathbf{z})$ 是可微的并且

$$\nabla\psi(\mathbf{z}) = \nabla_{\mathbf{z}}\phi\left(\mathbf{x}^*(\mathbf{z}), \mathbf{z}\right) = \rho\mathbf{x}^*(\mathbf{z}).$$

因此有 $\nabla M(\mathbf{z}) = \rho\mathbf{z} - \nabla\psi(\mathbf{z}) = \rho\left(\mathbf{z} - \mathbf{x}^*(\mathbf{z})\right)$.

由 (4.22) 和 (4.12), 我们有

$$\|\nabla M(\mathbf{z}^k) - \nabla M(\mathbf{z}^{k+1})\| \leqslant \rho\left(\frac{\rho}{\rho-L} + 1\right)\|\mathbf{z}^k - \mathbf{z}^{k+1}\|.$$

因此 $M(\mathbf{z})$ 是 $\rho\left(\frac{\rho}{\rho-L} + 1\right)$-光滑函数. 由 (A.4) 可得 (4.21). □

现在我们可以证明 Φ^k 是充分下降的.

引理 4.5　假设 f 关于 $\mathbf{x}$ 是 L-光滑函数. 选择合适的 α_1, α_2 和 α_3 并令 $\rho > L$, 则对算法 4.2, 有

$$\Phi^k - \Phi^{k+1} \geqslant \delta\left(\|\mathbf{x}^{k+1} - \mathbf{x}^k\|^2 + \|\mathbf{z}^{k+1} - \mathbf{z}^k\|^2 + \|\mathbf{A}\mathbf{x}(\mathbf{z}^k, \boldsymbol{\lambda}^k) - \mathbf{b}\|^2\right), \tag{4.23}$$

其中 δ 是正常数.

证明 由 (4.19)、(4.20) 和 (4.21), 我们有

$$\Phi^k - \Phi^{k+1}$$

$$\geqslant \frac{1}{2\alpha_1}\|\mathbf{x}^{k+1} - \mathbf{x}^k\|^2 + \frac{\rho}{2\alpha_3}\|\mathbf{z}^{k+1} - \mathbf{z}^k\|^2 - \alpha_2\|\mathbf{A}\mathbf{x}^k - \mathbf{b}\|^2$$

$$+ 2\alpha_2 \left\langle \mathbf{A}\mathbf{x}^k - \mathbf{b}, \mathbf{A}\mathbf{x}(\mathbf{z}^k, \boldsymbol{\lambda}^k) - \mathbf{b} \right\rangle$$

$$+ \rho \left\langle \mathbf{z}^{k+1} - \mathbf{z}^k, \mathbf{z}^{k+1} + \mathbf{z}^k - 2\mathbf{x}(\mathbf{z}^{k+1}, \boldsymbol{\lambda}^k) \right\rangle$$

$$+ 2\rho \left\langle \mathbf{z}^{k+1} - \mathbf{z}^k, \mathbf{x}^*(\mathbf{z}^k) - \mathbf{z}^k \right\rangle - \rho \left(\frac{\rho}{\rho - L} + 1 \right) \|\mathbf{z}^{k+1} - \mathbf{z}^k\|^2$$

$$= \frac{1}{2\alpha_1}\|\mathbf{x}^{k+1} - \mathbf{x}^k\|^2 + \left[\frac{\rho}{2\alpha_3} - \rho \left(\frac{\rho}{\rho - L} + 1 \right) \right] \|\mathbf{z}^{k+1} - \mathbf{z}^k\|^2$$

$$- \alpha_2\|\mathbf{A}\mathbf{x}^k - \mathbf{b}\|^2 + 2\alpha_2 \left\langle \mathbf{A}\mathbf{x}^k - \mathbf{b}, \mathbf{A}\mathbf{x}(\mathbf{z}^k, \boldsymbol{\lambda}^k) - \mathbf{b} \right\rangle$$

$$+ \rho \Big\langle \mathbf{z}^{k+1} - \mathbf{z}^k, \mathbf{z}^{k+1} - \mathbf{z}^k - 2\left(\mathbf{x}(\mathbf{z}^{k+1}, \boldsymbol{\lambda}^k) - \mathbf{x}(\mathbf{z}^k, \boldsymbol{\lambda}^k) \right)$$

$$- 2\left(\mathbf{x}(\mathbf{z}^k, \boldsymbol{\lambda}^k) - \mathbf{x}^*(\mathbf{z}^k) \right) \Big\rangle.$$

另一方面, 我们有

$$- 2\rho \left\langle \mathbf{z}^{k+1} - \mathbf{z}^k, \mathbf{x}(\mathbf{z}^k, \boldsymbol{\lambda}^k) - \mathbf{x}^*(\mathbf{z}^k) \right\rangle$$

$$\geqslant -\frac{\rho}{c_1}\|\mathbf{z}^{k+1} - \mathbf{z}^k\|^2 - \rho c_1\|\mathbf{x}(\mathbf{z}^k, \boldsymbol{\lambda}^k) - \mathbf{x}^*(\mathbf{z}^k)\|^2$$

$$\overset{\mathrm{a}}{\geqslant} -\frac{\rho}{c_1}\|\mathbf{z}^{k+1} - \mathbf{z}^k\|^2 - \frac{\rho c_1 \widetilde{\sigma}^2}{(\rho - L)^2}\|\boldsymbol{\lambda}^k - \boldsymbol{\lambda}^*(\mathbf{z}^k)\|^2$$

$$\overset{\mathrm{b}}{\geqslant} -\frac{\rho}{c_1}\|\mathbf{z}^{k+1} - \mathbf{z}^k\|^2 - \frac{\rho c_1 \widetilde{\sigma}^2}{(\rho - L)^2} \frac{\theta^4 (L + \rho + \beta\widetilde{\sigma}^2)^4}{(\rho - L)^2}\|\mathbf{A}\mathbf{x}(\mathbf{z}^k, \boldsymbol{\lambda}^k) - \mathbf{b}\|^2,$$

$$- 2\rho \left\langle \mathbf{z}^{k+1} - \mathbf{z}^k, \mathbf{x}(\mathbf{z}^{k+1}, \boldsymbol{\lambda}^k) - \mathbf{x}(\mathbf{z}^k, \boldsymbol{\lambda}^k) \right\rangle$$

$$\geqslant - 2\rho\|\mathbf{z}^{k+1} - \mathbf{z}^k\|\|\mathbf{x}(\mathbf{z}^{k+1}, \boldsymbol{\lambda}^k) - \mathbf{x}(\mathbf{z}^k, \boldsymbol{\lambda}^k)\|$$

$$\overset{\mathrm{c}}{\geqslant} - \frac{2\rho^2}{\rho - L}\|\mathbf{z}^k - \mathbf{z}^{k+1}\|^2$$

和

$$- \alpha_2\|\mathbf{A}\mathbf{x}^k - \mathbf{b}\|^2 + 2\alpha_2 \left\langle \mathbf{A}\mathbf{x}^k - \mathbf{b}, \mathbf{A}\mathbf{x}(\mathbf{z}^k, \boldsymbol{\lambda}^k) - \mathbf{b} \right\rangle$$

$$= \alpha_2 \|\mathbf{A}\mathbf{x}(\mathbf{z}^k, \boldsymbol{\lambda}^k) - \mathbf{b}\|^2 - \alpha_2 \|\mathbf{A}\mathbf{x}(\mathbf{z}^k, \boldsymbol{\lambda}^k) - \mathbf{A}\mathbf{x}^k\|^2$$

$$\geqslant \alpha_2 \|\mathbf{A}\mathbf{x}(\mathbf{z}^k, \boldsymbol{\lambda}^k) - \mathbf{b}\|^2 - \alpha_2 \widetilde{\sigma}^2 \|\mathbf{x}(\mathbf{z}^k, \boldsymbol{\lambda}^k) - \mathbf{x}^k\|^2$$

$$\overset{d}{\geqslant} \alpha_2 \|\mathbf{A}\mathbf{x}(\mathbf{z}^k, \boldsymbol{\lambda}^k) - \mathbf{b}\|^2 - \alpha_2 \widetilde{\sigma}^2 \frac{2 + 2\alpha_1^2 \left[2mL^2 + (m-1)m\beta^2\sigma^4\right]}{\alpha_1^2 (\rho - L)^2} \|\mathbf{x}^{k+1} - \mathbf{x}^k\|^2,$$

其中 $\overset{a}{\geqslant}$ 使用了 (4.14), $\overset{b}{\geqslant}$ 使用了 (4.17), 其中选取 $\boldsymbol{\lambda}^*(\mathbf{z}^k)$ 使得 $\|\boldsymbol{\lambda}^k - \boldsymbol{\lambda}^*(\mathbf{z}^k)\| = \operatorname{dist}(\boldsymbol{\lambda}^k, \Lambda^*(\mathbf{z}^k)), \overset{c}{\geqslant}$ 使用了 (4.13), $\overset{d}{\geqslant}$ 使用了 (4.15), 常数 $c_1 > 0$ 将在后面给定. 于是有

$$\Phi^k - \Phi^{k+1}$$
$$\geqslant \left\{ \frac{1}{2\alpha_1} - \frac{2\alpha_2 \widetilde{\sigma}^2}{\alpha_1^2 (\rho - L)^2} - \frac{2\alpha_2 \widetilde{\sigma}^2 \left[2mL^2 + (m-1)m\beta^2\sigma^4\right]}{(\rho - L)^2} \right\} \|\mathbf{x}^{k+1} - \mathbf{x}^k\|^2$$
$$+ \left(\frac{\rho}{2\alpha_3} - \frac{\rho}{c_1} - \frac{3\rho^2}{\rho - L} \right) \|\mathbf{z}^{k+1} - \mathbf{z}^k\|^2$$
$$+ \left[\alpha_2 - \frac{\rho c_1 \widetilde{\sigma}^2 \theta^4 (L + \rho + \beta\widetilde{\sigma}^2)^4}{(\rho - L)^4} \right] \|\mathbf{A}\mathbf{x}(\mathbf{z}^k, \boldsymbol{\lambda}^k) - \mathbf{b}\|^2.$$

选取参数满足

$$\delta \leqslant \min \left\{ \frac{(\rho - L)^2}{12\widetilde{\sigma}^2 (L + \beta\sigma^2 + \rho)}, \frac{L + \beta\sigma^2 + \rho}{6\left\{ 1 + \dfrac{4\widetilde{\sigma}^2 \left[2mL^2 + (m-1)m\beta^2\sigma^4\right]}{(\rho - L)^2} \right\}} \right\},$$

$$\alpha_3 \leqslant \min \left\{ \frac{\rho}{3\left(\delta + \frac{3\rho^2}{\rho - L} \right)}, \frac{(\rho - L)^4 \delta}{6\rho\widetilde{\sigma}^2 \theta^4 (L + \rho + \beta\widetilde{\sigma}^2)^4}, 1 \right\},$$

$$\alpha_2 = \frac{6\rho\alpha_3 \widetilde{\sigma}^2 \theta^4 (L + \rho + \beta\widetilde{\sigma}^2)^4}{(\rho - L)^4} + \delta,$$

$$\alpha_1 \in \left[\frac{12\widetilde{\sigma}^2 \delta}{(\rho - L)^2}, \frac{1}{L + \beta\sigma^2 + \rho} \right],$$

其中我们考虑了引理 4.4 中关于 α_i $(i = 1, 2, 3)$ 的要求. 令 $c_1 = 6\alpha_3$, 容易验证

$$\frac{1}{2\alpha_1} - \frac{2\alpha_2 \widetilde{\sigma}^2}{\alpha_1^2 (\rho - L)^2} - \frac{2\alpha_2 \widetilde{\sigma}^2 \left[2mL^2 + (m-1)m\beta^2\sigma^4\right]}{(\rho - L)^2}$$

$$\overset{a}{\geqslant} \frac{1}{6\alpha_1} - \frac{2\alpha_2 \widetilde{\sigma}^2 \left[2mL^2 + (m-1)m\beta^2\sigma^4\right]}{(\rho - L)^2}$$

$$\overset{\text{b}}{\geqslant} \frac{L + \beta\sigma^2 + \rho}{6} - \frac{4\delta\widetilde{\sigma}^2\left[2mL^2 + (m-1)m\beta^2\sigma^4\right]}{(\rho - L)^2} \geqslant \delta,$$

$$\frac{\rho}{2\alpha_3} - \frac{\rho}{c_1} - \frac{3\rho^2}{\rho - L} = \frac{\rho}{3\alpha_3} - \frac{3\rho^2}{\rho - L} \geqslant \delta,$$

$$\alpha_2 - \frac{\rho c_1 \widetilde{\sigma}^2 \theta^4 (L + \rho + \beta\widetilde{\sigma}^2)^4}{(\rho - L)^4} = \alpha_2 - \frac{6\rho\alpha_3\widetilde{\sigma}^2\theta^4(L + \rho + \beta\widetilde{\sigma}^2)^4}{(\rho - L)^4} = \delta,$$

其中 $\overset{\text{a}}{\geqslant}$ 使用了 $\alpha_2 \leqslant 2\delta \leqslant \dfrac{\alpha_1(\rho - L)^2}{6\widetilde{\sigma}^2}$, $\overset{\text{b}}{\geqslant}$ 使用了 $\alpha_1 \leqslant \dfrac{1}{L + \beta\sigma^2 + \rho}$ 和 $\alpha_2 \leqslant 2\delta$. 因此 (4.23) 得证. $\qquad\square$

最后, 我们给出算法 4.2 的收敛速度.

定理 4.3 假设 f 关于 $\mathbf{x}$ 是 L-光滑函数. 选择合适的 α_1, α_2 和 α_3 并令 $\rho > L$, 则算法 4.2 经 $O\left(\dfrac{1}{\epsilon^2}\right)$ 次迭代可找到一个 ϵ-近似的 KKT 点 $(\mathbf{x}, \boldsymbol{\lambda})$, 即

$$\|\mathbf{Ax} - \mathbf{b}\| \leqslant O(\epsilon) \quad \text{和} \quad \|\nabla f(\mathbf{x}) + \mathbf{A}^{\mathrm{T}}\boldsymbol{\lambda}\| \leqslant O(\epsilon).$$

证明 定义 $f^* = \min_{\mathbf{Ax}=\mathbf{b}} f(\mathbf{x})$, 则有 $M(\mathbf{z}) \geqslant f^*$. 因此对任意 k, 我们有

$$\Phi^k = \left(P(\mathbf{x}^k, \mathbf{z}^k, \boldsymbol{\lambda}^{k-1}) - d(\mathbf{z}^k, \boldsymbol{\lambda}^{k-1})\right) + \left(M(\mathbf{z}^k) - d(\mathbf{z}^k, \boldsymbol{\lambda}^{k-1})\right) + M(\mathbf{z}^k)$$

$$\geqslant M(\mathbf{z}^k) \geqslant f^*.$$

将 (4.23) 对 $k = 0, \cdots, K$ 累加求和, 可得

$$\min_{k=0,\cdots,K} \left\{\|\mathbf{x}^{k+1} - \mathbf{x}^k\|^2 + \|\mathbf{z}^{k+1} - \mathbf{z}^k\|^2 + \|\mathbf{Ax}(\mathbf{z}^k, \boldsymbol{\lambda}^k) - \mathbf{b}\|^2\right\} \leqslant \frac{\Phi_0 - f^*}{\delta(K+1)}.$$

因此, $O\left(\dfrac{1}{\epsilon^2}\right)$ 次迭代后有

$$\min_{k=0,\cdots,K} \left\{\|\mathbf{x}^{k+1} - \mathbf{x}^k\| + \|\mathbf{z}^{k+1} - \mathbf{z}^k\| + \|\mathbf{Ax}(\mathbf{z}^k, \boldsymbol{\lambda}^k) - \mathbf{b}\|\right\} \leqslant \epsilon.$$

由 (4.15), 我们有

$$\|\mathbf{Ax}^k - \mathbf{b}\|$$

$$\leqslant \|\mathbf{Ax}(\mathbf{z}^k, \boldsymbol{\lambda}^k) - \mathbf{b}\| + \widetilde{\sigma}\|\mathbf{x}(\mathbf{z}^k, \boldsymbol{\lambda}^k) - \mathbf{x}^k\|$$

$$\leqslant \|\mathbf{Ax}(\mathbf{z}^k, \boldsymbol{\lambda}^k) - \mathbf{b}\| + \frac{\widetilde{\sigma}\left[1 + \alpha_1\sqrt{2mL^2 + (m-1)m\beta^2\sigma^4}\right]}{\alpha_1(\rho - L)}\|\mathbf{x}^{k+1} - \mathbf{x}^k\|$$

$$= O(\epsilon).$$

由

$$\nabla_{\mathbf{x}} P(\mathbf{x}^k, \mathbf{z}^k, \boldsymbol{\lambda}^k) = \nabla f(\mathbf{x}^k) + \mathbf{A}^{\mathrm{T}} \boldsymbol{\lambda}^k + \rho(\mathbf{x}^k - \mathbf{z}^k) + \beta \mathbf{A}^{\mathrm{T}}(\mathbf{A}\mathbf{x}^k - \mathbf{b}),$$

(4.16) 以及 $\mathbf{z}$ 的更新方式, 我们有

$$\|\nabla f(\mathbf{x}^k) + \mathbf{A}^{\mathrm{T}} \boldsymbol{\lambda}^k\|$$

$$\leqslant \|\nabla_{\mathbf{x}} P(\mathbf{x}^k, \mathbf{z}^k, \boldsymbol{\lambda}^k)\| + \rho\|\mathbf{x}^k - \mathbf{z}^k\| + \beta\widetilde{\sigma}\|\mathbf{A}\mathbf{x}^k - \mathbf{b}\|$$

$$\leqslant \left[\frac{1}{\alpha_1} + \sqrt{2mL^2 + (m-1)m\beta^2\sigma^4}\right]\|\mathbf{x}^{k+1} - \mathbf{x}^k\|$$

$$+ \rho\left(\frac{1}{\alpha_3}\|\mathbf{z}^{k+1} - \mathbf{z}^k\| + \|\mathbf{x}^{k+1} - \mathbf{x}^k\|\right) + \beta\widetilde{\sigma}\|\mathbf{A}\mathbf{x}^k - \mathbf{b}\|$$

$$\leqslant O(\epsilon). \qquad \qquad \square$$

4.3　多线性约束优化问题的 ADMM

本节介绍如何使用 ADMM 求解约束形式为 $\mathbf{X}\mathbf{Y} = \mathbf{Z}$ 的多线性约束优化问题. 多线性是指 $\mathbf{X}\mathbf{Y} = \mathbf{Z}$ 关于 $\mathbf{X}$ 和 $\mathbf{Y}$ 分别都是线性的, 但关于 $(\mathbf{X}, \mathbf{Y})$ 是非凸的. 机器学习中的很多问题都可以建模成多线性约束问题, 例如非负矩阵分解[30]、RPCA[10] 和神经网络的训练[54,85]. 文献 [25] 对一类非凸多线性约束优化问题给出了一个统一的证明框架. 为了简化描述, 我们只针对 RPCA 问题给出证明.

如 1.1 节介绍, 我们考虑如下 RPCA 模型:

$$\min_{\mathbf{U},\mathbf{V},\mathbf{Z},\mathbf{Y}} \quad \left[\frac{1}{2}\left(\|\mathbf{U}\|^2 + \|\mathbf{V}\|^2\right) + \tau\|\mathbf{Z}\|_1 + \frac{\mu}{2}\|\mathbf{Y}\|^2\right],$$

$$\text{s.t.} \quad \mathbf{U}\mathbf{V} + \mathbf{Z} - \mathbf{M} = \mathbf{Y}.$$

可以使用 ADMM 求解上述问题. 引入增广拉格朗日函数:

$$L_\beta(\mathbf{U}, \mathbf{V}, \mathbf{Z}, \mathbf{Y}, \boldsymbol{\lambda}) = \frac{1}{2}\left(\|\mathbf{U}\|^2 + \|\mathbf{V}\|^2\right) + \tau\|\mathbf{Z}\|_1 + \frac{\mu}{2}\|\mathbf{Y}\|^2$$

$$+ \langle\boldsymbol{\lambda}, \mathbf{U}\mathbf{V} + \mathbf{Z} - \mathbf{M} - \mathbf{Y}\rangle + \frac{\beta}{2}\|\mathbf{U}\mathbf{V} + \mathbf{Z} - \mathbf{M} - \mathbf{Y}\|^2.$$

我们交替更新 $(\mathbf{V}, \mathbf{Z})$ 和 $(\mathbf{U}, \mathbf{Y})$:

$$(\mathbf{V}^{k+1}, \mathbf{Z}^{k+1}) = \underset{\mathbf{V}, \mathbf{Z}}{\arg\min}\left(\frac{1}{2}\|\mathbf{V}\|^2 + \tau\|\mathbf{Z}\|_1\right.$$

$$+ \frac{\beta}{2} \left\| \mathbf{U}^k \mathbf{V} + \mathbf{Z} - \mathbf{M} - \mathbf{Y}^k + \frac{1}{\beta} \boldsymbol{\lambda}^k \right\|^2 \right), \tag{4.24a}$$

$$(\mathbf{U}^{k+1}, \mathbf{Y}^{k+1}) = \underset{\mathbf{U}, \mathbf{Y}}{\operatorname{argmin}} \left(\frac{1}{2} \|\mathbf{U}\|^2 + \frac{\mu}{2} \|\mathbf{Y}\|^2 \right.$$

$$\left. + \frac{\beta}{2} \left\| \mathbf{U} \mathbf{V}^{k+1} + \mathbf{Z}^{k+1} - \mathbf{M} - \mathbf{Y} + \frac{1}{\beta} \boldsymbol{\lambda}^k \right\|^2 \right), \tag{4.24b}$$

$$\boldsymbol{\lambda}^{k+1} = \boldsymbol{\lambda}^k + \beta (\mathbf{U}^{k+1} \mathbf{V}^{k+1} + \mathbf{Z}^{k+1} - \mathbf{M} - \mathbf{Y}^{k+1}). \tag{4.24c}$$

具体描述见算法 4.3.

算法 4.3 求解 RPCA 问题的 ADMM
___
初始化 $\mathbf{U}^0$, $\mathbf{Y}^0$ 和 $\boldsymbol{\lambda}^0$.
for $k = 0, 1, 2, 3, \cdots$ **do**
　　使用 (4.24a)–(4.24c) 更新 $\mathbf{X}^{k+1}$, $\mathbf{Y}^{k+1}$, $\mathbf{U}^{k+1}$, $\mathbf{V}^{k+1}$ 和 $\boldsymbol{\lambda}^{k+1}$.
end for

下面我们证明算法 4.3 具有 $O\left(\dfrac{1}{\epsilon^2}\right)$ 复杂度.

引理 4.6 对算法 4.3, 有

$$L_\beta(\mathbf{U}^{k+1}, \mathbf{V}^{k+1}, \mathbf{Z}^{k+1}, \mathbf{Y}^{k+1}, \boldsymbol{\lambda}^{k+1}) - L_\beta(\mathbf{U}^k, \mathbf{V}^k, \mathbf{Z}^k, \mathbf{Y}^k, \boldsymbol{\lambda}^k)$$

$$\leqslant -\frac{1}{2} \|\mathbf{V}^{k+1} - \mathbf{V}^k\|^2 - \frac{1}{2} \|\mathbf{U}^{k+1} - \mathbf{U}^k\|^2 - \left(\frac{\mu}{2} - \frac{\mu^2}{\beta}\right) \|\mathbf{Y}^{k+1} - \mathbf{Y}^k\|^2. \tag{4.25}$$

证明 由最优性条件, 我们有

$$\mathbf{0} = \mathbf{V}^{k+1} + \beta (\mathbf{U}^k)^{\mathrm{T}} \left(\mathbf{U}^k \mathbf{V}^{k+1} + \mathbf{Z}^{k+1} - \mathbf{M} - \mathbf{Y}^k + \frac{1}{\beta} \boldsymbol{\lambda}^k \right), \tag{4.26}$$

$$\mathbf{0} \in \partial \|\mathbf{Z}^{k+1}\|_1 + \frac{\beta}{\tau} \left(\mathbf{U}^k \mathbf{V}^{k+1} + \mathbf{Z}^{k+1} - \mathbf{M} - \mathbf{Y}^k + \frac{1}{\beta} \boldsymbol{\lambda}^k \right), \tag{4.27}$$

$$\mathbf{0} = \mathbf{U}^{k+1} + \beta \left(\mathbf{U}^{k+1} \mathbf{V}^{k+1} + \mathbf{Z}^{k+1} - \mathbf{M} - \mathbf{Y}^{k+1} + \frac{1}{\beta} \boldsymbol{\lambda}^k \right) (\mathbf{V}^{k+1})^{\mathrm{T}}$$

$$= \mathbf{U}^{k+1} + \boldsymbol{\lambda}^{k+1} (\mathbf{V}^{k+1})^{\mathrm{T}}, \tag{4.28}$$

$$\mathbf{0} = \mu \mathbf{Y}^{k+1} - \beta \left(\mathbf{U}^{k+1} \mathbf{V}^{k+1} + \mathbf{Z}^{k+1} - \mathbf{M} - \mathbf{Y}^{k+1} + \frac{1}{\beta} \boldsymbol{\lambda}^k \right)$$

$$= \mu \mathbf{Y}^{k+1} - \boldsymbol{\lambda}^{k+1}. \tag{4.29}$$

容易验证

$$L_\beta(\mathbf{U}^k, \mathbf{V}^{k+1}, \mathbf{Z}^{k+1}, \mathbf{Y}^k, \boldsymbol{\lambda}^k) - L_\beta(\mathbf{U}^k, \mathbf{V}^k, \mathbf{Z}^k, \mathbf{Y}^k, \boldsymbol{\lambda}^k)$$

$$= \frac{1}{2}\|\mathbf{V}^{k+1}\|^2 - \frac{1}{2}\|\mathbf{V}^k\|^2 + \tau\|\mathbf{Z}^{k+1}\|_1 - \tau\|\mathbf{Z}^k\|_1$$

$$+ \left\langle \boldsymbol{\lambda}^k, \mathbf{U}^k(\mathbf{V}^{k+1} - \mathbf{V}^k) + \mathbf{Z}^{k+1} - \mathbf{Z}^k \right\rangle$$

$$+ \frac{\beta}{2}\|\mathbf{U}^k\mathbf{V}^{k+1} + \mathbf{Z}^{k+1} - \mathbf{M} - \mathbf{Y}^k\|^2 - \frac{\beta}{2}\|\mathbf{U}^k\mathbf{V}^k + \mathbf{Z}^k - \mathbf{M} - \mathbf{Y}^k\|^2$$

$$= -\frac{1}{2}\|\mathbf{V}^{k+1} - \mathbf{V}^k\|^2 - \left\langle \mathbf{V}^{k+1}, \mathbf{V}^k \right\rangle + \left\langle \mathbf{V}^{k+1}, \mathbf{V}^{k+1} \right\rangle$$

$$+ \tau\|\mathbf{Z}^{k+1}\|_1 - \tau\|\mathbf{Z}^k\|_1 + \left\langle \boldsymbol{\lambda}^k, \mathbf{U}^k(\mathbf{V}^{k+1} - \mathbf{V}^k) + \mathbf{Z}^{k+1} - \mathbf{Z}^k \right\rangle$$

$$- \frac{\beta}{2}\|\mathbf{U}^k(\mathbf{V}^{k+1} - \mathbf{V}^k) + \mathbf{Z}^{k+1} - \mathbf{Z}^k\|^2$$

$$- \beta \left\langle \mathbf{U}^k\mathbf{V}^{k+1} + \mathbf{Z}^{k+1} - \mathbf{M} - \mathbf{Y}^k, \mathbf{U}^k\mathbf{V}^k + \mathbf{Z}^k - \mathbf{M} - \mathbf{Y}^k \right\rangle$$

$$+ \beta \left\langle \mathbf{U}^k\mathbf{V}^{k+1} + \mathbf{Z}^{k+1} - \mathbf{M} - \mathbf{Y}^k, \mathbf{U}^k\mathbf{V}^{k+1} + \mathbf{Z}^{k+1} - \mathbf{M} - \mathbf{Y}^k \right\rangle$$

$$= -\frac{1}{2}\|\mathbf{V}^{k+1} - \mathbf{V}^k\|^2 + \left\langle \mathbf{V}^{k+1} - \mathbf{V}^k, \mathbf{V}^{k+1} \right\rangle + \tau\|\mathbf{Z}^{k+1}\|_1 - \tau\|\mathbf{Z}^k\|_1$$

$$- \frac{\beta}{2}\|\mathbf{U}^k(\mathbf{V}^{k+1} - \mathbf{V}^k) + \mathbf{Z}^{k+1} - \mathbf{Z}^k\|^2$$

$$+ \beta \left\langle \frac{1}{\beta}\boldsymbol{\lambda}^k + \mathbf{U}^k\mathbf{V}^{k+1} + \mathbf{Z}^{k+1} - \mathbf{M} - \mathbf{Y}^k, \mathbf{U}^k(\mathbf{V}^{k+1} - \mathbf{V}^k) + \mathbf{Z}^{k+1} - \mathbf{Z}^k \right\rangle$$

$$\overset{\text{a}}{\leqslant} -\frac{1}{2}\|\mathbf{V}^{k+1} - \mathbf{V}^k\|^2 \tag{4.30}$$

以及

$$L_\beta(\mathbf{U}^{k+1}, \mathbf{V}^{k+1}, \mathbf{Z}^{k+1}, \mathbf{Y}^{k+1}, \boldsymbol{\lambda}^k) - L_\beta(\mathbf{U}^k, \mathbf{V}^{k+1}, \mathbf{Z}^{k+1}, \mathbf{Y}^k, \boldsymbol{\lambda}^k)$$

$$= \frac{1}{2}\|\mathbf{U}^{k+1}\|^2 - \frac{1}{2}\|\mathbf{U}^k\|^2 + \frac{\mu}{2}\|\mathbf{Y}^{k+1}\|^2 - \frac{\mu}{2}\|\mathbf{Y}^k\|^2$$

$$+ \left\langle \boldsymbol{\lambda}^k, (\mathbf{U}^{k+1} - \mathbf{U}^k)\mathbf{V}^{k+1} - \mathbf{Y}^{k+1} + \mathbf{Y}^k \right\rangle$$

$$+ \frac{\beta}{2}\|\mathbf{U}^{k+1}\mathbf{V}^{k+1} + \mathbf{Z}^{k+1} - \mathbf{M} - \mathbf{Y}^{k+1}\|^2 - \frac{\beta}{2}\|\mathbf{U}^k\mathbf{V}^{k+1} + \mathbf{Z}^{k+1} - \mathbf{M} - \mathbf{Y}^k\|^2$$

$$= -\frac{1}{2}\|\mathbf{U}^{k+1} - \mathbf{U}^k\|^2 - \left\langle \mathbf{U}^{k+1}, \mathbf{U}^k \right\rangle + \left\langle \mathbf{U}^{k+1}, \mathbf{U}^{k+1} \right\rangle$$

$$- \frac{\mu}{2}\|\mathbf{Y}^{k+1} - \mathbf{Y}^k\|^2 - \mu \left\langle \mathbf{Y}^{k+1}, \mathbf{Y}^k \right\rangle + \mu \left\langle \mathbf{Y}^{k+1}, \mathbf{Y}^{k+1} \right\rangle$$

$$+ \left\langle \boldsymbol{\lambda}^k, (\mathbf{U}^{k+1} - \mathbf{U}^k)\mathbf{V}^{k+1} - \mathbf{Y}^{k+1} + \mathbf{Y}^k \right\rangle$$

$$- \frac{\beta}{2}\|(\mathbf{U}^{k+1} - \mathbf{U}^k)\mathbf{V}^{k+1} - \mathbf{Y}^{k+1} + \mathbf{Y}^k\|^2$$

$$- \beta \left\langle \mathbf{U}^{k+1}\mathbf{V}^{k+1} + \mathbf{Z}^{k+1} - \mathbf{M} - \mathbf{Y}^{k+1}, \mathbf{U}^k\mathbf{V}^{k+1} + \mathbf{Z}^{k+1} - \mathbf{M} - \mathbf{Y}^k \right\rangle$$

$$+ \beta \left\langle \mathbf{U}^{k+1}\mathbf{V}^{k+1} + \mathbf{Z}^{k+1} - \mathbf{M} - \mathbf{Y}^{k+1}, \mathbf{U}^{k+1}\mathbf{V}^{k+1} + \mathbf{Z}^{k+1} - \mathbf{M} - \mathbf{Y}^{k+1} \right\rangle$$

$$= -\frac{1}{2}\|\mathbf{U}^{k+1} - \mathbf{U}^k\|^2 + \left\langle \mathbf{U}^{k+1} - \mathbf{U}^k, \mathbf{U}^{k+1} \right\rangle - \frac{\mu}{2}\|\mathbf{Y}^{k+1} - \mathbf{Y}^k\|^2$$

$$+ \mu \left\langle \mathbf{Y}^{k+1} - \mathbf{Y}^k, \mathbf{Y}^{k+1} \right\rangle - \frac{\beta}{2}\|(\mathbf{U}^{k+1} - \mathbf{U}^k)\mathbf{V}^{k+1} - \mathbf{Y}^{k+1} + \mathbf{Y}^k\|^2$$

$$+ \beta \left\langle \frac{1}{\beta}\boldsymbol{\lambda}^k + \mathbf{U}^{k+1}\mathbf{V}^{k+1} + \mathbf{Z}^{k+1} - \mathbf{M} - \mathbf{Y}^{k+1}, (\mathbf{U}^{k+1} - \mathbf{U}^k)\mathbf{V}^{k+1} - \mathbf{Y}^{k+1} + \mathbf{Y}^k \right\rangle$$

$$= -\frac{1}{2}\|\mathbf{U}^{k+1} - \mathbf{U}^k\|^2 + \left\langle \mathbf{U}^{k+1} - \mathbf{U}^k, \mathbf{U}^{k+1} \right\rangle - \frac{\mu}{2}\|\mathbf{Y}^{k+1} - \mathbf{Y}^k\|^2$$

$$+ \mu \left\langle \mathbf{Y}^{k+1} - \mathbf{Y}^k, \mathbf{Y}^{k+1} \right\rangle - \frac{\beta}{2}\|(\mathbf{U}^{k+1} - \mathbf{U}^k)\mathbf{V}^{k+1} - \mathbf{Y}^{k+1} + \mathbf{Y}^k\|^2$$

$$+ \left\langle \boldsymbol{\lambda}^{k+1}, (\mathbf{U}^{k+1} - \mathbf{U}^k)\mathbf{V}^{k+1} - \mathbf{Y}^{k+1} + \mathbf{Y}^k \right\rangle$$

$$\overset{\text{b}}{\leqslant} -\frac{1}{2}\|\mathbf{U}^{k+1} - \mathbf{U}^k\|^2 - \frac{\mu}{2}\|\mathbf{Y}^{k+1} - \mathbf{Y}^k\|^2, \tag{4.31}$$

其中 $\overset{\text{a}}{\leqslant}$ 使用了 (4.26) 和 (4.27), $\overset{\text{b}}{\leqslant}$ 使用了 (4.28) 和 (4.29). 同样可得

$$L_\beta(\mathbf{U}^{k+1}, \mathbf{V}^{k+1}, \mathbf{Z}^{k+1}, \mathbf{Y}^{k+1}, \boldsymbol{\lambda}^{k+1}) - L_\beta(\mathbf{U}^{k+1}, \mathbf{V}^{k+1}, \mathbf{Z}^{k+1}, \mathbf{Y}^{k+1}, \boldsymbol{\lambda}^k)$$

$$= \frac{1}{\beta}\|\boldsymbol{\lambda}^{k+1} - \boldsymbol{\lambda}^k\|^2 = \frac{\mu^2}{\beta}\|\mathbf{Y}^{k+1} - \mathbf{Y}^k\|^2. \tag{4.32}$$

将 (4.30)–(4.32) 相加, 可得

$$L_\beta(\mathbf{U}^{k+1}, \mathbf{V}^{k+1}, \mathbf{Z}^{k+1}, \mathbf{Y}^{k+1}, \boldsymbol{\lambda}^{k+1}) - L_\beta(\mathbf{U}^k, \mathbf{V}^k, \mathbf{Z}^k, \mathbf{Y}^k, \boldsymbol{\lambda}^k)$$

$$\leqslant -\frac{1}{2}\|\mathbf{V}^{k+1} - \mathbf{V}^k\|^2 - \frac{1}{2}\|\mathbf{U}^{k+1} - \mathbf{U}^k\|^2 - \left(\frac{\mu}{2} - \frac{\mu^2}{\beta} \right)\|\mathbf{Y}^{k+1} - \mathbf{Y}^k\|^2. \qquad \square$$

定理 4.4 令 $\beta > 2\mu$. 假设序列 $\{\mathbf{U}^k, \mathbf{V}^k, \mathbf{Z}^k, \mathbf{Y}^k, \boldsymbol{\lambda}^k\}_k$ 是有界的, 则算法 4.3 经 $O\left(\dfrac{1}{\epsilon^2}\right)$ 次迭代可找到一个 ϵ-近似的 KKT 点 $(\mathbf{U}^{k+1}, \mathbf{V}^{k+1}, \mathbf{Z}^{k+1}, \mathbf{Y}^{k+1}, \boldsymbol{\lambda}^{k+1})$, 其中 $k = O(\epsilon^{-2})$, 使得

$$\mathbf{U}^{k+1} + \boldsymbol{\lambda}^{k+1}(\mathbf{V}^{k+1})^{\mathrm{T}} = \mathbf{0}, \quad \|\mathbf{V}^{k+1} + (\mathbf{U}^{k+1})^{\mathrm{T}}\boldsymbol{\lambda}^{k+1}\| \leqslant O(\epsilon),$$

$$\mu \mathbf{Y}^{k+1} - \boldsymbol{\lambda}^{k+1} = \mathbf{0}, \quad \text{dist}\left(-\frac{1}{\tau}\boldsymbol{\lambda}^{k+1}, \partial\|\mathbf{Z}^{k+1}\|_1\right) \leqslant O(\epsilon),$$

$$\|\mathbf{U}^{k+1}\mathbf{V}^{k+1} + \mathbf{Z}^{k+1} - \mathbf{M} - \mathbf{Y}^{k+1}\| \leqslant O(\epsilon).$$

证明　首先证明 $L_\beta(\mathbf{U}^k, \mathbf{V}^k, \mathbf{Z}^k, \mathbf{Y}^k, \boldsymbol{\lambda}^k) \geqslant 0$. 由 (4.29), 我们有

$$L_\beta(\mathbf{U}^k, \mathbf{V}^k, \mathbf{Z}^k, \mathbf{Y}^k, \boldsymbol{\lambda}^k)$$

$$= \frac{1}{2}\left(\|\mathbf{U}^k\|^2 + \|\mathbf{V}^k\|^2\right) + \tau\|\mathbf{Z}^k\|_1 + \frac{\mu}{2}\|\mathbf{Y}^k\|^2$$

$$+ \mu\left\langle \mathbf{Y}^k, \mathbf{U}^k\mathbf{V}^k + \mathbf{Z}^k - \mathbf{M} - \mathbf{Y}^k\right\rangle + \frac{\beta}{2}\|\mathbf{U}^k\mathbf{V}^k + \mathbf{Z}^k - \mathbf{M} - \mathbf{Y}^k\|^2$$

$$= \frac{1}{2}\left(\|\mathbf{U}^k\|^2 + \|\mathbf{V}^k\|^2\right) + \tau\|\mathbf{Z}^k\|_1 + \frac{\mu}{2}\|\mathbf{Y}^k + \mathbf{U}^k\mathbf{V}^k + \mathbf{Z}^k - \mathbf{M} - \mathbf{Y}^k\|^2$$

$$+ \frac{\beta - \mu}{2}\|\mathbf{U}^k\mathbf{V}^k + \mathbf{Z}^k - \mathbf{M} - \mathbf{Y}^k\|^2$$

$$\geqslant 0.$$

将 (4.25) 对 $k = 0, \cdots, K$ 累加求和, 可得

$$\min_{0\leqslant k\leqslant K}\left\{\frac{1}{2}\|\mathbf{V}^{k+1} - \mathbf{V}^k\|^2 + \frac{1}{2}\|\mathbf{U}^{k+1} - \mathbf{U}^k\|^2 + \left(\frac{\mu}{2} - \frac{\mu^2}{\beta}\right)\|\mathbf{Y}^{k+1} - \mathbf{Y}^k\|^2\right\}$$

$$\leqslant \frac{L_\beta(\mathbf{U}^0, \mathbf{V}^0, \mathbf{Z}^0, \mathbf{Y}^0, \boldsymbol{\lambda}^0)}{K+1}.$$

因此, 算法需要 $O\left(\dfrac{1}{\epsilon^2}\right)$ 次迭代找到 $(\mathbf{U}^k, \mathbf{V}^k, \mathbf{Z}^k, \mathbf{Y}^k, \boldsymbol{\lambda}^k)$, 使得

$$\|\mathbf{V}^{k+1} - \mathbf{V}^k\| \leqslant \epsilon, \quad \|\mathbf{U}^{k+1} - \mathbf{U}^k\| \leqslant \epsilon \quad \text{和} \quad \|\mathbf{Y}^{k+1} - \mathbf{Y}^k\| \leqslant \epsilon.$$

由 (4.24c) 和 (4.29), 我们有

$$\|\mathbf{U}^{k+1}\mathbf{V}^{k+1} + \mathbf{Z}^{k+1} - \mathbf{M} - \mathbf{Y}^{k+1}\| = \frac{1}{\beta}\|\boldsymbol{\lambda}^{k+1} - \boldsymbol{\lambda}^k\|$$

$$= \frac{\mu}{\beta}\|\mathbf{Y}^{k+1} - \mathbf{Y}^k\| \leqslant O(\epsilon).$$

由 (4.28) 和 (4.29), 可分别得到

$$\mathbf{U}^{k+1} + \boldsymbol{\lambda}^{k+1}(\mathbf{V}^{k+1})^{\mathrm{T}} = \mathbf{0} \quad \text{和} \quad \mu\mathbf{Y}^{k+1} - \boldsymbol{\lambda}^{k+1} = \mathbf{0}.$$

由 (4.26), 我们有

$$\mathbf{V}^{k+1} + (\mathbf{U}^{k+1})^{\mathrm{T}}\boldsymbol{\lambda}^{k+1}$$

$$= \mathbf{V}^{k+1} + \beta(\mathbf{U}^{k+1})^{\mathrm{T}} \left(\mathbf{U}^{k+1}\mathbf{V}^{k+1} + \mathbf{Z}^{k+1} - \mathbf{M} - \mathbf{Y}^{k+1} + \frac{1}{\beta}\boldsymbol{\lambda}^k \right)$$

$$= \mathbf{V}^{k+1} + \beta(\mathbf{U}^{k})^{\mathrm{T}} \left(\mathbf{U}^{k}\mathbf{V}^{k+1} + \mathbf{Z}^{k+1} - \mathbf{M} - \mathbf{Y}^{k} + \frac{1}{\beta}\boldsymbol{\lambda}^k \right)$$

$$\quad + \beta(\mathbf{U}^{k})^{\mathrm{T}} \left[(\mathbf{U}^{k+1} - \mathbf{U}^{k})\mathbf{V}^{k+1} - (\mathbf{Y}^{k+1} - \mathbf{Y}^{k}) \right] + (\mathbf{U}^{k+1} - \mathbf{U}^{k})^{\mathrm{T}}\boldsymbol{\lambda}^{k+1}$$

$$= \beta(\mathbf{U}^{k})^{\mathrm{T}} \left[(\mathbf{U}^{k+1} - \mathbf{U}^{k})\mathbf{V}^{k+1} - (\mathbf{Y}^{k+1} - \mathbf{Y}^{k}) \right] + (\mathbf{U}^{k+1} - \mathbf{U}^{k})^{\mathrm{T}}\boldsymbol{\lambda}^{k+1}.$$

因此由 $\{\mathbf{U}^k, \mathbf{V}^k, \mathbf{Z}^k, \mathbf{Y}^k, \boldsymbol{\lambda}^k\}_k$ 的有界性, 可得

$$\|\mathbf{V}^{k+1} + (\mathbf{U}^{k+1})^{\mathrm{T}}\boldsymbol{\lambda}^{k+1}\| \leqslant O(\epsilon).$$

由 (4.27), 我们有

$$\frac{\beta}{\tau} \left[(\mathbf{U}^{k+1} - \mathbf{U}^{k})\mathbf{V}^{k+1} - (\mathbf{Y}^{k+1} - \mathbf{Y}^{k}) \right] \in \partial\|\mathbf{Z}^{k+1}\|_1 + \frac{1}{\tau}\boldsymbol{\lambda}^{k+1}.$$

因此, 由 $\{\mathbf{U}^k, \mathbf{V}^k, \mathbf{Z}^k, \mathbf{Y}^k, \boldsymbol{\lambda}^k\}_k$ 的有界性, 可得

$$\mathrm{dist}\left(-\frac{1}{\tau}\boldsymbol{\lambda}^{k+1}, \partial\|\mathbf{Z}^{k+1}\|_1 \right) \leqslant O(\epsilon). \qquad \square$$

第 5 章　随机优化问题中的 ADMM

我们考虑如下带有线性约束、目标函数可分离 (Separable) 的优化问题:

$$\min_{\mathbf{x}_1,\mathbf{x}_2} \quad (f_1(\mathbf{x}_1) + f_2(\mathbf{x}_2)),$$

$$\text{s.t.} \quad \mathbf{A}_1\mathbf{x}_1 + \mathbf{A}_2\mathbf{x}_2 = \mathbf{b}. \tag{5.1}$$

对于许多机器学习问题, $f_1(\mathbf{x}_1)$ 往往是关于数据的损失函数, $f_2(\mathbf{x}_2)$ 是正则项, 用于控制模型的复杂度或提供关于解的先验信息. 对于这一类问题, 我们通常可假设 f_1 具有如下结构:

$$f_1(\mathbf{x}_1) \equiv \mathbb{E}F(\mathbf{x}_1;\xi), \tag{5.2}$$

其中 $F(\mathbf{x}_1;\xi)$ 是一个以随机数 ξ 为下标的函数. 对于传统的机器学习任务, 数据往往是有限的. 如果将每一个子函数 (对应于一个样本) 表达为 $F_i(\mathbf{x})$, 则 $f_1(\mathbf{x})$ 有如下形式:

$$f_1(\mathbf{x}_1) \equiv \frac{1}{n}\sum_{i=1}^{n} F_i(\mathbf{x}_1), \tag{5.3}$$

其中 n 是子函数的总个数. 当 n 有限时, (5.3) 是一个离线问题, 这种问题的例子, 最有代表性的是经验风险最小化 (Empirical Risk Minimization) 问题. n 也可能是无穷的, 这是更一般的情况. 在本章中, 当我们研究有限和 (离线) 问题时, 我们考虑公式 (5.3); 否则我们使用公式 (5.2).

当 n 非常大的时候, 获取精确的 $f_1(\mathbf{x}_1)$ 或者它的梯度可能需要很高的计算开销, 在 $n = \infty$ 时甚至无法做到. 为了应对这类大规模问题, 一种常用的方法是使用一个或者几个随机选取的子函数来估计目标函数的值或全梯度. 我们将使用了这种技术的算法叫作随机算法.

在本章, 我们将介绍一类随机的 ADMM 来求解问题 (5.1), 其中 f_1 的形式为 (5.2) 或者 (5.3). 在实践中, 随机算法往往比确定性算法快得多. 首先, 我们将在 5.1 节介绍朴素的随机 ADMM. 该算法在迭代中随机地从数据中采出若干样本, 通过计算它们对应子函数的梯度来估计全梯度. 回忆确定性的 ADMM, 当 f_1 和 f_2 是凸函数时, 它能以 $O(1/K)$ 的速度收敛, 其中 K 为迭代次数. 作为对比, 我们将证明朴素的随机 ADMM 在相似的条件下收敛速度仅为 $O\left(1/\sqrt{K}\right)$. 造成收敛速度下降的主要原因是随机梯度存在方差. 由于随机梯度的方差不可能随着迭代收敛到 0, 我们需要选取一个逐渐递减的步长来保证算法收敛. 接着, 我们将在 5.2 节介绍方差缩减 (Variance Reduction, VR) 技巧. 该技巧能够消除噪声产生的不利影响, 尤其对于离线情况. 我们将证明利用方差缩减技巧, 收敛速度能够被提升到 $O(1/K)$. 在 5.3 节, 我们进一步考虑融合方差缩减技巧与冲量 (Momentum) 技巧, 并证明算法可以以非遍历意义 $O(1/K)$ 的速度收敛. 在本章的结尾——5.4 节, 我们将分析方法拓展到非凸情况.

5.1　随机 ADMM

我们考虑问题 (5.1), 其中 $f_1(\mathbf{x}_1) \equiv \mathbb{E}_\xi F(\mathbf{x}_1;\xi)$. 在每步迭代中, 我们随机地采样下标 ξ 并计算随机梯度 $\nabla F(\mathbf{x}_1;\xi)$. 为了方便公式表达, 我们将 $\nabla F(\mathbf{x}_1;\xi)$ 记为 $\tilde\nabla f_1(\mathbf{x}_1)$. 文献 [72] 可能首先提出了随机 ADMM (SADMM). 我们将算法展示在算法 5.1, 其中近似的增广拉格朗日函数 $\hat{L}_\beta^k$ 定义为

$$\hat{L}_\beta^k(\mathbf{x}_1,\mathbf{x}_2,\boldsymbol{\lambda}) = f_1(\mathbf{x}_1^k) + \left\langle \tilde\nabla f_1(\mathbf{x}_1^k), \mathbf{x}_1 - \mathbf{x}_1^k \right\rangle + f_2(\mathbf{x}_2)$$
$$+ \frac{\beta}{2}\left\| \mathbf{A}_1\mathbf{x}_1 + \mathbf{A}_2\mathbf{x}_2 - \mathbf{b} + \frac{1}{\beta}\boldsymbol{\lambda} \right\|^2 + \frac{1}{2\eta_{k+1}}\left\| \mathbf{x}_1 - \mathbf{x}_1^k \right\|^2. \quad (5.4)$$

为分析方便, 我们仅线性化算法 5.1 中的目标函数 f_1. 在 5.2 节和 5.3 节, 我们会考虑线性化增广项 $\frac{\beta}{2}\left\| \mathbf{A}_1\mathbf{x}_1 + \mathbf{A}_2\mathbf{x}_2 - \mathbf{b} + \frac{1}{\beta}\boldsymbol{\lambda} \right\|^2$. 我们的结论可以被拓展到 f_2 同样有期望结构的情况. 我们将在 5.3 节展示一个例子.

算法 5.1　随机 ADMM (SADMM)

输入: $\mathbf{x}_1^0, \mathbf{x}_2^0$ 和 $\boldsymbol{\lambda}^0 = \mathbf{0}$.
for $k = 0, 1, 2, \cdots$ **do**
1　　$\mathbf{x}_1^{k+1} = \mathrm{argmin}_{\mathbf{x}_1} \hat{L}_\beta^k(\mathbf{x}_1,\mathbf{x}_2^k,\boldsymbol{\lambda}^k)$, 其中 $\hat{L}_\beta^k(\mathbf{x}_1,\mathbf{x}_2,\boldsymbol{\lambda})$ 在 (5.4) 中定义.
2　　$\mathbf{x}_2^{k+1} = \mathrm{argmin}_{\mathbf{x}_2} \hat{L}_\beta^k(\mathbf{x}_1^{k+1},\mathbf{x}_2,\boldsymbol{\lambda}^k)$.
3　　$\boldsymbol{\lambda}^{k+1} = \boldsymbol{\lambda}^k + \beta(\mathbf{A}_1\mathbf{x}_1^{k+1} + \mathbf{A}_2\mathbf{x}_2^{k+1} - \mathbf{b})$.
end for k

现在我们开始分析算法. 算法的证明取自文献 [72]. 我们首先证明如下一个有用的引理.

引理 5.1　假设 f_1 是 μ-强凸、L-光滑的, f_2 是凸函数. 对于 $k \geqslant 0$, 如果步

长满足 $\eta_{k+1} \leqslant 1/(2L)$, 那么对于任意的 $\tilde{\boldsymbol{\lambda}}$, 我们有

$$f_1(\mathbf{x}_1^{k+1}) + f_2(\mathbf{x}_2^{k+1}) - f_1(\mathbf{x}_1^*) - f_2(\mathbf{x}_2^*) + \left\langle \tilde{\boldsymbol{\lambda}}, \mathbf{A}_1\mathbf{x}_1^{k+1} + \mathbf{A}_2\mathbf{x}_2^{k+1} - \mathbf{b} \right\rangle$$

$$\leqslant \eta_{k+1} \left\| \tilde{\nabla} f_1(\mathbf{x}_1^k) - \nabla f_1(\mathbf{x}_1^k) \right\|^2$$

$$+ \left(\frac{1}{2\eta_{k+1}} - \frac{\mu}{2} \right) \left\| \mathbf{x}_1^k - \mathbf{x}_1^* \right\|^2 - \frac{1}{2\eta_{k+1}} \left\| \mathbf{x}_1^{k+1} - \mathbf{x}_1^* \right\|^2$$

$$+ \left\langle \nabla f_1(\mathbf{x}_1^k) - \tilde{\nabla} f_1(\mathbf{x}_1^k), \mathbf{x}_1^k - \mathbf{x}_1^* \right\rangle + \frac{1}{2\beta} \left(\|\tilde{\boldsymbol{\lambda}} - \boldsymbol{\lambda}^k\|^2 - \|\tilde{\boldsymbol{\lambda}} - \boldsymbol{\lambda}^{k+1}\|^2 \right)$$

$$+ \frac{\beta}{2} \left(\left\| \mathbf{A}_2\mathbf{x}_2^k - \mathbf{A}_2\mathbf{x}_2^* \right\|^2 - \left\| \mathbf{A}_2\mathbf{x}_2^{k+1} - \mathbf{A}_2\mathbf{x}_2^* \right\|^2 \right), \tag{5.5}$$

其中 $(\mathbf{x}_1^*, \mathbf{x}_2^*)$ 是优化问题 (5.1) 的任意最优解.

证明　因为 $\mathbf{x}_1^{k+1} = \mathrm{argmin}_{\mathbf{x}_1} \hat{L}_\beta^k(\mathbf{x}_1, \mathbf{x}_2^k, \boldsymbol{\lambda}^k)$, 由一阶最优性条件, 我们有

$$\tilde{\nabla} f_1(\mathbf{x}_1^k) + \beta \mathbf{A}_1^{\mathrm{T}}(\mathbf{A}_1\mathbf{x}_1^{k+1} + \mathbf{A}_2\mathbf{x}_2^k - \mathbf{b}) + \mathbf{A}_1^{\mathrm{T}}\boldsymbol{\lambda}^k + \frac{1}{\eta_{k+1}}(\mathbf{x}_1^{k+1} - \mathbf{x}_1^k) = \mathbf{0}. \tag{5.6}$$

因为 f_1 是 L-光滑的, 我们有

$$f_1(\mathbf{x}_1^{k+1}) \leqslant f_1(\mathbf{x}_1^k) + \left\langle \nabla f_1(\mathbf{x}_1^k), \mathbf{x}_1^{k+1} - \mathbf{x}_1^k \right\rangle + \frac{L}{2} \left\| \mathbf{x}_1^{k+1} - \mathbf{x}_1^k \right\|^2. \tag{5.7}$$

因为 f_1 是 μ-强凸的, 我们有

$$f_1(\mathbf{x}_1^k) \leqslant f_1(\mathbf{x}_1^*) + \left\langle \nabla f_1(\mathbf{x}_1^k), \mathbf{x}_1^k - \mathbf{x}_1^* \right\rangle - \frac{\mu}{2} \left\| \mathbf{x}_1^k - \mathbf{x}_1^* \right\|^2. \tag{5.8}$$

将 (5.7) 与 (5.8) 相加, 有

$$f_1(\mathbf{x}_1^{k+1}) \leqslant f_1(\mathbf{x}_1^*) + \left\langle \nabla f_1(\mathbf{x}_1^k), \mathbf{x}_1^{k+1} - \mathbf{x}_1^* \right\rangle + \frac{L}{2} \left\| \mathbf{x}_1^{k+1} - \mathbf{x}_1^k \right\|^2 - \frac{\mu}{2} \left\| \mathbf{x}_1^k - \mathbf{x}_1^* \right\|^2$$

$$= f_1(\mathbf{x}_1^*) + \left\langle \nabla f_1(\mathbf{x}_1^k) - \tilde{\nabla} f_1(\mathbf{x}_1^k), \mathbf{x}_1^k - \mathbf{x}_1^* \right\rangle + \frac{L}{2} \left\| \mathbf{x}_1^{k+1} - \mathbf{x}_1^k \right\|^2$$

$$- \frac{\mu}{2} \left\| \mathbf{x}_1^k - \mathbf{x}_1^* \right\|^2 + \underbrace{\left\langle \tilde{\nabla} f_1(\mathbf{x}_1^k) - \nabla f_1(\mathbf{x}_1^k), \mathbf{x}_1^k - \mathbf{x}_1^{k+1} \right\rangle}_{I_1}$$

$$+ \underbrace{\left\langle \tilde{\nabla} f_1(\mathbf{x}_1^k), \mathbf{x}_1^{k+1} - \mathbf{x}_1^* \right\rangle}_{I_2}.$$

由 Cauchy-Schwarz 不等式, 对 I_1, 我们有

$$I_1 \leqslant \eta_{k+1} \left\| \tilde{\nabla} f_1(\mathbf{x}_1^k) - \nabla f_1(\mathbf{x}_1^k) \right\|^2 + \frac{1}{4\eta_{k+1}} \left\| \mathbf{x}_1^k - \mathbf{x}_1^{k+1} \right\|^2. \tag{5.9}$$

将 (5.9) 和 (5.6) 分别代入 I_1 和 I_2, 我们有

$$
\begin{aligned}
& f_1(\mathbf{x}_1^{k+1}) - f_1(\mathbf{x}_1^*) \\
\leqslant\ & \left\langle \beta(\mathbf{A}_1\mathbf{x}_1^{k+1} + \mathbf{A}_2\mathbf{x}_2^k - \mathbf{b}) + \boldsymbol{\lambda}^k, \mathbf{A}_1\mathbf{x}_1^* - \mathbf{A}_1\mathbf{x}_1^{k+1} \right\rangle \\
& + \left\langle \nabla f_1(\mathbf{x}_1^k) - \tilde{\nabla} f_1(\mathbf{x}_1^k), \mathbf{x}_1^k - \mathbf{x}_1^* \right\rangle \\
& + \frac{1}{\eta_{k+1}} \left\langle \mathbf{x}_1^{k+1} - \mathbf{x}_1^k, \mathbf{x}_1^* - \mathbf{x}_1^{k+1} \right\rangle + \eta_{k+1} \left\| \tilde{\nabla} f_1(\mathbf{x}_1^k) - \nabla f_1(\mathbf{x}_1^k) \right\|^2 \\
& + \left(\frac{1}{4\eta_{k+1}} + \frac{L}{2} \right) \left\| \mathbf{x}_1^k - \mathbf{x}_1^{k+1} \right\|^2 - \frac{\mu}{2} \left\| \mathbf{x}_1^k - \mathbf{x}_1^* \right\|^2.
\end{aligned}
\tag{5.10}
$$

另一方面, 因为

$$\mathbf{x}_2^{k+1} = \operatorname*{argmin}_{\mathbf{x}_2} \hat{L}_\beta^k(\mathbf{x}_1^{k+1}, \mathbf{x}_2, \boldsymbol{\lambda}^k),$$

由一阶最优性条件, 我们有

$$- \left[\beta \mathbf{A}_2^{\mathrm{T}}(\mathbf{A}_1\mathbf{x}_1^{k+1} + \mathbf{A}_2\mathbf{x}_2^{k+1} - \mathbf{b}) + \mathbf{A}_2^{\mathrm{T}}\boldsymbol{\lambda}^k \right] \in \partial f_2(\mathbf{x}_2^{k+1}). \tag{5.11}$$

所以利用 f_2 的凸性, 我们有

$$f_2(\mathbf{x}_2^{k+1}) - f_2(\mathbf{x}_2^*) \overset{a}{\leqslant} \left\langle \beta(\mathbf{A}_1\mathbf{x}_1^{k+1} + \mathbf{A}_2\mathbf{x}_2^{k+1} - \mathbf{b}) + \boldsymbol{\lambda}^k, \mathbf{A}_2\mathbf{x}_2^* - \mathbf{A}_2\mathbf{x}_2^{k+1} \right\rangle, \tag{5.12}$$

其中 $\overset{a}{\leqslant}$ 利用了 (5.11). 将 (5.12) 和 (5.10) 相加, 使用 $\eta_{k+1} \leqslant 1/(2L)$ 和 (A.2) 即

$$\left\langle \mathbf{x}_1^{k+1} - \mathbf{x}_1^k, \mathbf{x}_1^* - \mathbf{x}_1^{k+1} \right\rangle = \frac{1}{2} \left\| \mathbf{x}_1^k - \mathbf{x}_1^* \right\|^2 - \frac{1}{2} \left\| \mathbf{x}_1^{k+1} - \mathbf{x}_1^* \right\|^2 - \frac{1}{2} \left\| \mathbf{x}_1^{k+1} - \mathbf{x}_1^k \right\|^2,$$

我们有

$$
\begin{aligned}
& f_1(\mathbf{x}_1^{k+1}) - f_1(\mathbf{x}_1^*) + f_2(\mathbf{x}_2^{k+1}) - f_2(\mathbf{x}_2^*) \\
\leqslant\ & \left(\frac{1}{2\eta_{k+1}} - \frac{\mu}{2} \right) \left\| \mathbf{x}_1^k - \mathbf{x}_1^* \right\|^2 - \frac{1}{2\eta_{k+1}} \left\| \mathbf{x}_1^{k+1} - \mathbf{x}_1^* \right\|^2 \\
& + \left\langle \nabla f_1(\mathbf{x}_1^k) - \tilde{\nabla} f_1(\mathbf{x}_1^k), \mathbf{x}_1^k - \mathbf{x}_1^* \right\rangle
\end{aligned}
$$

$$+ \left\langle \beta(\mathbf{A}_1\mathbf{x}_1^{k+1} + \mathbf{A}_2\mathbf{x}_2^{k+1} - \mathbf{b}) + \boldsymbol{\lambda}^k, \mathbf{A}_1\mathbf{x}_1^* - \mathbf{A}_1\mathbf{x}_1^{k+1} + \mathbf{A}_2\mathbf{x}_2^* - \mathbf{A}_2\mathbf{x}_2^{k+1} \right\rangle$$

$$+ \beta \left\langle \mathbf{A}_2\mathbf{x}_2^k - \mathbf{A}_2\mathbf{x}_2^{k+1}, \mathbf{A}_1\mathbf{x}_1^* - \mathbf{A}_1\mathbf{x}_1^{k+1} \right\rangle$$

$$+ \eta_{k+1} \left\| \tilde{\nabla} f_1(\mathbf{x}_1^k) - \nabla f_1(\mathbf{x}_1^k) \right\|^2. \tag{5.13}$$

由算法 5.1 第 3 行有

$$\mathbf{A}_1\mathbf{x}_1^* + \mathbf{A}_2\mathbf{x}_2^* = \mathbf{b} \quad \text{和} \quad \boldsymbol{\lambda}^{k+1} = \boldsymbol{\lambda}^k + \beta(\mathbf{A}_1\mathbf{x}_1^{k+1} + \mathbf{A}_2\mathbf{x}_2^{k+1} - \mathbf{b}),$$

可得出

$$\left\langle \left[\beta(\mathbf{A}_1\mathbf{x}_1^{k+1} + \mathbf{A}_2\mathbf{x}_2^{k+1} - \mathbf{b}) + \boldsymbol{\lambda}^k \right] - \tilde{\boldsymbol{\lambda}}, \mathbf{A}_1\mathbf{x}_1^* - \mathbf{A}_1\mathbf{x}_1^{k+1} + \mathbf{A}_2\mathbf{x}_2^* - \mathbf{A}_2\mathbf{x}_2^{k+1} \right\rangle$$

$$= \frac{1}{\beta} \left\langle \tilde{\boldsymbol{\lambda}} - \boldsymbol{\lambda}^{k+1}, \boldsymbol{\lambda}^{k+1} - \boldsymbol{\lambda}^k \right\rangle$$

$$\overset{\text{a}}{=} -\frac{1}{2\beta} \left\| \tilde{\boldsymbol{\lambda}} - \boldsymbol{\lambda}^{k+1} \right\|^2 - \frac{1}{2\beta} \left\| \boldsymbol{\lambda}^k - \boldsymbol{\lambda}^{k+1} \right\|^2 + \frac{1}{2\beta} \left\| \tilde{\boldsymbol{\lambda}} - \boldsymbol{\lambda}^k \right\|^2, \tag{5.14}$$

其中 $\overset{\text{a}}{=}$ 使用了 (A.2). 进一步地,

$$\beta \left\langle \mathbf{A}_2\mathbf{x}_2^k - \mathbf{A}_2\mathbf{x}_2^{k+1}, \mathbf{A}_1\mathbf{x}_1^* - \mathbf{A}_1\mathbf{x}_1^{k+1} \right\rangle$$

$$= \beta \left\langle \left(\mathbf{A}_2\mathbf{x}_2^k - \mathbf{A}_2\mathbf{x}_2^* \right) - \left(\mathbf{A}_2\mathbf{x}_2^{k+1} - \mathbf{A}_2\mathbf{x}_2^* \right), - \left(\mathbf{A}_1\mathbf{x}_1^{k+1} - \mathbf{A}_1\mathbf{x}_1^* \right) - \mathbf{0} \right\rangle$$

$$\overset{\text{a}}{=} \frac{\beta}{2} \left\| \mathbf{A}_2\mathbf{x}_2^k - \mathbf{A}_2\mathbf{x}_2^* \right\|^2 - \frac{\beta}{2} \left\| \mathbf{A}_2\mathbf{x}_2^{k+1} - \mathbf{A}_2\mathbf{x}_2^* \right\|^2 - \frac{\beta}{2} \left\| \mathbf{A}_2\mathbf{x}_2^k + \mathbf{A}_1\mathbf{x}_1^{k+1} - \mathbf{b} \right\|^2$$

$$+ \frac{\beta}{2} \left\| \mathbf{A}_2\mathbf{x}_2^{k+1} + \mathbf{A}_1\mathbf{x}_1^{k+1} - \mathbf{b} \right\|^2$$

$$\leqslant \frac{\beta}{2} \left\| \mathbf{A}_2\mathbf{x}_2^k - \mathbf{A}_2\mathbf{x}_2^* \right\|^2 - \frac{\beta}{2} \left\| \mathbf{A}_2\mathbf{x}_2^{k+1} - \mathbf{A}_2\mathbf{x}_2^* \right\|^2 + \frac{\beta}{2} \left\| \mathbf{A}_2\mathbf{x}_2^{k+1} + \mathbf{A}_1\mathbf{x}_1^{k+1} - \mathbf{b} \right\|^2$$

$$= \frac{\beta}{2} \left\| \mathbf{A}_2\mathbf{x}_2^k - \mathbf{A}_2\mathbf{x}_2^* \right\|^2 - \frac{\beta}{2} \left\| \mathbf{A}_2\mathbf{x}_2^{k+1} - \mathbf{A}_2\mathbf{x}_2^* \right\|^2 + \frac{1}{2\beta} \left\| \boldsymbol{\lambda}^k - \boldsymbol{\lambda}^{k+1} \right\|^2, \tag{5.15}$$

其中 $\overset{\text{a}}{=}$ 使用了 (A.3) 和 $\mathbf{A}_1\mathbf{x}_1^* + \mathbf{A}_2\mathbf{x}_2^* = \mathbf{b}$. 将 $\left\langle \tilde{\boldsymbol{\lambda}}, \mathbf{A}_1\mathbf{x}_1^{k+1} + \mathbf{A}_2\mathbf{x}_2^{k+1} - \mathbf{b} \right\rangle$ 加到 (5.13) 两边, 并代入 (5.14) 和 (5.15), 可得 (5.5). □

现在我们给出算法 5.1 的收敛性证明.

定理 5.1　在引理 5.1 的假设条件下, 假设 f_1 梯度的方差 σ^2-一致有界, 即对于所有给定的 $\mathbf{x}_1$ 有

$$\mathbb{E}_\xi \| \nabla F_1(\mathbf{x}_1; \xi) - \nabla f_1(\mathbf{x}_1) \|^2 \leqslant \sigma^2.$$

定义

$$D_1 = \|\mathbf{x}_1^0 - \mathbf{x}_1^*\| \quad \text{和} \quad D_2 = \|\mathbf{A}_2\mathbf{x}_2^0 - \mathbf{A}_2\mathbf{x}_2^*\|.$$

对于一般凸情况, 即 $\mu = 0$, 设置步长满足 $\eta_k = 1/(2L + \sqrt{k}\sigma/D_1)$, 令

$$\bar{\mathbf{x}}_1^K = \frac{1}{\sum\limits_{k=1}^{K} \eta_k} \sum_{k=1}^{K} \eta_k \mathbf{x}_1^k \quad \text{和} \quad \bar{\mathbf{x}}_2^K = \frac{1}{\sum\limits_{k=1}^{K} \eta_k} \sum_{k=1}^{K} \eta_k \mathbf{x}_2^k,$$

则对于任意的 $\rho > 0$ 和一个充分大的 K, 我们有

$$\mathbb{E}f_1(\bar{\mathbf{x}}_1^K) + \mathbb{E}f_2(\bar{\mathbf{x}}_2^K) - f_1(\mathbf{x}_1^*) - f_2(\mathbf{x}_2^*) + \rho\mathbb{E}\|\mathbf{A}_1\bar{\mathbf{x}}_1^K + \mathbf{A}_2\bar{\mathbf{x}}_2^K - \mathbf{b}\|$$

$$\leqslant \frac{2D_1\sigma\log K}{\sqrt{K}} + \frac{\sigma}{\sqrt{K}}\left[\frac{D_1}{2} + \frac{\rho^2}{2\beta(2LD_1 + \sigma)} + \frac{\beta D_2^2}{2(2LD_1 + \sigma)}\right].$$

对于强凸情况, 即 $\mu > 0$, 设置步长 $\eta_k = 1/(2L + k\mu)$, 令

$$\bar{\mathbf{x}}_1^K = \frac{1}{K}\sum_{k=1}^{K}\mathbf{x}_1^k \quad \text{和} \quad \bar{\mathbf{x}}_2^K = \frac{1}{K}\sum_{k=1}^{K}\mathbf{x}_2^k,$$

那么对于任意的 $\rho > 0$, 我们有

$$\mathbb{E}f_1(\bar{\mathbf{x}}_1^K) + \mathbb{E}f_2(\bar{\mathbf{x}}_2^K) - f_1(\mathbf{x}_1^*) - f_2(\mathbf{x}_2^*) + \rho\mathbb{E}\|\mathbf{A}_1\bar{\mathbf{x}}_1^K + \mathbf{A}_2\bar{\mathbf{x}}_2^K - \mathbf{b}\|$$

$$\leqslant \frac{\sigma^2(\log K + 1)}{\mu K} + \frac{1}{K}\left(LD_1^2 + \frac{\rho^2}{2\beta} + \frac{\beta D_2^2}{2}\right).$$

证明 对于 $\mu = 0$ 的情况, (5.5) 简化成

$$f_1(\mathbf{x}_1^{k+1}) + f_2(\mathbf{x}_2^{k+1}) - f_1(\mathbf{x}_1^*) - f_2(\mathbf{x}_2^*) + \left\langle \tilde{\boldsymbol{\lambda}}, \mathbf{A}_1\mathbf{x}_1^{k+1} + \mathbf{A}_2\mathbf{x}_2^{k+1} - \mathbf{b}\right\rangle$$

$$\leqslant \eta_{k+1}\left\|\tilde{\nabla}f_1(\mathbf{x}_1^k) - \nabla f_1(\mathbf{x}_1^k)\right\|^2 + \frac{1}{2\eta_{k+1}}\left\|\mathbf{x}_1^k - \mathbf{x}_1^*\right\|^2 - \frac{1}{2\eta_{k+1}}\left\|\mathbf{x}_1^{k+1} - \mathbf{x}_1^*\right\|^2$$

$$+ \left\langle \nabla f_1(\mathbf{x}_1^k) - \tilde{\nabla}f_1(\mathbf{x}_1^k), \mathbf{x}_1^k - \mathbf{x}_1^*\right\rangle + \frac{1}{2\beta}\left(\left\|\tilde{\boldsymbol{\lambda}} - \boldsymbol{\lambda}^k\right\|^2 - \left\|\tilde{\boldsymbol{\lambda}} - \boldsymbol{\lambda}^{k+1}\right\|^2\right)$$

$$+ \frac{\beta}{2}\left(\left\|\mathbf{A}_2\mathbf{x}_2^k - \mathbf{A}_2\mathbf{x}_2^*\right\|^2 - \left\|\mathbf{A}_2\mathbf{x}_2^{k+1} - \mathbf{A}_2\mathbf{x}_2^*\right\|^2\right).$$

将上式两边乘以 η_{k+1}, 并将结果对 $k = 0, \cdots, K-1$ 累加求和, 利用 $\eta_{k+1} < \eta_k$,

略去不等式右边一些非正的项, 并将结果两边同时除以 $\sum_{k=1}^{K} \eta_k$, 我们有

$$
\frac{1}{\sum\limits_{k=1}^{K} \eta_k} \sum_{k=1}^{K} \eta_k \left(f_1(\mathbf{x}_1^k) + f_2(\mathbf{x}_2^k) \right) - f_1(\mathbf{x}_1^*) - f_2(\mathbf{x}_2^*)
$$

$$
+ \left\langle \tilde{\boldsymbol{\lambda}}, \frac{1}{\sum\limits_{k=1}^{K} \eta_k} \sum_{k=1}^{K} \eta_k \left(\mathbf{A}_1 \mathbf{x}_1^k + \mathbf{A}_2 \mathbf{x}_2^k \right) - \mathbf{b} \right\rangle
$$

$$
\leqslant \frac{1}{\sum\limits_{k=1}^{K} \eta_k} \left[\sum_{k=0}^{K-1} \eta_{k+1}^2 \left\| \tilde{\nabla} f_1(\mathbf{x}_1^k) - \nabla f_1(\mathbf{x}_1^k) \right\|^2 + \frac{1}{2} \left\| \mathbf{x}_1^0 - \mathbf{x}_1^* \right\|^2 \right.
$$

$$
+ \sum_{k=0}^{K-1} \eta_{k+1} \left\langle \nabla f_1(\mathbf{x}_1^k) - \tilde{\nabla} f_1(\mathbf{x}_1^k), \mathbf{x}_1^k - \mathbf{x}_1^* \right\rangle
$$

$$
\left. + \frac{\eta_1}{2\beta} \left\| \tilde{\boldsymbol{\lambda}} - \boldsymbol{\lambda}^0 \right\|^2 + \frac{\beta \eta_1}{2} \left\| \mathbf{A}_2 \mathbf{x}_2^0 - \mathbf{A}_2 \mathbf{x}_2^* \right\|^2 \right]. \tag{5.16}
$$

利用 f_1 和 f_2 的凸性, 我们有

$$
f_1(\bar{\mathbf{x}}_1^K) + f_2(\bar{\mathbf{x}}_2^K) \leqslant \frac{1}{\sum\limits_{k=1}^{K} \eta_k} \sum_{k=1}^{K} \eta_k \left(f_1(\mathbf{x}_1^k) + f_2(\mathbf{x}_2^k) \right). \tag{5.17}
$$

令

$$
\tilde{\boldsymbol{\lambda}} = \frac{\rho \left(\mathbf{A}_1 \bar{\mathbf{x}}_1^K + \mathbf{A}_2 \bar{\mathbf{x}}_2^K - \mathbf{b} \right)}{\left\| \mathbf{A}_1 \bar{\mathbf{x}}_1^K + \mathbf{A}_2 \bar{\mathbf{x}}_2^K - \mathbf{b} \right\|},
$$

注意到算法 5.1 里的初始化: $\boldsymbol{\lambda}^0 = \mathbf{0}$, 对 (5.16) 求全期望, 并使用 (5.17), 我们有

$$
\mathbb{E} f_1(\bar{\mathbf{x}}_1^K) + \mathbb{E} f_2(\bar{\mathbf{x}}_2^K) - f_1(\mathbf{x}_1^*) - f_2(\mathbf{x}_2^*) + \rho \mathbb{E} \| \mathbf{A}_1 \bar{\mathbf{x}}_1^K + \mathbf{A}_2 \bar{\mathbf{x}}_2^K - \mathbf{b} \|
$$

$$
\leqslant \frac{1}{\sum\limits_{k=1}^{K} \eta_k} \left[\sum_{k=0}^{K-1} \eta_{k+1}^2 \mathbb{E} \left\| \tilde{\nabla} f_1(\mathbf{x}_1^k) - \nabla f_1(\mathbf{x}_1^k) \right\|^2 \right.
$$

$$
+ \sum_{k=0}^{K-1} \eta_{k+1} \mathbb{E} \left\langle \nabla f_1(\mathbf{x}_1^k) - \tilde{\nabla} f_1(\mathbf{x}_1^k), \mathbf{x}_1^k - \mathbf{x}_1^* \right\rangle
$$

$$+ \frac{D_1^2}{2} + \frac{\eta_1 \rho^2}{2\beta} + \frac{\beta \eta_1 D_2^2}{2} \bigg].$$

对于每个 $k \geqslant 1$, 我们有

$$\mathbb{E} \left\| \tilde{\nabla} f_1(\mathbf{x}_1^k) - \nabla f_1(\mathbf{x}_1^k) \right\|^2 = \mathbb{E}_1 \mathbb{E}_2 \cdots \mathbb{E}_{k-1} \left[\mathbb{E}_k \left\| \tilde{\nabla} f_1(\mathbf{x}_1^k) - \nabla f_1(\mathbf{x}_1^k) \right\|^2 \right]$$

$$\leqslant \mathbb{E}_1 \mathbb{E}_2 \cdots \mathbb{E}_{k-1} \left[\sigma^2 \right] = \sigma^2, \tag{5.18}$$

其中 $\mathbb{E}_k$ 表示给定前 $k-1$ 次迭代仅对第 k 次迭代产生的随机性求期望. 我们也有

$$\mathbb{E} \left\langle \nabla f_1(\mathbf{x}_1^k) - \tilde{\nabla} f_1(\mathbf{x}_1^k), \mathbf{x}_1^k - \mathbf{x}_1^* \right\rangle$$

$$= \mathbb{E}_1 \mathbb{E}_2 \cdots \mathbb{E}_{k-1} \left[\mathbb{E}_k \left\langle \nabla f_1(\mathbf{x}_1^k) - \tilde{\nabla} f_1(\mathbf{x}_1^k), \mathbf{x}_1^k - \mathbf{x}_1^* \right\rangle \right]$$

$$= \mathbb{E}_1 \mathbb{E}_2 \cdots \mathbb{E}_{k-1} [0] = 0. \tag{5.19}$$

进一步地, 当 K 充分大时, 我们有

$$\sum_{k=1}^{K} \eta_k^2 \leqslant \int_0^K \left(2L + \frac{\sigma}{D_1} \sqrt{x} \right)^{-2} \mathrm{d}x$$

$$= 2 \left(\frac{D_1}{\sigma} \right)^2 \left[\log \left(1 + \frac{\sigma}{2LD_1} \sqrt{K} \right) - \left(1 + \frac{2LD_1}{\sigma \sqrt{K}} \right)^{-1} \right]$$

$$\leqslant 2 \left(\frac{D_1}{\sigma} \right)^2 \log K$$

和

$$\sum_{k=1}^{K} \eta_k \geqslant \int_1^{K+1} \left(2L + \frac{\sigma}{D_1} \sqrt{x} \right)^{-1} \mathrm{d}x$$

$$= 4L \left(\frac{D_1}{\sigma} \right)^2 \left[\frac{\sigma}{2LD_1} \left(\sqrt{K+1} - 1 \right) \right.$$

$$\left. - \log \left(1 + \frac{\sigma}{2LD_1} \sqrt{K+1} \right) + \log \left(1 + \frac{\sigma}{2LD_1} \right) \right]$$

$$\geqslant \frac{D_1}{\sigma} \sqrt{K}.$$

最后, 把以上结果综合在一起并利用 $\eta_1 = 1/(2L + \sigma/D_1)$, 可得

$$\mathbb{E} f_1(\bar{\mathbf{x}}_1^K) + \mathbb{E} f_2(\bar{\mathbf{x}}_2^K) - f_1(\mathbf{x}_1^*) - f_2(\mathbf{x}_2^*) + \rho \mathbb{E} \| \mathbf{A}_1 \bar{\mathbf{x}}_1^K + \mathbf{A}_2 \bar{\mathbf{x}}_2^K - \mathbf{b} \|$$

$$\leqslant \frac{1}{\sqrt{K}}\left[2D_1\sigma\log K + \frac{D_1\sigma}{2} + \frac{\sigma\rho^2}{2\beta(2LD_1+\sigma)} + \frac{\beta\sigma D_2^2}{2(2LD_1+\sigma)}\right].$$

对于 μ-强凸情况, 使用 $\eta_k = 1/(2L+k\mu)$, (5.5) 可写成

$$f_1(\mathbf{x}_1^{k+1}) + f_2(\mathbf{x}_2^{k+1}) - f_1(\mathbf{x}_1^*) - f_2(\mathbf{x}_2^*) + \left\langle\tilde{\boldsymbol{\lambda}}, \mathbf{A}_1\mathbf{x}_1^{k+1} + \mathbf{A}_2\mathbf{x}_2^{k+1} - \mathbf{b}\right\rangle$$

$$\leqslant \eta_{k+1}\left\|\tilde{\nabla}f_1(\mathbf{x}_1^k) - \nabla f_1(\mathbf{x}_1^k)\right\|^2 + \frac{1}{2\eta_k}\left\|\mathbf{x}_1^k - \mathbf{x}_1^*\right\|^2 - \frac{1}{2\eta_{k+1}}\left\|\mathbf{x}_1^{k+1} - \mathbf{x}_1^*\right\|^2$$

$$+ \left\langle\nabla f_1(\mathbf{x}_1^k) - \tilde{\nabla}f_1(\mathbf{x}_1^k), \mathbf{x}_1^k - \mathbf{x}_1^*\right\rangle + \frac{1}{2\beta}\left(\left\|\tilde{\boldsymbol{\lambda}} - \boldsymbol{\lambda}^k\right\|^2 - \left\|\tilde{\boldsymbol{\lambda}} - \boldsymbol{\lambda}^{k+1}\right\|^2\right)$$

$$+ \frac{\beta}{2}\left(\left\|\mathbf{A}_2\mathbf{x}_2^k - \mathbf{A}_2\mathbf{x}_2^*\right\|^2 - \left\|\mathbf{A}_2\mathbf{x}_2^{k+1} - \mathbf{A}_2\mathbf{x}_2^*\right\|^2\right).$$

将上式对 $k = 0, \cdots, K-1$ 累加求和, 忽略右端若干非正的项, 将不等式两边同除以 K, 再利用 f_1 和 f_2 的凸性, 接下来令

$$\tilde{\boldsymbol{\lambda}} = \frac{\rho\left(\mathbf{A}_1\bar{\mathbf{x}}_1^K + \mathbf{A}_2\bar{\mathbf{x}}_2^K - \mathbf{b}\right)}{\left\|\mathbf{A}_1\bar{\mathbf{x}}_1^K + \mathbf{A}_2\bar{\mathbf{x}}_2^K - \mathbf{b}\right\|},$$

对所得式子求全期望并利用 (5.18) 和 (5.19), 我们有

$$\mathbb{E}f_1(\bar{\mathbf{x}}_1^K) + \mathbb{E}f_2(\bar{\mathbf{x}}_2^K) - f_1(\mathbf{x}_1^*) - f_2(\mathbf{x}_2^*) + \rho\mathbb{E}\|\mathbf{A}_1\bar{\mathbf{x}}_1^K + \mathbf{A}_2\bar{\mathbf{x}}_2^K - \mathbf{b}\|$$

$$\leqslant \frac{\sigma^2}{K}\sum_{k=1}^K\frac{1}{2L+k\mu} + \frac{L}{K}\left\|\mathbf{x}_1^0 - \mathbf{x}_1^*\right\|^2 + \frac{1}{2\beta K}\left\|\tilde{\boldsymbol{\lambda}} - \boldsymbol{\lambda}^0\right\|^2 + \frac{\beta}{2K}\left\|\mathbf{A}_2\mathbf{x}_2^0 - \mathbf{A}_2\mathbf{x}_2^*\right\|^2$$

$$\overset{\text{a}}{\leqslant} \frac{\sigma^2(\log K + 1)}{\mu K} + \frac{LD_1^2}{K} + \frac{\rho^2}{2\beta K} + \frac{\beta D_2^2}{2K},$$

其中 $\overset{\text{a}}{\leqslant}$ 使用了

$$\sum_{k=1}^K\frac{1}{2L+k\mu} < \sum_{k=1}^K\frac{1}{k\mu} < \int_1^K\frac{1}{\mu x}\mathrm{d}x + \frac{1}{\mu} = \frac{\log K + 1}{\mu}. \qquad \square$$

5.2　方　差　缩　减

方差缩减 (VR) 技巧最初被用于求解问题

$$\min_{\mathbf{x}\in\mathbb{R}^d} \quad \frac{1}{n}\sum_{i=1}^n F_i(\mathbf{x}).$$

当每个 F_i 是强凸且光滑时, 随机梯度下降 (Stochastic Gradient Descent, SGD) 法仅能够达到次线性收敛. 令人惊讶的是, VR 技巧能将算法加速到线性收敛. 第一个 VR 方法可能是随机平均梯度 (SAG) 法[77]. 该算法利用最新的子函数梯度的和作为梯度的估计. 这个方法需要 $O(nd)$ 的内存且估计的梯度是有偏的. 之后, 研究者们相继设计出了许多 VR 方法, 如随机对偶坐标上升 (SDCA) 法[78]、代理函数增量最小化 (MISO) 法[66]、随机方差缩减梯度 (SVRG) 法[48] 和另一种随机平均梯度法 SAGA[15].

在这一节, 我们介绍 VR 技术在 ADMM 中的应用. 我们证明对于离线问题, VR 在一般凸情况下能将收敛速度提升到 $O(1/K)$. 我们使用一种经典的 VR 技巧, 称为 SVRG[48]. 它主要的思想是缓存一个向量并通过缓存向量与最新迭代变量间的距离给出梯度方差的上界.

具体地, 我们考虑如下优化问题:

$$
\min_{\mathbf{x}_1, \mathbf{x}_2} \quad (f_1(\mathbf{x}_1) + f_2(\mathbf{x}_2)),
$$
$$
\text{s.t.} \quad \mathbf{A}_1 \mathbf{x}_1 + \mathbf{A}_2 \mathbf{x}_2 = \mathbf{b}, \tag{5.20}
$$

其中 $f_1(\mathbf{x}_1) = \dfrac{1}{n} \sum_{i=1}^{n} F_i(\mathbf{x}_1)$. 我们介绍文献 [100] 中提出的 SVRG-ADMM. 算法被展示在算法 5.2 中. 在求解原始变量的时候, 我们同时线性化了 $f_1(\mathbf{x}_1)$ 和增广项 $\dfrac{\beta}{2} \left\| \mathbf{A}_1 \mathbf{x}_1 + \mathbf{A}_2 \mathbf{x}_2 - \mathbf{b} + \dfrac{1}{\beta} \boldsymbol{\lambda} \right\|^2$. 因此有

$$
\begin{aligned}
\mathbf{x}_{s,1}^{k+1} = \underset{\mathbf{x}_1}{\arg\min} \bigg(& \left\langle \tilde{\nabla} f_1(\mathbf{x}_{s,1}^k), \mathbf{x}_1 - \mathbf{x}_{s,1}^k \right\rangle \\
& + \left\langle \beta \left(\mathbf{A}_1 \mathbf{x}_{s,1}^k + \mathbf{A}_2 \mathbf{x}_{s,2}^k - \mathbf{b} \right) + \boldsymbol{\lambda}_s^k, \mathbf{A}_1 \left(\mathbf{x}_1 - \mathbf{x}_{s,1}^k \right) \right\rangle \\
& + \frac{1}{2\eta_1} \left\| \mathbf{x}_1 - \mathbf{x}_{s,1}^k \right\|^2 \bigg)
\end{aligned} \tag{5.21}
$$

和

$$
\begin{aligned}
\mathbf{x}_{s,2}^{k+1} = \underset{\mathbf{x}_2}{\arg\min} \bigg(& f_2(\mathbf{x}_2) + \left\langle \beta \left(\mathbf{A}_1 \mathbf{x}_{s,1}^{k+1} + \mathbf{A}_2 \mathbf{x}_{s,2}^k - \mathbf{b} \right) + \boldsymbol{\lambda}_s^k, \mathbf{A}_2 \left(\mathbf{x}_2 - \mathbf{x}_{s,2}^k \right) \right\rangle \\
& + \frac{1}{2\eta_2} \left\| \mathbf{x}_2 - \mathbf{x}_{s,2}^k \right\|^2 \bigg),
\end{aligned} \tag{5.22}
$$

其中

$$
\eta_1 = 1 / \left(9L + \beta \left\| \mathbf{A}_1 \right\|_2^2 \right) \quad \text{和} \quad \eta_2 = 1 / \left(\beta \left\| \mathbf{A}_2 \right\|_2^2 \right).
$$

算法 5.2 的第 4 行是缩减方差的主要步骤, 估计的梯度为

$$\tilde{\nabla} f_1(\mathbf{x}_{s,1}^k) = \nabla F_{i_{k,s}}(\mathbf{x}_{s,1}^k) - \nabla F_{i_{k,s}}(\tilde{\mathbf{x}}_{s,1}) + \frac{1}{n} \sum_{i=1}^{n} \nabla F_i(\tilde{\mathbf{x}}_{s,1}),$$

其中 $\tilde{\mathbf{x}}_{s,1}$ 是缓存向量而 $\frac{1}{n} \sum_{i=1}^{n} \nabla F_i(\tilde{\mathbf{x}}_{s,1})$ 可在外层循环开始时计算得到.

算法 5.2　　SVRG-ADMM

输入 $\mathbf{x}_{0,1}^0, \mathbf{x}_{0,2}^0, \boldsymbol{\lambda}_0^0$. 设置内层循环次数 $m, \tilde{\mathbf{x}}_{0,1} = \mathbf{x}_{0,1}^0$ 和步长 η.

1 **for** $s = 0$ **to** $S - 1$ **do**

2　　**for** $k = 0$ **to** $m - 1$ **do**

3　　　从 $[n]$ 中采样 $i_{k,s}$.

4　　　$\tilde{\nabla} f_1(\mathbf{x}_{s,1}^k) = \nabla F_{i_{k,s}}(\mathbf{x}_{s,1}^k) - \nabla F_{i_{k,s}}(\tilde{\mathbf{x}}_{s,1}) + \frac{1}{n} \sum_{i=1}^{n} \nabla F_i(\tilde{\mathbf{x}}_{s,1})$.

5　　　使用 (5.21) 更新 $\mathbf{x}_{s,1}^{k+1}$.

6　　　利用 (5.22) 更新 $\mathbf{x}_{s,2}^{k+1}$.

7　　　更新对偶变量: $\boldsymbol{\lambda}_s^{k+1} = \boldsymbol{\lambda}_s^k + \beta \left(\mathbf{A}_1 \mathbf{x}_{s,1}^{k+1} + \mathbf{A}_2 \mathbf{x}_{s,2}^{k+1} - \mathbf{b}\right)$.

8　　**end for** k

9　　对于 $i = 1, 2$, 令 $\tilde{\mathbf{x}}_{s+1,i} = \frac{1}{m} \sum_{k=1}^{m} \mathbf{x}_{s,i}^k, \mathbf{x}_{s+1,i}^0 = \mathbf{x}_{s,i}^m$ 和 $\boldsymbol{\lambda}_{s+1}^0 = \boldsymbol{\lambda}_s^m$.

　　end for s

如下的分析取自文献 [100]. 我们首先利用如下引理控制这种特殊设计的估计梯度的方差.

引理 5.2　假设对所有 $i \in [n]$, F_i 是凸函数且 L-光滑. 用 $\mathbb{E}_k$ 表示给定 $\mathbf{x}_{s,1}^k$ 对随机变量 $i_{k,s}$ 求期望. 那么我们有

$$\mathbb{E}_k \tilde{\nabla} f_1(\mathbf{x}_{s,1}^k) = \nabla f_1(\mathbf{x}_{s,1}^k).$$

令 $(\mathbf{x}_1^*, \mathbf{x}_2^*, \boldsymbol{\lambda}^*)$ 为问题 (5.20) 的最优解. 我们有

$$\mathbb{E}_k \left\| \tilde{\nabla} f_1(\mathbf{x}_{s,1}^k) - \nabla f_1(\mathbf{x}_{s,1}^k) \right\|^2 \leqslant 4L \left[H_1(\mathbf{x}_{s,1}^k) + H_1(\tilde{\mathbf{x}}_{s,1}) \right], \tag{5.23}$$

其中 $H_1(\mathbf{x}_1) = f_1(\mathbf{x}_1) - f_1(\mathbf{x}_1^*) - \langle \nabla f_1(\mathbf{x}_1^*), \mathbf{x}_1 - \mathbf{x}_1^* \rangle$.

证明　首先, 我们有

$$\mathbb{E}_k \left(\tilde{\nabla} f_1(\mathbf{x}_{s,1}^k) \right) = \mathbb{E}_k \nabla F_{i_{k,s}}(\mathbf{x}_{s,1}^k) - \mathbb{E}_k \left(\nabla F_{i_{k,s}}(\tilde{\mathbf{x}}_{s,1}) - \frac{1}{n} \sum_{i=1}^{n} \nabla F_i(\tilde{\mathbf{x}}_{s,1}) \right)$$

$$= \nabla f_1(\mathbf{x}_{s,1}^k).$$

所以 $\tilde{\nabla} f_1(\mathbf{x}_{s,1}^k)$ 是 $\nabla f_1(\mathbf{x}_{s,1}^k)$ 的一个无偏估计. 故有

$$
\mathbb{E}_k \big\| \tilde{\nabla} f_1(\mathbf{x}_{s,1}^k) - \nabla f_1(\mathbf{x}_{s,1}^k) \big\|^2
$$

$$
= \mathbb{E}_k \big\| \nabla F_{i_{k,s}}(\mathbf{x}_{s,1}^k) - \nabla F_{i_{k,s}}(\tilde{\mathbf{x}}_{s,1}) + \nabla f_1(\tilde{\mathbf{x}}_{s,1}) - \nabla f_1(\mathbf{x}_{s,1}^k) \big\|^2
$$

$$
\overset{\text{a}}{\leqslant} \mathbb{E}_k \big\| \nabla F_{i_{k,s}}(\mathbf{x}_{s,1}^k) - \nabla F_{i_{k,s}}(\tilde{\mathbf{x}}_{s,1}) \big\|^2
$$

$$
\overset{\text{b}}{\leqslant} 2\mathbb{E}_k \big\| \nabla F_{i_{k,s}}(\mathbf{x}_{s,1}^k) - \nabla F_{i_{k,s}}(\mathbf{x}_1^*) \big\|^2
$$

$$
+ 2\mathbb{E}_k \big\| \nabla F_{i_{k,s}}(\tilde{\mathbf{x}}_{s,1}) - \nabla F_{i_{k,s}}(\mathbf{x}_1^*) \big\|^2, \tag{5.24}
$$

其中 $\overset{\text{a}}{\leqslant}$ 使用了

$$
\mathbb{E}_k \left(\nabla F_{i_{k,s}}(\mathbf{x}_{s,1}^k) - \nabla F_{i_{k,s}}(\tilde{\mathbf{x}}_{s,1}) \right) = \nabla f_1(\mathbf{x}_{s,1}^k) - \nabla f_1(\tilde{\mathbf{x}}_{s,1})
$$

和对任意的随机向量 $\boldsymbol{\xi}$ 有 $\mathbb{E}\|\boldsymbol{\xi} - \mathbb{E}\boldsymbol{\xi}\|^2 \leqslant \mathbb{E}\|\boldsymbol{\xi}\|^2$ (命题 A.3), $\overset{\text{b}}{\leqslant}$ 使用了 $\|\mathbf{a}+\mathbf{b}\|^2 \leqslant 2\|\mathbf{a}\|^2 + 2\|\mathbf{b}\|^2$. 因为 $f_i(\mathbf{x})$ 是凸函数且 L-光滑, 由 (A.5) 可得

$$
\|\nabla F_i(\mathbf{x}) - \nabla F_i(\mathbf{y})\|^2 \leqslant 2L \left(F_i(\mathbf{x}) - F_i(\mathbf{y}) + \langle \nabla F_i(\mathbf{y}), \mathbf{y} - \mathbf{x} \rangle \right). \tag{5.25}
$$

在 (5.25) 中令 $\mathbf{x} = \mathbf{x}_{s,1}^k$ 与 $\mathbf{y} = \mathbf{x}_1^*$, 将结果对 $i = 1, \cdots, n$ 累加求和, 我们有

$$
\mathbb{E}_k \big\| \nabla F_{i_{k,s}}(\mathbf{x}_{s,1}^k) - \nabla F_{i_{k,s}}(\mathbf{x}_1^*) \big\|^2 \leqslant 2L H_1(\mathbf{x}_{s,1}^k). \tag{5.26}
$$

同样可得

$$
\mathbb{E}_k \big\| \nabla F_{i_{k,s}}(\tilde{\mathbf{x}}_{s,1}) - \nabla F_{i_{k,s}}(\mathbf{x}_1^*) \big\|^2 \leqslant 2L H_1(\tilde{\mathbf{x}}_{s,1}). \tag{5.27}
$$

将 (5.26) 和 (5.27) 代入 (5.24), 可得 (5.23). $\qquad\square$

现在我们考虑内层循环. 为了简便, 我们在分析内层循环的时候省略下标 s.

引理 5.3 假设对于每个 $i \in [n]$, F_i 是凸函数且 L-光滑, f_2 是凸函数. 则对于 $k \geqslant 0$, 我们有

$$
\mathbb{E}_k f_1(\mathbf{x}_1^{k+1}) - f_1(\mathbf{x}_1^*) + \mathbb{E}_k f_2(\mathbf{x}_2^{k+1}) - f_2(\mathbf{x}_2^*) + \mathbb{E}_k \left\langle \boldsymbol{\lambda}^*, \mathbf{A}_1 \mathbf{x}_1^{k+1} + \mathbf{A}_2 \mathbf{x}_2^{k+1} - \mathbf{b} \right\rangle
$$

$$
\leqslant \frac{1}{4} \left(H_1(\mathbf{x}_1^k) + H_1(\tilde{\mathbf{x}}_1) \right) + \big\| \mathbf{x}_1^k - \mathbf{x}_1^* \big\|_{\mathbf{G}_1}^2 - \mathbb{E}_k \big\| \mathbf{x}_1^{k+1} - \mathbf{x}_1^* \big\|_{\mathbf{G}_1}^2 + \big\| \mathbf{x}_2^k - \mathbf{x}_2^* \big\|_{\mathbf{G}_2}^2
$$

$$
- \mathbb{E}_k \big\| \mathbf{x}_2^{k+1} - \mathbf{x}_2^* \big\|_{\mathbf{G}_2}^2 + \frac{1}{2\beta} \big\| \boldsymbol{\lambda}^* - \boldsymbol{\lambda}^k \big\|^2 - \frac{1}{2\beta} \mathbb{E}_k \big\| \boldsymbol{\lambda}^* - \boldsymbol{\lambda}^{k+1} \big\|^2, \tag{5.28}
$$

其中 $\mathbf{G}_1 = \dfrac{1}{2} \left[(\beta\|\mathbf{A}_1\|_2^2 + 9L) \mathbf{I} - \beta \mathbf{A}_1^{\mathrm{T}} \mathbf{A}_1 \right]$ 和 $\mathbf{G}_2 = \dfrac{\beta}{2}\|\mathbf{A}_2\|_2^2 \mathbf{I}$.

证明　由于 $\mathbf{x}_1^{k+1}$ 是 (5.21) 的最优解, 我们有

$$\tilde{\nabla} f_1(\mathbf{x}_1^k) + \beta \mathbf{A}_1^{\mathrm{T}}(\mathbf{A}_1 \mathbf{x}_1^k + \mathbf{A}_2 \mathbf{x}_2^k - \mathbf{b}) + \mathbf{A}_1^{\mathrm{T}} \boldsymbol{\lambda}^k + \frac{1}{\eta_1}(\mathbf{x}_1^{k+1} - \mathbf{x}_1^k) = \mathbf{0}. \qquad (5.29)$$

由于 f_1 是凸函数且 L-光滑, 我们有

$$
\begin{aligned}
f_1(\mathbf{x}_1^{k+1}) &\leqslant f_1(\mathbf{x}_1^k) + \left\langle \nabla f_1(\mathbf{x}_1^k), \mathbf{x}_1^{k+1} - \mathbf{x}_1^k \right\rangle + \frac{L}{2} \left\| \mathbf{x}_1^{k+1} - \mathbf{x}_1^k \right\|^2 \\
&\leqslant f_1(\mathbf{x}_1^*) + \left\langle \nabla f_1(\mathbf{x}_1^k), \mathbf{x}_1^{k+1} - \mathbf{x}_1^* \right\rangle + \frac{L}{2} \left\| \mathbf{x}_1^{k+1} - \mathbf{x}_1^k \right\|^2 \\
&= f_1(\mathbf{x}_1^*) + \left\langle \nabla f_1(\mathbf{x}_1^k) - \tilde{\nabla} f_1(\mathbf{x}_1^k), \mathbf{x}_1^k - \mathbf{x}_1^* \right\rangle + \frac{L}{2} \left\| \mathbf{x}_1^{k+1} - \mathbf{x}_1^k \right\|^2 \\
&\quad + \underbrace{\left\langle \tilde{\nabla} f_1(\mathbf{x}_1^k) - \nabla f_1(\mathbf{x}_1^k), \mathbf{x}_1^k - \mathbf{x}_1^{k+1} \right\rangle}_{I_1} + \underbrace{\left\langle \tilde{\nabla} f_1(\mathbf{x}_1^k), \mathbf{x}_1^{k+1} - \mathbf{x}_1^* \right\rangle}_{I_2}. \qquad (5.30)
\end{aligned}
$$

由 Cauchy-Schwarz 不等式, 对于 I_1, 我们有

$$
\begin{aligned}
\mathbb{E}_k I_1 &\leqslant \frac{1}{16L} \mathbb{E}_k \left\| \tilde{\nabla} f_1(\mathbf{x}_1^k) - \nabla f_1(\mathbf{x}_1^k) \right\|^2 + 4L \mathbb{E}_k \left\| \mathbf{x}_1^k - \mathbf{x}_1^{k+1} \right\|^2 \\
&\overset{\mathrm{a}}{\leqslant} \frac{1}{4} \left(H_1(\mathbf{x}_1^k) + H_1(\tilde{\mathbf{x}}_1) \right) + 4L \mathbb{E}_k \left\| \mathbf{x}_1^k - \mathbf{x}_1^{k+1} \right\|^2, \qquad (5.31)
\end{aligned}
$$

其中在 $\overset{\mathrm{a}}{\leqslant}$, 我们使用了引理 5.2. 另一方面, 我们有

$$\mathbb{E}_k \left\langle \nabla f_1(\mathbf{x}_1^k) - \tilde{\nabla} f_1(\mathbf{x}_1^k), \mathbf{x}_1^k - \mathbf{x}_1^* \right\rangle = 0.$$

因此, 对 (5.30) 求条件期望, 使用 (5.31) 给出的 I_1 的上界, 并将 (5.29) 代入 I_2, 可得

$$
\begin{aligned}
\mathbb{E}_k f_1(\mathbf{x}_1^{k+1}) - f_1(\mathbf{x}_1^*) &\leqslant \frac{1}{4} \left(H_1(\mathbf{x}_1^k) + H_1(\tilde{\mathbf{x}}_1) \right) + \frac{9L}{2} \mathbb{E}_k \left\| \mathbf{x}_1^k - \mathbf{x}_1^{k+1} \right\|^2 \\
&\quad + \mathbb{E}_k \left\langle \beta(\mathbf{A}_1 \mathbf{x}_1^k + \mathbf{A}_2 \mathbf{x}_2^k - \mathbf{b}) + \boldsymbol{\lambda}^k, \mathbf{A}_1 \mathbf{x}_1^* - \mathbf{A}_1 \mathbf{x}_1^{k+1} \right\rangle \\
&\quad + \frac{1}{\eta_1} \mathbb{E}_k \left\langle \mathbf{x}_1^{k+1} - \mathbf{x}_1^k, \mathbf{x}_1^* - \mathbf{x}_1^{k+1} \right\rangle. \qquad (5.32)
\end{aligned}
$$

由于 $\mathbf{x}_2^{k+1}$ 是 (5.22) 的最优解, 我们有

$$-\left[\beta \mathbf{A}_2^{\mathrm{T}}(\mathbf{A}_1 \mathbf{x}_1^{k+1} + \mathbf{A}_2 \mathbf{x}_2^k - \mathbf{b}) + \mathbf{A}_2^{\mathrm{T}} \boldsymbol{\lambda}^k + \frac{1}{\eta_2}(\mathbf{x}_2^{k+1} - \mathbf{x}_2^k) \right] \in \partial f_2(\mathbf{x}_2^{k+1}). \qquad (5.33)$$

所以由 f_2 的凸性, 我们有

$$f_2(\mathbf{x}_2^{k+1}) - f_2(\mathbf{x}_2^*) \overset{a}{\leqslant} \left\langle \beta(\mathbf{A}_1\mathbf{x}_1^{k+1} + \mathbf{A}_2\mathbf{x}_2^k - \mathbf{b}) + \boldsymbol{\lambda}^k, \mathbf{A}_2\mathbf{x}_2^* - \mathbf{A}_2\mathbf{x}_2^{k+1} \right\rangle$$
$$+ \frac{1}{\eta_2} \left\langle \mathbf{x}_2^{k+1} - \mathbf{x}_2^k, \mathbf{x}_2^* - \mathbf{x}_2^{k+1} \right\rangle, \tag{5.34}$$

其中 $\overset{a}{\leqslant}$ 使用了 (5.33). 对 (5.34) 求条件期望, 和 (5.32) 相加, 再在不等式两边同时加上 $\mathbb{E}_k \left\langle \boldsymbol{\lambda}^*, \mathbf{A}_1\mathbf{x}_1^{k+1} + \mathbf{A}_2\mathbf{x}_2^{k+1} - \mathbf{b} \right\rangle$, 最后利用 (A.2) 中对于 $i = 1, 2$ 有

$$\left\langle \mathbf{x}_i^{k+1} - \mathbf{x}_i^k, \mathbf{x}_i^* - \mathbf{x}_i^{k+1} \right\rangle = \frac{1}{2} \left\| \mathbf{x}_i^k - \mathbf{x}_i^* \right\|^2 - \frac{1}{2} \left\| \mathbf{x}_i^{k+1} - \mathbf{x}_i^* \right\|^2 - \frac{1}{2} \left\| \mathbf{x}_i^{k+1} - \mathbf{x}_i^k \right\|^2,$$

我们有

$$\mathbb{E}_k f_1(\mathbf{x}_1^{k+1}) - f_1(\mathbf{x}_1^*) + \mathbb{E}_k f_2(\mathbf{x}_2^{k+1}) - f_2(\mathbf{x}_2^*) + \mathbb{E}_k \left\langle \boldsymbol{\lambda}^*, \mathbf{A}_1\mathbf{x}_1^{k+1} + \mathbf{A}_2\mathbf{x}_2^{k+1} - \mathbf{b} \right\rangle$$
$$\leqslant \frac{1}{4} \left(H_1(\mathbf{x}_1^k) + H_1(\tilde{\mathbf{x}}_1) \right) + \frac{1}{2\eta_1} \left\| \mathbf{x}_1^k - \mathbf{x}_1^* \right\|^2 - \frac{1}{2\eta_1} \mathbb{E}_k \left\| \mathbf{x}_1^{k+1} - \mathbf{x}_1^* \right\|^2$$
$$+ \frac{1}{2\eta_2} \left\| \mathbf{x}_2^k - \mathbf{x}_2^* \right\|^2 - \frac{1}{2\eta_2} \mathbb{E}_k \left\| \mathbf{x}_2^{k+1} - \mathbf{x}_2^* \right\|^2 - \frac{1}{2\eta_2} \mathbb{E}_k \left\| \mathbf{x}_2^{k+1} - \mathbf{x}_2^k \right\|^2$$
$$+ \mathbb{E}_k \left\langle \beta(\mathbf{A}_1\mathbf{x}_1^{k+1} + \mathbf{A}_2\mathbf{x}_2^k - \mathbf{b}) + \boldsymbol{\lambda}^k - \boldsymbol{\lambda}^*, \mathbf{A}_1\mathbf{x}_1^* - \mathbf{A}_1\mathbf{x}_1^{k+1} + \mathbf{A}_2\mathbf{x}_2^* - \mathbf{A}_2\mathbf{x}_2^{k+1} \right\rangle$$
$$+ \beta \mathbb{E}_k \left\langle \mathbf{A}_1\mathbf{x}_1^k - \mathbf{A}_1\mathbf{x}_1^{k+1}, \mathbf{A}_1\mathbf{x}_1^* - \mathbf{A}_1\mathbf{x}_1^{k+1} \right\rangle - \left(\frac{1}{2\eta_1} - \frac{9L}{2} \right) \mathbb{E}_k \left\| \mathbf{x}_1^{k+1} - \mathbf{x}_1^k \right\|^2. \tag{5.35}$$

对于 (5.35) 的第 4 行, 我们有

$$\left\langle \beta(\mathbf{A}_1\mathbf{x}_1^{k+1} + \mathbf{A}_2\mathbf{x}_2^k - \mathbf{b}) + \boldsymbol{\lambda}^k - \boldsymbol{\lambda}^*, \mathbf{A}_1\mathbf{x}_1^* - \mathbf{A}_1\mathbf{x}_1^{k+1} + \mathbf{A}_2\mathbf{x}_2^* - \mathbf{A}_2\mathbf{x}_2^{k+1} \right\rangle$$
$$= \underbrace{\left\langle \beta(\mathbf{A}_1\mathbf{x}_1^{k+1} + \mathbf{A}_2\mathbf{x}_2^{k+1} - \mathbf{b}) + \boldsymbol{\lambda}^k - \boldsymbol{\lambda}^*, \mathbf{A}_1\mathbf{x}_1^* - \mathbf{A}_1\mathbf{x}_1^{k+1} + \mathbf{A}_2\mathbf{x}_2^* - \mathbf{A}_2\mathbf{x}_2^{k+1} \right\rangle}_{I_3}$$
$$+ \underbrace{\beta \left\langle \mathbf{A}_2\mathbf{x}_2^k - \mathbf{A}_2\mathbf{x}_2^{k+1}, \mathbf{A}_1\mathbf{x}_1^* - \mathbf{A}_1\mathbf{x}_1^{k+1} \right\rangle}_{I_4} + \beta \left\langle \mathbf{A}_2\mathbf{x}_2^k - \mathbf{A}_2\mathbf{x}_2^{k+1}, \mathbf{A}_2\mathbf{x}_2^* - \mathbf{A}_2\mathbf{x}_2^{k+1} \right\rangle. \tag{5.36}$$

对于 I_3, 由于

$$\boldsymbol{\lambda}^{k+1} = \boldsymbol{\lambda}^k + \beta(\mathbf{A}_1\mathbf{x}_1^{k+1} + \mathbf{A}_2\mathbf{x}_2^{k+1} - \mathbf{b}),$$

利用与 (5.14) 相同的技巧, 我们有

$$I_3 = -\frac{1}{2\beta} \left\| \boldsymbol{\lambda}^* - \boldsymbol{\lambda}^{k+1} \right\|^2 - \frac{1}{2\beta} \left\| \boldsymbol{\lambda}^k - \boldsymbol{\lambda}^{k+1} \right\|^2 + \frac{1}{2\beta} \left\| \boldsymbol{\lambda}^* - \boldsymbol{\lambda}^k \right\|^2. \tag{5.37}$$

对于 I_4, 利用与 (5.15) 相同的技巧, 我们有

$$I_4 \leqslant \frac{\beta}{2} \left\| \mathbf{A}_2 \mathbf{x}_2^k - \mathbf{A}_2 \mathbf{x}_2^* \right\|^2 - \frac{\beta}{2} \left\| \mathbf{A}_2 \mathbf{x}_2^{k+1} - \mathbf{A}_2 \mathbf{x}_2^* \right\|^2 + \frac{1}{2\beta} \left\| \boldsymbol{\lambda}^k - \boldsymbol{\lambda}^{k+1} \right\|^2. \quad (5.38)$$

将 (5.36)–(5.38) 代入 (5.35), 由 (A.1) 使用

$$\left\langle \mathbf{A}_i \mathbf{x}_i^k - \mathbf{A}_i \mathbf{x}_i^{k+1}, \mathbf{A}_i \mathbf{x}_i^* - \mathbf{A}_i \mathbf{x}_i^{k+1} \right\rangle - \frac{1}{2} \left\| \mathbf{A}_i^{\mathrm{T}} \mathbf{A}_i \right\|_2 \left\| \mathbf{x}_i^{k+1} - \mathbf{x}_i^k \right\|^2$$

$$= \frac{1}{2} \left\| \mathbf{A}_i \mathbf{x}_i^{k+1} - \mathbf{A}_i \mathbf{x}_i^* \right\|^2 + \frac{1}{2} \left\| \mathbf{A}_i \mathbf{x}_i^{k+1} - \mathbf{A}_i \mathbf{x}_i^k \right\|^2 - \frac{1}{2} \left\| \mathbf{A}_i \mathbf{x}_i^k - \mathbf{A}_i \mathbf{x}_i^* \right\|^2$$

$$\quad - \frac{1}{2} \left\| \mathbf{A}_i^{\mathrm{T}} \mathbf{A}_i \right\|_2 \left\| \mathbf{x}_i^{k+1} - \mathbf{x}_i^k \right\|^2$$

$$\leqslant \frac{1}{2} \left\| \mathbf{A}_i (\mathbf{x}_i^{k+1} - \mathbf{x}_i^*) \right\|^2 - \frac{1}{2} \left\| \mathbf{A}_i (\mathbf{x}_i^k - \mathbf{x}_i^*) \right\|^2, \quad i = 1, 2,$$

我们可得 (5.28). □

现在我们给出算法 5.2 的收敛性证明.

定理 5.2 在引理 5.3 相同的假设下, 令

$$D_{\boldsymbol{\lambda}} = \left\| \boldsymbol{\lambda}^* - \boldsymbol{\lambda}_0^0 \right\|,$$

$$D_i = \left\| \mathbf{x}_{0,i}^0 - \mathbf{x}_i^* \right\|_{\mathbf{G}_i}, \quad i = 1, 2,$$

$$D_f = f_1(\mathbf{x}_{0,1}^0) - f_1(\mathbf{x}_1^*) - \left\langle \nabla f_1(\mathbf{x}_1^*), \mathbf{x}_{0,1}^0 - \mathbf{x}_1^* \right\rangle,$$

$$\bar{\mathbf{x}}_i^S = \frac{1}{S} \sum_{s=1}^S \tilde{\mathbf{x}}_{s,i}, \quad i = 1, 2,$$

我们有

$$\mathbb{E}\left(f_1(\bar{\mathbf{x}}_1^S) + f_2(\bar{\mathbf{x}}_2^S) - f_1(\mathbf{x}_1^*) - f_2(\mathbf{x}_2^*) + \left\langle \boldsymbol{\lambda}^*, \mathbf{A}_1 \bar{\mathbf{x}}_1^S + \mathbf{A}_2 \bar{\mathbf{x}}_2^S - \mathbf{b} \right\rangle \right)$$

$$\leqslant \frac{(m+1)D_f}{2Sm} + \frac{D_{\boldsymbol{\lambda}}^2}{\beta m S} + \frac{2\left(D_1^2 + D_2^2\right)}{mS}, \quad (5.39)$$

$$\mathbb{E}\left\| \mathbf{A}_1 \bar{\mathbf{x}}_1^S + \mathbf{A}_2 \bar{\mathbf{x}}_2^S - \mathbf{b} \right\| \leqslant \frac{D_{\boldsymbol{\lambda}}}{m\beta S} + \frac{\sqrt{D_{\boldsymbol{\lambda}}^2 + 2\beta(D_1^2 + D_2^2) + \dfrac{\beta(m+1)}{2} D_f}}{m\beta S}. \quad (5.40)$$

证明 因为 $(\mathbf{x}_1^*, \mathbf{x}_2^*, \boldsymbol{\lambda}^*)$ 是问题 (5.20) 的 KKT 点, 我们有

$$\mathbf{A}_1^{\mathrm{T}} \boldsymbol{\lambda}^* + \nabla f_1(\mathbf{x}_1^*) = \mathbf{0} \quad \text{和} \quad -\mathbf{A}_2^{\mathrm{T}} \boldsymbol{\lambda}^* \in \partial f_2(\mathbf{x}_2^*).$$

在引理 5.3 中, 将 $\nabla f_1(\mathbf{x}_1^*) = -\mathbf{A}_1^{\mathrm{T}} \boldsymbol{\lambda}^*$ 代入 $H_1(\mathbf{x}_1^k) + H_1(\tilde{\mathbf{x}}_1)$ 的定义, 由 (5.28) 我们可得

$$\mathbb{E}_k f_1(\mathbf{x}_1^{k+1}) - f_1(\mathbf{x}_1^*) + \mathbb{E}_k f_2(\mathbf{x}_2^{k+1}) - f_2(\mathbf{x}_2^*) + \mathbb{E}_k \left\langle \boldsymbol{\lambda}^*, \mathbf{A}_1 \mathbf{x}_1^{k+1} + \mathbf{A}_2 \mathbf{x}_2^{k+1} - \mathbf{b} \right\rangle$$

$$\leqslant \frac{1}{4} \left(f_1(\mathbf{x}_1^k) - f_1(\mathbf{x}_1^*) + \left\langle \boldsymbol{\lambda}^*, \mathbf{A}_1(\mathbf{x}_1^k - \mathbf{x}_1^*) \right\rangle \right)$$

$$+ \frac{1}{4} \left(f_1(\tilde{\mathbf{x}}_1) - f_1(\mathbf{x}_1^*) + \left\langle \boldsymbol{\lambda}^*, \mathbf{A}_1(\tilde{\mathbf{x}}_1 - \mathbf{x}_1^*) \right\rangle \right)$$

$$+ \left\| \mathbf{x}_1^k - \mathbf{x}_1^* \right\|_{\mathbf{G}_1}^2 - \mathbb{E}_k \left\| \mathbf{x}_1^{k+1} - \mathbf{x}_1^* \right\|_{\mathbf{G}_1}^2 + \left\| \mathbf{x}_2^k - \mathbf{x}_2^* \right\|_{\mathbf{G}_2}^2 - \mathbb{E}_k \left\| \mathbf{x}_2^{k+1} - \mathbf{x}_2^* \right\|_{\mathbf{G}_2}^2$$

$$+ \frac{1}{2\beta} \left\| \boldsymbol{\lambda}^* - \boldsymbol{\lambda}^k \right\|^2 - \frac{1}{2\beta} \mathbb{E}_k \left\| \boldsymbol{\lambda}^* - \boldsymbol{\lambda}^{k+1} \right\|^2. \tag{5.41}$$

对 (5.41) 求全期望, 使用 $\mathbf{b} = \mathbf{A}_1 \mathbf{x}_1^* + \mathbf{A}_2 \mathbf{x}_2^*$, 整理后添加下标 s, 我们有

$$\frac{3}{4} \mathbb{E} \left(f_1(\mathbf{x}_{s,1}^{k+1}) - f_1(\mathbf{x}_1^*) + \left\langle \boldsymbol{\lambda}^*, \mathbf{A}_1(\mathbf{x}_{s,1}^{k+1} - \mathbf{x}_1^*) \right\rangle \right)$$

$$+ \mathbb{E} \left(f_2(\mathbf{x}_{s,2}^{k+1}) - f_2(\mathbf{x}_2^*) + \left\langle \boldsymbol{\lambda}^*, \mathbf{A}_2(\mathbf{x}_{s,2}^{k+1} - \mathbf{x}_2^*) \right\rangle \right)$$

$$\leqslant \frac{1}{4} \mathbb{E} \left(f_1(\mathbf{x}_{s,1}^k) - f_1(\mathbf{x}_1^*) + \left\langle \boldsymbol{\lambda}^*, \mathbf{A}_1(\mathbf{x}_{s,1}^k - \mathbf{x}_1^*) \right\rangle \right)$$

$$- \frac{1}{4} \mathbb{E} \left(f_1(\mathbf{x}_{s,1}^{k+1}) - f_1(\mathbf{x}_1^*) + \left\langle \boldsymbol{\lambda}^*, \mathbf{A}_1(\mathbf{x}_{s,1}^{k+1} - \mathbf{x}_1^*) \right\rangle \right)$$

$$+ \frac{1}{4} \mathbb{E} \left(f_1(\tilde{\mathbf{x}}_{s,1}) - f_1(\mathbf{x}_1^*) + \left\langle \boldsymbol{\lambda}^*, \mathbf{A}_1(\tilde{\mathbf{x}}_{s,1} - \mathbf{x}_1^*) \right\rangle \right)$$

$$+ \frac{1}{2\beta} \mathbb{E} \left\| \boldsymbol{\lambda}^* - \boldsymbol{\lambda}_s^k \right\|^2 - \frac{1}{2\beta} \mathbb{E} \left\| \boldsymbol{\lambda}^* - \boldsymbol{\lambda}_s^{k+1} \right\|^2$$

$$+ \mathbb{E} \left\| \mathbf{x}_{s,1}^k - \mathbf{x}_1^* \right\|_{\mathbf{G}_1}^2 - \mathbb{E} \left\| \mathbf{x}_{s,1}^{k+1} - \mathbf{x}_1^* \right\|_{\mathbf{G}_1}^2$$

$$+ \mathbb{E} \left\| \mathbf{x}_{s,2}^k - \mathbf{x}_2^* \right\|_{\mathbf{G}_2}^2 - \mathbb{E} \left\| \mathbf{x}_{s,2}^{k+1} - \mathbf{x}_2^* \right\|_{\mathbf{G}_2}^2.$$

将上面的不等式对 $k = 0, \cdots, m-1$ 累加求和, 我们有

$$\frac{3}{4} \sum_{k=1}^{m} \mathbb{E} \left(f_1(\mathbf{x}_{s,1}^k) - f_1(\mathbf{x}_1^*) + \left\langle \boldsymbol{\lambda}^*, \mathbf{A}_1(\mathbf{x}_{s,1}^k - \mathbf{x}_1^*) \right\rangle \right)$$

$$+ \sum_{k=1}^{m} \mathbb{E} \left(f_2(\mathbf{x}_{s,2}^k) - f_2(\mathbf{x}_2^*) + \left\langle \boldsymbol{\lambda}^*, \mathbf{A}_2(\mathbf{x}_{s,2}^k - \mathbf{x}_2^*) \right\rangle \right)$$

$$\leqslant \frac{1}{4} \mathbb{E} \left(f_1(\mathbf{x}_{s,1}^0) - f_1(\mathbf{x}_1^*) + \left\langle \boldsymbol{\lambda}^*, \mathbf{A}_1(\mathbf{x}_{s,1}^0 - \mathbf{x}_1^*) \right\rangle \right)$$

$$- \frac{1}{4} \mathbb{E} \left(f_1(\mathbf{x}_{s,1}^m) - f_1(\mathbf{x}_1^*) + \langle \boldsymbol{\lambda}^*, \mathbf{A}_1(\mathbf{x}_{s,1}^m - \mathbf{x}_1^*) \rangle \right)$$

$$+ \frac{m}{4} \mathbb{E} \left(f_1(\tilde{\mathbf{x}}_{s,1}) - f_1(\mathbf{x}_1^*) + \langle \boldsymbol{\lambda}^*, \mathbf{A}_1(\tilde{\mathbf{x}}_{s,1} - \mathbf{x}_1^*) \rangle \right)$$

$$+ \frac{1}{2\beta} \mathbb{E} \left\| \boldsymbol{\lambda}^* - \boldsymbol{\lambda}_s^0 \right\|^2 - \frac{1}{2\beta} \mathbb{E} \left\| \boldsymbol{\lambda}^* - \boldsymbol{\lambda}_s^m \right\|^2$$

$$+ \mathbb{E} \left\| \mathbf{x}_{s,1}^0 - \mathbf{x}_1^* \right\|_{\mathbf{G}_1}^2 - \mathbb{E} \left\| \mathbf{x}_{s,1}^m - \mathbf{x}_1^* \right\|_{\mathbf{G}_1}^2$$

$$+ \mathbb{E} \left\| \mathbf{x}_{s,2}^0 - \mathbf{x}_2^* \right\|_{\mathbf{G}_2}^2 - \mathbb{E} \left\| \mathbf{x}_{s,2}^m - \mathbf{x}_2^* \right\|_{\mathbf{G}_2}^2.$$

接着使用

$$\tilde{\mathbf{x}}_{s+1,i} = \frac{1}{m} \sum_{k=1}^m \mathbf{x}_{s,1}^k, \quad \mathbf{x}_{s+1,i}^0 = \mathbf{x}_{s,i}^m, \quad i = 1, 2 \quad \text{和} \quad \boldsymbol{\lambda}_{s+1}^0 = \boldsymbol{\lambda}_s^m,$$

利用 f_1 和 f_2 的凸性与

$$f_2(\mathbf{x}_2) - f_2(\mathbf{x}_2^*) + \langle \boldsymbol{\lambda}^*, \mathbf{A}_2(\mathbf{x}_2 - \mathbf{x}_2^*) \rangle \geqslant 0,$$

我们有

$$\frac{m}{2} \mathbb{E} \left(f_1(\tilde{\mathbf{x}}_{s+1,1}) - f_1(\mathbf{x}_1^*) + \langle \boldsymbol{\lambda}^*, \mathbf{A}_1(\tilde{\mathbf{x}}_{s+1,1} - \mathbf{x}_1^*) \rangle \right)$$

$$+ \frac{m}{2} \mathbb{E} \left(f_2(\tilde{\mathbf{x}}_{s+1,2}) - f_2(\mathbf{x}_2^*) + \langle \boldsymbol{\lambda}^*, \mathbf{A}_2(\tilde{\mathbf{x}}_{s+1,2} - \mathbf{x}_2^*) \rangle \right)$$

$$\leqslant \frac{1}{4} \mathbb{E} \left(f_1(\mathbf{x}_{s,1}^0) - f_1(\mathbf{x}_1^*) + \langle \boldsymbol{\lambda}^*, \mathbf{A}_1(\mathbf{x}_{s,1}^0 - \mathbf{x}_1^*) \rangle \right)$$

$$- \frac{1}{4} \mathbb{E} \left(f_1(\mathbf{x}_{s+1,1}^0) - f_1(\mathbf{x}_1^*) + \langle \boldsymbol{\lambda}^*, \mathbf{A}_1(\mathbf{x}_{s+1,1}^0 - \mathbf{x}_1^*) \rangle \right)$$

$$+ \frac{m}{4} \mathbb{E} \left(f_1(\tilde{\mathbf{x}}_{s,1}) - f_1(\mathbf{x}_1^*) + \langle \boldsymbol{\lambda}^*, \mathbf{A}_1(\tilde{\mathbf{x}}_{s,1} - \mathbf{x}_1^*) \rangle \right)$$

$$- \frac{m}{4} \mathbb{E} \left(f_1(\tilde{\mathbf{x}}_{s+1,1}) - f_1(\mathbf{x}_1^*) + \langle \boldsymbol{\lambda}^*, \mathbf{A}_1(\tilde{\mathbf{x}}_{s+1,1} - \mathbf{x}_1^*) \rangle \right)$$

$$+ \frac{1}{2\beta} \mathbb{E} \left\| \boldsymbol{\lambda}^* - \boldsymbol{\lambda}_s^0 \right\|^2 - \frac{1}{2\beta} \mathbb{E} \left\| \boldsymbol{\lambda}^* - \boldsymbol{\lambda}_{s+1}^0 \right\|^2$$

$$+ \mathbb{E} \left\| \mathbf{x}_{s,1}^0 - \mathbf{x}_1^* \right\|_{\mathbf{G}_1}^2 - \mathbb{E} \left\| \mathbf{x}_{s+1,1}^0 - \mathbf{x}_1^* \right\|_{\mathbf{G}_1}^2$$

$$+ \mathbb{E} \left\| \mathbf{x}_{s,2}^0 - \mathbf{x}_2^* \right\|_{\mathbf{G}_2}^2 - \mathbb{E} \left\| \mathbf{x}_{s+1,2}^0 - \mathbf{x}_2^* \right\|_{\mathbf{G}_2}^2. \tag{5.42}$$

将 (5.42) 对 $s = 0, \cdots, S-1$ 累加求和, 回忆对于 $i = 1, 2$ 有 $\bar{\mathbf{x}}_i^S = \frac{1}{S} \sum_{s=1}^S \tilde{\mathbf{x}}_{s,i}$, 由于 f_1 和 f_2 的凸性以及

$$f_1(\mathbf{x}_1) - f_1(\mathbf{x}_1^*) + \langle \boldsymbol{\lambda}^*, \mathbf{A}_1(\mathbf{x}_1 - \mathbf{x}_1^*) \rangle \geqslant 0,$$

我们有

$$
\frac{mS}{2}\mathbb{E}\left(f_1(\bar{\mathbf{x}}_1^S) - f_1(\mathbf{x}_1^*) + \left\langle \boldsymbol{\lambda}^*, \mathbf{A}_1(\bar{\mathbf{x}}_1^S - \mathbf{x}_1^*) \right\rangle\right)
$$

$$
+ \frac{mS}{2}\mathbb{E}\left(f_2(\bar{\mathbf{x}}_2^S) - f_2(\mathbf{x}_2^*) + \left\langle \boldsymbol{\lambda}^*, \mathbf{A}_2(\bar{\mathbf{x}}_2^S - \mathbf{x}_2^*) \right\rangle\right)
$$

$$
\leqslant \frac{1}{4}\mathbb{E}\left(f_1(\mathbf{x}_{0,1}^0) - f_1(\mathbf{x}_1^*) + \left\langle \boldsymbol{\lambda}^*, \mathbf{A}_1(\mathbf{x}_{0,1}^0 - \mathbf{x}_1^*) \right\rangle\right)
$$

$$
+ \frac{m}{4}\mathbb{E}\left(f_1(\tilde{\mathbf{x}}_{0,1}) - f_1(\mathbf{x}_1^*) + \left\langle \boldsymbol{\lambda}^*, \mathbf{A}_1(\tilde{\mathbf{x}}_{0,1} - \mathbf{x}_1^*) \right\rangle\right)
$$

$$
+ \frac{1}{2\beta}\left\|\boldsymbol{\lambda}^* - \boldsymbol{\lambda}_0^0\right\|^2 - \frac{1}{2\beta}\mathbb{E}\left\|\boldsymbol{\lambda}^* - \boldsymbol{\lambda}_S^0\right\|^2
$$

$$
+ \left\|\mathbf{x}_{0,1}^0 - \mathbf{x}_1^*\right\|_{\mathbf{G}_1}^2 + \left\|\mathbf{x}_{0,2}^0 - \mathbf{x}_2^*\right\|_{\mathbf{G}_2}^2. \tag{5.43}
$$

对于 (5.43), 使用

$$
\frac{1}{2\beta}\mathbb{E}\left\|\boldsymbol{\lambda}^* - \boldsymbol{\lambda}_S^0\right\|^2 \geqslant 0, \quad \mathbf{b} = \mathbf{A}_1\mathbf{x}_1^* + \mathbf{A}_2\mathbf{x}_2^*, \quad \tilde{\mathbf{x}}_{0,1} = \mathbf{x}_{0,1}^0
$$

和 KKT 条件中的 $\mathbf{A}_1^{\mathrm{T}}\boldsymbol{\lambda}^* = -\nabla f_1(\mathbf{x}_1^*)$, 我们可以得到 (5.39).

另一方面, 我们有

$$
f_i(\bar{\mathbf{x}}_i^S) - f_i(\mathbf{x}_i^*) + \left\langle \boldsymbol{\lambda}^*, \mathbf{A}_i(\bar{\mathbf{x}}_i^S - \mathbf{x}_i^*) \right\rangle \geqslant 0, \quad i = 1, 2.
$$

于是利用 (5.43), 我们有

$$
\mathbb{E}\left\|\boldsymbol{\lambda}^* - \boldsymbol{\lambda}_S^0\right\|^2 \leqslant D_{\boldsymbol{\lambda}}^2 + 2\beta\left(D_1^2 + D_2^2\right) + \frac{\beta(m+1)}{2}D_f.
$$

由 Jensen 不等式 (命题 A.4), 我们有

$$
\mathbb{E}\left\|\boldsymbol{\lambda}^* - \boldsymbol{\lambda}_S^0\right\| \leqslant \sqrt{D_{\boldsymbol{\lambda}}^2 + 2\beta(D_1^2 + D_2^2) + \frac{\beta(m+1)}{2}D_f}. \tag{5.44}
$$

因此由

$$
\mathbb{E}\left\|\mathbf{A}_1\bar{\mathbf{x}}_1^S + \mathbf{A}_2\bar{\mathbf{x}}_2^S - \mathbf{b}\right\| = \mathbb{E}\left\|\frac{1}{mS}\sum_{s=1}^{S}\sum_{k=1}^{m}\left(\mathbf{A}_1\mathbf{x}_{s-1,1}^k + \mathbf{A}_2\mathbf{x}_{s-1,2}^k - \mathbf{b}\right)\right\|
$$

$$
= \frac{1}{m\beta S}\mathbb{E}\left\|\boldsymbol{\lambda}_S^0 - \boldsymbol{\lambda}_0^0\right\|
$$

$$
\leqslant \frac{1}{m\beta S}\left(\mathbb{E}\left\|\boldsymbol{\lambda}_S^0 - \boldsymbol{\lambda}^*\right\| + \left\|\boldsymbol{\lambda}_0^0 - \boldsymbol{\lambda}^*\right\|\right)
$$

$$\overset{a}{\leqslant} \frac{1}{m\beta S}\left(\sqrt{D_{\boldsymbol{\lambda}}^2 + 2\beta(D_1^2 + D_2^2) + \frac{\beta(m+1)}{2}D_f} + D_{\boldsymbol{\lambda}}\right),$$

可得 (5.40), 其中 $\overset{a}{\leqslant}$ 使用了 (5.44).　　　　　　　　　　　　　　　　　　□

5.3　冲 量 加 速

当我们使用 VR 技巧时, 算法的行为会与确定性算法相似, 因此我们可以考虑进一步融合冲量加速技巧. 在这一节, 我们在 ADMM 上融合 VR 和冲量技巧. 作为例子, 我们将在凸的情况下给出遍历意义 (但事实上只有最后若干次迭代的平均) $O(1/K)$ 的随机 ADMM. 我们的方法可以被推广, 得到的算法的收敛速度上界中关于目标函数值的下降速度与定理 3.10 的相同.

我们考虑一般情况下带有线性约束的有限和凸问题:

$$\min_{\mathbf{x}_1,\mathbf{x}_2}\left(h_1(\mathbf{x}_1) + f_1(\mathbf{x}_1) + h_2(\mathbf{x}_2) + \frac{1}{n}\sum_{i=1}^n F_{2,i}(\mathbf{x}_2)\right),$$

$$\text{s.t.}\quad \mathbf{A}_1\mathbf{x}_1 + \mathbf{A}_2\mathbf{x}_2 = \mathbf{b}, \tag{5.45}$$

其中 $f_1(\mathbf{x}_1)$ 是凸函数且 L_1-光滑, 对于所有 $i \in [n]$, $F_{2,i}(\mathbf{x}_2)$ 是凸函数且 L_2-光滑, $h_1(\mathbf{x}_1)$ 和 $h_2(\mathbf{x}_2)$ 也是凸函数且它们的邻近映射能够被高效求解. 我们定义

$$f_2(\mathbf{x}_2) = \frac{1}{n}\sum_{i=1}^n F_{2,i}(\mathbf{x}_2),$$

$$J_1(\mathbf{x}_1) = h_1(\mathbf{x}_1) + f_1(\mathbf{x}_1),\quad J_2(\mathbf{x}_2) = h_2(\mathbf{x}_2) + f_2(\mathbf{x}_2),$$

$$\mathbf{x} = (\mathbf{x}_1^{\mathrm{T}}, \mathbf{x}_2^{\mathrm{T}})^{\mathrm{T}},\quad \mathbf{A} = [\mathbf{A}_1, \mathbf{A}_2]\quad \text{和}\quad J(\mathbf{x}) = J_1(\mathbf{x}_1) + J_2(\mathbf{x}_2).$$

首先, 我们将本节所用的一些记号和变量列在表 5.1 中. 算法取自文献 [20], 它有两层循环: 在内层循环 (算法 5.3), 我们基于外推项 $\mathbf{y}_{s,1}^k, \mathbf{y}_{s,2}^k$ 和对偶变量 $\boldsymbol{\lambda}_s^k$ 来更新原始变量 $\mathbf{x}_{s,1}^k, \mathbf{x}_{s,2}^k$; 在外层循环 (算法 5.4), 我们维护缓存变量 $\tilde{\mathbf{x}}_{s+1,1}, \tilde{\mathbf{x}}_{s+1,2}$, $\tilde{\mathbf{b}}_{s+1}$, 并设置外推项的初始值 $\mathbf{y}_{s+1,1}^0, \mathbf{y}_{s+1,2}^0$. 整个算法展示在算法 5.4 中. 在求解原始变量的过程中, 我们线性化 $f_i(\mathbf{x}_i)$ 和增广项 $\dfrac{\beta}{2}\left\|\mathbf{A}_1\mathbf{x}_1 + \mathbf{A}_2\mathbf{x}_2 - \mathbf{b} + \dfrac{\boldsymbol{\lambda}}{\beta}\right\|^2$. $\mathbf{x}_1, \mathbf{x}_2$ 的更新规则分别如下:

$$\mathbf{x}_{s,1}^{k+1} = \operatorname*{argmin}_{\mathbf{x}_1}\left[h_1(\mathbf{x}_1) + \langle\nabla f_1(\mathbf{y}_{s,1}^k), \mathbf{x}_1\rangle\right.$$

$$+ \left\langle \frac{\beta}{\theta_{1,s}} \left(\mathbf{A}_1 \mathbf{y}_{s,1}^k + \mathbf{A}_2 \mathbf{y}_{s,2}^k - \mathbf{b} \right) + \boldsymbol{\lambda}_s^k, \mathbf{A}_1 \mathbf{x}_1 \right\rangle$$

$$+ \left(\frac{L_1}{2} + \frac{\beta}{2\theta_{1,s}} \|\mathbf{A}_1\|_2^2 \right) \|\mathbf{x}_1 - \mathbf{y}_{s,1}^k\|^2 \right], \tag{5.46}$$

$$\mathbf{x}_{s,2}^{k+1} = \underset{\mathbf{x}_2}{\operatorname{argmin}} \left\{ h_2(\mathbf{x}_2) + \left\langle \tilde{\nabla} f_2(\mathbf{y}_{s,2}^k), \mathbf{x}_2 \right\rangle \right.$$

$$+ \left\langle \frac{\beta}{\theta_{1,s}} \left(\mathbf{A}_1 \mathbf{x}_{s,1}^{k+1} + \mathbf{A}_2 \mathbf{y}_{s,2}^k - \mathbf{b} \right) + \boldsymbol{\lambda}_s^k, \mathbf{A}_2 \mathbf{x}_2 \right\rangle$$

$$+ \left. \left[\frac{1}{2} \left(1 + \frac{1}{b\theta_2} \right) L_2 + \frac{\beta}{2\theta_{1,s}} \|\mathbf{A}_2\|_2^2 \right] \|\mathbf{x}_2 - \mathbf{y}_{s,2}^k\|^2 \right\}, \tag{5.47}$$

其中

$$\tilde{\nabla} f_2(\mathbf{y}_{s,2}^k) = \frac{1}{b} \sum_{i_{k,s} \in \mathcal{I}_{k,s}} \left(\nabla F_{2,i_{k,s}}(\mathbf{y}_{s,2}^k) - \nabla F_{2,i_{k,s}}(\tilde{\mathbf{x}}_{s,2}) + \nabla f_2(\tilde{\mathbf{x}}_{s,2}) \right),$$

而 $\mathcal{I}_{k,s}$ 是从 $[n]$ 中随机抽取的 b 个样本的下标.

表 5.1 记号与变量

记号	意义	变量	意义
$\langle \mathbf{x}, \mathbf{y} \rangle_G, \|\mathbf{x}\|_G$	$\mathbf{x}^T \mathbf{G} \mathbf{y}, \sqrt{\mathbf{x}^T \mathbf{G} \mathbf{x}}$	$\mathbf{y}_{s,1}^k, \mathbf{y}_{s,2}^k$	外推变量
$J_i(\mathbf{x}_i)$	$h_i(\mathbf{x}_i) + f_i(\mathbf{x}_i)$	$\mathbf{x}_{s,1}^k, \mathbf{x}_{s,2}^k$	原始变量
$\mathbf{x}$	$(\mathbf{x}_1^T, \mathbf{x}_2^T)^T$	$\tilde{\boldsymbol{\lambda}}_s^k, \boldsymbol{\lambda}_s^k, \hat{\boldsymbol{\lambda}}^k$	对偶和临时变量
$\mathbf{y}$	$(\mathbf{y}_1^T, \mathbf{y}_2^T)^T$	$\tilde{\mathbf{x}}_{s,1}, \tilde{\mathbf{x}}_{s,2}, \tilde{\mathbf{b}}_s$	VR 技巧中的
$J(\mathbf{x})$	$J_1(\mathbf{x}_1) + J_2(\mathbf{x}_2)$		缓存变量
$\mathbf{A}$	$[\mathbf{A}_1, \mathbf{A}_2]$	$(\mathbf{x}_1^*, \mathbf{x}_2^*, \boldsymbol{\lambda}^*)$	(5.45) 的 KKT 点
$\mathcal{I}_{k,s}$	批样本的下标集	b	批样本大小

算法 5.3   Acc-SADMM 的内层循环

for $k = 0, \cdots, m-1$ **do**

更新对偶变量: $\boldsymbol{\lambda}_s^k = \tilde{\boldsymbol{\lambda}}_s^k + \frac{\beta\theta_2}{\theta_{1,s}} \left(\mathbf{A}_1 \mathbf{x}_{s,1}^k + \mathbf{A}_2 \mathbf{x}_{s,2}^k - \tilde{\mathbf{b}}_s \right)$.

通过 (5.46) 更新 $\mathbf{x}_{s,1}^{k+1}$.

通过 (5.47) 更新 $\mathbf{x}_{s,2}^{k+1}$.

更新对偶变量: $\tilde{\boldsymbol{\lambda}}_s^{k+1} = \boldsymbol{\lambda}_s^k + \beta \left(\mathbf{A}_1 \mathbf{x}_{s,1}^{k+1} + \mathbf{A}_2 \mathbf{x}_{s,2}^{k+1} - \mathbf{b} \right)$.

更新 $\mathbf{y}_s^{k+1}$: $\mathbf{y}_s^{k+1} = \mathbf{x}_s^{k+1} + (1 - \theta_{1,s} - \theta_2)(\mathbf{x}_s^{k+1} - \mathbf{x}_s^k)$.

end for k

算法 5.4　　加速随机 ADMM (Acc-SADMM)

输入:　　内层循环迭代次数 $m > 2, \beta, \tau = 2, c = 2, \mathbf{x}_0^0 = \mathbf{0}, \tilde{\mathbf{b}}_0 = \mathbf{0}, \tilde{\boldsymbol{\lambda}}_0^0 = \mathbf{0}, \tilde{\mathbf{x}}_0 = \mathbf{x}_0^0, \mathbf{y}_0^0 = \mathbf{x}_0^0, \theta_{1,s} = \dfrac{1}{c + \tau s}$ 和 $\theta_2 = \dfrac{m - \tau}{\tau(m - 1)}$.

for $s = 0, \cdots, S - 1$ **do**

　　在内层循环运行算法 5.3.

　　设置原始变量 $\mathbf{x}_{s+1}^0 = \mathbf{x}_s^m$.

　　更新 $\tilde{\mathbf{x}}_{s+1}$: $\tilde{\mathbf{x}}_{s+1} = \dfrac{1}{m}\left(\left[1 - \dfrac{(\tau-1)\theta_{1,s+1}}{\theta_2}\right]\mathbf{x}_s^m + \left[1 + \dfrac{(\tau-1)\theta_{1,s+1}}{(m-1)\theta_2}\right]\sum_{k=1}^{m-1}\mathbf{x}_s^k\right)$.

　　更新对偶变量: $\tilde{\boldsymbol{\lambda}}_{s+1}^0 = \boldsymbol{\lambda}_s^{m-1} + \beta(1-\tau)(\mathbf{A}_1\mathbf{x}_{s,1}^m + \mathbf{A}_2\mathbf{x}_{s,2}^m - \mathbf{b})$.

　　更新对偶缓存变量: $\tilde{\mathbf{b}}_{s+1} = \mathbf{A}_1\tilde{\mathbf{x}}_{s+1,1} + \mathbf{A}_2\tilde{\mathbf{x}}_{s+1,2}$.

　　更新外推项 $\mathbf{y}_{s+1}^0$:

$$\mathbf{y}_{s+1}^0 = (1 - \theta_2)\mathbf{x}_s^m + \theta_2\tilde{\mathbf{x}}_{s+1}$$
$$+ \frac{\theta_{1,s+1}}{\theta_{1,s}}\left[(1 - \theta_{1,s})\mathbf{x}_s^m - (1 - \theta_{1,s} - \theta_2)\mathbf{x}_s^{m-1} - \theta_2\tilde{\mathbf{x}}_s\right].$$

end for s

输出:

$$\hat{\mathbf{x}}_S = \frac{1}{(m-1)(\theta_{1,S} + \theta_2) + 1}\mathbf{x}_S^m + \frac{\theta_{1,S} + \theta_2}{(m-1)(\theta_{1,S} + \theta_2) + 1}\sum_{k=1}^{m-1}\mathbf{x}_S^k.$$

我们首先给出随机梯度的方差的估计上界, 其估计技巧来自于 Katyusha 算法[2].

引理 5.4　　考虑 $f(\mathbf{x}) = \dfrac{1}{n}\sum_{i=1}^n F_i(\mathbf{x})$, 其中每个子函数 F_i 是凸函数且 L-光滑, 则对于任意的 $\mathbf{u}$ 和 $\tilde{\mathbf{x}}$, 定义

$$\tilde{\nabla} f(\mathbf{u}) = \nabla F_k(\mathbf{u}) - \nabla F_k(\tilde{\mathbf{x}}) + \frac{1}{n}\sum_{i=1}^n \nabla F_i(\tilde{\mathbf{x}}),$$

我们有

$$\mathbb{E}\left\|\tilde{\nabla} f(\mathbf{u}) - \nabla f(\mathbf{u})\right\|^2 \leqslant 2L\left(f(\tilde{\mathbf{x}}) - f(\mathbf{u}) + \langle\nabla f(\mathbf{u}), \mathbf{u} - \tilde{\mathbf{x}}\rangle\right), \tag{5.48}$$

其中我们给定 $\mathbf{u}$ 和 $\tilde{\mathbf{x}}$ 仅对随机变量 k 求期望.

证明　　我们有

$$\mathbb{E}\left\|\tilde{\nabla} f(\mathbf{u}) - \nabla f(\mathbf{u})\right\|^2$$

$$= \mathbb{E}\left(\left\| \nabla F_k(\mathbf{u}) - \nabla F_k(\tilde{\mathbf{x}}) - (\nabla f(\mathbf{u}) - \nabla f(\tilde{\mathbf{x}})) \right\|^2 \right)$$

$$\overset{a}{\leqslant} \mathbb{E}\left\| \nabla F_k(\mathbf{u}) - \nabla F_k(\tilde{\mathbf{x}}) \right\|^2,$$

其中 $\overset{a}{\leqslant}$ 使用了

$$\mathbb{E}\left(\nabla F_k(\mathbf{u}) - \nabla F_k(\tilde{\mathbf{x}}) \right) = \nabla f(\mathbf{u}) - \nabla f(\tilde{\mathbf{x}})$$

和对于随机向量 $\boldsymbol{\xi}$ 有 $\mathbb{E}\|\boldsymbol{\xi} - \mathbb{E}\boldsymbol{\xi}\|^2 \leqslant \mathbb{E}\|\boldsymbol{\xi}\|^2$ (命题 A.3). 接下来对 F_k 使用 (A.5) 可得 (5.48). □

　　现在我们给出收敛性结果. 它的分析会比 SVRG-ADMM (算法 5.2) 的复杂. Acc-SADMM (算法 5.4) 的主要分析集中在内层循环. 我们有如下引理.

　　引理 5.5 在算法 5.3 中, 对于任意的 s (为了简便, 我们在不必要的情况下省略下标 s), 我们有

$$\mathbb{E}_{i_k}\tilde{L}(\mathbf{x}_1^{k+1}, \mathbf{x}_2^{k+1}, \boldsymbol{\lambda}^*) - \theta_2\tilde{L}(\tilde{\mathbf{x}}_1, \tilde{\mathbf{x}}_2, \boldsymbol{\lambda}^*) - (1 - \theta_1 - \theta_2)\tilde{L}(\mathbf{x}_1^k, \mathbf{x}_2^k, \boldsymbol{\lambda}^*)$$

$$\begin{aligned}
\leqslant\ & \frac{\theta_1}{2\beta}\left(\left\| \hat{\boldsymbol{\lambda}}^k - \boldsymbol{\lambda}^* \right\|^2 - \mathbb{E}_{i_k}\left\| \hat{\boldsymbol{\lambda}}^{k+1} - \boldsymbol{\lambda}^* \right\|^2 \right) \\
& + \frac{1}{2}\left\| \mathbf{y}_1^k - (1 - \theta_1 - \theta_2)\mathbf{x}_1^k - \theta_2\tilde{\mathbf{x}}_1 - \theta_1\mathbf{x}_1^* \right\|_{\mathbf{G}_1}^2 \\
& - \frac{1}{2}\mathbb{E}_{i_k}\left\| \mathbf{x}_1^{k+1} - (1 - \theta_1 - \theta_2)\mathbf{x}_1^k - \theta_2\tilde{\mathbf{x}}_1 - \theta_1\mathbf{x}_1^* \right\|_{\mathbf{G}_1}^2 \\
& + \frac{1}{2}\left\| \mathbf{y}_2^k - (1 - \theta_1 - \theta_2)\mathbf{x}_2^k - \theta_2\tilde{\mathbf{x}}_2 - \theta_1\mathbf{x}_2^* \right\|_{\mathbf{G}_2}^2 \\
& - \frac{1}{2}\mathbb{E}_{i_k}\left\| \mathbf{x}_2^{k+1} - (1 - \theta_1 - \theta_2)\mathbf{x}_2^k - \theta_2\tilde{\mathbf{x}}_2 - \theta_1\mathbf{x}_2^* \right\|_{\mathbf{G}_2}^2,
\end{aligned} \tag{5.49}$$

其中 $\mathbb{E}_{i_k}$ 表示只对 $\mathcal{I}_{k,s}$ 中的随机项求期望,

$$\tilde{L}(\mathbf{x}_1, \mathbf{x}_2, \boldsymbol{\lambda}) = L(\mathbf{x}_1, \mathbf{x}_2, \boldsymbol{\lambda}) - L(\mathbf{x}_1^*, \mathbf{x}_2^*, \boldsymbol{\lambda}^*)$$

是平移后的拉格朗日函数, 而

$$L(\mathbf{x}_1, \mathbf{x}_2, \boldsymbol{\lambda}) = J_1(\mathbf{x}_1) + J_2(\mathbf{x}_2) + \langle \boldsymbol{\lambda}, \mathbf{A}_1\mathbf{x}_1 + \mathbf{A}_2\mathbf{x}_2 - \mathbf{b} \rangle$$

是拉格朗日函数,

$$\hat{\boldsymbol{\lambda}}^k = \tilde{\boldsymbol{\lambda}}^k + \frac{\beta(1 - \theta_1)}{\theta_1}(\mathbf{A}\mathbf{x}^k - \mathbf{b}),$$

$$\mathbf{G}_1 = \left(L_1 + \frac{\beta}{\theta_1}\|\mathbf{A}_1\|_2^2 \right)\mathbf{I} - \frac{\beta}{\theta_1}\mathbf{A}_1^{\mathrm{T}}\mathbf{A}_1,$$

$$\mathbf{G}_2 = \left[\left(1 + \frac{1}{b\theta_2}\right) L_2 + \frac{\beta}{\theta_1} \|\mathbf{A}_2\|_2^2 \right] \mathbf{I}.$$

其他的记号见表 5.1 与算法 5.3 和算法 5.4.

证明　步骤 1: 我们首先分析 $\mathbf{x}_1$. 由 (5.46) 中 $\mathbf{x}_1^{k+1}$ 的最优性条件和 $h_1(\cdot)$ 及 $f_1(\cdot)$ 的凸性, 我们有

$$\begin{aligned} J_1(\mathbf{x}_1^{k+1}) \leqslant & (1-\theta_1-\theta_2)J_1(\mathbf{x}_1^k) + \theta_2 J_1(\tilde{\mathbf{x}}_1) + \theta_1 J_1(\mathbf{x}_1^*) \\ & - \left\langle \mathbf{A}_1^{\mathrm{T}} \bar{\boldsymbol{\lambda}}(\mathbf{x}_1^{k+1}, \mathbf{y}_2^k), \mathbf{x}_1^{k+1} - (1-\theta_1-\theta_2)\mathbf{x}_1^k - \theta_2\tilde{\mathbf{x}}_1 - \theta_1\mathbf{x}_1^* \right\rangle \\ & + \frac{L_1}{2} \left\| \mathbf{x}_1^{k+1} - \mathbf{y}_1^k \right\|^2 \\ & - \left\langle \mathbf{x}_1^{k+1} - \mathbf{y}_1^k, \mathbf{x}_1^{k+1} - (1-\theta_1-\theta_2)\mathbf{x}_1^k - \theta_2\tilde{\mathbf{x}}_1 - \theta_1\mathbf{x}^* \right\rangle_{\mathbf{G}_1}. \end{aligned} \tag{5.50}$$

(5.50) 的证明如下.

为了简便, 我们定义:

$$\bar{\boldsymbol{\lambda}}(\mathbf{x}_1, \mathbf{x}_2) = \boldsymbol{\lambda}^k + \frac{\beta}{\theta_1} \left(\mathbf{A}_1\mathbf{x}_1 + \mathbf{A}_2\mathbf{x}_2 - \mathbf{b} \right).$$

利用 (5.46) 中 $\mathbf{x}_1^{k+1}$ 的最优性条件, 我们有

$$- \left[\left(L_1 + \frac{\beta}{\theta_1} \|\mathbf{A}_1\|_2^2 \right) (\mathbf{x}_1^{k+1} - \mathbf{y}_1^k) + \nabla f_1(\mathbf{y}_1^k) + \mathbf{A}_1^{\mathrm{T}} \bar{\boldsymbol{\lambda}}(\mathbf{y}_1^k, \mathbf{y}_2^k) \right] \in \partial h_1(\mathbf{x}_1^{k+1}). \tag{5.51}$$

由于 f_1 是 L_1-光滑的, 我们有

$$\begin{aligned} f_1(\mathbf{x}_1^{k+1}) \leqslant & f_1(\mathbf{y}_1^k) + \left\langle \nabla f_1(\mathbf{y}_1^k), \mathbf{x}_1^{k+1} - \mathbf{y}_1^k \right\rangle + \frac{L_1}{2} \left\| \mathbf{x}_1^{k+1} - \mathbf{y}_1^k \right\|^2 \\ \overset{\mathrm{a}}{\leqslant} & f_1(\mathbf{u}_1) + \left\langle \nabla f_1(\mathbf{y}_1^k), \mathbf{x}_1^{k+1} - \mathbf{u}_1 \right\rangle + \frac{L_1}{2} \left\| \mathbf{x}_1^{k+1} - \mathbf{y}_1^k \right\|^2 \\ \overset{\mathrm{b}}{\leqslant} & f_1(\mathbf{u}_1) - \left\langle \tilde{\nabla} h_1(\mathbf{x}_1^{k+1}), \mathbf{x}_1^{k+1} - \mathbf{u}_1 \right\rangle - \left\langle \mathbf{A}_1^{\mathrm{T}} \bar{\boldsymbol{\lambda}}(\mathbf{y}_1^k, \mathbf{y}_2^k), \mathbf{x}_1^{k+1} - \mathbf{u}_1 \right\rangle \\ & - \left(L_1 + \frac{\beta}{\theta_1} \|\mathbf{A}_1\|_2^2 \right) \left\langle \mathbf{x}_1^{k+1} - \mathbf{y}_1^k, \mathbf{x}_1^{k+1} - \mathbf{u}_1 \right\rangle + \frac{L_1}{2} \left\| \mathbf{x}_1^{k+1} - \mathbf{y}_1^k \right\|^2, \end{aligned}$$

其中 $\mathbf{u}_1$ 是任意向量, $\tilde{\nabla} h_1(\mathbf{x}_1^{k+1}) \in \partial h_1(\mathbf{x}_1^{k+1})$. 在不等式 $\overset{\mathrm{a}}{\leqslant}$ 中, 我们使用了 $f_1(\cdot)$ 是凸函数, 所以有

$$f_1(\mathbf{y}_1^k) \leqslant f_1(\mathbf{u}_1) + \left\langle \nabla f_1(\mathbf{y}_1^k), \mathbf{y}_1^k - \mathbf{u}_1 \right\rangle,$$

而 $\overset{b}{\leqslant}$ 使用了 (5.51). 另一方面, $h_1(\cdot)$ 的凸性意味着

$$h_1(\mathbf{x}_1^{k+1}) \leqslant h_1(\mathbf{u}_1) + \langle \tilde{\nabla} h_1(\mathbf{x}_1^{k+1}), \mathbf{x}_1^{k+1} - \mathbf{u}_1 \rangle,$$

因此我们有

$$J_1(\mathbf{x}_1^{k+1}) \leqslant J_1(\mathbf{u}_1) - \langle \mathbf{A}_1^{\mathrm{T}} \bar{\boldsymbol{\lambda}}(\mathbf{y}_1^k, \mathbf{y}_2^k), \mathbf{x}_1^{k+1} - \mathbf{u}_1 \rangle + \frac{L_1}{2} \left\| \mathbf{x}_1^{k+1} - \mathbf{y}_1^k \right\|^2$$
$$- \left(L_1 + \frac{\beta}{\theta_1} \|\mathbf{A}_1\|_2^2 \right) \langle \mathbf{x}_1^{k+1} - \mathbf{y}_1^k, \mathbf{x}_1^{k+1} - \mathbf{u}_1 \rangle.$$

令 $\mathbf{u}_1$ 分别为 $\mathbf{x}_1^k, \tilde{\mathbf{x}}_1$ 和 $\mathbf{x}_1^*$, 并将所得不等式分别乘以 $(1 - \theta_1 - \theta_2), \theta_2$ 和 θ_1, 最后相加, 我们有

$$J_1(\mathbf{x}_1^{k+1}) \leqslant (1 - \theta_1 - \theta_2)J_1(\mathbf{x}_1^k) + \theta_2 J_1(\tilde{\mathbf{x}}_1) + \theta_1 J_1(\mathbf{x}_1^*) + \frac{L_1}{2} \left\| \mathbf{x}_1^{k+1} - \mathbf{y}_1^k \right\|^2$$
$$- \langle \mathbf{A}_1^{\mathrm{T}} \bar{\boldsymbol{\lambda}}(\mathbf{y}_1^k, \mathbf{y}_2^k), \mathbf{x}_1^{k+1} - (1 - \theta_1 - \theta_2)\mathbf{x}_1^k - \theta_2 \tilde{\mathbf{x}}_1 - \theta_1 \mathbf{x}_1^* \rangle$$
$$- \left(L_1 + \frac{\beta}{\theta_1} \|\mathbf{A}_1\|_2^2 \right) \langle \mathbf{x}_1^{k+1} - \mathbf{y}_1^k, \mathbf{x}_1^{k+1} - (1 - \theta_1 - \theta_2)\mathbf{x}_1^k - \theta_2 \tilde{\mathbf{x}}_1 - \theta_1 \mathbf{x}_1^* \rangle$$
$$\overset{a}{=} (1 - \theta_1 - \theta_2)J_1(\mathbf{x}_1^k) + \theta_2 J_1(\tilde{\mathbf{x}}_1) + \theta_1 J_1(\mathbf{x}_1^*) + \frac{L_1}{2} \left\| \mathbf{x}_1^{k+1} - \mathbf{y}_1^k \right\|^2$$
$$- \langle \mathbf{A}_1^{\mathrm{T}} \bar{\boldsymbol{\lambda}}(\mathbf{x}_1^{k+1}, \mathbf{y}_2^k), \mathbf{x}_1^{k+1} - (1 - \theta_1 - \theta_2)\mathbf{x}_1^k - \theta_2 \tilde{\mathbf{x}}_1 - \theta_1 \mathbf{x}_1^* \rangle$$
$$- \langle \mathbf{x}_1^{k+1} - \mathbf{y}_1^k, \mathbf{x}_1^{k+1} - (1 - \theta_1 - \theta_2)\mathbf{x}_1^k - \theta_2 \tilde{\mathbf{x}}_1 - \theta_1 \mathbf{x}_1^* \rangle_{\mathbf{G}_1},$$

其中在 $\overset{a}{=}$ 式我们将 $\mathbf{A}_1^{\mathrm{T}} \bar{\boldsymbol{\lambda}}(\mathbf{y}_1^k, \mathbf{y}_2^k)$ 替换为 $\mathbf{A}_1^{\mathrm{T}} \bar{\boldsymbol{\lambda}}(\mathbf{x}_1^{k+1}, \mathbf{y}_2^k) - \frac{\beta}{\theta_1} \mathbf{A}_1^{\mathrm{T}} \mathbf{A}_1(\mathbf{x}_1^{k+1} - \mathbf{y}_1^k)$.

步骤 2: 我们分析 $\mathbf{x}_2$. 由 (5.47) 中 $\mathbf{x}_2^{k+1}$ 的最优性条件和 $h_2(\cdot)$ 及 $f_2(\cdot)$ 的凸性可证明

$$\mathbb{E}_{i_k} J_2(\mathbf{x}_2^{k+1})$$
$$\leqslant -\mathbb{E}_{i_k} \left\langle \mathbf{A}_2^{\mathrm{T}} \bar{\boldsymbol{\lambda}}(\mathbf{x}_1^{k+1}, \mathbf{y}_2^k) + \left(\alpha L_2 + \frac{\beta}{\theta_1} \|\mathbf{A}_2\|_2^2 \right)(\mathbf{x}_2^{k+1} - \mathbf{y}_2^k), \mathbf{x}_2^{k+1} - \theta_2 \tilde{\mathbf{x}}_2 \right\rangle$$
$$- \mathbb{E}_{i_k} \left\langle \mathbf{A}_2^{\mathrm{T}} \bar{\boldsymbol{\lambda}}(\mathbf{x}_1^{k+1}, \mathbf{y}_2^k) + \left(\alpha L_2 + \frac{\beta}{\theta_1} \|\mathbf{A}_2\|_2^2 \right)(\mathbf{x}_2^{k+1} - \mathbf{y}_2^k), \right.$$
$$\left. - (1 - \theta_1 - \theta_2)\mathbf{x}_2^k - \theta_1 \mathbf{x}_2^* \right\rangle$$
$$+ (1 - \theta_1 - \theta_2)J_2(\mathbf{x}_2^k) + \theta_1 J_2(\mathbf{x}_2^*) + \theta_2 J_2(\tilde{\mathbf{x}}_2)$$

$$+ \mathbb{E}_{i_k} \left[\frac{1}{2} \left(1 + \frac{1}{b\theta_2} \right) L_2 \left\| \mathbf{x}_2^{k+1} - \mathbf{y}_2^k \right\|^2 \right], \tag{5.52}$$

其中 $\alpha = 1 + \dfrac{1}{b\theta_2}$. (5.52) 的证明如下.

利用 (5.47) 中 $\mathbf{x}_2^{k+1}$ 的最优性条件, 我们有

$$- \left[\left(\alpha L_2 + \frac{\beta}{\theta_1} \|\mathbf{A}_2\|_2^2 \right) \left(\mathbf{x}_2^{k+1} - \mathbf{y}_2^k \right) + \tilde{\nabla} f_2(\mathbf{y}_2^k) + \mathbf{A}_2^{\mathrm{T}} \bar{\lambda}(\mathbf{x}_1^{k+1}, \mathbf{y}_2^k) \right] \in \partial h_2(\mathbf{x}_2^{k+1}). \tag{5.53}$$

由于 f_2 是 L_2-光滑的, 我们有

$$f_2(\mathbf{x}_2^{k+1}) \leqslant f_2(\mathbf{y}_2^k) + \langle \nabla f_2(\mathbf{y}_2^k), \mathbf{x}_2^{k+1} - \mathbf{y}_2^k \rangle + \frac{L_2}{2} \left\| \mathbf{x}_2^{k+1} - \mathbf{y}_2^k \right\|^2. \tag{5.54}$$

首先考虑 $\langle \nabla f_2(\mathbf{y}_2^k), \mathbf{x}_2^{k+1} - \mathbf{y}_2^k \rangle$. 我们有

$$\begin{aligned}
& \langle \nabla f_2(\mathbf{y}_2^k), \mathbf{x}_2^{k+1} - \mathbf{y}_2^k \rangle \\
\overset{a}{=} & \langle \nabla f_2(\mathbf{y}_2^k), (\mathbf{u}_2 - \mathbf{y}_2^k) + (\mathbf{x}_2^{k+1} - \mathbf{u}_2) \rangle \\
\overset{b}{=} & \langle \nabla f_2(\mathbf{y}_2^k), \mathbf{u}_2 - \mathbf{y}_2^k \rangle - \theta_3 \langle \nabla f_2(\mathbf{y}_2^k), \mathbf{y}_2^k - \tilde{\mathbf{x}}_2 \rangle + \langle \nabla f_2(\mathbf{y}_2^k), \mathbf{z}^{k+1} - \mathbf{u}_2 \rangle \\
= & \langle \nabla f_2(\mathbf{y}_2^k), \mathbf{u}_2 - \mathbf{y}_2^k \rangle - \theta_3 \langle \nabla f_2(\mathbf{y}_2^k), \mathbf{y}_2^k - \tilde{\mathbf{x}}_2 \rangle \\
& + \langle \tilde{\nabla} f_2(\mathbf{y}_2^k), \mathbf{z}^{k+1} - \mathbf{u}_2 \rangle + \langle \nabla f_2(\mathbf{y}_2^k) - \tilde{\nabla} f_2(\mathbf{y}_2^k), \mathbf{z}^{k+1} - \mathbf{u}_2 \rangle, \tag{5.55}
\end{aligned}$$

其中在 $\overset{a}{=}$ 中, 我们引入任意向量 $\mathbf{u}_2$ (我们将会把它分别设置成 $\mathbf{x}_2^k$, $\tilde{\mathbf{x}}_2$ 和 $\mathbf{x}_2^*$), 在 $\overset{b}{=}$ 中, 我们令

$$\mathbf{z}^{k+1} = \mathbf{x}_2^{k+1} + \theta_3(\mathbf{y}_2^k - \tilde{\mathbf{x}}_2), \tag{5.56}$$

其中 θ_3 是一个正的常数, 我们将在后面给出具体数值.

对于 $\langle \tilde{\nabla} f_2(\mathbf{y}_2^k), \mathbf{z}^{k+1} - \mathbf{u}_2 \rangle$, 我们有

$$\begin{aligned}
& \left\langle \tilde{\nabla} f_2(\mathbf{y}_2^k), \mathbf{z}^{k+1} - \mathbf{u}_2 \right\rangle \\
\overset{a}{\leqslant} & - \left\langle \tilde{\nabla} h_2(\mathbf{x}_2^{k+1}) + \mathbf{A}_2^{\mathrm{T}} \bar{\lambda}(\mathbf{x}_1^{k+1}, \mathbf{y}_2^k) + \left(\alpha L_2 + \frac{\beta}{\theta_1} \|\mathbf{A}_2\|_2^2 \right) \left(\mathbf{x}_2^{k+1} - \mathbf{y}_2^k \right), \right. \\
& \qquad \left. \mathbf{z}^{k+1} - \mathbf{u}_2 \right\rangle \\
\overset{b}{=} & - \left\langle \tilde{\nabla} h_2(\mathbf{x}_2^{k+1}), \mathbf{x}_2^{k+1} + \theta_3(\mathbf{y}_2^k - \tilde{\mathbf{x}}_2) - \mathbf{u}_2 \right\rangle
\end{aligned}$$

$$- \left\langle \mathbf{A}_2^{\mathrm{T}} \bar{\boldsymbol{\lambda}}(\mathbf{x}_1^{k+1}, \mathbf{y}_2^k) + \left(\alpha L_2 + \frac{\beta}{\theta_1} \|\mathbf{A}_2\|_2^2\right)(\mathbf{x}_2^{k+1} - \mathbf{y}_2^k), \mathbf{z}^{k+1} - \mathbf{u}_2 \right\rangle$$

$$= - \left\langle \tilde{\nabla} h_2(\mathbf{x}_2^{k+1}), \mathbf{x}_2^{k+1} + \theta_3(\mathbf{y}_2^k - \mathbf{x}_2^{k+1} + \mathbf{x}_2^{k+1} - \tilde{\mathbf{x}}_2) - \mathbf{u}_2 \right\rangle$$

$$- \left\langle \mathbf{A}_2^{\mathrm{T}} \bar{\boldsymbol{\lambda}}(\mathbf{x}_1^{k+1}, \mathbf{y}_2^k) + \left(\alpha L_2 + \frac{\beta}{\theta_1} \|\mathbf{A}_2\|_2^2\right)(\mathbf{x}_2^{k+1} - \mathbf{y}_2^k), \mathbf{z}^{k+1} - \mathbf{u}_2 \right\rangle$$

$$\overset{c}{\leqslant} h_2(\mathbf{u}_2) - h_2(\mathbf{x}_2^{k+1}) + \theta_3 h_2(\tilde{\mathbf{x}}_2) - \theta_3 h_2(\mathbf{x}_2^{k+1}) - \theta_3 \left\langle \tilde{\nabla} h_2(\mathbf{x}_2^{k+1}), \mathbf{y}_2^k - \mathbf{x}_2^{k+1} \right\rangle$$

$$- \left\langle \mathbf{A}_2^{\mathrm{T}} \bar{\boldsymbol{\lambda}}(\mathbf{x}_1^{k+1}, \mathbf{y}_2^k) + \left(\alpha L_2 + \frac{\beta}{\theta_1} \|\mathbf{A}_2\|_2^2\right)(\mathbf{x}_2^{k+1} - \mathbf{y}_2^k), \mathbf{z}^{k+1} - \mathbf{u}_2 \right\rangle$$

$$\overset{d}{=} h_2(\mathbf{u}_2) - h_2(\mathbf{x}_2^{k+1}) + \theta_3 h_2(\tilde{\mathbf{x}}_2) - \theta_3 h_2(\mathbf{x}_2^{k+1})$$

$$- \left\langle \mathbf{A}_2^{\mathrm{T}} \bar{\boldsymbol{\lambda}}(\mathbf{x}_1^{k+1}, \mathbf{y}_2^k) + \left(\alpha L_2 + \frac{\beta}{\theta_1} \|\mathbf{A}_2\|_2^2\right)(\mathbf{x}_2^{k+1} - \mathbf{y}_2^k), \mathbf{z}^{k+1} - \mathbf{u}_2 \right\rangle$$

$$- \theta_3 \left\langle \mathbf{A}_2^{\mathrm{T}} \bar{\boldsymbol{\lambda}}(\mathbf{x}_1^{k+1}, \mathbf{y}_2^k) + \left(\alpha L_2 + \frac{\beta}{\theta_1} \|\mathbf{A}_2\|_2^2\right)(\mathbf{x}_2^{k+1} - \mathbf{y}_2^k) + \tilde{\nabla} f_2(\mathbf{y}_2^k), \right.$$

$$\left. \mathbf{x}_2^{k+1} - \mathbf{y}_2^k \right\rangle, \tag{5.57}$$

其中 $\tilde{\nabla} h_2(\mathbf{x}_2^{k+1}) \in \partial h_2(\mathbf{x}_2^{k+1})$. 在 $\overset{a}{\leqslant}$ 和 $\overset{b}{=}$ 我们分别使用了 (5.53) 和 (5.56). 不等式 $\overset{d}{=}$ 再次使用了 (5.53), 不等式 $\overset{c}{\leqslant}$ 使用了 h_2 的凸性:

$$\left\langle \tilde{\nabla} h_2(\mathbf{x}_2^{k+1}), \mathbf{w} - \mathbf{x}_2^{k+1} \right\rangle \leqslant h_2(\mathbf{w}) - h_2(\mathbf{x}_2^{k+1}), \quad \mathbf{w} = \mathbf{u}_2, \tilde{\mathbf{x}}_2.$$

整理 (5.57), 利用

$$\tilde{\nabla} f_2(\mathbf{y}_2^k) = \nabla f_2(\mathbf{y}_2^k) + \left(\tilde{\nabla} f_2(\mathbf{y}_2^k) - \nabla f_2(\mathbf{y}_2^k)\right),$$

我们有

$$\left\langle \tilde{\nabla} f_2(\mathbf{y}_2^k), \mathbf{z}^{k+1} - \mathbf{u}_2 \right\rangle \leqslant h_2(\mathbf{u}_2) - h_2(\mathbf{x}_2^{k+1}) + \theta_3 h_2(\tilde{\mathbf{x}}_2) - \theta_3 h_2(\mathbf{x}_2^{k+1})$$

$$- \left\langle \mathbf{A}_2^{\mathrm{T}} \bar{\boldsymbol{\lambda}}(\mathbf{x}_1^{k+1}, \mathbf{y}_2^k) + \left(\alpha L_2 + \frac{\beta}{\theta_1} \|\mathbf{A}_2\|_2^2\right)(\mathbf{x}_2^{k+1} - \mathbf{y}_2^k), \right.$$

$$\left. \theta_3(\mathbf{x}_2^{k+1} - \mathbf{y}_2^k) + \mathbf{z}^{k+1} - \mathbf{u}_2 \right\rangle$$

$$- \theta_3 \left\langle \nabla f_2(\mathbf{y}_2^k) + \left(\tilde{\nabla} f_2(\mathbf{y}_2^k) - \nabla f_2(\mathbf{y}_2^k)\right), \mathbf{x}_2^{k+1} - \mathbf{y}_2^k \right\rangle. \tag{5.58}$$

将 (5.58) 代入 (5.55), 我们有

$$(1 + \theta_3) \left\langle \nabla f_2(\mathbf{y}_2^k), \mathbf{x}_2^{k+1} - \mathbf{y}_2^k \right\rangle$$

$$\leqslant \left\langle \nabla f_2(\mathbf{y}_2^k), \mathbf{u}_2 - \mathbf{y}_2^k \right\rangle - \theta_3 \left\langle \nabla f_2(\mathbf{y}_2^k), \mathbf{y}_2^k - \tilde{\mathbf{x}}_2 \right\rangle + h_2(\mathbf{u}_2) - h_2(\mathbf{x}_2^{k+1})$$

$$+ \theta_3 h_2(\tilde{\mathbf{x}}_2) - \theta_3 h_2(\mathbf{x}_2^{k+1})$$

$$- \left\langle \mathbf{A}_2^{\mathrm{T}} \bar{\lambda}(\mathbf{x}_1^{k+1}, \mathbf{y}_2^k) + \left(\alpha L_2 + \frac{\beta}{\theta_1} \|\mathbf{A}_2\|_2^2 \right) (\mathbf{x}_2^{k+1} - \mathbf{y}_2^k), \right.$$

$$\left. \mathbf{z}^{k+1} - \mathbf{u}_2 + \theta_3 (\mathbf{x}_2^{k+1} - \mathbf{y}_2^k) \right\rangle$$

$$+ \left\langle \nabla f_2(\mathbf{y}_2^k) - \tilde{\nabla} f_2(\mathbf{y}_2^k), \theta_3 (\mathbf{x}_2^{k+1} - \mathbf{y}_2^k) + \mathbf{z}^{k+1} - \mathbf{u}_2 \right\rangle. \tag{5.59}$$

将 (5.54) 乘以 $(1 + \theta_3)$ 并与 (5.59) 相加, 我们可以消去 $\left\langle \nabla f_2(\mathbf{y}_2^k), \mathbf{x}_2^{k+1} - \mathbf{y}_2^k \right\rangle$ 并得到

$$(1 + \theta_3) J_2(\mathbf{x}_2^{k+1})$$

$$\leqslant (1 + \theta_3) f_2(\mathbf{y}_2^k) + \left\langle \nabla f_2(\mathbf{y}_2^k), \mathbf{u}_2 - \mathbf{y}_2^k \right\rangle - \theta_3 \left\langle \nabla f_2(\mathbf{y}_2^k), \mathbf{y}_2^k - \tilde{\mathbf{x}}_2 \right\rangle + h_2(\mathbf{u}_2)$$

$$+ \theta_3 h_2(\tilde{\mathbf{x}}_2) - \left\langle \mathbf{A}_2^{\mathrm{T}} \bar{\lambda}(\mathbf{x}_1^{k+1}, \mathbf{y}_2^k) + \left(\alpha L_2 + \frac{\beta}{\theta_1} \|\mathbf{A}_2\|_2^2 \right) (\mathbf{x}_2^{k+1} - \mathbf{y}_2^k), \right.$$

$$\left. \mathbf{z}^{k+1} - \mathbf{u}_2 + \theta_3 (\mathbf{x}_2^{k+1} - \mathbf{y}_2^k) \right\rangle$$

$$+ \left\langle \nabla f_2(\mathbf{y}_2^k) - \tilde{\nabla} f_2(\mathbf{y}_2^k), \theta_3 (\mathbf{x}_2^{k+1} - \mathbf{y}_2^k) + \mathbf{z}^{k+1} - \mathbf{u}_2 \right\rangle$$

$$+ \frac{(1 + \theta_3) L_2}{2} \left\| \mathbf{x}_2^{k+1} - \mathbf{y}_2^k \right\|^2$$

$$\overset{a}{\leqslant} J_2(\mathbf{u}_2) - \theta_3 \left\langle \nabla f_2(\mathbf{y}_2^k), \mathbf{y}_2^k - \tilde{\mathbf{x}}_2 \right\rangle + \theta_3 f_2(\mathbf{y}_2^k) + \theta_3 h_2(\tilde{\mathbf{x}}_2)$$

$$- \left\langle \mathbf{A}_2^{\mathrm{T}} \bar{\lambda}(\mathbf{x}_1^{k+1}, \mathbf{y}_2^k) + \left(\alpha L_2 + \frac{\beta}{\theta_1} \|\mathbf{A}_2\|_2^2 \right) (\mathbf{x}_2^{k+1} - \mathbf{y}_2^k), \right.$$

$$\left. \mathbf{z}^{k+1} - \mathbf{u}_2 + \theta_3 (\mathbf{x}_2^{k+1} - \mathbf{y}_2^k) \right\rangle$$

$$+ \left\langle \nabla f_2(\mathbf{y}_2^k) - \tilde{\nabla} f_2(\mathbf{y}_2^k), \theta_3 (\mathbf{x}_2^{k+1} - \mathbf{y}_2^k) + \mathbf{z}^{k+1} - \mathbf{u}_2 \right\rangle$$

$$+ \frac{(1 + \theta_3) L_2}{2} \left\| \mathbf{x}_2^{k+1} - \mathbf{y}_2^k \right\|^2, \tag{5.60}$$

其中 $\overset{a}{\leqslant}$ 使用了 f_2 的凸性:

$$\left\langle \nabla f_2(\mathbf{y}_2^k), \mathbf{u}_2 - \mathbf{y}_2^k \right\rangle \leqslant f_2(\mathbf{u}_2) - f_2(\mathbf{y}_2^k).$$

我们现在考虑

$$\left\langle \nabla f_2(\mathbf{y}_2^k) - \tilde{\nabla} f_2(\mathbf{y}_2^k), \theta_3(\mathbf{x}_2^{k+1} - \mathbf{y}_2^k) + \mathbf{z}^{k+1} - \mathbf{u}_2 \right\rangle.$$

我们把 $\mathbf{u}_2$ 分别设置成 $\mathbf{x}_2^k$ 和 $\mathbf{x}_2^*$. 它们独立于 $\mathcal{I}_{k,s}$, 则有

$$\mathbb{E}_{i_k} \left\langle \nabla f_2(\mathbf{y}_2^k) - \tilde{\nabla} f_2(\mathbf{y}^k), \theta_3(\mathbf{x}_2^{k+1} - \mathbf{y}_2^k) + \mathbf{z}^{k+1} - \mathbf{u}_2 \right\rangle$$

$$= \mathbb{E}_{i_k} \left\langle \nabla f_2(\mathbf{y}_2^k) - \tilde{\nabla} f_2(\mathbf{y}_2^k), \theta_3 \mathbf{z}^{k+1} + \mathbf{z}^{k+1} \right\rangle$$

$$\quad - \mathbb{E}_{i_k} \left\langle \nabla f_2(\mathbf{y}_2^k) - \tilde{\nabla} f_2(\mathbf{y}_2^k), \theta_3^2(\mathbf{y}_2^k - \tilde{\mathbf{x}}_2) + \theta_3 \mathbf{y}_2^k + \mathbf{u}_2 \right\rangle$$

$$\overset{a}{=} (1 + \theta_3) \mathbb{E}_{i_k} \left\langle \nabla f_2(\mathbf{y}_2^k) - \tilde{\nabla} f_2(\mathbf{y}_2^k), \mathbf{z}^{k+1} \right\rangle$$

$$\overset{b}{=} (1 + \theta_3) \mathbb{E}_{i_k} \left\langle \nabla f_2(\mathbf{y}_2^k) - \tilde{\nabla} f_2(\mathbf{y}_2^k), \mathbf{x}_2^{k+1} \right\rangle$$

$$\overset{c}{=} (1 + \theta_3) \mathbb{E}_{i_k} \left\langle \nabla f_2(\mathbf{y}_2^k) - \tilde{\nabla} f_2(\mathbf{y}_2^k), \mathbf{x}_2^{k+1} - \mathbf{y}_2^k \right\rangle$$

$$\overset{d}{\leqslant} \mathbb{E}_{i_k} \left(\frac{\theta_3 b}{2 L_2} \left\| \nabla f_2(\mathbf{y}_2^k) - \tilde{\nabla} f_2(\mathbf{y}_2^k) \right\|^2 \right) + \mathbb{E}_{i_k} \left(\frac{(1 + \theta_3)^2 L_2}{2 \theta_3 b} \left\| \mathbf{x}_2^{k+1} - \mathbf{y}_2^k \right\|^2 \right)$$

$$\overset{e}{\leqslant} \theta_3 \left(f_2(\tilde{\mathbf{x}}_2) - f_2(\mathbf{y}_2^k) - \left\langle \nabla f_2(\mathbf{y}_2^k), \tilde{\mathbf{x}}_2 - \mathbf{y}_2^k \right\rangle \right)$$

$$\quad + \mathbb{E}_{i_k} \left(\frac{(1 + \theta_3)^2 L_2}{2 \theta_3 b} \left\| \mathbf{x}_2^{k+1} - \mathbf{y}_2^k \right\|^2 \right), \tag{5.61}$$

其中 $\overset{a}{=}$ 使用了

$$\mathbb{E}_{i_k} \left(\nabla f_2(\mathbf{y}_2^k) - \tilde{\nabla} f_2(\mathbf{y}_2^k) \right) = \mathbf{0},$$

且 $\mathbf{x}_2^k, \mathbf{y}_2^k, \tilde{\mathbf{x}}_2$ 和 $\mathbf{u}_2$ 都与 $i_{k,s}$ 独立 (它们已被给定), 所以

$$\mathbb{E}_{i_k} \left\langle \nabla f_2(\mathbf{y}_2^k) - \tilde{\nabla} f_2(\mathbf{y}_2^k), \mathbf{y}_2^k \right\rangle = 0,$$

$$\mathbb{E}_{i_k} \left\langle \nabla f_2(\mathbf{y}_2^k) - \tilde{\nabla} f_2(\mathbf{y}_2^k), \tilde{\mathbf{x}}_2 \right\rangle = 0,$$

$$\mathbb{E}_{i_k} \left\langle \nabla f_2(\mathbf{y}_2^k) - \tilde{\nabla} f_2(\mathbf{y}_2^k), \mathbf{u}_2 \right\rangle = 0.$$

类似地, $\overset{b}{=}$ 和 $\overset{c}{=}$ 成立; $\overset{d}{\leqslant}$ 使用了 Cauchy-Schwarz 不等式; $\overset{e}{\leqslant}$ 使用了

$$\mathbb{E}_{i_k} \left\| \nabla f_2(\mathbf{y}_2^k) - \tilde{\nabla} f_2(\mathbf{y}_2^k) \right\|^2$$

$$\overset{\mathrm{a}}{=} \frac{1}{b}\mathbb{E}_i \left\| \nabla f_2(\mathbf{y}_2^k) - \left(\nabla f_{2,i}(\mathbf{y}_2^k) - \nabla f_{2,i}(\tilde{\mathbf{x}}_2) + \nabla f_2(\tilde{\mathbf{x}}_2) \right) \right\|^2$$

$$\overset{\mathrm{b}}{\leqslant} \frac{2L_2}{b} \left(f_2(\tilde{\mathbf{x}}_2) - f_2(\mathbf{y}_2^k) - \langle \nabla f_2(\mathbf{y}_2^k), \tilde{\mathbf{x}}_2 - \mathbf{y}_2^k \rangle \right),$$

其中 $\overset{\mathrm{a}}{=}$ 是由于采样样本 $i_{k,s}$ 间具有独立性, $\mathbb{E}_i$ 表示对 i 在 $[n]$ 内均匀采样时的结果求期望, $\overset{\mathrm{b}}{\leqslant}$ 使用了引理 5.4.

对 (5.60) 求期望并与 (5.61) 相加, 我们有

$$(1+\theta_3)\mathbb{E}_{i_k} J_2(\mathbf{x}_2^{k+1})$$

$$\leqslant -\mathbb{E}_{i_k} \left\langle \mathbf{A}_2^{\mathrm{T}}\bar{\boldsymbol{\lambda}}(\mathbf{x}_1^{k+1}, \mathbf{y}_2^k) + \left(\alpha L_2 + \frac{\beta}{\theta_1} \|\mathbf{A}_2\|_2^2 \right)(\mathbf{x}_2^{k+1} - \mathbf{y}_2^k), \right.$$

$$\left. \mathbf{z}^{k+1} - \mathbf{u}_2 + \theta_3(\mathbf{x}_2^{k+1} - \mathbf{y}_2^k) \right\rangle$$

$$+ J_2(\mathbf{u}_2) + \theta_3 J_2(\tilde{\mathbf{x}}_2) + \mathbb{E}_{i_k}\left[\frac{1}{2}(1+\theta_3)\left(1 + \frac{1+\theta_3}{b\theta_3}\right)L_2 \left\|\mathbf{x}_2^{k+1} - \mathbf{y}_2^k\right\|^2\right]$$

$$\overset{\mathrm{a}}{=} -\mathbb{E}_{i_k}\left\langle \mathbf{A}_2^{\mathrm{T}}\bar{\boldsymbol{\lambda}}(\mathbf{x}_1^{k+1}, \mathbf{y}_2^k) + \left(\alpha L_2 + \frac{\beta}{\theta_1} \|\mathbf{A}_2\|_2^2 \right)(\mathbf{x}_2^{k+1} - \mathbf{y}_2^k), \right.$$

$$\left. (1+\theta_3)\mathbf{x}_2^{k+1} - \theta_3\tilde{\mathbf{x}}_2 - \mathbf{u}_2 \right\rangle$$

$$+ J_2(\mathbf{u}_2) + \theta_3 J_2(\tilde{\mathbf{x}}_2) + \mathbb{E}_{i_k}\left[\frac{1}{2}(1+\theta_3)\left(1 + \frac{1}{b\theta_2}\right)L_2 \left\|\mathbf{x}_2^{k+1} - \mathbf{y}_2^k\right\|^2\right],$$

其中 $\overset{\mathrm{a}}{=}$ 使用了 (5.56) 并设置 θ_3 满足 $\theta_2 = \dfrac{\theta_3}{1+\theta_3}$. 令 $\mathbf{u}_2$ 分别为 $\mathbf{x}_2^k$ 和 $\mathbf{x}_2^*$, 并将所得的不等式分别乘以 $1 - \theta_1(1+\theta_3)$ 和 $\theta_1(1+\theta_3)$, 再相加, 我们有

$$(1+\theta_3)\mathbb{E}_{i_k} J_2(\mathbf{x}_2^{k+1})$$

$$\leqslant -\mathbb{E}_{i_k}\left\langle \mathbf{\Lambda}_2^{\mathrm{T}}\bar{\boldsymbol{\lambda}}(\mathbf{x}_1^{k+1}, \mathbf{y}_2^k) + \left(\alpha L_2 + \frac{\beta}{\theta_1} \|\mathbf{A}_2\|_2^2 \right)(\mathbf{x}_2^{k+1} - \mathbf{y}_2^k), (1+\theta_3)\mathbf{x}_2^{k+1} - \theta_3\tilde{\mathbf{x}}_2 \right\rangle$$

$$- \mathbb{E}_{i_k}\left\langle \mathbf{A}_2^{\mathrm{T}}\bar{\boldsymbol{\lambda}}(\mathbf{x}_1^{k+1}, \mathbf{y}_2^k) + \left(\alpha L_2 + \frac{\beta}{\theta_1} \|\mathbf{A}_2\|_2^2 \right)(\mathbf{x}_2^{k+1} - \mathbf{y}_2^k), -[1 - \theta_1(1+\theta_3)]\mathbf{x}_2^k \right\rangle$$

$$- \mathbb{E}_{i_k}\left\langle \mathbf{A}_2^{\mathrm{T}}\bar{\boldsymbol{\lambda}}(\mathbf{x}_1^{k+1}, \mathbf{y}_2^k) + \left(\alpha L_2 + \frac{\beta}{\theta_1} \|\mathbf{A}_2\|_2^2 \right)(\mathbf{x}_2^{k+1} - \mathbf{y}_2^k), -\theta_1(1+\theta_3)\mathbf{x}_2^* \right\rangle$$

$$+ [1 - \theta_1(1+\theta_3)] J_2(\mathbf{x}_2^k) + \theta_1(1+\theta_3)J_2(\mathbf{x}_2^*) + \theta_3 J_2(\tilde{\mathbf{x}}_2)$$

$$+ \mathbb{E}_{i_k}\left[\frac{1}{2}(1+\theta_3)\left(1 + \frac{1}{b\theta_2}\right)L_2 \left\|\mathbf{x}_2^{k+1} - \mathbf{y}_2^k\right\|^2\right]. \tag{5.62}$$

将 (5.62) 两边除以 $(1 + \theta_3)$, 我们有

$$
\begin{aligned}
&\mathbb{E}_{i_k} J_2(\mathbf{x}_2^{k+1}) \\
&\leqslant -\mathbb{E}_{i_k} \left\langle \mathbf{A}_2^{\mathrm{T}} \bar{\boldsymbol{\lambda}}(\mathbf{x}_1^{k+1}, \mathbf{y}_2^k) + \left(\alpha L_2 + \frac{\beta}{\theta_1} \left\| \mathbf{A}_2 \right\|_2^2 \right) (\mathbf{x}_2^{k+1} - \mathbf{y}_2^k), \mathbf{x}_2^{k+1} - \theta_2 \tilde{\mathbf{x}}_2 \right\rangle \\
&\quad - \mathbb{E}_{i_k} \left\langle \mathbf{A}_2^{\mathrm{T}} \bar{\boldsymbol{\lambda}}(\mathbf{x}_1^{k+1}, \mathbf{y}_2^k) + \left(\alpha L_2 + \frac{\beta}{\theta_1} \left\| \mathbf{A}_2 \right\|_2^2 \right) (\mathbf{x}_2^{k+1} - \mathbf{y}_2^k), \right. \\
&\qquad \left. - (1 - \theta_1 - \theta_2) \mathbf{x}_2^k - \theta_1 \mathbf{x}_2^* \right\rangle \\
&\quad + (1 - \theta_1 - \theta_2) J_2(\mathbf{x}_2^k) + \theta_1 J_2(\mathbf{x}_2^*) + \theta_2 J_2(\tilde{\mathbf{x}}_2) \\
&\quad + \mathbb{E}_{i_k} \left[\frac{1}{2} \left(1 + \frac{1}{b\theta_2} \right) L_2 \left\| \mathbf{x}_2^{k+1} - \mathbf{y}_2^k \right\|^2 \right],
\end{aligned}
$$

其中我们使用了 $\theta_2 = \dfrac{\theta_3}{1 + \theta_3}$, 所以有 $\dfrac{1 - \theta_1(1 + \theta_3)}{1 + \theta_3} = 1 - \theta_1 - \theta_2$.

步骤 3: 设置

$$
\hat{\boldsymbol{\lambda}}^k = \tilde{\boldsymbol{\lambda}}^k + \frac{\beta(1 - \theta_1)}{\theta_1} \left(\mathbf{A}_1 \mathbf{x}_1^k + \mathbf{A}_2 \mathbf{x}_2^k - \mathbf{b} \right), \tag{5.63}
$$

我们将证明如下性质:

$$
\hat{\boldsymbol{\lambda}}^{k+1} = \bar{\boldsymbol{\lambda}}(\mathbf{x}_1^{k+1}, \mathbf{x}_2^{k+1}), \tag{5.64}
$$

$$
\begin{aligned}
\hat{\boldsymbol{\lambda}}^{k+1} - \hat{\boldsymbol{\lambda}}^k &= \frac{\beta}{\theta_1} \mathbf{A}_1 \left[\mathbf{x}_1^{k+1} - (1 - \theta_1 - \theta_2) \mathbf{x}_1^k - \theta_2 \tilde{\mathbf{x}}_1 - \theta_1 \mathbf{x}_1^* \right] \\
&\quad + \frac{\beta}{\theta_1} \mathbf{A}_2 \left[\mathbf{x}_2^{k+1} - (1 - \theta_1 - \theta_2) \mathbf{x}_2^k - \theta_2 \tilde{\mathbf{x}}_2 - \theta_1 \mathbf{x}_2^* \right]. \tag{5.65}
\end{aligned}
$$

事实上, 对于算法 5.3, 我们有

$$
\boldsymbol{\lambda}^k = \tilde{\boldsymbol{\lambda}}^k + \frac{\beta \theta_2}{\theta_1} \left(\mathbf{A}_1 \mathbf{x}_1^k + \mathbf{A}_2 \mathbf{x}_2^k - \tilde{\mathbf{b}} \right) \tag{5.66}
$$

和

$$
\tilde{\boldsymbol{\lambda}}^{k+1} = \boldsymbol{\lambda}^k + \beta \left(\mathbf{A}_1 \mathbf{x}_1^{k+1} + \mathbf{A}_2 \mathbf{x}_2^{k+1} - \mathbf{b} \right). \tag{5.67}
$$

利用 (5.63), 我们有

$$
\hat{\boldsymbol{\lambda}}^{k+1} = \tilde{\boldsymbol{\lambda}}^{k+1} + \beta \left(\frac{1}{\theta_1} - 1 \right) \left(\mathbf{A}_1 \mathbf{x}_1^{k+1} + \mathbf{A}_2 \mathbf{x}_2^{k+1} - \mathbf{b} \right)
$$

$$\stackrel{\text{a}}{=} \boldsymbol{\lambda}^k + \frac{\beta}{\theta_1}(\mathbf{A}_1 \mathbf{x}_1^{k+1} + \mathbf{A}_2 \mathbf{x}_2^{k+1} - \mathbf{b}) \tag{5.68}$$

$$\stackrel{\text{b}}{=} \tilde{\boldsymbol{\lambda}}^k + \frac{\beta}{\theta_1}\left\{ \mathbf{A}_1 \mathbf{x}_1^{k+1} + \mathbf{A}_2 \mathbf{x}_2^{k+1} - \mathbf{b} + \theta_2 \left[\mathbf{A}_1(\mathbf{x}_1^k - \tilde{\mathbf{x}}_1) + \mathbf{A}_2(\mathbf{x}_2^k - \tilde{\mathbf{x}}_2) \right] \right\},$$

其中 $\stackrel{\text{a}}{=}$ 使用了 (5.67), $\stackrel{\text{b}}{=}$ 使用了 (5.66) 和 $\tilde{\mathbf{b}} = \mathbf{A}_1 \tilde{\mathbf{x}}_1 + \mathbf{A}_2 \tilde{\mathbf{x}}_2$ (见算法 5.4). 结合 (5.63), 我们有

$$\hat{\boldsymbol{\lambda}}^{k+1} - \hat{\boldsymbol{\lambda}}^k = \frac{\beta}{\theta_1}\mathbf{A}_1 \left[\mathbf{x}_1^{k+1} - (1-\theta_1)\mathbf{x}_1^k - \theta_1 \mathbf{x}_1^* + \theta_2(\mathbf{x}_1^k - \tilde{\mathbf{x}}_1) \right]$$
$$+ \frac{\beta}{\theta_1}\mathbf{A}_2 \left[\mathbf{x}_2^{k+1} - (1-\theta_1)\mathbf{x}_2^k - \theta_1 \mathbf{x}_2^* + \theta_2(\mathbf{x}_2^k - \tilde{\mathbf{x}}_2) \right],$$

其中我们使用了 $\mathbf{A}_1 \mathbf{x}_1^* + \mathbf{A}_2 \mathbf{x}_2^* = \mathbf{b}$. 故得到 (5.65).

由于 (5.68) 等于 $\bar{\boldsymbol{\lambda}}(\mathbf{x}_1^{k+1}, \mathbf{x}_2^{k+1})$, 我们得到 (5.64).

步骤 4: 我们现在证明 (5.49). 由 $\tilde{L}(\mathbf{x}_1, \mathbf{x}_2, \boldsymbol{\lambda})$ 的定义, 我们有

$$\tilde{L}(\mathbf{x}_1^{k+1}, \mathbf{x}_2^{k+1}, \boldsymbol{\lambda}^*) - \theta_2 \tilde{L}(\tilde{\mathbf{x}}_1, \tilde{\mathbf{x}}_2, \boldsymbol{\lambda}^*) - (1 - \theta_1 - \theta_2)\tilde{L}(\mathbf{x}_1^k, \mathbf{x}_2^k, \boldsymbol{\lambda}^*)$$

$$= J_1(\mathbf{x}_1^{k+1}) - (1 - \theta_1 - \theta_2)J_1(\mathbf{x}_1^k) - \theta_1 J_1(\mathbf{x}_1^*) - \theta_2 J_1(\tilde{\mathbf{x}}_1)$$
$$+ J_2(\mathbf{x}_2^{k+1}) - (1 - \theta_1 - \theta_2)J_2(\mathbf{x}_2^k) - \theta_1 J_2(\mathbf{x}_2^*) - \theta_2 J_2(\tilde{\mathbf{x}}_2)$$
$$+ \left\langle \boldsymbol{\lambda}^*, \mathbf{A}_1 \left[\mathbf{x}_1^{k+1} - (1 - \theta_1 - \theta_2)\mathbf{x}_1^k - \theta_2 \tilde{\mathbf{x}}_1 - \theta_1 \mathbf{x}_1^* \right] \right\rangle$$
$$+ \left\langle \boldsymbol{\lambda}^*, \mathbf{A}_2 \left[\mathbf{x}_2^{k+1} - (1 - \theta_1 - \theta_2)\mathbf{x}_2^k - \theta_2 \tilde{\mathbf{x}}_2 - \theta_1 \mathbf{x}_2^* \right] \right\rangle.$$

将 (5.50) 和 (5.52) 代入上式, 我们有

$$\mathbb{E}_{i_k} \tilde{L}(\mathbf{x}_1^{k+1}, \mathbf{x}_2^{k+1}, \boldsymbol{\lambda}^*) - \theta_2 \tilde{L}(\tilde{\mathbf{x}}_1, \tilde{\mathbf{x}}_2, \boldsymbol{\lambda}^*) - (1 - \theta_1 - \theta_2)\tilde{L}(\mathbf{x}_1^k, \mathbf{x}_2^k, \boldsymbol{\lambda}^*)$$

$$\leqslant \mathbb{E}_{i_k} \left\langle \boldsymbol{\lambda}^* - \bar{\boldsymbol{\lambda}}(\mathbf{x}_1^{k+1}, \mathbf{y}_2^k), \mathbf{A}_1 \left[\mathbf{x}_1^{k+1} - (1 - \theta_1 - \theta_2)\mathbf{x}_1^k - \theta_2 \tilde{\mathbf{x}}_1 - \theta_1 \mathbf{x}_1^* \right] \right\rangle$$
$$+ \mathbb{E}_{i_k} \left\langle \boldsymbol{\lambda}^* - \bar{\boldsymbol{\lambda}}(\mathbf{x}_1^{k+1}, \mathbf{y}_2^k), \mathbf{A}_2 \left[\mathbf{x}_2^{k+1} - (1 - \theta_1 - \theta_2)\mathbf{x}_2^k - \theta_2 \tilde{\mathbf{x}}_2 - \theta_1 \mathbf{x}_2^* \right] \right\rangle$$
$$- \mathbb{E}_{i_k} \left\langle \mathbf{x}_1^{k+1} - \mathbf{y}_1^k, \mathbf{x}_1^{k+1} - (1 - \theta_1 - \theta_2)\mathbf{x}_1^k - \theta_2 \tilde{\mathbf{x}}_1 - \theta_1 \mathbf{x}_1^* \right\rangle_{\mathbf{G}_1}$$
$$- \mathbb{E}_{i_k} \left\langle \mathbf{x}_2^{k+1} - \mathbf{y}_2^k, \mathbf{x}_2^{k+1} - (1 - \theta_1 - \theta_2)\mathbf{x}_2^k - \theta_2 \tilde{\mathbf{x}}_2 - \theta_1 \mathbf{x}_2^* \right\rangle_{\left(\alpha L_2 + \frac{\beta}{\theta_1}\|\mathbf{A}_2\|_2^2 \right)\mathbf{I}}$$
$$+ \frac{L_1}{2}\mathbb{E}_{i_k} \left\| \mathbf{x}_1^{k+1} - \mathbf{y}_1^k \right\|^2 + \mathbb{E}_{i_k} \left[\frac{1}{2}\left(1 + \frac{1}{b\theta_2} \right) L_2 \left\| \mathbf{x}_2^{k+1} - \mathbf{y}_2^k \right\|^2 \right]$$

$$\stackrel{\text{a}}{=} \mathbb{E}_{i_k} \left\langle \boldsymbol{\lambda}^* - \bar{\boldsymbol{\lambda}}(\mathbf{x}_1^{k+1}, \mathbf{x}_2^{k+1}), \mathbf{A}_1 \left[\mathbf{x}_1^{k+1} - (1 - \theta_1 - \theta_2)\mathbf{x}_1^k - \theta_2 \tilde{\mathbf{x}}_1 - \theta_1 \mathbf{x}_1^* \right] \right\rangle$$
$$+ \mathbb{E}_{i_k} \left\langle \boldsymbol{\lambda}^* - \bar{\boldsymbol{\lambda}}(\mathbf{x}_1^{k+1}, \mathbf{x}_2^{k+1}), \mathbf{A}_2 \left[\mathbf{x}_2^{k+1} - (1 - \theta_1 - \theta_2)\mathbf{x}_2^k - \theta_2 \tilde{\mathbf{x}}_2 - \theta_1 \mathbf{x}_2^* \right] \right\rangle$$

$$- \mathbb{E}_{i_k} \left\langle \mathbf{x}_1^{k+1} - \mathbf{y}_1^k, \mathbf{x}_1^{k+1} - (1 - \theta_1 - \theta_2)\mathbf{x}_1^k - \theta_2 \tilde{\mathbf{x}}_1 - \theta_1 \mathbf{x}_1^* \right\rangle_{\mathbf{G}_1}$$

$$- \mathbb{E}_{i_k} \left\langle \mathbf{x}_2^{k+1} - \mathbf{y}_2^k, \mathbf{x}_2^{k+1} - (1 - \theta_1 - \theta_2)\mathbf{x}_2^k - \theta_2 \tilde{\mathbf{x}}_2 - \theta_1 \mathbf{x}_2^* \right\rangle_{\left(\alpha L_2 + \frac{\beta}{\theta_1}\|\mathbf{A}_2\|_2^2\right)\mathbf{I} - \frac{\beta}{\theta_1}\mathbf{A}_2^{\mathsf{T}}\mathbf{A}_2}$$

$$+ \frac{L_1}{2} \mathbb{E}_{i_k} \left\| \mathbf{x}_1^{k+1} - \mathbf{y}_1^k \right\|^2 + \mathbb{E}_{i_k} \left[\frac{1}{2} \left(1 + \frac{1}{b\theta_2} \right) L_2 \left\| \mathbf{x}_2^{k+1} - \mathbf{y}_2^k \right\|^2 \right]$$

$$+ \frac{\beta}{\theta_1} \mathbb{E}_{i_k} \left\langle \mathbf{A}_2 \mathbf{x}_2^{k+1} - \mathbf{A}_2 \mathbf{y}_2^k, \; \mathbf{A}_1 \left[\mathbf{x}_1^{k+1} - (1 - \theta_1 - \theta_2)\mathbf{x}_1^k - \theta_2 \tilde{\mathbf{x}}_1 - \theta_1 \mathbf{x}_1^* \right] \right\rangle, \tag{5.69}$$

其中在 $\overset{\mathrm{a}}{=}$ 式中, 我们将 $\bar{\boldsymbol{\lambda}}(\mathbf{x}_1^{k+1}, \mathbf{y}_2^k)$ 替换为

$$\bar{\boldsymbol{\lambda}}(\mathbf{x}_1^{k+1}, \mathbf{x}_2^{k+1}) - \frac{\beta}{\theta_1} \mathbf{A}_2(\mathbf{x}_2^{k+1} - \mathbf{y}_2^k).$$

对于 (5.69) 右端的前两项, 我们有

$$\left\langle \boldsymbol{\lambda}^* - \bar{\boldsymbol{\lambda}}(\mathbf{x}_1^{k+1}, \mathbf{x}_2^{k+1}), \mathbf{A}_1 \left[\mathbf{x}_1^{k+1} - (1 - \theta_1 - \theta_2)\mathbf{x}_1^k - \theta_2 \tilde{\mathbf{x}}_1 - \theta_1 \mathbf{x}_1^* \right] \right\rangle$$

$$+ \left\langle \boldsymbol{\lambda}^* - \bar{\boldsymbol{\lambda}}(\mathbf{x}_1^{k+1}, \mathbf{x}_2^{k+1}), \mathbf{A}_2 \left[\mathbf{x}_2^{k+1} - (1 - \theta_1 - \theta_2)\mathbf{x}_2^k - \theta_2 \tilde{\mathbf{x}}_2 - \theta_1 \mathbf{x}_2^* \right] \right\rangle$$

$$\overset{\mathrm{a}}{=} \frac{\theta_1}{\beta} \left\langle \boldsymbol{\lambda}^* - \hat{\boldsymbol{\lambda}}^{k+1}, \hat{\boldsymbol{\lambda}}^{k+1} - \hat{\boldsymbol{\lambda}}^k \right\rangle$$

$$\overset{\mathrm{b}}{=} \frac{\theta_1}{2\beta} \left(\left\| \hat{\boldsymbol{\lambda}}^k - \boldsymbol{\lambda}^* \right\|^2 - \left\| \hat{\boldsymbol{\lambda}}^{k+1} - \boldsymbol{\lambda}^* \right\|^2 - \left\| \hat{\boldsymbol{\lambda}}^{k+1} - \hat{\boldsymbol{\lambda}}^k \right\|^2 \right), \tag{5.70}$$

其中 $\overset{\mathrm{a}}{=}$ 使用了 (5.64) 和 (5.65), $\overset{\mathrm{b}}{=}$ 使用了 (A.2).

将 (5.70) 代入 (5.69), 我们有

$$\mathbb{E}_{i_k} \tilde{L}(\mathbf{x}_1^{k+1}, \mathbf{x}_2^{k+1}, \boldsymbol{\lambda}^*) - \theta_2 \tilde{L}(\tilde{\mathbf{x}}_1, \tilde{\mathbf{x}}_2, \boldsymbol{\lambda}^*) - (1 - \theta_1 - \theta_2)\tilde{L}(\mathbf{x}_1^k, \mathbf{x}_2^k, \boldsymbol{\lambda}^*)$$

$$\leqslant \frac{\theta_1}{2\beta} \left(\left\| \hat{\boldsymbol{\lambda}}^k - \boldsymbol{\lambda}^* \right\|^2 - \mathbb{E}_{i_k} \left\| \hat{\boldsymbol{\lambda}}^{k+1} - \boldsymbol{\lambda}^* \right\|^2 - \mathbb{E}_{i_k} \left\| \hat{\boldsymbol{\lambda}}^{k+1} - \hat{\boldsymbol{\lambda}}^k \right\|^2 \right)$$

$$- \mathbb{E}_{i_k} \left\langle \mathbf{x}_1^{k+1} - \mathbf{y}_1^k, \mathbf{x}_1^{k+1} - (1 - \theta_1 - \theta_2)\mathbf{x}_1^k - \theta_2 \tilde{\mathbf{x}}_1 - \theta_1 \mathbf{x}_1^* \right\rangle_{\mathbf{G}_1}$$

$$- \mathbb{E}_{i_k} \left\langle \mathbf{x}_2^{k+1} - \mathbf{y}_2^k, \mathbf{x}_2^{k+1} - (1 - \theta_1 - \theta_2)\mathbf{x}_2^k - \theta_2 \tilde{\mathbf{x}}_2 - \theta_1 \mathbf{x}_2^* \right\rangle_{\left(\alpha L_2 + \frac{\beta}{\theta_1}\|\mathbf{A}_2\|_2^2\right)\mathbf{I} - \frac{\beta}{\theta_1}\mathbf{A}_2^{\mathsf{T}}\mathbf{A}_2}$$

$$+ \frac{L_1}{2} \mathbb{E}_{i_k} \left\| \mathbf{x}_1^{k+1} - \mathbf{y}_1^k \right\|^2 + \mathbb{E}_{i_k} \left[\frac{1}{2} \left(1 + \frac{1}{b\theta_2} \right) L_2 \left\| \mathbf{x}_2^{k+1} - \mathbf{y}_2^k \right\|^2 \right]$$

$$+ \frac{\beta}{\theta_1} \mathbb{E}_{i_k} \left\langle \mathbf{A}_2 \mathbf{x}_2^{k+1} - \mathbf{A}_2 \mathbf{y}_2^k, \; \mathbf{A}_1 \left[\mathbf{x}_1^{k+1} - (1 - \theta_1 - \theta_2)\mathbf{x}_1^k - \theta_2 \tilde{\mathbf{x}}_1 - \theta_1 \mathbf{x}_1^* \right] \right\rangle. \tag{5.71}$$

对 (5.71) 右端的第二项和第三项应用恒等式 (A.1) 并整理, 我们有

$$
\mathbb{E}_{i_k}\tilde{L}(\mathbf{x}_1^{k+1},\mathbf{x}_2^{k+1},\boldsymbol{\lambda}^*)-\theta_2\tilde{L}(\tilde{\mathbf{x}}_1,\tilde{\mathbf{x}}_2,\boldsymbol{\lambda}^*)-(1-\theta_1-\theta_2)\tilde{L}(\mathbf{x}_1^k,\mathbf{x}_2^k,\boldsymbol{\lambda}^*)
$$

$$
\leqslant \frac{\theta_1}{2\beta}\left(\left\|\hat{\boldsymbol{\lambda}}^k-\boldsymbol{\lambda}^*\right\|^2-\mathbb{E}_{i_k}\left\|\hat{\boldsymbol{\lambda}}^{k+1}-\boldsymbol{\lambda}^*\right\|^2-\mathbb{E}_{i_k}\left\|\hat{\boldsymbol{\lambda}}^{k+1}-\hat{\boldsymbol{\lambda}}^k\right\|^2\right)
$$

$$
+\frac{1}{2}\left\|\mathbf{y}_1^k-(1-\theta_1-\theta_2)\mathbf{x}_1^k-\theta_2\tilde{\mathbf{x}}_1-\theta_1\mathbf{x}_1^*\right\|_{\mathbf{G}_1}^2
$$

$$
-\frac{1}{2}\mathbb{E}_{i_k}\left\|\mathbf{x}_1^{k+1}-(1-\theta_1-\theta_2)\mathbf{x}_1^k-\theta_2\tilde{\mathbf{x}}_1-\theta_1\mathbf{x}_1^*\right\|_{\mathbf{G}_1}^2
$$

$$
+\frac{1}{2}\left\|\mathbf{y}_2^k-(1-\theta_1-\theta_2)\mathbf{x}_2^k-\theta_2\tilde{\mathbf{x}}_2-\theta_1\mathbf{x}_2^*\right\|_{\left(\alpha L_2+\frac{\beta}{\theta_1}\|\mathbf{A}_2\|_2^2\right)\mathbf{I}-\frac{\beta}{\theta_1}\mathbf{A}_2^{\mathrm{T}}\mathbf{A}_2}^2
$$

$$
-\frac{1}{2}\mathbb{E}_{i_k}\left\|\mathbf{x}_2^{k+1}-(1-\theta_1-\theta_2)\mathbf{x}_2^k-\theta_2\tilde{\mathbf{x}}_2-\theta_1\mathbf{x}_2^*\right\|_{\left(\alpha L_2+\frac{\beta}{\theta_1}\|\mathbf{A}_2\|_2^2\right)\mathbf{I}-\frac{\beta}{\theta_1}\mathbf{A}_2^{\mathrm{T}}\mathbf{A}_2}^2
$$

$$
-\frac{1}{2}\mathbb{E}_{i_k}\left\|\mathbf{x}_1^{k+1}-\mathbf{y}_1^k\right\|_{\frac{\beta}{\theta_1}\|\mathbf{A}_1\|_2^2\mathbf{I}-\frac{\beta}{\theta_1}\mathbf{A}_1^{\mathrm{T}}\mathbf{A}_1}^2-\frac{1}{2}\mathbb{E}_{i_k}\left\|\mathbf{x}_2^{k+1}-\mathbf{y}_2^k\right\|_{\frac{\beta}{\theta_1}\|\mathbf{A}_2\|_2^2\mathbf{I}-\frac{\beta}{\theta_1}\mathbf{A}_2^{\mathrm{T}}\mathbf{A}_2}^2
$$

$$
+\frac{\beta}{\theta_1}\mathbb{E}_{i_k}\left\langle\mathbf{A}_2\mathbf{x}_2^{k+1}-\mathbf{A}_2\mathbf{y}_2^k,\ \mathbf{A}_1\left[\mathbf{x}_1^{k+1}-(1-\theta_1-\theta_2)\mathbf{x}_1^k-\theta_2\tilde{\mathbf{x}}_1-\theta_1\mathbf{x}_1^*\right]\right\rangle. \tag{5.72}
$$

对于 (5.72) 右端的最后一项, 我们有

$$
\frac{\beta}{\theta_1}\left\langle\mathbf{A}_2\mathbf{x}_2^{k+1}-\mathbf{A}_2\mathbf{y}_2^k,\mathbf{A}_1\left[\mathbf{x}_1^{k+1}-(1-\theta_1-\theta_2)\mathbf{x}_1^k-\theta_2\tilde{\mathbf{x}}_1-\theta_1\mathbf{x}_1^*\right]\right\rangle
$$

$$
\overset{\mathrm{a}}{=}\frac{\beta}{\theta_1}\left\langle\mathbf{A}_2\mathbf{x}_2^{k+1}-\mathbf{A}_2\mathbf{v}-\left(\mathbf{A}_2\mathbf{y}_2^k-\mathbf{A}_2\mathbf{v}\right),\right.
$$

$$
\left.\mathbf{A}_1\left[\mathbf{x}_1^{k+1}-(1-\theta_1-\theta_2)\mathbf{x}_1^k-\theta_2\tilde{\mathbf{x}}_1-\theta_1\mathbf{x}_1^*\right]-\mathbf{0}\right\rangle
$$

$$
\overset{\mathrm{b}}{=}\frac{\beta}{2\theta_1}\left\|\mathbf{A}_2\mathbf{x}_2^{k+1}-\mathbf{A}_2\mathbf{v}+\mathbf{A}_1\left[\mathbf{x}_1^{k+1}-(1-\theta_1-\theta_2)\mathbf{x}_1^k-\theta_2\tilde{\mathbf{x}}_1-\theta_1\mathbf{x}_1^*\right]\right\|^2
$$

$$
-\frac{\beta}{2\theta_1}\left\|\mathbf{A}_2\mathbf{x}_2^{k+1}-\mathbf{A}_2\mathbf{v}\right\|^2+\frac{\beta}{2\theta_1}\left\|\mathbf{A}_2\mathbf{y}_2^k-\mathbf{A}_2\mathbf{v}\right\|^2
$$

$$
-\frac{\beta}{2\theta_1}\left\|\mathbf{A}_2\mathbf{y}_2^k-\mathbf{A}_2\mathbf{v}+\mathbf{A}_1\left[\mathbf{x}_1^{k+1}-(1-\theta_1-\theta_2)\mathbf{x}_1^k-\theta_2\tilde{\mathbf{x}}_1-\theta_1\mathbf{x}_1^*\right]\right\|^2
$$

$$
\overset{\mathrm{c}}{=}\frac{\theta_1}{2\beta}\left\|\hat{\boldsymbol{\lambda}}^{k+1}-\hat{\boldsymbol{\lambda}}^k\right\|^2-\frac{\beta}{2\theta_1}\left\|\mathbf{A}_2\mathbf{x}_2^{k+1}-\mathbf{A}_2\mathbf{v}\right\|^2+\frac{\beta}{2\theta_1}\left\|\mathbf{A}_2\mathbf{y}_2^k-\mathbf{A}_2\mathbf{v}\right\|^2
$$

$$
-\frac{\beta}{2\theta_1}\left\|\mathbf{A}_2\mathbf{y}_2^k-\mathbf{A}_2\mathbf{v}+\mathbf{A}_1\left[\mathbf{x}_1^{k+1}-(1-\theta_1-\theta_2)\mathbf{x}_1^k-\theta_2\tilde{\mathbf{x}}_1-\theta_1\mathbf{x}_1^*\right]\right\|^2, \tag{5.73}
$$

其中在 $\stackrel{a}{=}$ 式, 我们设置

$$\mathbf{v} = (1 - \theta_1 - \theta_2)\mathbf{x}_2^k + \theta_2\tilde{\mathbf{x}}_2 + \theta_1\mathbf{x}_2^*,$$

$\stackrel{b}{=}$ 使用了 (A.3), $\stackrel{c}{=}$ 使用了 (5.65). 将 (5.73) 代入 (5.72), 我们有

$$\mathbb{E}_{i_k}\tilde{L}(\mathbf{x}_1^{k+1}, \mathbf{x}_2^{k+1}, \boldsymbol{\lambda}^*) - \theta_2\tilde{L}(\tilde{\mathbf{x}}_1, \tilde{\mathbf{x}}_2, \boldsymbol{\lambda}^*) - (1 - \theta_1 - \theta_2)\tilde{L}(\mathbf{x}_1^k, \mathbf{x}_2^k, \boldsymbol{\lambda}^*)$$

$$\leqslant \frac{\theta_1}{2\beta}\left(\left\|\hat{\boldsymbol{\lambda}}^k - \boldsymbol{\lambda}^*\right\|^2 - \mathbb{E}_{i_k}\left\|\hat{\boldsymbol{\lambda}}^{k+1} - \boldsymbol{\lambda}^*\right\|^2\right)$$

$$+ \frac{1}{2}\left\|\mathbf{y}_1^k - (1 - \theta_1 - \theta_2)\mathbf{x}_1^k - \theta_2\tilde{\mathbf{x}}_1 - \theta_1\mathbf{x}_1^*\right\|_{\mathbf{G}_1}^2$$

$$- \frac{1}{2}\mathbb{E}_{i_k}\left\|\mathbf{x}_1^{k+1} - (1 - \theta_1 - \theta_2)\mathbf{x}_1^k - \theta_2\tilde{\mathbf{x}}_1 - \theta_1\mathbf{x}_1^*\right\|_{\mathbf{G}_1}^2$$

$$+ \frac{1}{2}\left\|\mathbf{y}_2^k - (1 - \theta_1 - \theta_2)\mathbf{x}_2^k - \theta_2\tilde{\mathbf{x}}_2 - \theta_1\mathbf{x}_2^*\right\|_{\left(\alpha L_2 + \frac{\beta}{\theta_1}\|\mathbf{A}_2\|_2^2\right)\mathbf{I}}^2$$

$$- \frac{1}{2}\mathbb{E}_{i_k}\left\|\mathbf{x}_2^{k+1} - (1 - \theta_1 - \theta_2)\mathbf{x}_2^k - \theta_2\tilde{\mathbf{x}}_2 - \theta_1\mathbf{x}_2^*\right\|_{\left(\alpha L_2 + \frac{\beta}{\theta_1}\|\mathbf{A}_2\|_2^2\right)\mathbf{I}}^2$$

$$- \frac{1}{2}\mathbb{E}_{i_k}\left\|\mathbf{x}_1^{k+1} - \mathbf{y}_1^k\right\|_{\frac{\beta}{\theta_1}\|\mathbf{A}_1\|_2^2\mathbf{I} - \frac{\beta}{\theta_1}\mathbf{A}_1^{\mathrm{T}}\mathbf{A}_1}^2$$

$$- \frac{1}{2}\mathbb{E}_{i_k}\left\|\mathbf{x}_2^{k+1} - \mathbf{y}_2^k\right\|_{\frac{\beta}{\theta_1}\|\mathbf{A}_2\|_2^2\mathbf{I} - \frac{\beta}{\theta_1}\mathbf{A}_2^{\mathrm{T}}\mathbf{A}_2}^2$$

$$- \frac{\beta}{2\theta_1}\mathbb{E}_{i_k}\left\|\mathbf{A}_2\mathbf{y}_2^k - \mathbf{A}_2\mathbf{v} + \mathbf{A}_1\left[\mathbf{x}_1^{k+1} - (1 - \theta_1 - \theta_2)\mathbf{x}_1^k - \theta_2\tilde{\mathbf{x}}_1 - \theta_1\mathbf{x}_1^*\right]\right\|^2.$$

$$(5.74)$$

由于 (5.74) 的最后三项是非正的, 我们得到 (5.49).   □

利用 (5.63) 给出的 $\hat{\boldsymbol{\lambda}}^k$ 的定义, 除了性质 (5.64) 和 (5.65), 我们进一步给出如下引理.

引理 5.6

$$\hat{\boldsymbol{\lambda}}_s^0 = \hat{\boldsymbol{\lambda}}_{s-1}^m, \quad s \geqslant 1. \tag{5.75}$$

证明

$$\hat{\boldsymbol{\lambda}}_s^0 \stackrel{a}{=} \tilde{\boldsymbol{\lambda}}_s^0 + \frac{\beta(1 - \theta_{1,s})}{\theta_{1,s}}\left(\mathbf{A}_1\mathbf{x}_{s-1,1}^m + \mathbf{A}_2\mathbf{x}_{s-1,2}^m - \mathbf{b}\right)$$

$$\stackrel{b}{=} \tilde{\boldsymbol{\lambda}}_s^0 + \beta\left(\frac{1}{\theta_{1,s-1}} + \tau - 1\right)\left(\mathbf{A}_1\mathbf{x}_{s-1,1}^m + \mathbf{A}_2\mathbf{x}_{s-1,2}^m - \mathbf{b}\right)$$

$$\stackrel{c}{=} \boldsymbol{\lambda}_{s-1}^{m-1} - \beta(\tau - 1)\left(\mathbf{A}_1\mathbf{x}_{s-1,1}^m + \mathbf{A}_2\mathbf{x}_{s-1,2}^m - \mathbf{b}\right)$$

$$+ \beta\left(\frac{1}{\theta_{1,s-1}} + \tau - 1\right)\left(\mathbf{A}_1\mathbf{x}_{s-1,1}^m + \mathbf{A}_2\mathbf{x}_{s-1,2}^m - \mathbf{b}\right)$$

$$= \boldsymbol{\lambda}_{s-1}^{m-1} + \frac{\beta}{\theta_{1,s-1}} \left(\mathbf{A}_1 \mathbf{x}_{s-1,1}^m + \mathbf{A}_2 \mathbf{x}_{s-1,2}^m - \mathbf{b} \right)$$

$$\stackrel{\mathrm{d}}{=} \tilde{\boldsymbol{\lambda}}_{s-1}^m - \left(\beta - \frac{\beta}{\theta_{1,s-1}} \right) \left(\mathbf{A}_1 \mathbf{x}_{s-1,1}^m + \mathbf{A}_2 \mathbf{x}_{s-1,2}^m - \mathbf{b} \right)$$

$$= \hat{\boldsymbol{\lambda}}_{s-1}^m,$$

其中 $\stackrel{\mathrm{a}}{=}$ 使用了 (5.63) 和 $\mathbf{x}_s^0 = \mathbf{x}_{s-1}^m$, $\stackrel{\mathrm{b}}{=}$ 使用了 $\dfrac{1}{\theta_{1,s}} = \dfrac{1}{\theta_{1,s-1}} + \tau$, $\stackrel{\mathrm{c}}{=}$ 使用了算法 5.4 中的

$$\tilde{\boldsymbol{\lambda}}_{s+1}^0 = \boldsymbol{\lambda}_s^{m-1} + \beta(1-\tau)(\mathbf{A}_1 \mathbf{x}_{s,1}^m + \mathbf{A}_2 \mathbf{x}_{s,2}^m - \mathbf{b}),$$

最后 $\stackrel{\mathrm{d}}{=}$ 使用了 (5.67).　　　　　　　　　　　　　　　　　　　　　　□

现在我们给出收敛性证明.

定理 5.3　对于算法 5.4, 我们有

$$\mathbb{E} \left[\frac{1}{2\beta} \left\| \frac{\beta(m-1)(\theta_2 + \theta_{1,S}) + \beta}{\theta_{1,S}} (\mathbf{A}\hat{\mathbf{x}}_S - \mathbf{b}) \right. \right.$$

$$\left. \left. - \frac{\beta(m-1)\theta_2}{\theta_{1,0}} (\mathbf{A}\mathbf{x}_0^0 - \mathbf{b}) + \tilde{\boldsymbol{\lambda}}_0^0 - \boldsymbol{\lambda}^* \right\|^2 \right]$$

$$+ \mathbb{E} \left[\frac{(m-1)(\theta_2 + \theta_{1,S}) + 1}{\theta_{1,S}} \left(J(\hat{\mathbf{x}}_S) - J(\mathbf{x}^*) + \langle \boldsymbol{\lambda}^*, \mathbf{A}\hat{\mathbf{x}}_S - \mathbf{b} \rangle \right) \right]$$

$$\leqslant C_3 \left(J(\mathbf{x}_0^0) - J(\mathbf{x}^*) + \langle \boldsymbol{\lambda}^*, \mathbf{A}\mathbf{x}_0^0 - \mathbf{b} \rangle \right) + \frac{1}{2\beta} \left\| \tilde{\boldsymbol{\lambda}}_0^0 + \frac{\beta(1-\theta_{1,0})}{\theta_{1,0}} (\mathbf{A}\mathbf{x}_0^0 - \mathbf{b}) - \boldsymbol{\lambda}^* \right\|^2$$

$$+ \frac{1}{2} \left\| \mathbf{x}_{0,1}^0 - \mathbf{x}_1^* \right\|_{(\theta_{1,0}L_1 + \beta\|\mathbf{A}_1\|_2^2)\mathbf{I} - \beta\mathbf{A}_1^\mathrm{T}\mathbf{A}_1}^2 + \frac{1}{2} \left\| \mathbf{x}_{0,2}^0 - \mathbf{x}_2^* \right\|_{\left[(1+\frac{1}{b\theta_2})\theta_{1,0}L_2 + \beta\|\mathbf{A}_2\|_2^2 \right]\mathbf{I}}^2, \tag{5.76}$$

其中 $C_3 = \dfrac{1 - \theta_{1,0} + (m-1)\theta_2}{\theta_{1,0}}$.

证明　对 (5.49) 的前 $k+1$ 次迭代求全期望, 并将结果的两边同除以 θ_1, 我们有

$$\frac{1}{\theta_1} \mathbb{E}_{,s} \tilde{L}(\mathbf{x}_1^{k+1}, \mathbf{x}_2^{k+1}, \boldsymbol{\lambda}^*) - \frac{\theta_2}{\theta_1} \tilde{L}(\tilde{\mathbf{x}}_1, \tilde{\mathbf{x}}_2, \boldsymbol{\lambda}^*) - \frac{1 - \theta_1 - \theta_2}{\theta_1} \mathbb{E}_{,s} \tilde{L}(\mathbf{x}_1^k, \mathbf{x}_2^k, \boldsymbol{\lambda}^*)$$

$$\leqslant \frac{1}{2\beta} \left(\mathbb{E}_{,s} \left\| \hat{\boldsymbol{\lambda}}^k - \boldsymbol{\lambda}^* \right\|^2 - \mathbb{E}_{,s} \left\| \hat{\boldsymbol{\lambda}}^{k+1} - \boldsymbol{\lambda}^* \right\|^2 \right)$$

$$+ \frac{\theta_1}{2}\mathbb{E}_{,s}\left\|\frac{1}{\theta_1}\left[\mathbf{y}_1^k - (1-\theta_1-\theta_2)\mathbf{x}_1^k - \theta_2\tilde{\mathbf{x}}_1\right] - \mathbf{x}_1^*\right\|^2_{\left(L_1+\frac{\beta}{\theta_1}\|\mathbf{A}_1\|_2^2\right)\mathbf{I}-\frac{\beta}{\theta_1}\mathbf{A}_1^{\mathrm{T}}\mathbf{A}_1}$$

$$- \frac{\theta_1}{2}\mathbb{E}_{,s}\left\|\frac{1}{\theta_1}\left[\mathbf{x}_1^{k+1} - (1-\theta_1-\theta_2)\mathbf{x}_1^k - \theta_2\tilde{\mathbf{x}}_1\right] - \mathbf{x}_1^*\right\|^2_{\left(L_1+\frac{\beta}{\theta_1}\|\mathbf{A}_1\|_2^2\right)\mathbf{I}-\frac{\beta}{\theta_1}\mathbf{A}_1^{\mathrm{T}}\mathbf{A}_1}$$

$$+ \frac{\theta_1}{2}\mathbb{E}_{,s}\left\|\frac{1}{\theta_1}\left[\mathbf{y}_2^k - (1-\theta_1-\theta_2)\mathbf{x}_2^k - \theta_2\tilde{\mathbf{x}}_2\right] - \mathbf{x}_2^*\right\|^2_{\left(\alpha L_2+\frac{\beta}{\theta_1}\|\mathbf{A}_2\|_2^2\right)\mathbf{I}}$$

$$- \frac{\theta_1}{2}\mathbb{E}_{,s}\left\|\frac{1}{\theta_1}\left[\mathbf{x}_2^{k+1} - (1-\theta_1-\theta_2)\mathbf{x}_2^k - \theta_2\tilde{\mathbf{x}}_2\right] - \mathbf{x}_2^*\right\|^2_{\left(\alpha L_2+\frac{\beta}{\theta_1}\|\mathbf{A}_2\|_2^2\right)\mathbf{I}}, \quad (5.77)$$

其中 $\mathbb{E}_{,s}$ 表示我们固定了前 $s-1$ 次外层循环, 对第 s 次外层循环的前 $k+1$ 次内层迭代求全期望. 由于

$$\mathbf{y}^k = \mathbf{x}^k + (1-\theta_1-\theta_2)(\mathbf{x}^k - \mathbf{x}^{k-1}), \quad k \geqslant 1,$$

我们有

$$\frac{1}{\theta_1}\mathbb{E}_{,s}\tilde{L}(\mathbf{x}_1^{k+1}, \mathbf{x}_2^{k+1}, \boldsymbol{\lambda}^*) - \frac{\theta_2}{\theta_1}\tilde{L}(\tilde{\mathbf{x}}_1, \tilde{\mathbf{x}}_2, \boldsymbol{\lambda}^*) - \frac{1-\theta_1-\theta_2}{\theta_1}\mathbb{E}_{,s}\tilde{L}(\mathbf{x}_1^k, \mathbf{x}_2^k, \boldsymbol{\lambda}^*)$$

$$\leqslant \frac{1}{2\beta}\left(\mathbb{E}_{,s}\|\hat{\boldsymbol{\lambda}}^k - \boldsymbol{\lambda}^*\|^2 - \mathbb{E}_{,s}\|\hat{\boldsymbol{\lambda}}^{k+1} - \boldsymbol{\lambda}^*\|^2\right)$$

$$+ \frac{\theta_1}{2}\mathbb{E}_{,s}\left\|\frac{1}{\theta_1}\left[\mathbf{x}_1^k - (1-\theta_1-\theta_2)\mathbf{x}_1^{k-1} - \theta_2\tilde{\mathbf{x}}_1\right] - \mathbf{x}_1^*\right\|^2_{\left(L_1+\frac{\beta}{\theta_1}\|\mathbf{A}_1\|_2^2\right)\mathbf{I}-\frac{\beta}{\theta_1}\mathbf{A}_1^{\mathrm{T}}\mathbf{A}_1}$$

$$- \frac{\theta_1}{2}\mathbb{E}_{,s}\left\|\frac{1}{\theta_1}\left[\mathbf{x}_1^{k+1} - (1-\theta_1-\theta_2)\mathbf{x}_1^k - \theta_2\tilde{\mathbf{x}}_1\right] - \mathbf{x}_1^*\right\|^2_{\left(L_1+\frac{\beta}{\theta_1}\|\mathbf{A}_1\|_2^2\right)\mathbf{I}-\frac{\beta}{\theta_1}\mathbf{A}_1^{\mathrm{T}}\mathbf{A}_1}$$

$$+ \frac{\theta_1}{2}\mathbb{E}_{,s}\left\|\frac{1}{\theta_1}\left[\mathbf{x}_2^k - (1-\theta_1-\theta_2)\mathbf{x}_2^{k-1} - \theta_2\tilde{\mathbf{x}}_2\right] - \mathbf{x}_2^*\right\|^2_{\left(\alpha L_2+\frac{\beta}{\theta_1}\|\mathbf{A}_2\|_2^2\right)\mathbf{I}}$$

$$- \frac{\theta_1}{2}\mathbb{E}_{,s}\left\|\frac{1}{\theta_1}\left[\mathbf{x}_2^{k+1} - (1-\theta_1-\theta_2)\mathbf{x}_2^k - \theta_2\tilde{\mathbf{x}}_2\right] - \mathbf{x}_2^*\right\|^2_{\left(\alpha L_2+\frac{\beta}{\theta_1}\|\mathbf{A}_2\|_2^2\right)\mathbf{I}}, \quad k \geqslant 1.$$

$$(5.78)$$

现在我们加回下标 s, 对前 s 次外层循环求全期望, 并将 (5.77) 对 $k = 0, \cdots, m-1$ 累加求和 (对于 $k \geqslant 1$, 使用 (5.78)), 我们有

$$\frac{1}{\theta_{1,s}}\mathbb{E}\left(L(\mathbf{x}_s^m, \boldsymbol{\lambda}^*) - L(\mathbf{x}^*, \boldsymbol{\lambda}^*)\right) + \frac{\theta_2+\theta_{1,s}}{\theta_{1,s}}\sum_{k=1}^{m-1}\mathbb{E}\left(L(\mathbf{x}_s^k, \boldsymbol{\lambda}^*) - L(\mathbf{x}^*, \boldsymbol{\lambda}^*)\right)$$

$$\leqslant \frac{1-\theta_{1,s}-\theta_2}{\theta_{1,s}}\mathbb{E}\left(L(\mathbf{x}_s^0,\boldsymbol{\lambda}^*)-L(\mathbf{x}^*,\boldsymbol{\lambda}^*)\right)+\frac{m\theta_2}{\theta_{1,s}}\mathbb{E}\left(L(\tilde{\mathbf{x}}_s,\boldsymbol{\lambda}^*)-L(\mathbf{x}^*,\boldsymbol{\lambda}^*)\right)$$

$$+\frac{1}{2}\mathbb{E}\left\|\frac{1}{\theta_{1,s}}\left[\mathbf{y}_{s,1}^0-\theta_2\tilde{\mathbf{x}}_{s,1}-(1-\theta_{1,s}-\theta_2)\mathbf{x}_{s,1}^0\right]-\mathbf{x}_1^*\right\|_{\left(\theta_{1,s}L_1+\beta\|\mathbf{A}_1\|_2^2\right)\mathbf{I}-\beta\mathbf{A}_1^{\mathsf{T}}\mathbf{A}_1}^2$$

$$-\frac{1}{2}\mathbb{E}\left\|\frac{1}{\theta_{1,s}}\left[\mathbf{x}_{s,1}^m-\theta_2\tilde{\mathbf{x}}_{s,1}-(1-\theta_{1,s}-\theta_2)\mathbf{x}_{s,1}^{m-1}\right]-\mathbf{x}_1^*\right\|_{\left(\theta_{1,s}L_1+\beta\|\mathbf{A}_1\|_2^2\right)\mathbf{I}-\beta\mathbf{A}_1^{\mathsf{T}}\mathbf{A}_1}^2$$

$$+\frac{1}{2}\mathbb{E}\left\|\frac{1}{\theta_{1,s}}\left[\mathbf{y}_{s,2}^0-\theta_2\tilde{\mathbf{x}}_{s,2}-(1-\theta_{1,s}-\theta_2)\mathbf{x}_{s,2}^0\right]-\mathbf{x}_2^*\right\|_{\left(\alpha\theta_{1,s}L_2+\beta\|\mathbf{A}_2\|_2^2\right)\mathbf{I}}^2$$

$$-\frac{1}{2}\mathbb{E}\left\|\frac{1}{\theta_{1,s}}\left[\mathbf{x}_{s,2}^m-\theta_2\tilde{\mathbf{x}}_{s,2}-(1-\theta_{1,s}-\theta_2)\mathbf{x}_{s,2}^{m-1}\right]-\mathbf{x}_2^*\right\|_{\left(\alpha\theta_{1,s}L_2+\beta\|\mathbf{A}_2\|_2^2\right)\mathbf{I}}^2$$

$$+\frac{1}{2\beta}\left(\mathbb{E}\|\hat{\boldsymbol{\lambda}}_s^0-\boldsymbol{\lambda}^*\|^2-\mathbb{E}\|\hat{\boldsymbol{\lambda}}_s^m-\boldsymbol{\lambda}^*\|^2\right),\quad s\geqslant 0,\tag{5.79}$$

其中我们用 $L(\mathbf{x}_s^k,\boldsymbol{\lambda}^*)$ 和 $L(\tilde{\mathbf{x}}_s,\boldsymbol{\lambda}^*)$ 分别表示 $L(\mathbf{x}_{s,1}^k,\mathbf{x}_{s,2}^k,\boldsymbol{\lambda}^*)$ 和 $L(\tilde{\mathbf{x}}_{s,1},\tilde{\mathbf{x}}_{s,2},\boldsymbol{\lambda}^*)$。因为 $L(\mathbf{x},\boldsymbol{\lambda}^*)$ 关于 $\mathbf{x}$ 是凸函数, 我们有

$$mL(\tilde{\mathbf{x}}_s,\boldsymbol{\lambda}^*)$$
$$=mL\left(\frac{1}{m}\left[\left(1-\frac{(\tau-1)\theta_{1,s}}{\theta_2}\right)\mathbf{x}_{s-1}^m+\left(1+\frac{(\tau-1)\theta_{1,s}}{(m-1)\theta_2}\right)\sum_{k=1}^{m-1}\mathbf{x}_{s-1}^k\right],\boldsymbol{\lambda}^*\right)$$
$$\leqslant\left[1-\frac{(\tau-1)\theta_{1,s}}{\theta_2}\right]L(\mathbf{x}_{s-1}^m,\boldsymbol{\lambda}^*)+\left[1+\frac{(\tau-1)\theta_{1,s}}{(m-1)\theta_2}\right]\sum_{k=1}^{m-1}L(\mathbf{x}_{s-1}^k,\boldsymbol{\lambda}^*).\tag{5.80}$$

将 (5.80) 代入 (5.79) 并使用 $\mathbf{x}_{s-1}^m=\mathbf{x}_s^0$, 我们有

$$\frac{1}{\theta_{1,s}}\mathbb{E}\left(L(\mathbf{x}_s^m,\boldsymbol{\lambda}^*)-L(\mathbf{x}^*,\boldsymbol{\lambda}^*)\right)+\frac{\theta_2+\theta_{1,s}}{\theta_{1,s}}\sum_{k=1}^{m-1}\mathbb{E}\left(L(\mathbf{x}_s^k,\boldsymbol{\lambda}^*)-L(\mathbf{x}^*,\boldsymbol{\lambda}^*)\right)$$

$$\leqslant\frac{1-\tau\theta_{1,s}}{\theta_{1,s}}\mathbb{E}\left(L(\mathbf{x}_{s-1}^m,\boldsymbol{\lambda}^*)-L(\mathbf{x}^*,\boldsymbol{\lambda}^*)\right)$$

$$+\frac{\theta_2+\frac{\tau-1}{m-1}\theta_{1,s}}{\theta_{1,s}}\sum_{k=1}^{m-1}\mathbb{E}\left(L(\mathbf{x}_{s-1}^k,\boldsymbol{\lambda}^*)-L(\mathbf{x}^*,\boldsymbol{\lambda}^*)\right)$$

$$+\frac{1}{2}\mathbb{E}\left\|\frac{1}{\theta_{1,s}}\left[\mathbf{y}_{s,1}^0-\theta_2\tilde{\mathbf{x}}_{s,1}-(1-\theta_{1,s}-\theta_2)\mathbf{x}_{s,1}^0\right]-\mathbf{x}_1^*\right\|_{\left(\theta_{1,s}L_1+\beta\|\mathbf{A}_1\|_2^2\right)\mathbf{I}-\beta\mathbf{A}_1^{\mathsf{T}}\mathbf{A}_1}^2$$

$$- \frac{1}{2} \mathbb{E} \left\| \frac{1}{\theta_{1,s}} \left[\mathbf{x}_{s,1}^m - \theta_2 \tilde{\mathbf{x}}_{s,1} - (1 - \theta_{1,s} - \theta_2) \mathbf{x}_{s,1}^{m-1} \right] - \mathbf{x}_1^* \right\|_{\left(\theta_{1,s} L_1 + \beta \|\mathbf{A}_1\|_2^2 \right) \mathbf{I} - \beta \mathbf{A}_1^{\mathrm{T}} \mathbf{A}_1}^2$$

$$+ \frac{1}{2} \mathbb{E} \left\| \frac{1}{\theta_{1,s}} \left[\mathbf{y}_{s,2}^0 - \theta_2 \tilde{\mathbf{x}}_{s,2} - (1 - \theta_{1,s} - \theta_2) \mathbf{x}_{s,2}^0 \right] - \mathbf{x}_2^* \right\|_{\left(\alpha \theta_{1,s} L_2 + \beta \|\mathbf{A}_2\|_2^2 \right) \mathbf{I}}^2$$

$$- \frac{1}{2} \mathbb{E} \left\| \frac{1}{\theta_{1,s}} \left[\mathbf{x}_{s,2}^m - \theta_2 \tilde{\mathbf{x}}_{s,2} - (1 - \theta_{1,s} - \theta_2) \mathbf{x}_{s,2}^{m-1} \right] - \mathbf{x}_2^* \right\|_{\left(\alpha \theta_{1,s} L_2 + \beta \|\mathbf{A}_2\|_2^2 \right) \mathbf{I}}^2$$

$$+ \frac{1}{2\beta} \left(\mathbb{E} \| \hat{\boldsymbol{\lambda}}_s^0 - \boldsymbol{\lambda}^* \|^2 - \mathbb{E} \| \hat{\boldsymbol{\lambda}}_s^m - \boldsymbol{\lambda}^* \|^2 \right), \quad s \geqslant 1. \tag{5.81}$$

由于设置了 $\theta_{1,s} = \dfrac{1}{c + \tau s}$ (其中 $c = 2$) 与 $\theta_2 = \dfrac{m - \tau}{\tau(m - 1)}$, 我们有

$$\frac{1}{\theta_{1,s}} = \frac{1 - \tau \theta_{1,s+1}}{\theta_{1,s+1}}, \quad s \geqslant 0 \tag{5.82}$$

和

$$\frac{\theta_2 + \theta_{1,s}}{\theta_{1,s}} = \frac{\theta_2}{\theta_{1,s+1}} - \tau \theta_2 + 1 = \frac{\theta_2 + \dfrac{\tau - 1}{m - 1} \theta_{1,s+1}}{\theta_{1,s+1}}, \quad s \geqslant 0. \tag{5.83}$$

将 (5.82) 和 (5.83) 分别代入 (5.81) 的右边第一项和第二项, 我们有

$$\frac{1}{\theta_{1,s}} \mathbb{E} \left(L(\mathbf{x}_s^m, \boldsymbol{\lambda}^*) - L(\mathbf{x}^*, \boldsymbol{\lambda}^*) \right) + \frac{\theta_2 + \theta_{1,s}}{\theta_{1,s}} \sum_{k=1}^{m-1} \mathbb{E} \left(L(\mathbf{x}_s^k, \boldsymbol{\lambda}^*) - L(\mathbf{x}^*, \boldsymbol{\lambda}^*) \right)$$

$$\leqslant \frac{1}{\theta_{1,s-1}} \mathbb{E} \left(L(\mathbf{x}_{s-1}^m, \boldsymbol{\lambda}^*) - L(\mathbf{x}^*, \boldsymbol{\lambda}^*) \right)$$

$$+ \frac{\theta_2 + \theta_{1,s-1}}{\theta_{1,s-1}} \sum_{k=1}^{m-1} \mathbb{E} \left(L(\mathbf{x}_{s-1}^k, \boldsymbol{\lambda}^*) - L(\mathbf{x}^*, \boldsymbol{\lambda}^*) \right)$$

$$+ \frac{1}{2} \mathbb{E} \left\| \frac{1}{\theta_{1,s}} \left[\mathbf{y}_{s,1}^0 - \theta_2 \tilde{\mathbf{x}}_{s,1} - (1 - \theta_{1,s} - \theta_2) \mathbf{x}_{s,1}^0 \right] - \mathbf{x}_1^* \right\|_{\left(\theta_{1,s} L_1 + \beta \|\mathbf{A}_1\|_2^2 \right) \mathbf{I} - \beta \mathbf{A}_1^{\mathrm{T}} \mathbf{A}_1}^2$$

$$- \frac{1}{2} \mathbb{E} \left\| \frac{1}{\theta_{1,s}} \left[\mathbf{x}_{s,1}^m - \theta_2 \tilde{\mathbf{x}}_{s,1} - (1 - \theta_{1,s} - \theta_2) \mathbf{x}_{s,1}^{m-1} \right] - \mathbf{x}_1^* \right\|_{\left(\theta_{1,s} L_1 + \beta \|\mathbf{A}_1\|_2^2 \right) \mathbf{I} - \beta \mathbf{A}_1^{\mathrm{T}} \mathbf{A}_1}^2$$

$$+ \frac{1}{2} \mathbb{E} \left\| \frac{1}{\theta_{1,s}} \left[\mathbf{y}_{s,2}^0 - \theta_2 \tilde{\mathbf{x}}_{s,2} - (1 - \theta_{1,s} - \theta_2) \mathbf{x}_{s,2}^0 \right] - \mathbf{x}_2^* \right\|_{\left(\alpha \theta_{1,s} L_2 + \beta \|\mathbf{A}_2\|_2^2 \right) \mathbf{I}}^2$$

$$-\frac{1}{2}\mathbb{E}\left\|\frac{1}{\theta_{1,s}}\left[\mathbf{x}_{s,2}^m - \theta_2\tilde{\mathbf{x}}_{s,2} - (1-\theta_{1,s}-\theta_2)\mathbf{x}_{s,2}^{m-1}\right] - \mathbf{x}_2^*\right\|_{\left(\alpha\theta_{1,s}L_2+\beta\|\mathbf{A}_2\|_2^2\right)\mathbf{I}}^2$$

$$+\frac{1}{2\beta}\left(\mathbb{E}\left\|\hat{\boldsymbol{\lambda}}_s^0 - \boldsymbol{\lambda}^*\right\|^2 - \mathbb{E}\left\|\hat{\boldsymbol{\lambda}}_s^m - \boldsymbol{\lambda}^*\right\|^2\right), \quad s \geqslant 1. \tag{5.84}$$

当 $k = 0$ 时, 因为

$$\mathbf{y}_{s+1}^0 = (1-\theta_2)\mathbf{x}_s^m + \theta_2\tilde{\mathbf{x}}_{s+1}$$
$$+\frac{\theta_{1,s+1}}{\theta_{1,s}}\left[(1-\theta_{1,s})\mathbf{x}_s^m - (1-\theta_{1,s}-\theta_2)\mathbf{x}_s^{m-1} - \theta_2\tilde{\mathbf{x}}_s\right],$$

我们有

$$\frac{1}{\theta_{1,s}}\left[\mathbf{x}_s^m - \theta_2\tilde{\mathbf{x}}_s - (1-\theta_{1,s}-\theta_2)\mathbf{x}_s^{m-1}\right]$$
$$=\frac{1}{\theta_{1,s+1}}\left[\mathbf{y}_{s+1}^0 - \theta_2\tilde{\mathbf{x}}_{s+1} - (1-\theta_{1,s+1}-\theta_2)\mathbf{x}_{s+1}^0\right]. \tag{5.85}$$

将 (5.85) 代入 (5.84) 不等号右边的第三项和第五项, 将 (5.75) 代入 (5.84) 右边的最后一项, 我们有

$$\frac{1}{\theta_{1,s}}\mathbb{E}\left(L(\mathbf{x}_s^m, \boldsymbol{\lambda}^*) - L(\mathbf{x}^*, \boldsymbol{\lambda}^*)\right) + \frac{\theta_2+\theta_{1,s}}{\theta_{1,s}}\sum_{k=1}^{m-1}\mathbb{E}\left(L(\mathbf{x}_s^k, \boldsymbol{\lambda}^*) - L(\mathbf{x}^*, \boldsymbol{\lambda}^*)\right)$$

$$\leqslant \frac{1}{\theta_{1,s-1}}\mathbb{E}\left(L(\mathbf{x}_{s-1}^m, \boldsymbol{\lambda}^*) - L(\mathbf{x}^*, \boldsymbol{\lambda}^*)\right)$$

$$+\frac{\theta_2+\theta_{1,s-1}}{\theta_{1,s-1}}\sum_{k=1}^{m-1}\mathbb{E}\left(L(\mathbf{x}_{s-1}^k, \boldsymbol{\lambda}^*) - L(\mathbf{x}^*, \boldsymbol{\lambda}^*)\right)$$

$$+\frac{1}{2}\mathbb{E}\left\|\frac{1}{\theta_{1,s-1}}\left[\mathbf{x}_{s-1,1}^m - \theta_2\tilde{\mathbf{x}}_{s-1,1} - (1-\theta_{1,s-1}-\theta_2)\mathbf{x}_{s-1,1}^{m-1}\right]\right.$$
$$\left.- \mathbf{x}_1^*\right\|_{\left(\theta_{1,s}L_1+\beta\|\mathbf{A}_1\|_2^2\right)\mathbf{I}-\beta\mathbf{A}_1^{\mathrm{T}}\mathbf{A}_1}^2$$

$$-\frac{1}{2}\mathbb{E}\left\|\frac{1}{\theta_{1,s}}\left[\mathbf{x}_{s,1}^m - \theta_2\tilde{\mathbf{x}}_{s,1} - (1-\theta_{1,s}-\theta_2)\mathbf{x}_{s,1}^{m-1}\right] - \mathbf{x}_1^*\right\|_{\left(\theta_{1,s}L_1+\beta\|\mathbf{A}_1\|_2^2\right)\mathbf{I}-\beta\mathbf{A}_1^{\mathrm{T}}\mathbf{A}_1}^2$$

$$+\frac{1}{2}\mathbb{E}\left\|\frac{1}{\theta_{1,s-1}}\left[\mathbf{x}_{s-1,2}^m - \theta_2\tilde{\mathbf{x}}_{s-1,2} - (1-\theta_{1,s-1}-\theta_2)\mathbf{x}_{s-1,2}^{m-1}\right]\right.$$
$$\left.- \mathbf{x}_2^*\right\|_{\left(\alpha\theta_{1,s}L_2+\beta\|\mathbf{A}_2\|_2^2\right)\mathbf{I}}^2$$

$$-\frac{1}{2}\mathbb{E}\left\|\frac{1}{\theta_{1,s}}\left[\mathbf{x}_{s,2}^m - \theta_2\tilde{\mathbf{x}}_{s,2} - (1-\theta_{1,s}-\theta_2)\mathbf{x}_{s,2}^{m-1}\right] - \mathbf{x}_2^*\right\|^2_{\left(\alpha\theta_{1,s}L_2+\beta\|\mathbf{A}_2\|_2^2\right)\mathbf{I}}$$

$$+\frac{1}{2\beta}\left(\mathbb{E}\|\hat{\boldsymbol{\lambda}}_{s-1}^m - \boldsymbol{\lambda}^*\|^2 - \mathbb{E}\|\hat{\boldsymbol{\lambda}}_s^m - \boldsymbol{\lambda}^*\|^2\right), \quad s \geqslant 1.$$

基于简单事实: 如果 $\mathbf{M}_1 \succcurlyeq \mathbf{M}_2$, 则有 $\|\mathbf{x}\|_{\mathbf{M}_1}^2 \geqslant \|\mathbf{x}\|_{\mathbf{M}_2}^2$, 以及 $\theta_{1,s-1} \geqslant \theta_{1,s}$, 我们有

$$\frac{1}{\theta_{1,s}}\mathbb{E}\left(L(\mathbf{x}_s^m, \boldsymbol{\lambda}^*) - L(\mathbf{x}^*, \boldsymbol{\lambda}^*)\right) + \frac{\theta_2+\theta_{1,s}}{\theta_{1,s}}\sum_{k=1}^{m-1}\mathbb{E}\left(L(\mathbf{x}_s^k, \boldsymbol{\lambda}^*) - L(\mathbf{x}^*, \boldsymbol{\lambda}^*)\right)$$

$$\leqslant \frac{1}{\theta_{1,s-1}}\mathbb{E}\left(L(\mathbf{x}_{s-1}^m, \boldsymbol{\lambda}^*) - L(\mathbf{x}^*, \boldsymbol{\lambda}^*)\right)$$

$$+ \frac{\theta_2+\theta_{1,s-1}}{\theta_{1,s-1}}\sum_{k=1}^{m-1}\mathbb{E}\left(L(\mathbf{x}_{s-1}^k, \boldsymbol{\lambda}^*) - L(\mathbf{x}^*, \boldsymbol{\lambda}^*)\right)$$

$$+ \frac{1}{2}\mathbb{E}\left\|\frac{1}{\theta_{1,s-1}}\left[\mathbf{x}_{s-1,1}^m - \theta_2\tilde{\mathbf{x}}_{s-1,1} - (1-\theta_{1,s-1}-\theta_2)\mathbf{x}_{s-1,1}^{m-1}\right]\right.$$

$$\left. - \mathbf{x}_1^*\right\|^2_{\left(\theta_{1,s-1}L_1+\beta\|\mathbf{A}_1\|_2^2\right)\mathbf{I}-\beta\mathbf{A}_1^{\mathrm{T}}\mathbf{A}_1}$$

$$- \frac{1}{2}\mathbb{E}\left\|\frac{1}{\theta_{1,s}}\left[\mathbf{x}_{s,1}^m - \theta_2\tilde{\mathbf{x}}_{s,1} - (1-\theta_{1,s}-\theta_2)\mathbf{x}_{s,1}^{m-1}\right] - \mathbf{x}_1^*\right\|^2_{\left(\theta_{1,s}L_1+\beta\|\mathbf{A}_1\|_2^2\right)\mathbf{I}-\beta\mathbf{A}_1^{\mathrm{T}}\mathbf{A}_1}$$

$$+ \frac{1}{2}\mathbb{E}\left\|\frac{1}{\theta_{1,s-1}}\left[\mathbf{x}_{s-1,2}^m - \theta_2\tilde{\mathbf{x}}_{s-1,2} - (1-\theta_{1,s-1}-\theta_2)\mathbf{x}_{s-1,2}^{m-1}\right]\right.$$

$$\left. - \mathbf{x}_2^*\right\|^2_{\left(\alpha\theta_{1,s-1}L_2+\beta\|\mathbf{A}_2\|_2^2\right)\mathbf{I}}$$

$$- \frac{1}{2}\mathbb{E}\left\|\frac{1}{\theta_{1,s}}\left[\mathbf{x}_{s,2}^m - \theta_2\tilde{\mathbf{x}}_{s,2} - (1-\theta_{1,s}-\theta_2)\mathbf{x}_{s,2}^{m-1}\right] - \mathbf{x}_2^*\right\|^2_{\left(\alpha\theta_{1,s}L_2+\beta\|\mathbf{A}_2\|_2^2\right)\mathbf{I}}$$

$$+ \frac{1}{2\beta}\left(\mathbb{E}\|\hat{\boldsymbol{\lambda}}_{s-1}^m - \boldsymbol{\lambda}^*\|^2 - \mathbb{E}\|\hat{\boldsymbol{\lambda}}_s^m - \boldsymbol{\lambda}^*\|^2\right), \quad s \geqslant 1. \tag{5.86}$$

当 $s=0$ 时, 由 (5.79) 并使用

$$\mathbf{y}_{0,1}^0 = \tilde{\mathbf{x}}_{0,1} = \mathbf{x}_{0,1}^0, \quad \mathbf{y}_{0,2}^0 = \tilde{\mathbf{x}}_{0,2} = \mathbf{x}_{0,2}^0 \quad \text{和} \quad \theta_{1,0} \geqslant \theta_{1,1},$$

我们有

$$
\frac{1}{\theta_{1,0}} \mathbb{E}\left(L(\mathbf{x}_0^m, \boldsymbol{\lambda}^*) - L(\mathbf{x}^*, \boldsymbol{\lambda}^*)\right) + \frac{\theta_2 + \theta_{1,0}}{\theta_{1,0}} \sum_{k=1}^{m-1} \mathbb{E}\left(L(\mathbf{x}_0^k, \boldsymbol{\lambda}^*) - L(\mathbf{x}^*, \boldsymbol{\lambda}^*)\right)
$$

$$
\leqslant \frac{1 - \theta_{1,0} + (m-1)\theta_2}{\theta_{1,0}} \left(L(\mathbf{x}_0^0, \boldsymbol{\lambda}^*) - L(\mathbf{x}^*, \boldsymbol{\lambda}^*)\right)
$$

$$
+ \frac{1}{2} \left\|\mathbf{x}_{0,1}^0 - \mathbf{x}_1^*\right\|_{\left(\theta_{1,0} L_1 + \beta\|\mathbf{A}_1\|_2^2\right)\mathbf{I} - \beta \mathbf{A}_1^{\mathrm{T}}\mathbf{A}_1}^2
$$

$$
- \frac{1}{2} \mathbb{E}\left\|\frac{1}{\theta_{1,0}}\left[\mathbf{x}_{0,1}^m - \theta_2 \tilde{\mathbf{x}}_{0,1} - (1 - \theta_{1,0} - \theta_2)\mathbf{x}_{0,1}^{m-1}\right] - \mathbf{x}_1^*\right\|_{\left(\theta_{1,1} L_1 + \beta\|\mathbf{A}_1\|_2^2\right)\mathbf{I} - \beta \mathbf{A}_1^{\mathrm{T}}\mathbf{A}_1}^2
$$

$$
+ \frac{1}{2} \left\|\mathbf{x}_{0,2}^0 - \mathbf{x}_2^*\right\|_{\left(\alpha\theta_{1,0} L_2 + \beta\|\mathbf{A}_2\|_2^2\right)\mathbf{I}}^2
$$

$$
- \frac{1}{2} \mathbb{E}\left\|\frac{1}{\theta_{1,0}}\left[\mathbf{x}_{0,2}^m - \theta_2 \tilde{\mathbf{x}}_{0,2} - (1 - \theta_{1,0} - \theta_2)\mathbf{x}_{0,2}^{m-1}\right] - \mathbf{x}_2^*\right\|_{\left(\alpha\theta_{1,1} L_2 + \beta\|\mathbf{A}_2\|_2^2\right)\mathbf{I}}^2
$$

$$
+ \frac{1}{2\beta}\left(\left\|\hat{\boldsymbol{\lambda}}_0^0 - \boldsymbol{\lambda}^*\right\|^2 - \mathbb{E}\left\|\hat{\boldsymbol{\lambda}}_0^m - \boldsymbol{\lambda}^*\right\|^2\right), \tag{5.87}
$$

其中在第 4 行和第 6 行中我们使用了 $\theta_{1,0} \geqslant \theta_{1,1}$.

将 (5.86) 对 $s = 1, \cdots, S$ 累加求和, 再加上 (5.87), 有

$$
\frac{1}{\theta_{1,S}} \mathbb{E}\left(L(\mathbf{x}_S^m, \boldsymbol{\lambda}^*) - L(\mathbf{x}^*, \boldsymbol{\lambda}^*)\right) + \frac{\theta_{1,S} + \theta_2}{\theta_{1,S}} \sum_{k=1}^{m-1} \mathbb{E}\left(L(\mathbf{x}_S^k, \boldsymbol{\lambda}^*) - L(\mathbf{x}^*, \boldsymbol{\lambda}^*)\right)
$$

$$
\leqslant \frac{1 - \theta_{1,0} + (m-1)\theta_2}{\theta_{1,0}} \left(L(\mathbf{x}_0^0, \boldsymbol{\lambda}^*) - L(\mathbf{x}^*, \boldsymbol{\lambda}^*)\right)
$$

$$
+ \frac{1}{2} \left\|\mathbf{x}_{0,1}^0 - \mathbf{x}_1^*\right\|_{\left(\theta_{1,0} L_1 + \beta\|\mathbf{A}_1\|_2^2\right)\mathbf{I} - \beta \mathbf{A}_1^{\mathrm{T}}\mathbf{A}_1}^2 + \frac{1}{2} \left\|\mathbf{x}_{0,2}^0 - \mathbf{x}_2^*\right\|_{\left(\alpha\theta_{1,0} L_2 + \beta\|\mathbf{A}_2\|_2^2\right)\mathbf{I}}^2
$$

$$
+ \frac{1}{2\beta}\left(\left\|\hat{\boldsymbol{\lambda}}_0^0 - \boldsymbol{\lambda}^*\right\|^2 - \mathbb{E}\left\|\hat{\boldsymbol{\lambda}}_S^m - \boldsymbol{\lambda}^*\right\|^2\right)
$$

$$
- \frac{1}{2} \mathbb{E}\left\|\frac{1}{\theta_{1,S}}\left[\mathbf{x}_{S,1}^m - \theta_2 \tilde{\mathbf{x}}_{S,1} - (1 - \theta_{1,S} - \theta_2)\mathbf{x}_{S,1}^{m-1}\right] - \mathbf{x}_1^*\right\|_{\left(\theta_{1,S} L_1 + \beta\|\mathbf{A}_1\|_2^2\right)\mathbf{I} - \beta \mathbf{A}_1^{\mathrm{T}}\mathbf{A}_1}^2
$$

$$
- \frac{1}{2} \mathbb{E}\left\|\frac{1}{\theta_{1,S}}\left[\mathbf{x}_{S,2}^m - \theta_2 \tilde{\mathbf{x}}_{S,2} - (1 - \theta_{1,S} - \theta_2)\mathbf{x}_{S,2}^{m-1}\right] - \mathbf{x}_2^*\right\|_{\left(\alpha\theta_{1,S} L_2 + \beta\|\mathbf{A}_2\|_2^2\right)\mathbf{I}}^2
$$

$$
\leqslant \frac{1 - \theta_{1,0} + (m-1)\theta_2}{\theta_{1,0}} \left(L(\mathbf{x}_0^0, \boldsymbol{\lambda}^*) - L(\mathbf{x}^*, \boldsymbol{\lambda}^*)\right)
$$

$$+ \frac{1}{2} \left\| \mathbf{x}_{0,1}^0 - \mathbf{x}_1^* \right\|_{(\theta_{1,0} L_1 + \beta \|\mathbf{A}_1\|_2^2) \mathbf{I} - \beta \mathbf{A}_1^{\mathrm{T}} \mathbf{A}_1}^2 + \frac{1}{2} \left\| \mathbf{x}_{0,2}^0 - \mathbf{x}_2^* \right\|_{(\alpha\theta_{1,0} L_2 + \beta \|\mathbf{A}_2\|_2^2) \mathbf{I}}^2$$

$$+ \frac{1}{2\beta} \left(\left\| \hat{\boldsymbol{\lambda}}_0^0 - \boldsymbol{\lambda}^* \right\|^2 - \mathbb{E} \left\| \hat{\boldsymbol{\lambda}}_S^m - \boldsymbol{\lambda}^* \right\|^2 \right). \tag{5.88}$$

现在我们分析 $\|\hat{\boldsymbol{\lambda}}_S^m - \boldsymbol{\lambda}^*\|^2$. 对于 (5.75), 当 $s \geqslant 1$ 时, 我们有

$$
\begin{aligned}
\hat{\boldsymbol{\lambda}}_s^m - \hat{\boldsymbol{\lambda}}_{s-1}^m &= \hat{\boldsymbol{\lambda}}_s^m - \hat{\boldsymbol{\lambda}}_s^0 \\
&= \sum_{k=1}^m \left(\hat{\boldsymbol{\lambda}}_s^k - \hat{\boldsymbol{\lambda}}_s^{k-1} \right) \\
&\stackrel{\mathrm{a}}{=} \beta \sum_{k=1}^m \left[\frac{1}{\theta_{1,s}} \left(\mathbf{A} \mathbf{x}_s^k - \mathbf{b} \right) - \frac{1 - \theta_{1,s} - \theta_2}{\theta_{1,s}} \left(\mathbf{A} \mathbf{x}_s^{k-1} - \mathbf{b} \right) - \frac{\theta_2}{\theta_{1,s}} \left(\mathbf{A} \tilde{\mathbf{x}}_s - \mathbf{b} \right) \right] \\
&= \frac{\beta}{\theta_{1,s}} \left(\mathbf{A} \mathbf{x}_s^m - \mathbf{b} \right) + \frac{\beta(\theta_2 + \theta_{1,s})}{\theta_{1,s}} \sum_{k=1}^{m-1} \left(\mathbf{A} \mathbf{x}_s^k - \mathbf{b} \right) \\
&\quad - \frac{\beta(1 - \theta_{1,s} - \theta_2)}{\theta_{1,s}} \left(\mathbf{A} \mathbf{x}_{s-1}^m - \mathbf{b} \right) - \frac{m\beta\theta_2}{\theta_{1,s}} \left(\mathbf{A} \tilde{\mathbf{x}}_s - \mathbf{b} \right) \\
&\stackrel{\mathrm{b}}{=} \frac{\beta}{\theta_{1,s}} \left(\mathbf{A} \mathbf{x}_s^m - \mathbf{b} \right) + \frac{\beta(\theta_2 + \theta_{1,s})}{\theta_{1,s}} \sum_{k=1}^{m-1} \left(\mathbf{A} \mathbf{x}_s^k - \mathbf{b} \right) \\
&\quad - \beta \left[\frac{1 - \theta_{1,s} - (\tau - 1)\theta_{1,s}}{\theta_{1,s}} \left(\mathbf{A} \mathbf{x}_{s-1}^m - \mathbf{b} \right) \right. \\
&\quad\quad \left. + \frac{\theta_2 + \dfrac{\tau - 1}{m - 1} \theta_{1,s}}{\theta_{1,s}} \sum_{k=1}^{m-1} \left(\mathbf{A} \mathbf{x}_{s-1}^k - \mathbf{b} \right) \right] \\
&\stackrel{\mathrm{c}}{=} \frac{\beta}{\theta_{1,s}} \left(\mathbf{A} \mathbf{x}_s^m - \mathbf{b} \right) + \frac{\beta(\theta_2 + \theta_{1,s})}{\theta_{1,s}} \sum_{k=1}^{m-1} \left(\mathbf{A} \mathbf{x}_s^k - \mathbf{b} \right) \\
&\quad - \frac{\beta}{\theta_{1,s-1}} \left(\mathbf{A} \mathbf{x}_{s-1}^m - \mathbf{b} \right) - \frac{\beta(\theta_2 + \theta_{1,s-1})}{\theta_{1,s-1}} \sum_{k=1}^{m-1} \left(\mathbf{A} \mathbf{x}_{s-1}^k - \mathbf{b} \right), \tag{5.89}
\end{aligned}
$$

其中 $\stackrel{\mathrm{a}}{=}$ 使用了 (5.65), $\stackrel{\mathrm{b}}{=}$ 利用了 $\tilde{\mathbf{x}}_s$ 的定义, $\stackrel{\mathrm{c}}{=}$ 利用了 (5.82) 和 (5.83). 当 $s = 0$ 时, 我们有

$$\hat{\boldsymbol{\lambda}}_0^m - \hat{\boldsymbol{\lambda}}_0^0 = \sum_{k=1}^m \left(\hat{\boldsymbol{\lambda}}_0^k - \hat{\boldsymbol{\lambda}}_0^{k-1} \right)$$

$$= \sum_{k=1}^{m} \left[\frac{\beta}{\theta_{1,0}} \left(\mathbf{A}\mathbf{x}_0^k - \mathbf{b} \right) - \frac{\beta(1 - \theta_{1,0} - \theta_2)}{\theta_{1,0}} \left(\mathbf{A}\mathbf{x}_0^{k-1} - \mathbf{b} \right) - \frac{\theta_2 \beta}{\theta_{1,0}} \left(\mathbf{A}\mathbf{x}_0^0 - \mathbf{b} \right) \right]$$

$$= \frac{\beta}{\theta_{1,0}} \left(\mathbf{A}\mathbf{x}_0^m - \mathbf{b} \right) + \frac{\beta(\theta_2 + \theta_{1,0})}{\theta_{1,0}} \sum_{k=1}^{m-1} \left(\mathbf{A}\mathbf{x}_0^k - \mathbf{b} \right)$$

$$- \frac{\beta[1 - \theta_{1,0} + (m-1)\theta_2]}{\theta_{1,0}} \left(\mathbf{A}\mathbf{x}_0^0 - \mathbf{b} \right). \tag{5.90}$$

将 (5.89) 对 $s = 1, \cdots, S$ 累加求和, 再加上 (5.90), 我们有

$$\hat{\boldsymbol{\lambda}}_S^m - \boldsymbol{\lambda}^* = \left(\hat{\boldsymbol{\lambda}}_S^m - \hat{\boldsymbol{\lambda}}_0^0 \right) + \left(\hat{\boldsymbol{\lambda}}_0^0 - \boldsymbol{\lambda}^* \right)$$

$$= \frac{\beta}{\theta_{1,S}} \left(\mathbf{A}\mathbf{x}_S^m - \mathbf{b} \right) + \frac{\beta(\theta_2 + \theta_{1,S})}{\theta_{1,S}} \sum_{k=1}^{m-1} \left(\mathbf{A}\mathbf{x}_S^k - \mathbf{b} \right)$$

$$- \frac{\beta\left[1 - \theta_{1,0} + (m-1)\theta_2\right]}{\theta_{1,0}} \left(\mathbf{A}\mathbf{x}_0^0 - \mathbf{b} \right) + \tilde{\boldsymbol{\lambda}}_0^0$$

$$+ \frac{\beta(1 - \theta_{1,0})}{\theta_{1,0}} \left(\mathbf{A}\mathbf{x}_0^0 - \mathbf{b} \right) - \boldsymbol{\lambda}^*$$

$$\stackrel{\mathrm{a}}{=} \frac{(m-1)(\theta_2 + \theta_{1,S})\beta + \beta}{\theta_{1,S}} \left(\mathbf{A}\hat{\mathbf{x}}_S - \mathbf{b} \right) + \tilde{\boldsymbol{\lambda}}_0^0$$

$$- \frac{\beta(m-1)\theta_2}{\theta_{1,0}} \left(\mathbf{A}\mathbf{x}_0^0 - \mathbf{b} \right) - \boldsymbol{\lambda}^*, \tag{5.91}$$

其中 $\stackrel{\mathrm{a}}{=}$ 使用了 $\hat{\mathbf{x}}_S$ 的定义. 将 (5.91) 代入 (5.88) 并使用 $L(\mathbf{x}, \boldsymbol{\lambda})$ 关于 $\mathbf{x}$ 的凸性, 有

$$\mathbb{E}\left[\frac{1}{2\beta} \left\| \frac{\beta(m-1)(\theta_2 + \theta_{1,S}) + \beta}{\theta_{1,S}} \left(\mathbf{A}\hat{\mathbf{x}}_S - \mathbf{b} \right) \right. \right.$$

$$\left. \left. - \frac{\beta(m-1)\theta_2}{\theta_{1,0}} \left(\mathbf{A}\mathbf{x}_0^0 - \mathbf{b} \right) + \tilde{\boldsymbol{\lambda}}_0^0 - \boldsymbol{\lambda}^* \right\|^2 \right]$$

$$+ \mathbb{E}\left[\frac{(m-1)(\theta_2 + \theta_{1,S}) + 1}{\theta_{1,S}} \left(L(\hat{\mathbf{x}}_S, \boldsymbol{\lambda}^*) - L(\mathbf{x}^*, \boldsymbol{\lambda}^*) \right) \right]$$

$$\leqslant \frac{1 - \theta_{1,0} + (m-1)\theta_2}{\theta_{1,0}} \left(L(\mathbf{x}_0^0, \boldsymbol{\lambda}^*) - L(\mathbf{x}^*, \boldsymbol{\lambda}^*) \right) + \frac{1}{2\beta} \left\| \hat{\boldsymbol{\lambda}}_0^0 - \boldsymbol{\lambda}^* \right\|^2$$

$$+ \frac{1}{2} \left\| \mathbf{x}_{0,1}^0 - \mathbf{x}_1^* \right\|_{\left(\theta_{1,0} L_1 + \beta \|\mathbf{A}_1\|_2^2\right)\mathbf{I} - \beta \mathbf{A}_1^{\mathrm{T}} \mathbf{A}_1}^2 + \frac{1}{2} \left\| \mathbf{x}_{0,2}^0 - \mathbf{x}_2^* \right\|_{\left(\alpha\theta_{1,0} L_2 + \beta \|\mathbf{A}_2\|_2^2\right)\mathbf{I}}^2 .$$

通过 $L(\mathbf{x}, \boldsymbol{\lambda})$ 和 $\hat{\boldsymbol{\lambda}}_0^0$ 的定义可得 (5.76). $\qquad\qquad\qquad\qquad\qquad$ □

由定理 5.3 与 $\theta_{1,s}$ 的定义可得到算法 5.4 求解问题 (5.45) 的收敛速度.

定理 5.4 算法 5.4 求解问题 (5.45) 的收敛速度为 $O(1/S)$. 具体地, 我们有

$$\mathbb{E}\left(L(\hat{\mathbf{x}}_S, \boldsymbol{\lambda}^*) - L(\mathbf{x}^*, \boldsymbol{\lambda}^*)\right) \leqslant \frac{\theta_{1,S}}{(m-1)(\theta_2 + \theta_{1,S}) + 1} C_1$$

和

$$\mathbb{E}\|\mathbf{A}\hat{\mathbf{x}}_S - \mathbf{b}\| \leqslant \frac{\theta_{1,S}}{\beta(m-1)(\theta_2 + \theta_{1,S}) + \beta} C_2,$$

其中

$$C_1 = \frac{1 - \theta_{1,0} + (m-1)\theta_2}{\theta_{1,0}} \left(L(\mathbf{x}_0^0, \boldsymbol{\lambda}^*) - L(\mathbf{x}^*, \boldsymbol{\lambda}^*)\right) + \frac{1}{2\beta}\|\hat{\boldsymbol{\lambda}}_0^0 - \boldsymbol{\lambda}^*\|^2$$
$$+ \frac{1}{2} \left\|\mathbf{x}_{0,1}^0 - \mathbf{x}_1^*\right\|_{\left(\theta_{1,0}L_1 + \beta\|\mathbf{A}_1\|_2^2\right)\mathbf{I} - \beta\mathbf{A}_1^{\mathrm{T}}\mathbf{A}_1}^2 + \frac{1}{2} \left\|\mathbf{x}_{0,2}^0 - \mathbf{x}_2^*\right\|_{\left(\alpha\theta_{1,0}L_2 + \beta\|\mathbf{A}_2\|_2^2\right)\mathbf{I}}^2$$

和

$$C_2 = \sqrt{2\beta C_1} + \left\|\frac{\beta(m-1)\theta_2}{\theta_{1,0}}\left(\mathbf{A}\mathbf{x}_0^0 - \mathbf{b}\right) - \tilde{\boldsymbol{\lambda}}_0^0 + \boldsymbol{\lambda}^*\right\|.$$

5.4 非凸随机 ADMM 及其加速

在这一节, 我们在非凸情况下考虑随机 ADMM. 我们首先将 4.1 节介绍的多变量块布雷格曼 ADMM (算法 4.1) 拓展到随机算法, 再考虑使用 VR 技术加速该算法.

5.4.1 非凸随机 ADMM

我们在非凸情况下考虑随机 ADMM. 考虑如下带线性约束的问题:

$$\min_{\mathbf{x}, \mathbf{y}} \ (f(\mathbf{x}) + g(\mathbf{y})), \quad \text{s.t.} \quad \mathbf{A}\mathbf{x} + \mathbf{B}\mathbf{y} = \mathbf{b}, \tag{5.92}$$

其中我们允许 $f(\mathbf{x})$ 可以是无穷个子函数的和, 即 $f(\mathbf{x}) = \mathbb{E}_\xi F(\mathbf{x}; \xi)$. 我们做如下假设.

假设 5.1 f 和 g 分别是 L_1-光滑和 L_2-光滑的. f 的随机梯度的方差是 σ^2-一致有界的, 即对于所有给定的 $\mathbf{x}$ 有

$$\mathbb{E}_\xi \|\nabla F(\mathbf{x}; \xi) - \nabla f(\mathbf{x})\|^2 \leqslant \sigma^2.$$

用于求解 (5.92) 的算法更新步骤如下

$$\mathbf{x}^{k+1} = \mathbf{x}^k - \eta \left[\tilde{\nabla} f(\mathbf{x}^k) + \beta \mathbf{A}^{\mathrm{T}} \left(\mathbf{A}\mathbf{x}^k + \mathbf{B}\mathbf{y}^k - \mathbf{b} + \frac{\boldsymbol{\lambda}^k}{\beta} \right) \right], \tag{5.93a}$$

$$\mathbf{y}^{k+1} = \underset{\mathbf{y}}{\operatorname{argmin}} \left(g(\mathbf{y}) + \langle \boldsymbol{\lambda}^k, \mathbf{B}\mathbf{y} \rangle + \frac{\beta}{2} \left\| \mathbf{A}\mathbf{x}^{k+1} + \mathbf{B}\mathbf{y} - \mathbf{b} \right\|^2 + D_\phi(\mathbf{y}, \mathbf{y}^k) \right), \tag{5.93b}$$

$$\boldsymbol{\lambda}^{k+1} = \boldsymbol{\lambda}^k + \beta \left(\mathbf{A}\mathbf{x}^{k+1} + \mathbf{B}\mathbf{y}^{k+1} - \mathbf{b} \right), \tag{5.93c}$$

其中 $\tilde{\nabla} f(\mathbf{x}^k)$ 是给定 $\mathbf{x}^k$ 时梯度 $\nabla f(\mathbf{x}^k)$ 的一个随机估计, 定义为

$$\tilde{\nabla} f(\mathbf{x}^k) = \frac{1}{S} \sum_{\xi \in \mathcal{I}_k} \nabla F(\mathbf{x}^k; \xi),$$

$\mathcal{I}_k$ 为采样得到的批样本的下标集, 每个下标独立采样, S 为 $\mathcal{I}_k$ 的大小, D_ϕ 是某布雷格曼距离. 我们将上面的算法记录在算法 5.5 中.

算法 5.5　　非凸随机 ADMM

初始化 $\mathbf{x}^0, \mathbf{y}^0$ 和 $\boldsymbol{\lambda}^0$.

for $k = 0, 1, 2, 3, \cdots$ **do**

　　分别使用 (5.93a)–(5.93c) 更新 $\mathbf{x}^{k+1}, \mathbf{y}^{k+1}$ 和 $\boldsymbol{\lambda}^{k+1}$.

end for

因为集合 $\mathcal{I}_k$ 中的下标是独立采样的, 我们有

$$\mathbb{E}_k \tilde{\nabla} f(\mathbf{x}^k) = \nabla f(\mathbf{x}^k) \quad \text{和} \quad \mathbb{E}_k \left\| \tilde{\nabla} f(\mathbf{x}^k) - \nabla f(\mathbf{x}^k) \right\|^2 \leqslant \frac{\sigma^2}{S}, \tag{5.94}$$

其中条件期望是在给定前 k 步迭代时对第 k 步的随机样本求期望.

定义增广拉格朗日函数为

$$L_\beta(\mathbf{x}, \mathbf{y}, \boldsymbol{\lambda}) = f(\mathbf{x}) + g(\mathbf{y}) + \langle \boldsymbol{\lambda}, \mathbf{A}\mathbf{x} + \mathbf{B}\mathbf{y} - \mathbf{b} \rangle + \frac{\beta}{2} \left\| \mathbf{A}\mathbf{x} + \mathbf{B}\mathbf{y} - \mathbf{b} \right\|^2.$$

那么 L_β 关于 $\mathbf{x}$ 是 $\tilde{L}_1$-光滑的且关于 $\mathbf{y}$ 是 $\tilde{L}_2$-光滑的, 其中 $\tilde{L}_1 = L_1 + \beta \|\mathbf{A}\|_2^2$, $\tilde{L}_2 = L_2 + \beta \|\mathbf{B}\|_2^2$.

我们将证明在假设 5.1 成立和 $\mathbf{B}$ 行满秩时, 非凸随机 ADMM 可以在期望意义下以 $O(\epsilon^{-4})$ 次随机梯度访问找到一个 ϵ-近似的 KKT 点.

定理 5.5　在假设 5.1 下, 进一步假定存在 $\mu > 0$ 使得对于任意 $\boldsymbol{\lambda}$ 有 $\|\mathbf{B}^{\mathrm{T}}\boldsymbol{\lambda}\| \geqslant \mu\|\boldsymbol{\lambda}\|$. 设置

$$\eta \in [\Theta(\epsilon^2), 1/\tilde{L}_1] \quad \text{和} \quad S = \eta \cdot \Theta(\epsilon^{-2}) \in \mathbb{Z}^+.$$

选择 ϕ 使得它 $\rho = \Theta(1)$-强凸且 $L = \Theta(1)$-光滑, 设置 $\beta \geqslant \dfrac{24(L_2^2 + 2L^2)}{\mu^2 \rho} = \Theta(1)$,
定义 Lyapunov 函数:

$$\Phi^k = L_\beta(\mathbf{x}^k, \mathbf{y}^k, \boldsymbol{\lambda}^k) + \frac{6L^2}{\mu^2 \beta}\|\mathbf{y}^k - \mathbf{y}^{k-1}\|^2.$$

那么在算法 5.5 运行 $K = \eta^{-1}\epsilon^{-2}$ 次迭代后, 在期望意义下, 我们能寻找到一个 $O(\epsilon)$-近似的 KKT 点. 具体地, 令 $(\tilde{\mathbf{x}}, \tilde{\mathbf{y}}, \tilde{\boldsymbol{\lambda}})$ 从 $\{\mathbf{x}^k, \mathbf{y}^k, \boldsymbol{\lambda}^k\}_{k=1}^K$ 中以均匀概率采样得到, 定义 $D = \Phi^0 - \min_{k \geqslant 0} \mathbb{E}\Phi^k$ 并假设 D 是有限的, 我们有

$$\tilde{\mathbb{E}}\|\mathbf{A}\tilde{\mathbf{x}} + \mathbf{B}\tilde{\mathbf{y}} - \mathbf{b}\|^2 \leqslant \frac{1}{\beta}\left(\frac{D}{K} + \frac{\tilde{L}_1 \eta^2 \sigma^2}{2S}\right) = O(\epsilon^2),$$

$$\tilde{\mathbb{E}}\|\nabla g(\tilde{\mathbf{y}}) + \mathbf{B}^{\mathrm{T}}\tilde{\boldsymbol{\lambda}}\|^2 \leqslant \frac{4L^2}{\rho}\left(\frac{D}{K} + \frac{\tilde{L}_1 \eta^2 \sigma^2}{2S}\right) = O(\epsilon^2),$$

$$\tilde{\mathbb{E}}\|\nabla f(\tilde{\mathbf{x}}) + \mathbf{A}^{\mathrm{T}}\tilde{\boldsymbol{\lambda}}\|^2 \leqslant 2\frac{K+1}{K}\left(2 + \eta\beta\|\mathbf{A}\|_2^2\right)\left(\frac{D}{\eta(K+1)} + \frac{\tilde{L}_1 \eta \sigma^2}{2S}\right)$$

$$= O(\epsilon^2),$$

其中 $\tilde{\mathbb{E}}$ 表示对算法 5.5 中所有的随机性和 $(\tilde{\mathbf{x}}, \tilde{\mathbf{y}}, \tilde{\boldsymbol{\lambda}})$ 的选择求期望.

证明 因为 L_β 关于 $\mathbf{x}$ 是 $\tilde{L}_1$-光滑的, 利用命题 A.6, 我们有

$$L_\beta(\mathbf{x}^{k+1}, \mathbf{y}^k, \boldsymbol{\lambda}^k)$$

$$\leqslant L_\beta(\mathbf{x}^k, \mathbf{y}^k, \boldsymbol{\lambda}^k) + \left\langle \nabla_{\mathbf{x}}L_\beta(\mathbf{x}^k, \mathbf{y}^k, \boldsymbol{\lambda}^k), \mathbf{x}^{k+1} - \mathbf{x}^k \right\rangle + \frac{\tilde{L}_1}{2}\left\|\mathbf{x}^{k+1} - \mathbf{x}^k\right\|^2$$

$$\overset{\mathrm{a}}{\leqslant} L_\beta(\mathbf{x}^k, \mathbf{y}^k, \boldsymbol{\lambda}^k) - \eta\left\langle \nabla_{\mathbf{x}}L_\beta(\mathbf{x}^k, \mathbf{y}^k, \boldsymbol{\lambda}^k), \nabla_{\mathbf{x}}L_\beta(\mathbf{x}^k, \mathbf{y}^k, \boldsymbol{\lambda}^k) + \tilde{\nabla}f(\mathbf{x}^k) - \nabla f(\mathbf{x}^k) \right\rangle$$

$$+ \frac{\tilde{L}_1 \eta^2}{2}\left\|\nabla_{\mathbf{x}}L_\beta(\mathbf{x}^k, \mathbf{y}^k, \boldsymbol{\lambda}^k) + \tilde{\nabla}f(\mathbf{x}^k) - \nabla f(\mathbf{x}^k)\right\|^2,$$

其中在 $\overset{\mathrm{a}}{\leqslant}$ 我们使用了 $\mathbf{x}^k$ 的更新条件. 对 $\tilde{\nabla}f(\mathbf{x}^k)$ 给定前 k 次迭代求条件期望并使用 (5.94) 和 $\eta \leqslant \dfrac{1}{\tilde{L}_1}$, 我们有

$$\mathbb{E}_k L_\beta(\mathbf{x}^{k+1}, \mathbf{y}^k, \boldsymbol{\lambda}^k)$$

$$\leqslant L_\beta(\mathbf{x}^k, \mathbf{y}^k, \boldsymbol{\lambda}^k) - \frac{\eta}{2}\left\|\nabla_{\mathbf{x}}L_\beta(\mathbf{x}^k, \mathbf{y}^k, \boldsymbol{\lambda}^k)\right\|^2 + \frac{\tilde{L}_1 \eta^2}{2}\mathbb{E}_k\left\|\tilde{\nabla}f(\mathbf{x}^k) - \nabla f(\mathbf{x}^k)\right\|^2$$

$$\leqslant L_\beta(\mathbf{x}^k, \mathbf{y}^k, \boldsymbol{\lambda}^k) - \frac{\eta}{2} \left\| \nabla_\mathbf{x} L_\beta(\mathbf{x}^k, \mathbf{y}^k, \boldsymbol{\lambda}^k) \right\|^2 + \frac{\tilde{L}_1 \eta^2 \sigma^2}{2S}. \tag{5.95}$$

由 $\mathbf{y}$ 的更新方式, 我们有

$$\frac{\rho}{2} \| \mathbf{y}^{k+1} - \mathbf{y}^k \|^2 \leqslant L_\beta(\mathbf{x}^{k+1}, \mathbf{y}^k, \boldsymbol{\lambda}^k) - L_\beta(\mathbf{x}^{k+1}, \mathbf{y}^{k+1}, \boldsymbol{\lambda}^k). \tag{5.96}$$

由 $\boldsymbol{\lambda}$ 的更新方式, 我们有

$$-\frac{1}{\beta} \| \boldsymbol{\lambda}^{k+1} - \boldsymbol{\lambda}^k \|^2 = L_\beta(\mathbf{x}^{k+1}, \mathbf{y}^{k+1}, \boldsymbol{\lambda}^k) - L_\beta(\mathbf{x}^{k+1}, \mathbf{y}^{k+1}, \boldsymbol{\lambda}^{k+1}). \tag{5.97}$$

将 (5.95)–(5.97) 相加并求全期望, 我们有

$$\frac{\eta}{2} \mathbb{E} \left\| \nabla_\mathbf{x} L_\beta(\mathbf{x}^k, \mathbf{y}^k, \boldsymbol{\lambda}^k) \right\|^2 + \frac{\rho}{2} \mathbb{E} \| \mathbf{y}^{k+1} - \mathbf{y}^k \|^2 - \frac{1}{\beta} \mathbb{E} \| \boldsymbol{\lambda}^{k+1} - \boldsymbol{\lambda}^k \|^2$$

$$\leqslant \mathbb{E} L_\beta(\mathbf{x}^k, \mathbf{y}^k, \boldsymbol{\lambda}^k) - \mathbb{E} L_\beta(\mathbf{x}^{k+1}, \mathbf{y}^{k+1}, \boldsymbol{\lambda}^{k+1}) + \frac{\tilde{L}_1 \eta^2 \sigma^2}{2S}. \tag{5.98}$$

另一方面, 利用和 (4.4)、(4.5) 相同的论证技术, 我们有

$$\mu^2 \| \boldsymbol{\lambda}^{k+1} - \boldsymbol{\lambda}^k \|^2 \leqslant \| \mathbf{B}^\mathrm{T} (\boldsymbol{\lambda}^{k+1} - \boldsymbol{\lambda}^k) \|^2$$

$$\leqslant 3(L_2^2 + L^2) \| \mathbf{y}^{k+1} - \mathbf{y}^k \|^2 + 3L^2 \| \mathbf{y}^k - \mathbf{y}^{k-1} \|^2. \tag{5.99}$$

对 (5.99) 求全期望, 并将结果两边乘以 $2/(\mu^2 \beta)$, 再加上 (5.98), 我们有

$$\frac{\eta}{2} \mathbb{E} \left\| \nabla_\mathbf{x} L_\beta(\mathbf{x}^k, \mathbf{y}^k, \boldsymbol{\lambda}^k) \right\|^2 + \left(\frac{\rho}{2} - \frac{6L_2^2 + 12L^2}{\mu^2 \beta} \right) \mathbb{E} \| \mathbf{y}^{k+1} - \mathbf{y}^k \|^2$$

$$+ \frac{1}{\beta} \mathbb{E} \| \boldsymbol{\lambda}^{k+1} - \boldsymbol{\lambda}^k \|^2 \leqslant \mathbb{E} \Phi^k - \mathbb{E} \Phi^{k+1} + \frac{\tilde{L}_1 \eta^2 \sigma^2}{2S}. \tag{5.100}$$

将 (5.100) 对 $k = 0, \cdots, K-1$ 相加, 并使用 $\beta \geqslant \dfrac{24(L_2^2 + 2L^2)}{\mu^2 \rho}$, 我们有

$$\frac{1}{K} \frac{\eta}{2} \sum_{k=0}^{K-1} \mathbb{E} \left\| \nabla_\mathbf{x} L_\beta(\mathbf{x}^k, \mathbf{y}^k, \boldsymbol{\lambda}^k) \right\|^2 + \frac{\rho}{4} \frac{1}{K} \sum_{k=0}^{K-1} \mathbb{E} \| \mathbf{y}^{k+1} - \mathbf{y}^k \|^2$$

$$+ \frac{1}{\beta} \frac{1}{K} \sum_{k=0}^{K-1} \mathbb{E} \| \boldsymbol{\lambda}^{k+1} - \boldsymbol{\lambda}^k \|^2 \leqslant \frac{D}{K} + \frac{\tilde{L}_1 \eta^2 \sigma^2}{2S}. \tag{5.101}$$

利用和 (4.6) 相同的论证技术, 并使用 $(\tilde{\mathbf{x}}, \tilde{\mathbf{y}}, \tilde{\boldsymbol{\lambda}})$ 从 $\left\{(\mathbf{x}^k, \mathbf{y}^k, \boldsymbol{\lambda}^k)\right\}_{k=1}^{K}$ 中均匀采样得到, 我们有

$$\tilde{\mathbb{E}} \left\| \nabla g(\tilde{\mathbf{y}}) + \mathbf{B}^{\mathrm{T}} \tilde{\boldsymbol{\lambda}} \right\|^2 = \frac{1}{K} \sum_{k=0}^{K-1} \mathbb{E} \left\| \nabla g(\mathbf{y}^{k+1}) + \mathbf{B}^{\mathrm{T}} \boldsymbol{\lambda}^{k+1} \right\|^2$$

$$\leqslant \frac{L^2}{K} \sum_{k=0}^{K-1} \mathbb{E} \left\| \mathbf{y}^{k+1} - \mathbf{y}^k \right\|^2 \leqslant \frac{4L^2}{\rho} \left(\frac{D}{K} + \frac{\tilde{L}_1 \eta^2 \sigma^2}{2S} \right). \quad (5.102)$$

由 $\boldsymbol{\lambda}$ 的更新方式, 我们有

$$\tilde{\mathbb{E}} \left\| \mathbf{A}\tilde{\mathbf{x}} + \mathbf{B}\tilde{\mathbf{y}} - \mathbf{b} \right\|^2 = \frac{1}{K} \sum_{k=0}^{K-1} \mathbb{E} \left\| \mathbf{A}\mathbf{x}^{k+1} + \mathbf{B}\mathbf{y}^{k+1} - \mathbf{b} \right\|^2$$

$$= \frac{1}{\beta^2 K} \sum_{k=0}^{K-1} \mathbb{E} \| \boldsymbol{\lambda}^{k+1} - \boldsymbol{\lambda}^k \|^2 \leqslant \frac{1}{\beta} \left(\frac{D}{K} + \frac{\tilde{L}_1 \eta^2 \sigma^2}{2S} \right). \quad (5.103)$$

由 $\mathbf{x}$ 的更新方式, 我们有

$$\tilde{\mathbb{E}} \left\| \nabla f(\tilde{\mathbf{x}}) + \mathbf{A}^{\mathrm{T}} \tilde{\boldsymbol{\lambda}} \right\|^2$$

$$= \frac{1}{K} \sum_{k=1}^{K} \mathbb{E} \left\| \nabla f(\mathbf{x}^k) + \mathbf{A}^{\mathrm{T}} \boldsymbol{\lambda}^k \right\|^2$$

$$= \frac{1}{K} \sum_{k=1}^{K} \mathbb{E} \left\| \nabla_{\mathbf{x}} L_\beta(\mathbf{x}^k, \mathbf{y}^k, \boldsymbol{\lambda}^k) - \beta \mathbf{A}^{\mathrm{T}} (\mathbf{A}\mathbf{x}^k + \mathbf{B}\mathbf{y}^k - \mathbf{b}) \right\|^2$$

$$\leqslant \frac{2}{K} \sum_{k=1}^{K} \mathbb{E} \left\| \nabla_{\mathbf{x}} L_\beta(\mathbf{x}^k, \mathbf{y}^k, \boldsymbol{\lambda}^k) \right\|^2 + 2\|\mathbf{A}\|_2^2 \frac{1}{K} \sum_{k=0}^{K-1} \mathbb{E} \left\| \boldsymbol{\lambda}^{k+1} - \boldsymbol{\lambda}^k \right\|^2$$

$$\leqslant \frac{2(K+1)}{K} \frac{1}{K+1} \sum_{k=0}^{K} \mathbb{E} \left\| \nabla_{\mathbf{x}} L_\beta(\mathbf{x}^k, \mathbf{y}^k, \boldsymbol{\lambda}^k) \right\|^2$$

$$+ 2\|\mathbf{A}\|_2^2 \frac{K+1}{K} \frac{1}{K+1} \sum_{k=0}^{K} \mathbb{E} \left\| \boldsymbol{\lambda}^{k+1} - \boldsymbol{\lambda}^k \right\|^2$$

$$\leqslant 2\frac{K+1}{K} \left(2 + \eta\beta\|\mathbf{A}\|_2^2\right) \left[\frac{D}{\eta(K+1)} + \frac{\tilde{L}_1 \eta \sigma^2}{2S} \right],$$

其中最后一个不等式是将 (5.100) 对 $k = 0, \cdots, K$ 累加得到, 类似于 (5.101) 的做法. $\qquad \square$

根据定理 5.5, 我们知道在期望意义下, 访问 f 的随机梯度的次数与 g 的更新次数不会超过 $O(\epsilon^{-4})$.

5.4.2　SPIDER 加速

随机路径积分差分估计子 (SPIDER)[21,45,71] 是一种全新的 VR 方法. 它可以用较少的随机访问追踪我们感兴趣的量. 对于一般 L-光滑的随机非凸优化问题, 在期望意义下 SPIDER 可以以最优的 $O(\epsilon^{-3})$ 的复杂度找到一个 ϵ-近似的一阶稳定点. 这个结果不同于 VR 技术在凸情况下的结果. 因为在凸情况下 VR 技术仅能够加速有限和的目标函数. 另外, 对于有 n 个子函数的有限和问题, SPIDER 可以将复杂度降低到 $O(\min(n + n^{1/2}\epsilon^{-2}, \epsilon^{-3}))$.

在本节, 我们使用 SPIDER 技术来加速非凸随机 ADMM. 考虑如下带有多变量块的线性约束问题:

$$\min_{\mathbf{x}_1,\cdots,\mathbf{x}_m,\mathbf{y}} \left(\sum_{i=1}^{m} f_i(\mathbf{x}_i) + g(\mathbf{y}) \right),$$

$$\text{s.t.} \quad \sum_{i=1}^{m} \mathbf{A}_i\mathbf{x}_i + \mathbf{B}\mathbf{y} = \mathbf{b}, \tag{5.104}$$

其中对于 $i \in [m]$ 有 $f_i(\mathbf{x}_i) = \mathbb{E}_{\xi_i}F_i(\mathbf{x}_i;\xi_i)$. 我们做如下假设.

假设 5.2　g 是 L_0-光滑的. 对于每个 $i \in [m]$, $F_i(\mathbf{x}_i;\xi_i)$ 对于所有 ξ_i 关于 $\mathbf{x}_i$ 是 L_i-光滑的. 进一步地, f_i 的随机梯度的方差是 σ^2-一致有界的, 即对于所有给定的 $\mathbf{x}_i$ 有

$$\mathbb{E}_{\xi_i}\|\nabla F_i(\mathbf{x}_i;\xi_i) - \nabla f_i(\mathbf{x}_i)\|^2 \leqslant \sigma^2.$$

求解 (5.104) 问题的迭代步骤如下:

$$\mathbf{x}_i^{k+1} = \mathbf{x}_i^k - \eta\left[\tilde{\nabla}f_i(\mathbf{x}_i^k) + \beta\mathbf{A}_i^{\mathrm{T}}\left(\sum_{j<i}\mathbf{A}_j\mathbf{x}_j^{k+1} + \sum_{j\geqslant i}\mathbf{A}_j\mathbf{x}_j^k + \mathbf{B}\mathbf{y}^k - \mathbf{b} + \frac{\boldsymbol{\lambda}^k}{\beta}\right)\right],$$

$$i \in [m], \tag{5.105a}$$

$$\mathbf{y}^{k+1} = \operatorname*{argmin}_{\mathbf{y}}\left(g(\mathbf{y}) + \langle\boldsymbol{\lambda}^k, \mathbf{B}\mathbf{y}\rangle + \frac{\beta}{2}\left\|\mathbf{A}\mathbf{x}^{k+1} + \mathbf{B}\mathbf{y} - \mathbf{b}\right\|^2 + D_\phi(\mathbf{y},\mathbf{y}^k)\right),$$

$$\tag{5.105b}$$

$$\boldsymbol{\lambda}^{k+1} = \boldsymbol{\lambda}^k + \beta\left(\mathbf{A}\mathbf{x}^{k+1} + \mathbf{B}\mathbf{y}^{k+1} - \mathbf{b}\right), \tag{5.105c}$$

其中 D_ϕ 是某个布雷格曼距离. 为了简洁, 我们定义

$$\mathbf{x} = (\mathbf{x}_1^{\mathrm{T}}, \cdots, \mathbf{x}_m^{\mathrm{T}})^{\mathrm{T}} \quad \text{和} \quad \mathbf{A} = [\mathbf{A}_1, \cdots, \mathbf{A}_m].$$

我们将以上算法展现在算法 5.6 中.

算法 5.6 SPIDER 加速的非凸随机 ADMM (SPIDER-ADMM)

初始化 $\mathbf{x}_i^0$, $i \in [m]$, $\mathbf{y}^0$, $\boldsymbol{\lambda}^0$.

for $k = 0, 1, 2, 3, \cdots$ **do**

分别通过 (5.105a)–(5.105c) 更新 $\mathbf{x}_i^{k+1}$, $i \in [m]$ 和 $\mathbf{y}^{k+1}$.

end for

我们使用一种更精妙的方法估计梯度. 我们以如下方式定义全梯度的估计 $\tilde{\nabla} f_i(\mathbf{x}_i^k)$:

(1) 对于超参数 q, 如果 k 能被 q 整除, 那么

$$\tilde{\nabla} f_i(\mathbf{x}_i^k) = \frac{1}{S_1} \sum_{\xi_i \in \mathcal{I}_{k,i}} \nabla F_i(\mathbf{x}_i^k; \xi_i),$$

其中批样本 $\mathcal{I}_{k,i}$ 的大小设置为 S_1.

(2) 否则

$$\tilde{\nabla} f_i(\mathbf{x}_i^k) = \frac{1}{S_2} \sum_{\xi_i \in \mathcal{I}_{k,i}} [\nabla F_i(\mathbf{x}_i^k; \xi_i) - \nabla F_i(\mathbf{x}_i^{k-1}; \xi_i)] + \tilde{\nabla} f_i(\mathbf{x}_i^{k-1}),$$

其中批样本 $\mathcal{I}_{k,i}$ 的大小设置为 S_2.

如下引理可以给出 $\tilde{\nabla} f_i(\mathbf{x}_i^k)$ 方差的上界.

引理 5.7 在假设 5.2 下, 令 $k_0 = \lfloor k/q \rfloor q$, 对于所有的 $k = 0, \cdots, K$, 我们有

$$\mathbb{E} \left\| \tilde{\nabla} f_i(\mathbf{x}_i^k) - \nabla f_i(\mathbf{x}_i^k) \right\|^2 \leqslant \frac{L_i^2}{S_2} \sum_{\ell=k_0+1}^{k} \|\mathbf{x}_i^\ell - \mathbf{x}_i^{\ell-1}\|^2 + \frac{\sigma^2}{S_1}. \tag{5.106}$$

证明 如果 k 能被 q 整除, 因为 $\mathcal{I}_{k,i}$ 中样本的独立性, 由梯度方差有界的假设可得 (5.106). 若 $k \neq \lfloor k/q \rfloor q$, 在给定 $\mathbf{x}_i^k$ 之前迭代的所有随机数的条件下求期望, 我们有

$$\mathbb{E}_{k,i} \left\| \tilde{\nabla} f_i(\mathbf{x}_i^k) - \nabla f_i(\mathbf{x}_i^k) \right\|^2$$

$$= \mathbb{E}_{k,i} \left\| \frac{1}{S_2} \sum_{\xi_i \in \mathcal{I}_{k,i}} \left[\nabla F_i(\mathbf{x}_i^k; \xi_i) - \nabla F_i(\mathbf{x}_i^{k-1}; \xi_i) - (\nabla f_i(\mathbf{x}_i^k) - \nabla f_i(\mathbf{x}_i^{k-1})) \right] \right.$$

$$\left. + \left[\tilde{\nabla} f_i(\mathbf{x}_i^{k-1}) - \nabla f_i(\mathbf{x}_i^{k-1}) \right] \right\|^2$$

$$\triangleq \mathbb{E}_{k,i} \left\| \frac{1}{S_2} \sum_{\xi_i \in \mathcal{I}_{k,i}} \left[\nabla F_i(\mathbf{x}_i^k; \xi_i) - \nabla F_i(\mathbf{x}_i^{k-1}; \xi_i) - (\nabla f_i(\mathbf{x}_i^k) - \nabla f_i(\mathbf{x}_i^{k-1})) \right] \right\|^2$$

$$+ \left\| \tilde{\nabla} f_i(\mathbf{x}_i^{k-1}) - \nabla f_i(\mathbf{x}_i^{k-1}) \right\|^2$$

$$= \frac{1}{S_2} \mathbb{E}_{k,i} \left\| \nabla F_i(\mathbf{x}_i^k; \xi_i) - \nabla F_i(\mathbf{x}_i^{k-1}; \xi_i) - (\nabla f_i(\mathbf{x}_i^k) - \nabla f_i(\mathbf{x}_i^{k-1})) \right\|^2$$

$$+ \left\| \tilde{\nabla} f_i(\mathbf{x}_i^{k-1}) - \nabla f_i(\mathbf{x}_i^{k-1}) \right\|^2$$

$$\overset{b}{\leqslant} \frac{1}{S_2} \mathbb{E}_{k,i} \left\| \nabla F_i(\mathbf{x}_i^k; \xi_i) - \nabla F_i(\mathbf{x}_i^{k-1}; \xi_i) \right\|^2 + \left\| \tilde{\nabla} f_i(\mathbf{x}_i^{k-1}) - \nabla f_i(\mathbf{x}_i^{k-1}) \right\|^2$$

$$\overset{c}{\leqslant} \frac{L_i^2}{S_2} \mathbb{E}_{k,i} \left\| \mathbf{x}_i^k - \mathbf{x}_i^{k-1} \right\|^2 + \left\| \tilde{\nabla} f_i(\mathbf{x}_i^{k-1}) - \nabla f_i(\mathbf{x}_i^{k-1}) \right\|^2,$$

其中 $\mathbb{E}_{k,i}$ 表示在给定 $\mathbf{x}_i^k$ 之前迭代的所有随机数的条件下, 对之后的迭代求条件期望, 在 $\overset{a}{=}$ 中我们使用了

$$\mathbb{E}_{k,i} \left[\nabla F_i(\mathbf{x}_i^k; \xi_i) - \nabla F_i(\mathbf{x}_i^{k-1}; \xi_i) - (\nabla f_i(\mathbf{x}_i^k) - \nabla f_i(\mathbf{x}_i^{k-1})) \right] = \mathbf{0},$$

在 $\overset{b}{\leqslant}$ 中我们使用了命题 A.3, 在 $\overset{c}{\leqslant}$ 中我们使用了每个 F_i 是 L_i-光滑的假设. 最后, 对上面不等式求全期望并将结果从 $k_0 + 1$ 累加到 k, 我们有 (5.106).　　　□

另一方面, (5.104) 的增广拉格朗日函数为

$$L_\beta(\mathbf{x}, \mathbf{y}, \boldsymbol{\lambda}) = \sum_{i=1}^m f_i(\mathbf{x}_i) + g(\mathbf{y}) + \left\langle \boldsymbol{\lambda}, \sum_{i=1}^m \mathbf{A}_i \mathbf{x}_i + \mathbf{B}\mathbf{y} - \mathbf{b} \right\rangle$$

$$+ \frac{\beta}{2} \left\| \sum_{i=1}^m \mathbf{A}_i \mathbf{x}_i + \mathbf{B}\mathbf{y} - \mathbf{b} \right\|^2,$$

则 L_β 关于 $\mathbf{x}_i$ 是 $\tilde{L}_i$-光滑的, 关于 $\mathbf{y}$ 是 $\tilde{L}_0$-光滑的, 其中 $\tilde{L}_i = L_i + \beta \|\mathbf{A}_i\|_2^2$, $\tilde{L}_0 = L_0 + \beta \|\mathbf{B}\|_2^2$. 我们证明在假设 5.2 和 $\mathbf{B}$ 行满秩的条件下, 在期望意义下 SPIDER-ADMM 能以 $O(\epsilon^{-3})$ 次 f_i 的随机梯度访问与 $O(\epsilon^{-2})$ 次 g 的梯度访问找到一个 ϵ-近似的 KKT 点 (注意, 在 $O(\epsilon^{-2})$ 次迭代中, 每次迭代需要采样 S_2 个子函数).

定理 5.6　在假设 5.2 下, 进一步假定存在 $\mu > 0$ 使得对任意的 $\boldsymbol{\lambda}$ 有 $\|\mathbf{B}^T\boldsymbol{\lambda}\| \geqslant \mu\|\boldsymbol{\lambda}\|$. 选择

$$S_1 = \Theta(\epsilon^{-2}), \quad S_2 = \Theta(\epsilon^{-1}), \quad q = \Theta(\epsilon^{-1}),$$

$$\eta = \min\left\{\frac{1}{2\max_{i\in[m]}\{\tilde{L}_i\}}, \frac{1}{2\max_{i\in[m]}\{L_i\}\sqrt{q/S_2}}\right\} = \Theta(1).$$

设置 ϕ 满足 $\rho = \Theta(1)$-强凸且 $L = \Theta(1)$-光滑, 令 $\beta \geqslant \dfrac{24(L_0^2 + 2L^2)}{\mu^2\rho} = \Theta(1)$, 并定义 Lyapunov 函数:

$$\Phi^k = L_\beta(\mathbf{x}^k, \mathbf{y}^k, \boldsymbol{\lambda}^k) + \frac{6L^2}{\mu^2\beta}\|\mathbf{y}^k - \mathbf{y}^{k-1}\|^2.$$

那么算法 5.6 在运行 $K = \Theta(\epsilon^{-2})$ 次迭代后, 我们可以在期望意义下找到一个 $O(\epsilon)$-近似的 KKT 点. 具体地, 令 $(\tilde{\mathbf{x}}, \tilde{\mathbf{y}}, \tilde{\boldsymbol{\lambda}})$ 为从 $\{\mathbf{x}^k, \mathbf{y}^k, \boldsymbol{\lambda}^k\}_{k=1}^K$ 中均匀采样得到的, 定义 $D = \Phi^0 - \min_{k\geqslant 0}\mathbb{E}\Phi^k$ 并假设 D 有界, 我们有

$$\tilde{\mathbb{E}}\|\mathbf{A}\tilde{\mathbf{x}} + \mathbf{B}\tilde{\mathbf{y}} - \mathbf{b}\|^2 \leqslant \frac{1}{\beta}\left(\frac{D}{K} + \frac{m\sigma^2\eta}{2S_1}\right) = O(\epsilon^2),$$

$$\tilde{\mathbb{E}}\|\nabla g(\tilde{\mathbf{y}}) + \mathbf{B}^{\mathrm{T}}\tilde{\boldsymbol{\lambda}}\|^2 \leqslant \frac{4L^2}{\rho}\left(\frac{D}{K} + \frac{m\sigma^2\eta}{2S_1}\right) = O(\epsilon^2),$$

$$\tilde{\mathbb{E}}\|\nabla f_i(\tilde{\mathbf{x}}_i) + \mathbf{A}_i^{\mathrm{T}}\tilde{\boldsymbol{\lambda}}\|^2 \leqslant 4\frac{K+1}{K}C_i\left(\frac{D}{K+1} + \frac{m\sigma^2\eta}{2S_1}\right) + \frac{4\sigma^2}{S_1}$$
$$= O(\epsilon^2), \quad i \in [m],$$

其中

$$C_i = \frac{8}{\eta} + \beta\|\mathbf{A}_i\|_2^2 + 8\eta\beta^2(m+1)\|\mathbf{A}_i\|_2^2\max_{j\in[m]}\|\mathbf{A}_j\|_2^2$$
$$+ \frac{4}{\rho}\beta^2(m+1)\|\mathbf{A}_i\|_2^2\|\mathbf{B}\|_2^2 + \frac{8\eta q L_i^2}{S_2}$$
$$= \Theta(1),$$

$\tilde{\mathbb{E}}$ 表示对算法 5.6 中所有的随机性和 $(\tilde{\mathbf{x}}, \tilde{\mathbf{y}}, \tilde{\boldsymbol{\lambda}})$ 的选择方式求期望.

证明 由于 L_β 关于 $\mathbf{x}_i$ 是 $\tilde{L}_i$-光滑的, 由命题 A.6, 我们有

$$L_\beta(\mathbf{x}_{j\leqslant i}^{k+1}, \mathbf{x}_{j>i}^k, \mathbf{y}^k, \boldsymbol{\lambda}^k)$$
$$\leqslant L_\beta(\mathbf{x}_{j<i}^{k+1}, \mathbf{x}_{j\geqslant i}^k, \mathbf{y}^k, \boldsymbol{\lambda}^k)$$
$$+ \langle\nabla_{\mathbf{x}_i}L_\beta(\mathbf{x}_{j<i}^{k+1}, \mathbf{x}_{j\geqslant i}^k, \mathbf{y}^k, \boldsymbol{\lambda}^k), \mathbf{x}_i^{k+1} - \mathbf{x}_i^k\rangle + \frac{\tilde{L}_i}{2}\|\mathbf{x}_i^{k+1} - \mathbf{x}_i^k\|^2$$

$$\overset{\mathrm{a}}{=} L_\beta(\mathbf{x}_{j<i}^{k+1}, \mathbf{x}_{j\geqslant i}^k, \mathbf{y}^k, \boldsymbol{\lambda}^k)$$

$$+ \left\langle -\frac{1}{\eta}(\mathbf{x}_i^{k+1} - \mathbf{x}_i^k) + \nabla f_i(\mathbf{x}_i^k) - \tilde{\nabla} f_i(\mathbf{x}_i^k), \mathbf{x}_i^{k+1} - \mathbf{x}_i^k \right\rangle + \frac{\tilde{L}_i}{2} \left\| \mathbf{x}_i^{k+1} - \mathbf{x}_i^k \right\|^2$$

$$\overset{\mathrm{b}}{\leqslant} L_\beta(\mathbf{x}_{j<i}^{k+1}, \mathbf{x}_{j\geqslant i}^k, \mathbf{y}^k, \boldsymbol{\lambda}^k) - \left(\frac{1}{2\eta} - \frac{\tilde{L}_i}{2} \right) \left\| \mathbf{x}_i^{k+1} - \mathbf{x}_i^k \right\|^2$$

$$+ \frac{\eta}{2} \left\| \tilde{\nabla} f_i(\mathbf{x}_i^k) - \nabla f_i(\mathbf{x}_i^k) \right\|^2, \tag{5.107}$$

其中 $\overset{\mathrm{a}}{=}$ 中我们代入了 $\mathbf{x}_i^k$ 的更新方式, 在 $\overset{\mathrm{b}}{\leqslant}$ 中我们使用了

$$\left\langle \nabla f_i(\mathbf{x}_i^k) - \tilde{\nabla} f_i(\mathbf{x}_i^k), \mathbf{x}_i^{k+1} - \mathbf{x}_i^k \right\rangle$$

$$\leqslant \frac{\eta}{2} \left\| \tilde{\nabla} f_i(\mathbf{x}_i^k) - \nabla f_i(\mathbf{x}_i^k) \right\|^2 + \frac{1}{2\eta} \left\| \mathbf{x}_i^{k+1} - \mathbf{x}_i^k \right\|^2.$$

由 $\mathbf{y}$ 和 $\boldsymbol{\lambda}$ 的迭代方式, 我们分别有

$$\frac{\rho}{2} \|\mathbf{y}^{k+1} - \mathbf{y}^k\|^2 \leqslant L_\beta(\mathbf{x}^{k+1}, \mathbf{y}^k, \boldsymbol{\lambda}^k) - L_\beta(\mathbf{x}^{k+1}, \mathbf{y}^{k+1}, \boldsymbol{\lambda}^k) \tag{5.108}$$

和

$$-\frac{1}{\beta} \|\boldsymbol{\lambda}^{k+1} - \boldsymbol{\lambda}^k\|^2 = L_\beta(\mathbf{x}^{k+1}, \mathbf{y}^{k+1}, \boldsymbol{\lambda}^k) - L_\beta(\mathbf{x}^{k+1}, \mathbf{y}^{k+1}, \boldsymbol{\lambda}^{k+1}). \tag{5.109}$$

将 (5.107) 对 $i = 1, 2, \cdots, m$ 累加求和, 并与 (5.108) 和 (5.109) 相加, 使用 $\eta \leqslant \dfrac{1}{2\max_{i\in[m]}\{\tilde{L}_i\}}$, 我们有

$$\frac{1}{4\eta} \sum_{i=1}^m \|\mathbf{x}_i^{k+1} - \mathbf{x}_i^k\|^2 + \frac{\rho}{2} \|\mathbf{y}^{k+1} - \mathbf{y}^k\|^2 - \frac{1}{\beta} \|\boldsymbol{\lambda}^{k+1} - \boldsymbol{\lambda}^k\|^2$$

$$\leqslant L_\beta(\mathbf{x}^k, \mathbf{y}^k, \boldsymbol{\lambda}^k) - L_\beta(\mathbf{x}^{k+1}, \mathbf{y}^{k+1}, \boldsymbol{\lambda}^{k+1}) + \frac{\eta}{2} \sum_{i=1}^m \left\| \tilde{\nabla} f_i(\mathbf{x}_i^k) - \nabla f_i(\mathbf{x}_i^k) \right\|^2. \tag{5.110}$$

使用和 (4.4)、(4.5) 相同的论证技术, 我们有

$$\mu^2 \|\boldsymbol{\lambda}^{k+1} - \boldsymbol{\lambda}^k\|^2 \leqslant \|\mathbf{B}^{\mathrm{T}}(\boldsymbol{\lambda}^{k+1} - \boldsymbol{\lambda}^k)\|^2$$

$$\leqslant 3(L_0^2 + L^2) \|\mathbf{y}^{k+1} - \mathbf{y}^k\|^2 + 3L^2 \|\mathbf{y}^k - \mathbf{y}^{k-1}\|^2. \tag{5.111}$$

将 (5.111) 两边同乘以 $2/(\mu^2\beta)$ 并与 (5.110) 相加, 使用 $\beta \geqslant \dfrac{24(L_0^2 + 2L^2)}{\mu^2\rho}$, 我们有

$$\frac{1}{4\eta}\sum_{i=1}^{m}\|\mathbf{x}_i^{k+1} - \mathbf{x}_i^k\|^2 + \frac{\rho}{4}\|\mathbf{y}^{k+1} - \mathbf{y}^k\|^2 + \frac{1}{\beta}\|\boldsymbol{\lambda}^{k+1} - \boldsymbol{\lambda}^k\|^2$$

$$\leqslant \Phi^k - \Phi^{k+1} + \frac{\eta}{2}\sum_{i=1}^{m}\left\|\tilde{\nabla}f_i(\mathbf{x}_i^k) - \nabla f_i(\mathbf{x}_i^k)\right\|^2.$$

对上式求全期望并把 (5.106) 代入, 我们有

$$\frac{1}{4\eta}\sum_{i=1}^{m}\mathbb{E}\|\mathbf{x}_i^{k+1} - \mathbf{x}_i^k\|^2 + \frac{\rho}{4}\mathbb{E}\|\mathbf{y}^{k+1} - \mathbf{y}^k\|^2 + \frac{1}{\beta}\mathbb{E}\|\boldsymbol{\lambda}^{k+1} - \boldsymbol{\lambda}^k\|^2$$

$$\leqslant \mathbb{E}\Phi^k - \mathbb{E}\Phi^{k+1} + \frac{\eta}{2}\frac{1}{S_2}\sum_{\ell=k_0+1}^{k}\sum_{i=1}^{m}L_i^2\mathbb{E}\|\mathbf{x}_i^\ell - \mathbf{x}_i^{\ell-1}\|^2 + \frac{m\sigma^2\eta}{2S_1}$$

$$\leqslant \mathbb{E}\Phi^k - \mathbb{E}\Phi^{k+1} + \frac{\eta}{2}\frac{\max\limits_{i\in[m]}L_i^2}{S_2}\sum_{\ell=k_0+1}^{k}\sum_{i=1}^{m}\mathbb{E}\|\mathbf{x}_i^\ell - \mathbf{x}_i^{\ell-1}\|^2 + \frac{m\sigma^2\eta}{2S_1}. \qquad (5.112)$$

将 (5.112) 对 $k = 0, \cdots, K-1$ 累加求和, 并使用 $k - k_0 \leqslant q$ 和 $D = \Phi^0 - \min_{k\geqslant 0}\mathbb{E}\Phi^k$ 的有界性, 再将结果两边除以 K, 我们有

$$\left(\frac{1}{4\eta} - \frac{\eta q \max\limits_{i\in[m]}L_i^2}{2S_2}\right)\frac{1}{K}\sum_{k=0}^{K-1}\sum_{i=1}^{m}\mathbb{E}\|\mathbf{x}_i^{k+1} - \mathbf{x}_i^k\|^2$$

$$+ \frac{\rho}{4}\frac{1}{K}\sum_{k=0}^{K-1}\mathbb{E}\|\mathbf{y}^{k+1} - \mathbf{y}^k\|^2 + \frac{1}{\beta K}\sum_{k=0}^{K-1}\mathbb{E}\|\boldsymbol{\lambda}^{k+1} - \boldsymbol{\lambda}^k\|^2$$

$$\leqslant \frac{D}{K} + \frac{m\sigma^2\eta}{2S_1}. \qquad (5.113)$$

由 η 的取值, 我们有

$$\frac{1}{4\eta} - \frac{\eta q \max\limits_{i\in[m]}\{L_i^2\}}{2S_2} \geqslant \frac{1}{8\eta}. \qquad (5.114)$$

利用和 (5.102)、(5.103) 相同的论证技术, 我们有

$$\tilde{\mathbb{E}}\left\|\nabla g(\tilde{\mathbf{y}}) + \mathbf{B}^{\mathrm{T}}\tilde{\boldsymbol{\lambda}}\right\|^2 = \frac{1}{K}\sum_{k=0}^{K-1}\mathbb{E}\left\|\nabla g(\mathbf{y}^{k+1}) + \mathbf{B}^{\mathrm{T}}\boldsymbol{\lambda}^{k+1}\right\|^2$$

$$\leqslant \frac{L^2}{K} \sum_{k=0}^{K-1} \mathbb{E} \left\| \mathbf{y}^{k+1} - \mathbf{y}^k \right\|^2 \leqslant \frac{4L^2}{\rho} \left(\frac{D}{K} + \frac{m\sigma^2\eta}{2S_1} \right)$$

和

$$\tilde{\mathbb{E}} \left\| \mathbf{A}\tilde{\mathbf{x}} + \mathbf{B}\tilde{\mathbf{y}} - \mathbf{b} \right\|^2 = \frac{1}{K} \sum_{k=0}^{K-1} \mathbb{E} \left\| \mathbf{A}\mathbf{x}^{k+1} + \mathbf{B}\mathbf{y}^{k+1} - \mathbf{b} \right\|^2$$

$$= \frac{1}{\beta^2 K} \sum_{k=0}^{K-1} \mathbb{E} \| \boldsymbol{\lambda}^{k+1} - \boldsymbol{\lambda}^k \|^2 \leqslant \frac{1}{\beta} \left(\frac{D}{K} + \frac{m\sigma^2\eta}{2S_1} \right).$$

最后由 (5.113) 和 (5.114) 可得

$$\frac{1}{K} \sum_{k=0}^{K-1} \sum_{i=1}^{m} \mathbb{E} \left\| \mathbf{x}_i^{k+1} - \mathbf{x}_i^k \right\|^2 \leqslant 8\eta \left(\frac{D}{K} + \frac{m\sigma^2\eta}{2S_1} \right). \tag{5.115}$$

由 $\mathbf{x}_i^k$ 的更新方式, 我们有

$$\tilde{\nabla} f_i(\mathbf{x}_i^k) + \mathbf{A}_i^{\mathrm{T}} \left[\boldsymbol{\lambda}^k + \beta \left(\sum_{j<i} \mathbf{A}_j \mathbf{x}_j^{k+1} + \sum_{j\geqslant i} \mathbf{A}_j \mathbf{x}_j^k + \mathbf{B}\mathbf{y}^k - \mathbf{b} \right) \right]$$

$$= -\frac{1}{\eta} \left(\mathbf{x}_i^{k+1} - \mathbf{x}_i^k \right),$$

由此可推得

$$\nabla f_i(\mathbf{x}_i^k) + \mathbf{A}_i^{\mathrm{T}} \boldsymbol{\lambda}^k = -\frac{1}{\eta} \left(\mathbf{x}_i^{k+1} - \mathbf{x}_i^k \right) - \mathbf{A}_i^{\mathrm{T}} \left(\boldsymbol{\lambda}^{k+1} - \boldsymbol{\lambda}^k \right)$$

$$+ \beta \mathbf{A}_i^{\mathrm{T}} \left[\sum_{j\geqslant i} \mathbf{A}_j (\mathbf{x}_j^{k+1} - \mathbf{x}_j^k) + \mathbf{B}(\mathbf{y}^{k+1} - \mathbf{y}^k) \right]$$

$$- \left[\tilde{\nabla} f_i(\mathbf{x}_i^k) - \nabla f_i(\mathbf{x}_i^k) \right].$$

所以我们可以得到

$$\left\| \nabla f_i(\mathbf{x}_i^k) + \mathbf{A}_i^{\mathrm{T}} \boldsymbol{\lambda}^k \right\|^2 \leqslant \frac{4}{\eta^2} \left\| \mathbf{x}_i^{k+1} - \mathbf{x}_i^k \right\|^2 + 4\|\mathbf{A}_i\|_2^2 \left\| \boldsymbol{\lambda}^{k+1} - \boldsymbol{\lambda}^k \right\|^2$$

$$+ 4\beta^2 \left\| \mathbf{A}_i^{\mathrm{T}} \left[\sum_{j\geqslant i} \mathbf{A}_j (\mathbf{x}_j^{k+1} - \mathbf{x}_j^k) + \mathbf{B}(\mathbf{y}^{k+1} - \mathbf{y}^k) \right] \right\|^2$$

$$+ 4 \left\| \tilde{\nabla} f_i(\mathbf{x}_i^k) - \nabla f_i(\mathbf{x}_i^k) \right\|^2$$

$$\leqslant \frac{4}{\eta^2} \left\| \mathbf{x}_i^{k+1} - \mathbf{x}_i^k \right\|^2 + 4 \|\mathbf{A}_i\|_2^2 \left\| \boldsymbol{\lambda}^{k+1} - \boldsymbol{\lambda}^k \right\|^2$$

$$+ 4\beta^2(m+1) \|\mathbf{A}_i\|_2^2 \sum_{j=1}^{m} \|\mathbf{A}_j\|_2^2 \left\| \mathbf{x}_j^{k+1} - \mathbf{x}_j^k \right\|^2$$

$$+ 4\beta^2(m+1) \|\mathbf{A}_i\|_2^2 \|\mathbf{B}\|_2^2 \left\| \mathbf{y}^{k+1} - \mathbf{y}^k \right\|^2$$

$$+ 4 \left\| \tilde{\nabla} f_i(\mathbf{x}_i^k) - \nabla f_i(\mathbf{x}_i^k) \right\|^2. \tag{5.116}$$

对 (5.116) 求全期望并将结果对 $k = 1, \cdots, K$ 累加求和, 我们有

$$\tilde{\mathbb{E}} \left\| \nabla f_i(\tilde{\mathbf{x}}_i^k) + \mathbf{A}_i^{\mathrm{T}} \tilde{\boldsymbol{\lambda}}^k \right\|^2$$

$$\overset{\mathrm{a}}{=} \frac{1}{K} \sum_{k=1}^{K} \mathbb{E} \left\| \nabla f_i(\mathbf{x}_i^k) + \mathbf{A}_i^{\mathrm{T}} \boldsymbol{\lambda}^k \right\|^2$$

$$\overset{\mathrm{b}}{\leqslant} \frac{4}{\eta^2} \frac{K+1}{K} \frac{1}{K+1} \sum_{k=0}^{K} \mathbb{E} \left\| \mathbf{x}_i^{k+1} - \mathbf{x}_i^k \right\|^2$$

$$+ 4 \|\mathbf{A}_i\|_2^2 \frac{K+1}{K} \frac{1}{K+1} \sum_{k=0}^{K} \mathbb{E} \left\| \boldsymbol{\lambda}^{k+1} - \boldsymbol{\lambda}^k \right\|^2$$

$$+ 4\beta^2(m+1)\|\mathbf{A}_i\|_2^2 \max_{j \in [m]} \|\mathbf{A}_j\|_2^2 \frac{K+1}{K} \frac{1}{K+1} \sum_{k=0}^{K} \sum_{j=1}^{m} \mathbb{E} \left\| \mathbf{x}_j^{k+1} - \mathbf{x}_j^k \right\|^2$$

$$+ 4\beta^2(m+1)\|\mathbf{A}_i\|_2^2 \|\mathbf{B}\|_2^2 \frac{K+1}{K} \frac{1}{K+1} \sum_{k=0}^{K} \mathbb{E} \left\| \mathbf{y}^{k+1} - \mathbf{y}^k \right\|^2$$

$$+ \frac{4qL_i^2}{S_2} \frac{K+1}{K} \frac{1}{K+1} \sum_{k=0}^{K} \mathbb{E} \left\| \mathbf{x}_i^{k+1} - \mathbf{x}_i^k \right\|^2 + \frac{4\sigma^2}{S_1}$$

$$\overset{\mathrm{c}}{\leqslant} 4 \frac{K+1}{K} C_i \left(\frac{D}{K+1} + \frac{m\sigma^2\eta}{2S_1} \right) + \frac{4\sigma^2}{S_1},$$

其中第一个等式 $\overset{\mathrm{a}}{=}$ 使用了 $(\tilde{\mathbf{x}}, \tilde{\mathbf{y}}, \tilde{\boldsymbol{\lambda}})$ 从 $\{\mathbf{x}^k, \mathbf{y}^k, \boldsymbol{\lambda}^k\}_{k=1}^{K}$ 均匀采样得出, $\overset{\mathrm{b}}{\leqslant}$ 使用了引理 5.7, 而 $\overset{\mathrm{c}}{\leqslant}$ 使用了 (5.113) (对各求和项分别得到类似于 (5.115) 的估计). □

从定理 5.6, 我们知道在期望意义下, 算法访问 f_i 的随机梯度的总次数与通过 g 更新 $\mathbf{y}$ 的次数分别达到 $O(\epsilon^{-3})$ 和 $O(\epsilon^{-2})$ 时, 可以找到一个 $O(\epsilon)$-近似的 KKT 点. 与非凸随机 ADMM 算法相比, 定理 5.5 和定理 5.6 都需要 $K = O(\epsilon^{-2})$ 次迭

代来找到一个 ϵ-近似的解. 但 SPIDER-ADMM 每次迭代仅采样 $O(\epsilon^{-1})$ 次而不是 $O(\epsilon^{-2})$ 次随机梯度. 另外, 值得一提的是利用 4.1.1 节的论证技术, $\mathbf{B}$ 行满秩的条件可以得到放松.

在本章的最后, 我们简单介绍有限和情况的结果. 当 f_i 由 n 个子函数构成时, SPIDER-ADMM 可以在期望意义下以 $O\left(n + n^{1/2}\epsilon^{-2}\right)$ 次随机梯度访问找到一个 ϵ-近似的 KKT 点. 值得关注的是, 对于一般的非凸优化问题, SPIDER 相比于传统的 VR 技术, 如 SVRG[48], 更为优越, 因为后者只能达到 $O(\min(\epsilon^{-10/3}, n + n^{2/3}\epsilon^{-2}))$ 的复杂度.

第 6 章　分布式优化问题中的 ADMM

本章介绍如何使用 ADMM 求解分布式优化问题. 我们首先介绍如何使用 ADMM、线性化 ADMM 和加速线性化 ADMM 求解中心化分布式优化问题, 并给出相应的收敛速度. 然后我们重点考虑去中心化的分布式优化, 并指出相应的 ADMM 与线性化增广拉格朗日法在这个问题上的等价性, 并给出其加速版本. 然后, 我们介绍异步 ADMM. 最后, 我们介绍求解非凸问题和带一般线性约束问题的分布式 ADMM.

我们在分布式环境下考虑如下问题

$$\min_{\mathbf{x} \in \mathbb{R}^d} \quad f(\mathbf{x}) \equiv \sum_{i=1}^{m} f_i(\mathbf{x}), \tag{6.1}$$

其中 m 个节点组成一个无向连通网络, 由于存储限制或出于隐私考虑, 局部函数 f_i 只对节点 i 可见. 我们考虑两种类型的网络. 第一种是中心化网络, 该网络具有一个中心节点和 m 个工作节点. 每一个工作节点和中心节点相连并通信. 我们将在 6.1 节介绍这种网络. 第二种网络是去中心化网络, 该网络没有中心节点, 每个节点只和它的邻居相连并通信. 我们将在 6.2 节介绍这种网络. 在这两种网络里, 所有的节点共同合作求解问题 (6.1).

6.1　中心化优化

在中心化网络中, 我们将问题 (6.1) 重写成如下等式约束问题:

$$\min_{\{\mathbf{x}_i\}, \mathbf{z}} \quad \sum_{i=1}^{m} f_i(\mathbf{x}_i),$$
$$\text{s.t.} \quad \mathbf{x}_i = \mathbf{z}, \quad i \in [m], \tag{6.2}$$

因此可以使用 ADMM 类型的方法求解.

6.1.1　ADMM

引入增广拉格朗日函数

$$L(\mathbf{x}, \mathbf{z}, \boldsymbol{\lambda}) = \sum_{i=1}^{m} \left(f_i(\mathbf{x}_i) + \langle \boldsymbol{\lambda}_i, \mathbf{x}_i - \mathbf{z} \rangle + \frac{\beta}{2} \|\mathbf{x}_i - \mathbf{z}\|^2 \right). \tag{6.3}$$

求解 (6.2) 的 ADMM 在每次迭代执行如下步骤 (见文献 [5,8] 等):

$$\mathbf{z}^{k+1} = \underset{\mathbf{z}}{\operatorname{argmin}} \sum_{i=1}^{m} \left(\left\langle \boldsymbol{\lambda}_i^k, \mathbf{x}_i^k - \mathbf{z} \right\rangle + \frac{\beta}{2} \left\| \mathbf{x}_i^k - \mathbf{z} \right\|^2 \right)$$

$$= \frac{1}{m} \sum_{i=1}^{m} \left(\mathbf{x}_i^k + \frac{1}{\beta} \boldsymbol{\lambda}_i^k \right), \tag{6.4a}$$

$$\mathbf{x}_i^{k+1} = \underset{\mathbf{x}_i}{\operatorname{argmin}} \left(f_i(\mathbf{x}_i) + \left\langle \boldsymbol{\lambda}_i^k, \mathbf{x}_i - \mathbf{z}^{k+1} \right\rangle + \frac{\beta}{2} \left\| \mathbf{x}_i - \mathbf{z}^{k+1} \right\|^2 \right)$$

$$= \operatorname{Prox}_{\beta^{-1} f_i} \left(\mathbf{z}^{k+1} - \frac{1}{\beta} \boldsymbol{\lambda}_i^k \right), \quad i \in [m], \tag{6.4b}$$

$$\boldsymbol{\lambda}_i^{k+1} = \boldsymbol{\lambda}_i^k + \beta \left(\mathbf{x}_i^{k+1} - \mathbf{z}^{k+1} \right), \quad i \in [m]. \tag{6.4c}$$

在上述方法里, 中心节点负责更新 $\mathbf{z}$, 每一个工作节点负责更新 $\mathbf{x}_i$ 和 $\boldsymbol{\lambda}_i$. 步骤 (6.4b) 和 (6.4c) 由工作节点执行, 可以并行执行, 而步骤 (6.4a) 由中心节点执行. 在每次迭代, 中心节点从所有的工作节点收集 $\mathbf{x}_i^k$ 和 $\boldsymbol{\lambda}_i^k$, 计算平均, 然后将 $\mathbf{z}^{k+1}$ 发送给每个工作节点. 每个工作节点收到中心节点的信息后更新 $\mathbf{x}_i^{k+1}$ 和 $\boldsymbol{\lambda}_i^{k+1}$, 这个过程是在工作节点之间并行完成的. 具体见算法 6.1 和算法 6.2.

算法 6.1 中心化 ADMM: 中心节点

for $k = 0, 1, 2, \cdots$ **do**

    等待, 直到从所有工作节点接收到 $\mathbf{x}_i^k$ 和 $\boldsymbol{\lambda}_i^k$, $i \in [m]$.

    使用 (6.4a) 更新 $\mathbf{z}^{k+1}$.

    将 $\mathbf{z}^{k+1}$ 发送给所有工作节点.

end for

算法 6.2 中心化 ADMM: 第 i 个工作节点

初始化 $\mathbf{x}_i^0, \boldsymbol{\lambda}_i^0$, $i \in [m]$.

for $k = 0, 1, 2, \cdots$ **do**

    向中心节点发送 $(\mathbf{x}_i^k, \boldsymbol{\lambda}_i^k)$.

    等待, 直到从中心节点接收到 $\mathbf{z}^{k+1}$.

    分别使用 (6.4b) 和 (6.4c) 更新 $\mathbf{x}_i^{k+1}$ 和 $\boldsymbol{\lambda}_i^{k+1}$.

end for

下面给出算法 6.1–算法 6.2 的收敛速度. 记

$$(\mathbf{x}_1^*, \cdots, \mathbf{x}_m^*, \mathbf{z}^*, \boldsymbol{\lambda}_1^*, \cdots, \boldsymbol{\lambda}_m^*)$$

为问题 (6.2) 的 KKT 点. 由定理 3.3 可得如下收敛速度.

定理 6.1 假设 $f_i(\mathbf{x}_i)$ 是凸函数, $i \in [m]$, 则对算法 6.1–算法 6.2, 有

$$\left| \sum_{i=1}^{m} f_i(\hat{\mathbf{x}}_i^{K+1}) - \sum_{i=1}^{m} f_i(\mathbf{x}_i^*) \right| \leqslant \frac{C}{2(K+1)} + \frac{2\sqrt{C}\sqrt{\sum\limits_{i=1}^{m} \|\boldsymbol{\lambda}_i^*\|^2}}{\sqrt{\beta}(K+1)},$$

$$\sqrt{\sum_{i=1}^{m} \|\hat{\mathbf{x}}_i^{K+1} - \hat{\mathbf{z}}^{K+1}\|^2} \leqslant \frac{2\sqrt{C}}{\sqrt{\beta}(K+1)},$$

其中

$$\hat{\mathbf{x}}_i^{K+1} = \frac{1}{K+1} \sum_{k=1}^{K+1} \mathbf{x}_i^k, \quad i \in [m], \quad \hat{\mathbf{z}}^{K+1} = \frac{1}{K+1} \sum_{k=1}^{K+1} \mathbf{z}^k \quad \text{和}$$

$$C = \frac{1}{\beta} \sum_{i=1}^{m} \|\boldsymbol{\lambda}_i^0 - \boldsymbol{\lambda}_i^*\|^2 + \beta \sum_{i=1}^{m} \|\mathbf{x}_i^0 - \mathbf{x}_i^*\|^2.$$

证明 算法 6.1–算法 6.2 是经典 ADMM (算法 2.1) 在问题 (6.2) 上的应用, 其中我们在 (2.13) 中取

$$\mathbf{x} = \mathbf{z}, \quad \mathbf{y} = (\mathbf{x}_1^{\mathrm{T}}, \cdots, \mathbf{x}_m^{\mathrm{T}})^{\mathrm{T}}, \quad \mathbf{A} = \mathbf{1}_m \otimes \mathbf{I}_d, \quad \mathbf{B} = -\mathbf{I}_{md},$$

$$\mathbf{b} = \mathbf{0}, \quad f(\mathbf{x}) = 0 \quad \text{和} \quad g(\mathbf{y}) = \sum_i f_i(\mathbf{x}_i),$$

其中 d 是 $\mathbf{x}_i$ 的维数, $\mathbf{1}_m$ 是 m 维全 1 向量, $\otimes$ 表示克罗内克积 (Kronecker Product). □

类似地, 由定理 3.4 可得如下线性收敛速度.

定理 6.2 假设 $f_i(\mathbf{x}_i)$ 是 μ-强凸、L-光滑函数, $i \in [m]$. 令 $\beta = \sqrt{\mu L}$. 则对算法 6.1–算法 6.2, 有

$$\sum_{i=1}^{m} \left(\frac{1}{2\beta} \|\boldsymbol{\lambda}_i^{k+1} - \boldsymbol{\lambda}_i^*\|^2 + \frac{\beta}{2} \|\mathbf{x}_i^{k+1} - \mathbf{x}_i^*\|^2 \right)$$

$$\leqslant \left(1 + \frac{1}{2}\sqrt{\frac{\mu}{L}} \right)^{-1} \sum_{i=1}^{m} \left(\frac{1}{2\beta} \|\boldsymbol{\lambda}_i^k - \boldsymbol{\lambda}_i^*\|^2 + \frac{\beta}{2} \|\mathbf{x}_i^k - \mathbf{x}_i^*\|^2 \right).$$

6.1.2 线性化 ADMM

当每一个子函数 f_i 是 L-光滑函数时, 如果 f_i 的邻近映射不容易求解, 我们可以在步骤 (6.4b) 中线性化 f_i 从而简化计算. 线性化 ADMM 每次迭代执行如

下步骤:

$$\mathbf{z}^{k+1} = \underset{\mathbf{z}}{\operatorname{argmin}} \sum_{i=1}^{m} \left(\langle \boldsymbol{\lambda}_i^k, \mathbf{x}_i^k - \mathbf{z} \rangle + \frac{\beta}{2} \left\| \mathbf{x}_i^k - \mathbf{z} \right\|^2 \right)$$

$$= \frac{1}{m} \sum_{i=1}^{m} \left(\mathbf{x}_i^k + \frac{1}{\beta} \boldsymbol{\lambda}_i^k \right), \tag{6.5a}$$

$$\mathbf{x}_i^{k+1} = \underset{\mathbf{x}_i}{\operatorname{argmin}} \left(f_i(\mathbf{x}_i) + \langle \boldsymbol{\lambda}_i^k, \mathbf{x}_i - \mathbf{z}^{k+1} \rangle + \frac{\beta}{2} \left\| \mathbf{x}_i - \mathbf{z}^{k+1} \right\|^2 + D_{\psi_i}(\mathbf{x}_i, \mathbf{x}_i^k) \right)$$

$$= \underset{\mathbf{x}_i}{\operatorname{argmin}} \left(\langle \nabla f_i(\mathbf{x}_i^k), \mathbf{x}_i - \mathbf{x}_i^k \rangle + \frac{L}{2} \left\| \mathbf{x}_i - \mathbf{x}_i^k \right\|^2 \right.$$

$$\left. + \langle \boldsymbol{\lambda}_i^k, \mathbf{x}_i - \mathbf{z}^{k+1} \rangle + \frac{\beta}{2} \left\| \mathbf{x}_i - \mathbf{z}^{k+1} \right\|^2 \right)$$

$$= \frac{1}{L + \beta} \left(L \mathbf{x}_i^k + \beta \mathbf{z}^{k+1} - \nabla f_i(\mathbf{x}_i^k) - \boldsymbol{\lambda}_i^k \right), \quad i \in [m], \tag{6.5b}$$

$$\boldsymbol{\lambda}_i^{k+1} = \boldsymbol{\lambda}_i^k + \beta \left(\mathbf{x}_i^{k+1} - \mathbf{z}^{k+1} \right), \quad i \in [m], \tag{6.5c}$$

其中我们令

$$\psi_i(\mathbf{x}_i) = \frac{L}{2} \|\mathbf{x}_i\|^2 - f_i(\mathbf{x}_i).$$

具体描述见算法 6.3 和算法 6.4.

算法 6.3 中心化线性化 ADMM: 中心节点
---
for $k = 0, 1, 2, \cdots$ **do**
    等待, 直到从所有工作节点接收到 $\mathbf{x}_i^k$ 和 $\boldsymbol{\lambda}_i^k$, $i \in [m]$.
    使用 (6.5a) 更新 $\mathbf{z}^{k+1}$.
    将 $\mathbf{z}^{k+1}$ 发送给所有工作节点.
end for

算法 6.4 中心化线性化 ADMM: 第 i 个工作节点

初始化 $\mathbf{x}_i^0, \boldsymbol{\lambda}_i^0, i \in [m]$.
for $k = 0, 1, 2, \cdots$ **do**
    向中心节点发送 $(\mathbf{x}_i^k, \boldsymbol{\lambda}_i^k)$.
    等待, 直到从中心节点接收到 $\mathbf{z}^{k+1}$.
    分别使用 (6.5b) 和 (6.5c) 更新 $\mathbf{x}_i^{k+1}$ 和 $\boldsymbol{\lambda}_i^{k+1}$.
end for

类似于定理 6.1, 由定理 3.6 可得算法 6.3–算法 6.4 具有 $O(1/K)$ 收敛速度. 我们略过次线性收敛的细节, 重点介绍线性收敛性. 由定理 3.8 并使用 $L_\psi \leqslant L - \mu$, 其中 $\psi(\mathbf{x}) = \sum_{i=1}^{m} \psi_i(\mathbf{x}_i)$, 可得如下线性收敛定理.

定理 6.3 假设 $f_i(\mathbf{x}_i)$ 是 μ-强凸、L-光滑函数, $i \in [m]$. 令 $\beta = \sqrt{\mu(2L-\mu)}$. 则对算法 6.3–算法 6.4, 有

$$\sum_{i=1}^{m} \left(\frac{1}{2\beta} \|\boldsymbol{\lambda}_i^{k+1} - \boldsymbol{\lambda}_i^*\|^2 + \frac{\beta}{2} \|\mathbf{x}_i^{k+1} - \mathbf{x}_i^*\|^2 + D_{\psi_i}(\mathbf{x}_i^*, \mathbf{x}_i^{k+1}) \right)$$

$$\leqslant \left[1 + \frac{1}{3} \min \left(\sqrt{\frac{\mu}{2L-\mu}}, \frac{\mu}{L-\mu} \right) \right]^{-1}$$

$$\times \sum_{i=1}^{m} \left(\frac{1}{2\beta} \|\boldsymbol{\lambda}_i^k - \boldsymbol{\lambda}_i^*\|^2 + \frac{\beta}{2} \|\mathbf{x}_i^k - \mathbf{x}_i^*\|^2 + D_{\psi_i}(\mathbf{x}_i^*, \mathbf{x}_i^k) \right).$$

6.1.3 加速线性化 ADMM

受 3.3.2 节启发, 我们也可以使用加速线性化 ADMM 求解问题 (6.2), 并得到比线性化 ADMM 更快的收敛速度. 由 3.3.2 节中算法 3.6, 可得如下迭代步骤:

$$\mathbf{w}_i^k = \theta \mathbf{x}_i^k + (1-\theta) \widetilde{\mathbf{x}}_i^k, \tag{6.6a}$$

$$\mathbf{z}^{k+1} = \underset{\mathbf{z}}{\operatorname{argmin}} \sum_{i=1}^{m} \left(\langle \boldsymbol{\lambda}_i^k, \mathbf{x}_i^k - \mathbf{z} \rangle + \frac{\beta\theta}{2} \|\mathbf{x}_i^k - \mathbf{z}\|^2 \right)$$

$$= \frac{1}{m} \sum_{i=1}^{m} \left(\mathbf{x}_i^k + \frac{1}{\beta\theta} \boldsymbol{\lambda}_i^k \right), \tag{6.6b}$$

$$\mathbf{x}_i^{k+1} = \frac{1}{\frac{1}{\alpha} + \mu} \left\{ \mu \mathbf{w}_i^k + \frac{\theta}{\alpha} \mathbf{x}_i^k - \left[\nabla f_i(\mathbf{x}_i^k) + \boldsymbol{\lambda}_i^k + \beta\theta \left(\mathbf{x}_i^k - \mathbf{z}^{k+1} \right) \right] \right\}, \tag{6.6c}$$

$$\widetilde{\mathbf{z}}^{k+1} = \theta \mathbf{z}^{k+1} + (1-\theta) \widetilde{\mathbf{z}}^k, \tag{6.6d}$$

$$\widetilde{\mathbf{x}}_i^{k+1} = \theta \mathbf{x}_i^{k+1} + (1-\theta) \widetilde{\mathbf{x}}_i^k, \tag{6.6e}$$

$$\boldsymbol{\lambda}_i^{k+1} = \boldsymbol{\lambda}_i^k + \beta\theta(\mathbf{x}_i^{k+1} - \mathbf{z}^{k+1}). \tag{6.6f}$$

具体描述见算法 6.5 和算法 6.6.

算法 6.5 加速中心化线性化 ADMM: 中心节点

初始化 $\widetilde{\mathbf{z}}^0$.

for $k = 0, 1, 2, \cdots$ **do**

 等待, 直到从所有工作节点接收到 $\mathbf{x}_i^k$ 和 $\boldsymbol{\lambda}_i^k$, $i \in [m]$.

 分别使用 (6.6b) 和 (6.6d) 更新 $\mathbf{z}^{k+1}$ 和 $\widetilde{\mathbf{z}}^{k+1}$.

 将 $\mathbf{z}^{k+1}$ 发送给所有工作节点.

end for

算法 6.6　　加速中心化线性化 ADMM: 第 i 个工作节点

初始化 $\mathbf{x}_i^0, \boldsymbol{\lambda}_i^0$ 和 $\widetilde{\mathbf{x}}_i^0, i \in [m]$.

for $k = 0, 1, 2, \cdots$ **do**

　　将 $(\mathbf{x}_i^k, \boldsymbol{\lambda}_i^k)$ 发送给中心节点.

　　等待, 直到从中心节点接收 $\mathbf{z}^{k+1}$.

　　分别使用 (6.6c)、(6.6e)、(6.6f) 和 (6.6a) 更新 $\mathbf{x}_i^{k+1}, \widetilde{\mathbf{x}}_i^{k+1}, \boldsymbol{\lambda}_i^{k+1}$ 和 $\mathbf{w}_i^{k+1}$.

end for

定义

$$\ell_k = (1-\theta) \sum_{i=1}^m \left(f_i(\widetilde{\mathbf{x}}_i^k) - f_i(\mathbf{x}_i^*) + \left\langle \boldsymbol{\lambda}_i^*, \widetilde{\mathbf{x}}_i^k - \widetilde{\mathbf{z}}^k \right\rangle \right)$$

$$+ \frac{\theta^2}{2\alpha} \sum_{i=1}^m \|\mathbf{x}_i^k - \mathbf{x}_i^*\|^2 + \frac{1}{2\beta} \sum_{i=1}^m \|\boldsymbol{\lambda}_i^k - \boldsymbol{\lambda}_i^*\|^2.$$

由定理 3.12 可得如下线性收敛定理.

定理 6.4　假设 $f_i(\mathbf{x}_i)$ 是 μ-强凸、L-光滑函数, $i \in [m]$. 令

$$\alpha = \frac{1}{4L}, \quad \beta = L \quad \text{和} \quad \theta = \sqrt{\frac{\mu}{L}}.$$

则对加速线性化 ADMM (算法 6.5–算法 6.6), 有

$$\ell_{k+1} \leqslant \left(1 - \sqrt{\frac{\mu}{L}} \right) \ell_k.$$

表 6.1 展示了不同中心化 ADMM 收敛速度的比较. 类似于表 3.2 中的比较, 可以看到加速线性化 ADMM 比线性化 ADMM 收敛更快, 尤其是当条件数 $\frac{L}{\mu}$ 较大时. 原始 ADMM 的收敛速度和加速线性化 ADMM 相同. 但原始 ADMM 在每次迭代需要求解一个子问题, 而加速线性化 ADMM 只需要执行一步类似梯度下降的更新.

表 6.1　中心化 ADMM、中心化线性化 ADMM (LADMM) 和加速中心化线性化 ADMM 收敛速度比较

中心化 ADMM	中心化 LADMM	加速中心化 LADMM
$O\left(\sqrt{\frac{L}{\mu}} \log \frac{1}{\epsilon} \right)$	$O\left(\frac{L}{\mu} \log \frac{1}{\epsilon} \right)$	$O\left(\sqrt{\frac{L}{\mu}} \log \frac{1}{\epsilon} \right)$

6.2 去中心化优化

本节考虑去中心化网络. 在去中心化网络里, 我们不能再使用模型 (6.2) 中的约束, 这是因为现在没有中心节点来计算 $\mathbf{z}$. 记 $\mathcal{E}$ 为边集. 假设所有节点按从 1 到 m 排序. 对任意两个节点 i 和 j, 如果 i 和 j 之间有边直接相连并且 $i < j$, 我们就说 $(i,j) \in \mathcal{E}$. 为了简化描述, 我们将所有边按从 1 到 $|\mathcal{E}|$ 排序. 对每一个节点 i, 记 $\mathcal{N}_i$ 为其邻居:

$$\mathcal{N}_i = \{j | (i,j) \in \mathcal{E} \text{ 或 } (j,i) \in \mathcal{E}\},$$

记 $d_i = |\mathcal{N}_i|$ 为其度数.

如果 $(i,j) \in \mathcal{E}$, 引入辅助变量 $\mathbf{z}_{ij}$. 则可以将问题 (6.1) 重写成如下形式 (见文献 [3, 59, 67, 81] 等):

$$\min_{\mathbf{x}_i, \mathbf{z}_{ij}} \quad \sum_{i=1}^{m} f_i(\mathbf{x}_i),$$

$$\text{s.t.} \quad \mathbf{x}_i = \mathbf{z}_{ij}, \quad \mathbf{x}_j = \mathbf{z}_{ij}, \quad \forall (i,j) \in \mathcal{E}. \tag{6.7}$$

也就是说, 每一个变量 $\mathbf{x}_i$ 对应一个节点, 每一个变量 $\mathbf{z}_{ij}$ $(i < j)$ 对应一条边. 问题 (6.7) 的增广拉格朗日函数为

$$L(\mathbf{x}, \mathbf{z}, \boldsymbol{\lambda}) = \sum_{i=1}^{m} f_i(\mathbf{x}_i) + \sum_{(i,j) \in \mathcal{E}} \bigg(\langle \boldsymbol{\lambda}_{ij}, \mathbf{x}_i - \mathbf{z}_{ij} \rangle + \langle \boldsymbol{\gamma}_{ij}, \mathbf{x}_j - \mathbf{z}_{ij} \rangle$$

$$+ \frac{\beta}{2} \|\mathbf{x}_i - \mathbf{z}_{ij}\|^2 + \frac{\beta}{2} \|\mathbf{x}_j - \mathbf{z}_{ij}\|^2 \bigg).$$

6.2.1 ADMM

可以使用 ADMM 求解问题 (6.7), 算法包含如下步骤:

$$\mathbf{x}_i^{k+1} = \operatorname*{argmin}_{\mathbf{x}_i} \Bigg[f_i(\mathbf{x}_i) + \sum_{j:(i,j) \in \mathcal{E}} \bigg(\langle \boldsymbol{\lambda}_{ij}^k, \mathbf{x}_i - \mathbf{z}_{ij}^k \rangle + \frac{\beta}{2} \left\| \mathbf{x}_i - \mathbf{z}_{ij}^k \right\|^2 \bigg)$$

$$+ \sum_{j:(j,i) \in \mathcal{E}} \bigg(\langle \boldsymbol{\gamma}_{ji}^k, \mathbf{x}_i - \mathbf{z}_{ji}^k \rangle + \frac{\beta}{2} \left\| \mathbf{x}_i - \mathbf{z}_{ji}^k \right\|^2 \bigg) \Bigg], \tag{6.8a}$$

$$\mathbf{z}_{ij}^{k+1} = \operatorname*{argmin}_{\mathbf{z}_{ij}} \bigg(-\langle \boldsymbol{\lambda}_{ij}^k + \boldsymbol{\gamma}_{ij}^k, \mathbf{z}_{ij} \rangle + \frac{\beta}{2} \left\| \mathbf{x}_i^{k+1} - \mathbf{z}_{ij} \right\|^2 + \frac{\beta}{2} \left\| \mathbf{x}_j^{k+1} - \mathbf{z}_{ij} \right\|^2 \bigg)$$

$$= \frac{1}{2\beta} \left(\boldsymbol{\lambda}_{ij}^k + \boldsymbol{\gamma}_{ij}^k \right) + \frac{1}{2} \left(\mathbf{x}_i^{k+1} + \mathbf{x}_j^{k+1} \right), \tag{6.8b}$$

$$\boldsymbol{\lambda}_{ij}^{k+1} = \boldsymbol{\lambda}_{ij}^{k} + \beta \left(\mathbf{x}_i^{k+1} - \mathbf{z}_{ij}^{k+1} \right), \tag{6.8c}$$

$$\boldsymbol{\gamma}_{ij}^{k+1} = \boldsymbol{\gamma}_{ij}^{k} + \beta \left(\mathbf{x}_j^{k+1} - \mathbf{z}_{ij}^{k+1} \right). \tag{6.8d}$$

6.2.1.1　算法的简化

接下来, 我们介绍文献 [59] 中的结果. 首先, 消掉变量 $\mathbf{z}_{ij}, \boldsymbol{\lambda}_{ij}$ 和 $\boldsymbol{\gamma}_{ij}$ 来化简算法.

将 (6.8c) 和 (6.8d) 相加并使用 (6.8b), 我们有

$$\boldsymbol{\lambda}_{ij}^{k+1} + \boldsymbol{\gamma}_{ij}^{k+1} = \mathbf{0}, \quad \forall k \geqslant 0.$$

若采用初始化 $\boldsymbol{\lambda}_{ij}^0 = \boldsymbol{\gamma}_{ij}^0 = \mathbf{0}$, 则有

$$\boldsymbol{\lambda}_{ij}^{k} + \boldsymbol{\gamma}_{ij}^{k} = \mathbf{0}, \quad \forall k \geqslant 0.$$

代入 (6.8b), 可得

$$\mathbf{z}_{ij}^{k+1} = \frac{1}{2} \left(\mathbf{x}_i^{k+1} + \mathbf{x}_j^{k+1} \right), \quad \forall k \geqslant 0. \tag{6.9}$$

这启发我们采用初始化

$$\mathbf{z}_{ij}^0 = \frac{1}{2} \left(\mathbf{x}_i^0 + \mathbf{x}_j^0 \right).$$

由 (6.9) 和 (6.8c), 可得

$$\boldsymbol{\lambda}_{ij}^{k+1} = \boldsymbol{\lambda}_{ij}^{k} + \frac{\beta}{2} \left(\mathbf{x}_i^{k+1} - \mathbf{x}_j^{k+1} \right). \tag{6.10}$$

因此, 我们有

$$\boldsymbol{\lambda}_{ij}^{k+1} = \beta \sum_{t=1}^{k+1} \frac{1}{2} \left(\mathbf{x}_i^t - \mathbf{x}_j^t \right).$$

类似地, 可以得到

$$\boldsymbol{\gamma}_{ij}^{k+1} = \beta \sum_{t=1}^{k+1} \frac{1}{2} \left(\mathbf{x}_j^t - \mathbf{x}_i^t \right).$$

注意到目前为止我们只在 $i < j$ 时定义了 $\boldsymbol{\lambda}_{ij}, \boldsymbol{\gamma}_{ij}$ 和 $\mathbf{z}_{ij}$. 现定义

$$\boldsymbol{\lambda}_{ij} \equiv \boldsymbol{\gamma}_{ji} \quad \text{和} \quad \mathbf{z}_{ij} \equiv \mathbf{z}_{ji}, \quad \text{当} i > j \text{时}.$$

则有

$$\boldsymbol{\lambda}_{ij}^{k+1} = \beta \sum_{t=1}^{k+1} \frac{1}{2} \left(\mathbf{x}_i^t - \mathbf{x}_j^t \right) \quad \text{和} \quad \mathbf{z}_{ij}^{k+1} = \frac{1}{2} \left(\mathbf{x}_i^{k+1} + \mathbf{x}_j^{k+1} \right)$$

对 $i < j$ 和 $i > j$ 都成立. (6.10) 同理. 因此 (6.8a) 可以简化为

$$
\begin{aligned}
\mathbf{x}_i^{k+1} &= \underset{\mathbf{x}_i}{\operatorname{argmin}} \left[f_i(\mathbf{x}_i) + \sum_{j:(i,j)\in\mathcal{E}} \left(\langle \boldsymbol{\lambda}_{ij}^k - \beta \mathbf{z}_{ij}^k, \mathbf{x}_i \rangle + \frac{\beta}{2}\|\mathbf{x}_i\|^2 \right) \right. \\
&\qquad \left. + \sum_{j:(j,i)\in\mathcal{E}} \left(\langle \boldsymbol{\gamma}_{ji}^k - \beta \mathbf{z}_{ji}^k, \mathbf{x}_i \rangle + \frac{\beta}{2}\|\mathbf{x}_i\|^2 \right) \right] \\
&= \underset{\mathbf{x}_i}{\operatorname{argmin}} \left[f_i(\mathbf{x}_i) + \sum_{j\in\mathcal{N}_i} \left(\langle \boldsymbol{\lambda}_{ij}^k - \beta \mathbf{z}_{ij}^k, \mathbf{x}_i \rangle + \frac{\beta}{2}\|\mathbf{x}_i\|^2 \right) \right] \\
&= \underset{\mathbf{x}_i}{\operatorname{argmin}} \left[f_i(\mathbf{x}_i) + \sum_{j\in\mathcal{N}_i} \left(\langle \boldsymbol{\lambda}_{ij}^k - \beta \mathbf{z}_{ij}^k + \beta \mathbf{x}_i^k, \mathbf{x}_i \rangle + \frac{\beta}{2}\|\mathbf{x}_i - \mathbf{x}_i^k\|^2 \right) \right] \\
&= \underset{\mathbf{x}_i}{\operatorname{argmin}} \left[f_i(\mathbf{x}_i) + \sum_{j\in\mathcal{N}_i} \left(\left\langle \boldsymbol{\lambda}_{ij}^k + \frac{\beta}{2}\left(\mathbf{x}_i^k - \mathbf{x}_j^k\right), \mathbf{x}_i \right\rangle + \frac{\beta}{2}\|\mathbf{x}_i - \mathbf{x}_i^k\|^2 \right) \right].
\end{aligned}
$$
$$\tag{6.11}$$

记 $\mathbf{L} \in \mathbb{R}^{m\times m}$ 为拉普拉斯矩阵 (定义 A.2), $\mathbf{D}$ 为对角矩阵, 其中 $\mathbf{D}_{ii} = d_i$ 表示节点 i 的度数. 众所周知, $\mathbf{L}$ 是对称矩阵并满足 $\mathbf{0} \preceq \mathbf{L} \preceq 2\mathbf{D}$[①].
定义

$$
\mathbf{X} = \begin{pmatrix} \mathbf{x}_1^{\mathrm{T}} \\ \vdots \\ \mathbf{x}_m^{\mathrm{T}} \end{pmatrix} \in \mathbb{R}^{m\times d}, \quad f(\mathbf{X}) = \sum_{i=1}^m f_i(\mathbf{x}_i),
$$

$$
\boldsymbol{v}_i = \sum_{j\in\mathcal{N}_i} \boldsymbol{\lambda}_{ij} \ \text{和} \ \boldsymbol{\Upsilon} = \begin{pmatrix} \boldsymbol{v}_1^{\mathrm{T}} \\ \vdots \\ \boldsymbol{v}_m^{\mathrm{T}} \end{pmatrix} \in \mathbb{R}^{m\times d}.
$$

则有

$$
\mathbf{L}_i^{\mathrm{T}} \mathbf{X} = d_i \mathbf{x}_i^{\mathrm{T}} - \sum_{j\in\mathcal{N}_i} \mathbf{x}_j^{\mathrm{T}},
$$

其中 $\mathbf{L}_i$ 是 $\mathbf{L}$ 的第 i 列.
有了拉普拉斯矩阵 $\mathbf{L}$ 和 $\boldsymbol{v}_i$, (6.11) 等价于

$$
\mathbf{x}_i^{k+1} = \underset{\mathbf{x}_i}{\operatorname{argmin}} \left[f_i(\mathbf{x}_i) + \langle \boldsymbol{v}_i^k, \mathbf{x}_i \rangle + \frac{\beta}{2}\left\langle \sum_{j\in\mathcal{N}_i} \mathbf{L}_{ij}\mathbf{x}_j^k, \mathbf{x}_i \right\rangle + \frac{\beta d_i}{2}\left\|\mathbf{x}_i - \mathbf{x}_i^k\right\|^2 \right.
$$

[①] $0 \leqslant \boldsymbol{\alpha}^{\mathrm{T}} \mathbf{L} \boldsymbol{\alpha} = \frac{1}{2}\sum_{(i,j)\in\mathcal{E}}(\alpha_i - \alpha_j)^2 \leqslant \sum_{(i,j)\in\mathcal{E}}(\alpha_i^2 + \alpha_j^2) = 2\boldsymbol{\alpha}^{\mathrm{T}} \mathbf{D} \boldsymbol{\alpha}$.

$$= \mathrm{Prox}_{(\beta d_i)^{-1} f_i}\left(\mathbf{x}_i^k - \frac{1}{\beta d_i}\left(\boldsymbol{v}_i^k + \frac{\beta}{2}\sum_{j\in\mathcal{N}_i}\mathbf{L}_{ij}\mathbf{x}_j^k\right)\right),\quad i\in[m]. \tag{6.12}$$

将 (6.10) 对所有 $j\in\mathcal{N}_i$ 相加, 由 (6.10) 可得

$$\boldsymbol{v}_i^{k+1} = \boldsymbol{v}_i^k + \frac{\beta}{2}\sum_{j\in\mathcal{N}_i}\mathbf{L}_{ij}\mathbf{x}_j^{k+1},\quad i\in[m]. \tag{6.13}$$

(6.12)–(6.13) 可以写为如下紧凑形式:

$$\mathbf{X}^{k+1} = \underset{\mathbf{X}}{\arg\min}\left(f(\mathbf{X}) + \left\langle\boldsymbol{\Upsilon}^k + \frac{\beta}{2}\mathbf{L}\mathbf{X}^k, \mathbf{X}\right\rangle + \frac{\beta}{2}\left\|\sqrt{\mathbf{D}}(\mathbf{X}-\mathbf{X}^k)\right\|^2\right), \tag{6.14}$$

$$\boldsymbol{\Upsilon}^{k+1} = \boldsymbol{\Upsilon}^k + \frac{\beta}{2}\mathbf{L}\mathbf{X}^{k+1}. \tag{6.15}$$

记 $\mathbf{W} = \sqrt{\mathbf{L}/2}$, (6.15) 等价于

$$\boldsymbol{\Upsilon}^{k+1} = \boldsymbol{\Upsilon}^k + \beta\mathbf{W}^2\mathbf{X}^{k+1}.$$

令 $\boldsymbol{\Upsilon}^0 \in \mathrm{Span}(\mathbf{W}^2)$, 可知

$$\boldsymbol{\Upsilon}^k \in \mathrm{Span}(\mathbf{W}^2),\quad \forall k\geqslant 0,$$

并且存在 $\boldsymbol{\Omega}^k$ 使得 $\boldsymbol{\Upsilon}^k = \mathbf{W}\boldsymbol{\Omega}^k$[①]. 于是 (6.14) 和 (6.15) 等价于[②]

$$\mathbf{X}^{k+1} = \underset{\mathbf{X}}{\arg\min}\left(f(\mathbf{X}) + \left\langle\boldsymbol{\Omega}^k, \mathbf{W}\mathbf{X}\right\rangle + \beta\left\langle\mathbf{W}^2\mathbf{X}^k, \mathbf{X}\right\rangle + \frac{\beta}{2}\left\|\sqrt{\mathbf{D}}(\mathbf{X}-\mathbf{X}^k)\right\|^2\right)$$

$$= \underset{\mathbf{X}}{\arg\min}\left(f(\mathbf{X}) + \left\langle\boldsymbol{\Omega}^k, \mathbf{W}\mathbf{X}\right\rangle + \frac{\beta}{2}\|\mathbf{W}\mathbf{X}\|^2 + D_\psi(\mathbf{X}, \mathbf{X}^k)\right), \tag{6.16a}$$

$$\boldsymbol{\Omega}^{k+1} = \boldsymbol{\Omega}^k + \beta\mathbf{W}\mathbf{X}^{k+1}, \tag{6.16b}$$

其中

$$\psi(\mathbf{X}) = \frac{\beta}{2}\left\|\sqrt{\mathbf{D}}\mathbf{X}\right\|^2 - \frac{\beta}{2}\|\mathbf{W}\mathbf{X}\|^2.$$

因此, 算法 (6.8a)–(6.8d) 等价于使用线性化增广拉格朗日法求解问题

$$\min_{\mathbf{X}} f(\mathbf{X}),\quad \mathrm{s.t.}\quad \mathbf{W}\mathbf{X} = \mathbf{0}.$$

---

① 记 $\mathbf{U}\boldsymbol{\Lambda}\mathbf{U}^{\mathrm{T}}$ 为 $\mathbf{W}$ 的特征值分解, 其中 $\mathbf{U}\in\mathbb{R}^{m\times(m-1)}$, $\boldsymbol{\Lambda}\in\mathbb{R}^{(m-1)\times(m-1)}$, 可知 $\boldsymbol{\Lambda}$ 是可逆的. 由于存在 $\mathbf{R}^k$ 使得 $\boldsymbol{\Upsilon}^k = \mathbf{U}\mathbf{R}^k$, 可以选择 $\boldsymbol{\Omega}^k = \mathbf{U}\boldsymbol{\Lambda}^{-1}\mathbf{R}^k$ 使得 $\boldsymbol{\Upsilon}^k = \mathbf{W}\boldsymbol{\Omega}^k$.

② 由 (6.15), 可得 $\mathbf{R}^{k+1} = \mathbf{R}^k + \beta\boldsymbol{\Lambda}^2\mathbf{U}^{\mathrm{T}}\mathbf{X}^{k+1}$. 两边同时乘以 $\mathbf{U}\boldsymbol{\Lambda}^{-1}$, 可得 (6.16b).

由于 $\mathbf{W} = \sqrt{\mathbf{L}/2}$, 算法 (6.16a)–(6.16b) 在分布式环境下不可实现, 仅可用于分析. 在实践中, 我们可以使用原始算法 (6.12)–(6.13). 具体描述见算法 6.7.

算法 6.7　　去中心化 ADMM: 第 i 个节点

初始化 $\mathbf{x}_i^0$ 和 $\boldsymbol{v}_i^0 = \mathbf{0}$, $i \in [m]$.

将 $\mathbf{x}_i^0$ 发送给其邻居.

等待, 直到从其所有邻居处接收到 $\mathbf{x}_j^0$, $j \in \mathcal{N}_i$.

for $k = 0, 1, 2, \cdots$ **do**

　　使用 (6.12) 更新 $\mathbf{x}_i^{k+1}$.

　　将 $\mathbf{x}_i^{k+1}$ 发送给其邻居.

　　等待, 直到从其所有邻居处接收到 $\mathbf{x}_j^{k+1}$, $j \in \mathcal{N}_i$.

　　使用 (6.13) 更新 $\boldsymbol{v}_i^{k+1}$.

end for

6.2.1.2　收敛性分析

考虑使用一般 ψ 的线性化增广拉格朗日法 (6.16a)–(6.16b). 由定理 3.14 或定理 3.8 的证明, 可得如下收敛性定理.

定理 6.5　假设 f_i 是 μ-强凸、L-光滑函数, $i \in [m]$, $\psi(\mathbf{y})$ 是凸函数并且 L_ψ-光滑. 初始化 $\boldsymbol{\Omega}^0 = \mathbf{0}$. 则对算法 (6.16a)–(6.16b), 有

$$\frac{1}{2\beta}\|\boldsymbol{\Omega}^{k+1} - \boldsymbol{\Omega}^*\|^2 + \frac{\beta}{2}\|\mathbf{W}\mathbf{X}^{k+1} - \mathbf{W}\mathbf{X}^*\|^2 + D_\psi(\mathbf{X}^*, \mathbf{X}^{k+1})$$

$$\leqslant \left(1 + \frac{1}{3}\min\left\{\frac{\beta\sigma_\mathbf{L}}{2(L + L_\psi)}, \frac{\mu}{\beta\|\mathbf{W}\|_2^2}, \frac{\mu}{L_\psi}\right\}\right)^{-1}$$

$$\times \left(\frac{1}{2\beta}\|\boldsymbol{\Omega}^k - \boldsymbol{\Omega}^*\|^2 + \frac{\beta}{2}\|\mathbf{W}\mathbf{X}^k - \mathbf{W}\mathbf{X}^*\|^2 + D_\psi(\mathbf{X}^*, \mathbf{X}^k)\right),$$

其中 $\sigma_\mathbf{L} > 0$ 是 $\mathbf{L}$ 的次小特征值.

证明　由定理 3.8 的证明, 为了证明该定理, 只需验证

$$\|\mathbf{W}(\boldsymbol{\Omega}^k - \boldsymbol{\Omega}^*)\| \geqslant \sqrt{\sigma_\mathbf{L}/2}\|\boldsymbol{\Omega}^k - \boldsymbol{\Omega}^*\|.$$

注意在定理 3.8 中, $\mathbf{B} = \mathbf{W}$, $\sigma^2 = \frac{1}{2}\sigma_\mathbf{L}$.

由于网络是连通的, 拉普拉斯矩阵 $\mathbf{L}$ 的秩为 $m-1$ (命题 A.2). 令 $\mathbf{L} = \mathbf{V}\boldsymbol{\Sigma}\mathbf{V}^{\mathrm{T}}$ 为 $\mathbf{L}$ 的瘦型 SVD, 其中 $\mathbf{V} \in \mathbb{R}^{m \times (m-1)}$, 则对任意属于 $\mathbf{W}$ 的列空间的 $\boldsymbol{\Omega}$, 有

$$\|\mathbf{W}\boldsymbol{\Omega}\|^2 = \sum_{i=1}^{d} \boldsymbol{\Omega}_i^{\mathrm{T}} \mathbf{W}^2 \boldsymbol{\Omega}_i$$

$$= \frac{1}{2} \sum_{i=1}^{d} \boldsymbol{\Omega}_i^{\mathrm{T}} \mathbf{L} \boldsymbol{\Omega}_i$$

$$= \frac{1}{2} \sum_{i=1}^{d} (\mathbf{V}^{\mathrm{T}} \boldsymbol{\Omega}_i)^{\mathrm{T}} \boldsymbol{\Sigma} (\mathbf{V}^{\mathrm{T}} \boldsymbol{\Omega}_i)$$

$$\geqslant \frac{\sigma_{\mathbf{L}}}{2} \sum_{i=1}^{d} \|\mathbf{V}^{\mathrm{T}} \boldsymbol{\Omega}_i\|^2 = \frac{\sigma_{\mathbf{L}}}{2} \|\mathbf{V}^{\mathrm{T}} \boldsymbol{\Omega}\|^2 \overset{\mathrm{a}}{=} \frac{\sigma_{\mathbf{L}}}{2} \|\boldsymbol{\Omega}\|^2,$$

其中我们记 $\boldsymbol{\Omega}_i$ 为 $\boldsymbol{\Omega}$ 的第 i 列, $\overset{\mathrm{a}}{=}$ 使用了 $\boldsymbol{\Omega}$ 属于 $\mathbf{W}$ 的列空间, 即存在 $\boldsymbol{\alpha} \in \mathbb{R}^{(m-1)\times d}$ 使得 $\boldsymbol{\Omega} = \mathbf{V}\boldsymbol{\alpha}$.

由 (6.16b) 和 KKT 条件可知 $\boldsymbol{\Omega}^k$ 和 $\boldsymbol{\Omega}^*$ 都属于 $\mathbf{W}$ 的列空间. 因此有

$$\|\mathbf{W}(\boldsymbol{\Omega}^k - \boldsymbol{\Omega}^*)\| \geqslant \sqrt{\sigma_{\mathbf{L}}/2} \|\boldsymbol{\Omega}^k - \boldsymbol{\Omega}^*\|.$$

由定理 3.8, 定理得证.   □

现在, 我们考虑在算法 (6.16a)–(6.16b) 中取

$$\psi(\mathbf{X}) = \frac{\beta}{2} \left\| \sqrt{\mathbf{D}} \mathbf{X} \right\|^2 - \frac{\beta}{2} \|\mathbf{W}\mathbf{X}\|^2 \quad 和 \quad L_\psi = \beta d_{\max},$$

其中 $d_{\max} = \max\{d_i\}$. 则算法 (6.16a)–(6.16b) 退化为算法 6.7. 由评注 3.4 和

$$\|\mathbf{W}\|_2^2 = \frac{1}{2} \|\mathbf{L}\|_2 \leqslant \|\mathbf{D}\|_2 \leqslant d_{\max}$$

(即评注 3.4 中 $\|\mathbf{B}\|_2^2 \leqslant d_{\max}$, $\sigma^2 = \frac{1}{2}\sigma_{\mathbf{L}}$), 可得如下定理.

定理 6.6 假设 f_i 是 μ-强凸、L-光滑函数, $i \in [m]$. 初始化 $\boldsymbol{\Omega}^0 = \mathbf{0}$ 并令 $\beta = O\left(\sqrt{\dfrac{\mu L}{\sigma_{\mathbf{L}} d_{\max}}} \right)$. 则算法 6.7 经过 $O\left(\left(\sqrt{\dfrac{L d_{\max}}{\mu \sigma_{\mathbf{L}}}} + \dfrac{d_{\max}}{\sigma_{\mathbf{L}}} \right) \log \dfrac{1}{\epsilon} \right)$ 次迭代可找到一个 ϵ-近似的解 $(\mathbf{X}, \boldsymbol{\Omega})$, 即

$$\frac{1}{2\beta} \|\boldsymbol{\Omega} - \boldsymbol{\Omega}^*\|^2 + \frac{\beta}{2} \|\mathbf{W}\mathbf{X} - \mathbf{W}\mathbf{X}^*\|^2 + D_\psi(\mathbf{X}^*, \mathbf{X}) \leqslant \epsilon.$$

可以看到, 复杂度依赖于目标函数的条件数 $\dfrac{L}{\mu}$ 以及 $\dfrac{d_{\max}}{\sigma_{\mathbf{L}}}$. 后者可被视作拉普拉斯矩阵 $\mathbf{L}$ 的条件数.

6.2.2 线性化 ADMM

步骤 (6.8a) 中的子问题是 f_i 的邻近映射 (参见 (6.12)). 当 f_i 的邻近映射不容易求解时, 如 3.2 节所示, 我们可以线性化目标函数 f_i, 从而得到如下步骤[59]:

$$
\mathbf{x}_i^{k+1} = \underset{\mathbf{x}_i}{\operatorname{argmin}} \left[\left\langle \nabla f_i(\mathbf{x}_i^k), \mathbf{x}_i - \mathbf{x}_i^k \right\rangle + \frac{L}{2} \left\| \mathbf{x}_i - \mathbf{x}_i^k \right\|^2 \right.
$$
$$
+ \sum_{j:(i,j)\in\mathcal{E}} \left(\left\langle \boldsymbol{\lambda}_{ij}^k, \mathbf{x}_i - \mathbf{z}_{ij}^k \right\rangle + \frac{\beta}{2} \left\| \mathbf{x}_i - \mathbf{z}_{ij}^k \right\|^2 \right)
$$
$$
\left. + \sum_{j:(j,i)\in\mathcal{E}} \left(\left\langle \boldsymbol{\gamma}_{ji}^k, \mathbf{x}_i - \mathbf{z}_{ji}^k \right\rangle + \frac{\beta}{2} \left\| \mathbf{x}_i - \mathbf{z}_{ji}^k \right\|^2 \right) \right].
$$

步骤 (6.8b)–(6.8d) 保持不变. 类似于 (6.11), 可得

$$
\mathbf{x}_i^{k+1} = \underset{\mathbf{x}_i}{\operatorname{argmin}} \left[\left\langle \nabla f_i(\mathbf{x}_i^k), \mathbf{x}_i - \mathbf{x}_i^k \right\rangle + \frac{L}{2} \left\| \mathbf{x}_i - \mathbf{x}_i^k \right\|^2 \right.
$$
$$
\left. + \sum_{j\in\mathcal{N}_i} \left(\left\langle \boldsymbol{\lambda}_{ij}^k + \frac{\beta}{2} \left(\mathbf{x}_i^k - \mathbf{x}_j^k \right), \mathbf{x}_i \right\rangle + \frac{\beta}{2} \left\| \mathbf{x}_i - \mathbf{x}_i^k \right\|^2 \right) \right]
$$
$$
= \mathbf{x}_i^k - \frac{1}{L + \beta d_i} \left\{ \nabla f_i(\mathbf{x}_i^k) + \sum_{j\in\mathcal{N}_i} \left[\boldsymbol{\lambda}_{ij}^k + \frac{\beta}{2} \left(\mathbf{x}_i^k - \mathbf{x}_j^k \right) \right] \right\}.
$$

类似于 6.2.1 节的讨论, 得到的线性化 ADMM 可重写为

$$
\mathbf{X}^{k+1} = \underset{\mathbf{X}}{\operatorname{argmin}} \left(\left\langle \nabla f(\mathbf{X}^k), \mathbf{X} \right\rangle + \frac{L}{2} \| \mathbf{X} - \mathbf{X}^k \|^2 \right.
$$
$$
\left. + \left\langle \boldsymbol{\Omega}^k, \mathbf{W}\mathbf{X} \right\rangle + \beta \left\langle \mathbf{W}^2\mathbf{X}^k, \mathbf{X} \right\rangle + \frac{\beta}{2} \left\| \sqrt{\mathbf{D}}(\mathbf{X} - \mathbf{X}^k) \right\|^2 \right)
$$
$$
= \mathbf{X}^k - (L\mathbf{I} + \beta\mathbf{D})^{-1} \left(\beta\mathbf{W}^2\mathbf{X}^k + \nabla f(\mathbf{X}^k) + \mathbf{W}\boldsymbol{\Omega}^k \right), \tag{6.17a}
$$
$$
\boldsymbol{\Omega}^{k+1} = \boldsymbol{\Omega}^k + \beta\mathbf{W}\mathbf{X}^{k+1}. \tag{6.17b}
$$

该算法是算法 (6.16a)–(6.16b) 的特例, 其中

$$
\psi(\mathbf{X}) = \frac{L}{2}\|\mathbf{X}\|^2 - f(\mathbf{X}) + \frac{\beta}{2}\left\|\sqrt{\mathbf{D}}\mathbf{X}\right\|^2 - \frac{\beta}{2}\|\mathbf{W}\mathbf{X}\|^2 \quad \text{和} \quad L_\psi = L + \beta d_{\max}.
$$

具体描述见算法 6.8, 它是算法 (6.17a)–(6.17b) 的分布式版本.

算法 6.8　　去中心化线性化 ADMM: 第 i 个节点

初始化 $\mathbf{x}_i^0$ 和 $\boldsymbol{v}_i^0 = \mathbf{0}$, $i \in [m]$.

将 $\mathbf{x}_i^0$ 发送给其邻居.

等待, 直到从其所有邻居处接收到 $\mathbf{x}_j^0$, $j \in \mathcal{N}_i$.

for $k = 0, 1, 2, \cdots$ **do**

$$\mathbf{x}_i^{k+1} = \operatorname*{argmin}_{\mathbf{x}_i} \left(\left\langle \nabla f_i(\mathbf{x}_i^k), \mathbf{x}_i \right\rangle + \left\langle \boldsymbol{v}_i^k, \mathbf{x}_i \right\rangle + \frac{\beta}{2} \left\langle \sum_{j \in \mathcal{N}_i} \mathbf{L}_{ij} \mathbf{x}_j^k, \mathbf{x}_i \right\rangle \right.$$

$$\left. + \frac{\beta d_i + L}{2} \left\| \mathbf{x}_i - \mathbf{x}_i^k \right\|^2 \right)$$

$$= \mathbf{x}_i^k - \frac{1}{\beta d_i + L} \left(\nabla f_i(\mathbf{x}_i^k) + \boldsymbol{v}_i^k + \frac{\beta}{2} \sum_{j \in \mathcal{N}_i} \mathbf{L}_{ij} \mathbf{x}_j^k \right).$$

将 $\mathbf{x}_i^{k+1}$ 发送给其邻居.

等待, 直到从其所有邻居处接收到 $\mathbf{x}_j^{k+1}$, $j \in \mathcal{N}_i$.

$\boldsymbol{v}_i^{k+1} = \boldsymbol{v}_i^k + \frac{\beta}{2} \sum_{j \in \mathcal{N}_i} \mathbf{L}_{ij} \mathbf{x}_j^{k+1}$.

end for

由评注 3.4, 可得如下定理.

定理 6.7　假设 f_i 是 μ-强凸、L-光滑函数, $i \in [m]$. 初始化 $\mathbf{\Omega}^0 = \mathbf{0}$ 并令 $\beta = O\left(\sqrt{\frac{\mu L}{\sigma_{\mathbf{L}} d_{\max}}} \right)$. 则算法 6.8 经过 $O\left(\left(\frac{L}{\mu} + \frac{d_{\max}}{\sigma_{\mathbf{L}}} \right) \log \frac{1}{\epsilon} \right)$ 次迭代可找到一个 ϵ-近似的解 $(\mathbf{X}, \mathbf{\Omega})$, 即

$$\frac{1}{2\beta} \|\mathbf{\Omega} - \mathbf{\Omega}^*\|^2 + \frac{\beta}{2} \|\mathbf{WX} - \mathbf{WX}^*\|^2 + D_\psi(\mathbf{X}^*, \mathbf{X}) \leqslant \epsilon.$$

6.2.3　加速线性化 ADMM

本节使用算法 3.6 加速算法 (6.17a)-(6.17b). 得到的算法每次迭代执行如下步骤[53]:

$$\mathbf{Y}^k = \theta \mathbf{X}^k + (1 - \theta) \widetilde{\mathbf{X}}^k, \tag{6.18a}$$

$$\mathbf{X}^{k+1} = \frac{1}{\dfrac{\theta}{\alpha} + \mu} \left[\mu \mathbf{Y}^k + \frac{\theta}{\alpha} \mathbf{X}^k - \left(\nabla f(\mathbf{Y}^k) + \mathbf{W}\mathbf{\Omega}^k + \beta\theta \mathbf{W}^2 \mathbf{X}^k \right) \right], \tag{6.18b}$$

$$\widetilde{\mathbf{X}}^{k+1} = \theta \mathbf{X}^{k+1} + (1 - \theta) \widetilde{\mathbf{X}}^k, \tag{6.18c}$$

$$\boldsymbol{\Omega}^{k+1} = \boldsymbol{\Omega}^k + \beta\theta\mathbf{W}\mathbf{X}^{k+1}. \tag{6.18d}$$

其分布式实现见算法 6.9.

算法 6.9　加速去中心化线性化 ADMM: 第 i 个节点

初始化 $\mathbf{x}_i^0 = \widetilde{\mathbf{x}}_i^0$ 和 $\boldsymbol{v}_i^0 = \mathbf{0}$, $i \in [m]$.

将 $\mathbf{x}_i^0$ 发送给其所有邻居.

等待, 直到从其所有邻居接收到 $\mathbf{x}_j^0$, $j \in \mathcal{N}_i$.

for $k = 0, 1, 2, \cdots$ **do**

　$\mathbf{y}_i^k = \theta\mathbf{x}_i^k + (1-\theta)\widetilde{\mathbf{x}}_i^k$.

　$\mathbf{x}_i^{k+1} = \dfrac{1}{\dfrac{\theta}{\alpha} + \mu}\left[\mu\mathbf{y}_i^k + \dfrac{\theta}{\alpha}\mathbf{x}_i^k - \left(\nabla f_i(\mathbf{y}_i^k) + \boldsymbol{v}_i^k + \dfrac{\beta\theta}{2}\sum_{j \in \mathcal{N}_i} \mathbf{L}_{ij}\mathbf{x}_j^k \right) \right]$.

　$\widetilde{\mathbf{x}}_i^{k+1} = \theta\mathbf{x}_i^{k+1} + (1-\theta)\widetilde{\mathbf{x}}_i^k$.

　将 $\mathbf{x}_i^{k+1}$ 发送给其所有邻居.

　等待, 直到从其所有邻居接收到 $\mathbf{x}_j^{k+1}$, $j \in \mathcal{N}_i$.

　$\boldsymbol{v}_i^{k+1} = \boldsymbol{v}_i^k + \dfrac{\beta\theta}{2}\sum_{j \in \mathcal{N}_i} \mathbf{L}_{ij}\mathbf{x}_j^{k+1}$.

end for

定义

$$\ell_k = (1-\theta)\left(f(\widetilde{\mathbf{X}}^k) - f(\mathbf{X}^*) + \left\langle \boldsymbol{\Omega}^*, \mathbf{W}\widetilde{\mathbf{X}}^k \right\rangle \right)$$
$$+ \frac{\theta^2}{2\alpha}\|\mathbf{X}^k - \mathbf{X}^*\|^2 + \frac{1}{2\beta}\|\boldsymbol{\Omega}^k - \boldsymbol{\Omega}^*\|^2.$$

由定理 3.15 (注意在定理 3.15 中, $\|\mathbf{B}\|_2^2 \leqslant d_{\max}$, $\sigma^2 = \dfrac{1}{2}\sigma_{\mathbf{L}}$), 可得如下定理.

定理 6.8　假设 f_i 是 μ-强凸、L-光滑函数, $i \in [m]$. 假设 $\dfrac{2d_{\max}}{\sigma_{\mathbf{L}}} \leqslant \dfrac{L}{\mu}$, 其中 $\sigma_{\mathbf{L}}$ 是 $\mathbf{L}$ 的最小正特征值. 令

$$\alpha = \frac{1}{4L}, \quad \beta = \frac{L}{d_{\max}} \quad \text{和} \quad \theta = \sqrt{\frac{2\mu d_{\max}}{L\sigma_{\mathbf{L}}}}.$$

则对算法 (6.18a)–(6.18d) (算法 6.9), 有

$$\ell_{k+1} \leqslant \left(1 - \sqrt{\frac{\mu\sigma_{\mathbf{L}}}{2Ld_{\max}}} \right)\ell_k.$$

表 6.2 给出了不同算法的复杂度比较.

表 6.2　去中心化 ADMM、去中心化线性化 ADMM (LADMM) 和加速去中心化线性化 ADMM 复杂度比较

去中心化 ADMM	去中心化 LADMM	加速去中心化 LADMM
$O\left(\left(\sqrt{\dfrac{Ld_{\max}}{\mu\sigma_{\mathrm{L}}}}+\dfrac{d_{\max}}{\sigma_{\mathrm{L}}}\right)\log\dfrac{1}{\epsilon}\right)$	$O\left(\left(\dfrac{L}{\mu}+\dfrac{d_{\max}}{\sigma_{\mathrm{L}}}\right)\log\dfrac{1}{\epsilon}\right)$	$O\left(\sqrt{\dfrac{Ld_{\max}}{\mu\sigma_{\mathrm{L}}}}\log\dfrac{1}{\epsilon}\right)$

6.3　异步分布式 ADMM

算法 6.1 和算法 6.2 是一个同步算法. 在每次迭代, 中心节点需要等待所有工作节点完成计算, 直到接收完所有工作节点的信息才能继续下一次迭代. 当工作节点延迟不一样, 例如部分工作节点工作负荷高于其他节点、计算能力弱于其他节点或通信带宽小于其他节点时, 中心节点需要等待最慢的工作节点, 因此系统运行速度由最慢的工作节点决定. 本节介绍异步 ADMM[11,12], 其目的是减少中心节点的等待时间.

在异步 ADMM 中, 中心节点不需要等待所有的工作节点, 当中心节点从一部分工作节点接收到了所需信息即可进行下一次迭代. 记第 k 次迭代信息被中心节点接收的工作节点集合为 $\mathcal{A}^k$, 记 $\mathcal{A}_c^k$ 为 $\mathcal{A}^k$ 的补集, 即在第 k 次迭代信息没有被中心节点接收的工作节点的集合. 记 α 为集合 $\mathcal{A}^k$ 大小的下界. 在异步 ADMM 中, 我们要求中心节点每 τ 次迭代必须从所有工作节点至少接收信息一次. 也就是说, 我们不允许某些节点太长时间没有发送更新信息. 因此我们需要做如下有界延迟假设.

假设 6.1　对所有 i 和 k, 延迟是有上界的.

记延迟上界为 τ, 则对每一个工作节点 i, 有

$$i \in \mathcal{A}^k \cup \mathcal{A}^{k-1} \cup \cdots \cup \mathcal{A}^{\max\{k-\tau+1,0\}}.$$

异步 ADMM 具体描述见算法 6.10 和算法 6.11. 与同步 ADMM 相比, 异步算法有很多不同之处:

(1) 中心节点只对 $i \in \mathcal{A}^k$ 更新 $(\mathbf{x}_i^{k+1}, \boldsymbol{\lambda}_i^{k+1})$.

(2) $\mathbf{z}$ 的更新过程多了一个邻近项.

(3) 引入了 $\tilde{d}_i$, 它表示每个工作节点延迟的累计. 如果存在某一个工作节点使得 $\tilde{d}_i = \tau - 1$, 则中心节点必须等待.

(4) 中心节点只向 $\mathcal{A}^k$ 中的工作节点发送最新的 $\mathbf{z}$.

算法 6.10　异步 ADMM: 中心节点

初始化 $\tilde{d}_1^1 = \cdots = \tilde{d}_m^1 = 0$.

for $k = 1, 2, \cdots$ **do**

等待, 直到接收到足够信息 $\hat{\mathbf{x}}_i^k$ 和 $\hat{\boldsymbol{\lambda}}_i^k$, 使得 $|\mathcal{A}^k| \geqslant \alpha$ 且对所有 $j \in \mathcal{A}_c^k$ 有 $\tilde{d}_j^k < \tau - 1$.

$$
\mathbf{x}_i^{k+1} = \begin{cases} \hat{\mathbf{x}}_i^k, & \forall i \in \mathcal{A}^k, \\ \mathbf{x}_i^k, & \forall i \in \mathcal{A}_c^k, \end{cases}
$$

$$
\boldsymbol{\lambda}_i^{k+1} = \begin{cases} \hat{\boldsymbol{\lambda}}_i^k, & \forall i \in \mathcal{A}^k, \\ \boldsymbol{\lambda}_i^k, & \forall i \in \mathcal{A}_c^k, \end{cases}
$$

$$
\tilde{d}_i^{k+1} = \begin{cases} 0, & \forall i \in \mathcal{A}^k, \\ \tilde{d}_i^k + 1, & \forall i \in \mathcal{A}_c^k, \end{cases}
$$

$$
\mathbf{z}^{k+1} = \underset{\mathbf{z}}{\operatorname{argmin}} \left[\sum_{i=1}^m \left(\langle \boldsymbol{\lambda}_i^{k+1}, \mathbf{x}_i^{k+1} - \mathbf{z} \rangle + \frac{\beta}{2} \|\mathbf{x}_i^{k+1} - \mathbf{z}\|^2 \right) + \frac{\rho}{2} \|\mathbf{z} - \mathbf{z}^k\|^2 \right]
$$

$$
= \frac{1}{\rho + m\beta} \left[\rho \mathbf{z}^k + \sum_{i=1}^m \left(\boldsymbol{\lambda}_i^{k+1} + \beta \mathbf{x}_i^{k+1} \right) \right].
$$

向 $\mathcal{A}^k$ 中所有工作节点发送 $\mathbf{z}^{k+1}$.
end for

算法 6.11 异步 ADMM: 第 i 个节点

初始化 $\hat{\mathbf{x}}_i^0$ 和 $\hat{\boldsymbol{\lambda}}_i^0$, $i \in [m]$.
for $k_i = 1, 2, \cdots$ **do**
 等待, 直到从中心节点处接收到 $\mathbf{z}$.

$$
\hat{\mathbf{x}}_i^{k_i+1} = \underset{\mathbf{x}_i}{\operatorname{argmin}} \left(f_i(\mathbf{x}_i) + \langle \hat{\boldsymbol{\lambda}}_i^{k_i}, \mathbf{x}_i - \mathbf{z} \rangle + \frac{\beta}{2} \|\mathbf{x}_i - \mathbf{z}\|^2 \right)
$$

$$
= \operatorname{Prox}_{\beta^{-1} f_i} \left(\mathbf{z} - \frac{1}{\beta} \hat{\boldsymbol{\lambda}}_i^{k_i} \right).
$$

$$
\hat{\boldsymbol{\lambda}}_i^{k_i+1} = \hat{\boldsymbol{\lambda}}_i^{k_i} + \beta \left(\hat{\mathbf{x}}_i^{k_i+1} - \mathbf{z} \right).
$$

 向中心节点发送 $(\hat{\mathbf{x}}_i^{k_i+1}, \hat{\boldsymbol{\lambda}}_i^{k_i+1})$.
end for

6.3.1 收敛性分析

 为了简化分析, 我们从中心节点的角度重写算法:

$$
\mathbf{x}_i^{k+1} = \begin{cases} \underset{\mathbf{x}_i}{\operatorname{argmin}} \left(f_i(\mathbf{x}_i) + \langle \boldsymbol{\lambda}_i^{\overline{k}_i+1}, \mathbf{x}_i \rangle + \frac{\beta}{2} \|\mathbf{x}_i - \mathbf{z}^{\overline{k}_i+1}\|^2 \right), & \forall i \in \mathcal{A}^k, \\ \mathbf{x}_i^k, & \forall i \in \mathcal{A}_c^k, \end{cases} \tag{6.19a}
$$

$$
\boldsymbol{\lambda}_i^{k+1} = \begin{cases} \boldsymbol{\lambda}_i^{\overline{k}_i+1} + \beta \left(\mathbf{x}_i^{k+1} - \mathbf{z}^{\overline{k}_i+1} \right), & \forall i \in \mathcal{A}^k, \\ \boldsymbol{\lambda}_i^k, & \forall i \in \mathcal{A}_c^k, \end{cases} \tag{6.19b}
$$

$$z^{k+1} = \operatorname*{argmin}_{\mathbf{z}} \left[\sum_{i=1}^{m} \left(\langle \boldsymbol{\lambda}_i^{k+1}, \mathbf{x}_i^{k+1} - \mathbf{z} \rangle + \frac{\beta}{2} \left\| \mathbf{x}_i^{k+1} - \mathbf{z} \right\|^2 \right) + \frac{\rho}{2} \left\| \mathbf{z} - \mathbf{z}^k \right\|^2 \right],$$

(6.19c)

其中我们对每一个 $i \in \mathcal{A}^k$, 记 $\overline{k}_i$ 为第 k 次迭代之前工作节点 i 的信息到达中心节点的最近一次迭代, 即 $i \in \mathcal{A}^{\overline{k}_i}$. 因此, 对所有工作节点 $i \in \mathcal{A}^k$, 有

$$\mathbf{x}_i^{\overline{k}_i+1} = \mathbf{x}_i^{\overline{k}_i+2} = \cdots = \mathbf{x}_i^k,$$
$$\boldsymbol{\lambda}_i^{\overline{k}_i+1} = \boldsymbol{\lambda}_i^{\overline{k}_i+2} = \cdots = \boldsymbol{\lambda}_i^k,$$

(6.20)

$$\max\{k - \tau, 0\} \leqslant \overline{k}_i < k.$$

对每一个 $i \in \mathcal{A}_c^k$, 记 $\widetilde{k}_i$ 为第 k 次迭代之前工作节点 i 的信息到达中心节点的最近一次迭代, 即 $i \in \mathcal{A}^{\widetilde{k}_i}$. 在有界延迟假设下, 我们有

$$\max\{k - \tau + 1, 0\} \leqslant \widetilde{k}_i < k.$$

因此, 对所有工作节点 $i \in \mathcal{A}_c^k$, 我们有

$$\mathbf{x}_i^{\widetilde{k}_i+1} = \mathbf{x}_i^{\widetilde{k}_i+2} = \cdots = \mathbf{x}_i^k = \mathbf{x}_i^{k+1},$$
$$\boldsymbol{\lambda}_i^{\widetilde{k}_i+1} = \boldsymbol{\lambda}_i^{\widetilde{k}_i+2} = \cdots = \boldsymbol{\lambda}_i^k = \boldsymbol{\lambda}_i^{k+1}.$$

类似地, 记 $\hat{k}_i$ 为迭代 $\widetilde{k}_i$ 之前工作节点 $i \in \mathcal{A}^{\widetilde{k}_i}$ 的信息到达中心节点的最近一次迭代, 即 $i \in \mathcal{A}^{\hat{k}_i}$. 同样可得

$$\max\{\widetilde{k}_i - \tau, 0\} \leqslant \hat{k}_i < \widetilde{k}_i.$$

因此, 对所有工作节点 $i \in \mathcal{A}_c^k$, 我们有

$$\mathbf{x}_i^{k+1} = \mathbf{x}_i^{\widetilde{k}_i+1} = \operatorname*{argmin}_{\mathbf{x}_i} \left(f_i(\mathbf{x}_i) + \langle \boldsymbol{\lambda}_i^{\hat{k}_i+1}, \mathbf{x}_i \rangle + \frac{\beta}{2} \left\| \mathbf{x}_i - \mathbf{z}^{\hat{k}_i+1} \right\|^2 \right), \quad (6.21)$$

$$\boldsymbol{\lambda}_i^{k+1} = \boldsymbol{\lambda}_i^{\widetilde{k}_i+1} = \boldsymbol{\lambda}_i^{\hat{k}_i+1} + \beta \left(\mathbf{x}_i^{\widetilde{k}_i+1} - \mathbf{z}^{\hat{k}_i+1} \right), \quad (6.22)$$

$$\mathbf{x}_i^{\hat{k}_i+1} = \mathbf{x}_i^{\hat{k}_i+2} = \cdots = \mathbf{x}_i^{\widetilde{k}_i},$$
$$\boldsymbol{\lambda}_i^{\hat{k}_i+1} = \boldsymbol{\lambda}_i^{\hat{k}_i+2} = \cdots = \boldsymbol{\lambda}_i^{\widetilde{k}_i}. \quad (6.23)$$

记 $(\mathbf{x}_1^*, \cdots, \mathbf{x}_m^*, \mathbf{z}^*, \boldsymbol{\lambda}_1^*, \cdots, \boldsymbol{\lambda}_m^*)$ 为 KKT 点, 则有

$$\sum_{i=1}^{m} \boldsymbol{\lambda}_i^* = \mathbf{0}, \quad \mathbf{z}^* = \mathbf{x}_i^* \quad \text{和} \quad \nabla f_i(\mathbf{x}_i^*) + \boldsymbol{\lambda}_i^* = \mathbf{0}, \quad i \in [m].$$

进一步记 $f^* = \sum_{i=1}^m f_i(\mathbf{z}^*)$.

定理 6.9 假设 f_i 是 L-光滑凸函数, $i \in [m]$, 且假设 6.1 成立. 令

$$\beta > \frac{1 + L^2 + \sqrt{(1+L^2)^2 + 8L^2}}{2} \quad \text{和} \quad \rho > \frac{1}{2}\left[m(1+\beta^2)(\tau-1)^2 - m\beta\right].$$

假设由 (6.19a)-(6.19c) 生成的 $(\mathbf{x}_1^k, \cdots, \mathbf{x}_m^k, \mathbf{z}^k, \boldsymbol{\lambda}_1^k, \cdots, \boldsymbol{\lambda}_m^k)$ 是有界的, 则

$$(\mathbf{x}_1^k, \cdots, \mathbf{x}_m^k, \mathbf{z}^k, \boldsymbol{\lambda}_1^k, \cdots, \boldsymbol{\lambda}_m^k)$$

收敛到问题 (6.2) 的 KKT 点, 即

$$\sum_{i=1}^m \boldsymbol{\lambda}_i^k \to \mathbf{0}, \quad \mathbf{x}_i^{k+1} - \mathbf{z}^{k+1} \to \mathbf{0} \quad \text{和} \quad \nabla f_i(\mathbf{x}_i^{k+1}) + \boldsymbol{\lambda}_i^{k+1} = \mathbf{0}, \quad i \in [m].$$

证明 回顾 (6.3) 给出的增广拉格朗日函数. 由于

$$L(\mathbf{x}^{k+1}, \mathbf{z}^{k+1}, \boldsymbol{\lambda}^{k+1}) - L(\mathbf{x}^k, \mathbf{z}^k, \boldsymbol{\lambda}^k)$$
$$= \left(L(\mathbf{x}^{k+1}, \mathbf{z}^{k+1}, \boldsymbol{\lambda}^{k+1}) - L(\mathbf{x}^{k+1}, \mathbf{z}^k, \boldsymbol{\lambda}^{k+1})\right)$$
$$+ \left(L(\mathbf{x}^{k+1}, \mathbf{z}^k, \boldsymbol{\lambda}^{k+1}) - L(\mathbf{x}^{k+1}, \mathbf{z}^k, \boldsymbol{\lambda}^k)\right)$$
$$+ \left(L(\mathbf{x}^{k+1}, \mathbf{z}^k, \boldsymbol{\lambda}^k) - L(\mathbf{x}^k, \mathbf{z}^k, \boldsymbol{\lambda}^k)\right).$$

我们只需分别给出等式右边三项的上界.

对于第一项, 由 $L(\mathbf{x}, \mathbf{z}, \boldsymbol{\lambda}) + \frac{\rho}{2}\|\mathbf{z} - \mathbf{z}^k\|^2$ 关于 $\mathbf{z}$ 的 $(m\beta + \rho)$-强凸性、(6.19c) 以及 (A.7), 我们有

$$L(\mathbf{x}^{k+1}, \mathbf{z}^k, \boldsymbol{\lambda}^{k+1}) - \left(L(\mathbf{x}^{k+1}, \mathbf{z}^{k+1}, \boldsymbol{\lambda}^{k+1}) + \frac{\rho}{2}\|\mathbf{z}^{k+1} - \mathbf{z}^k\|^2\right)$$
$$\geqslant \frac{m\beta + \rho}{2}\|\mathbf{z}^{k+1} - \mathbf{z}^k\|^2.$$

因此有

$$L(\mathbf{x}^{k+1}, \mathbf{z}^{k+1}, \boldsymbol{\lambda}^{k+1}) - L(\mathbf{x}^{k+1}, \mathbf{z}^k, \boldsymbol{\lambda}^{k+1}) \leqslant -\left(\frac{m\beta}{2} + \rho\right)\|\mathbf{z}^{k+1} - \mathbf{z}^k\|^2.$$

对于第二项, 由 (6.3) 给出的增广拉格朗日函数, 可得

$$L(\mathbf{x}^{k+1}, \mathbf{z}^k, \boldsymbol{\lambda}^{k+1}) - L(\mathbf{x}^{k+1}, \mathbf{z}^k, \boldsymbol{\lambda}^k)$$

$$= \sum_{i=1}^{m} \left\langle \boldsymbol{\lambda}_i^{k+1} - \boldsymbol{\lambda}_i^k, \mathbf{x}_i^{k+1} - \mathbf{z}^k \right\rangle$$

$$\overset{\mathrm{a}}{=} \sum_{i \in \mathcal{A}^k} \left\langle \boldsymbol{\lambda}_i^{k+1} - \boldsymbol{\lambda}_i^k, \mathbf{x}_i^{k+1} - \mathbf{z}^k \right\rangle$$

$$= \sum_{i \in \mathcal{A}^k} \left(\left\langle \boldsymbol{\lambda}_i^{k+1} - \boldsymbol{\lambda}_i^k, \mathbf{x}_i^{k+1} - \mathbf{z}^{\overline{k}_i+1} \right\rangle + \left\langle \boldsymbol{\lambda}_i^{k+1} - \boldsymbol{\lambda}_i^k, \mathbf{z}^{\overline{k}_i+1} - \mathbf{z}^k \right\rangle \right)$$

$$\overset{\mathrm{b}}{=} \sum_{i \in \mathcal{A}^k} \left(\frac{1}{\beta} \left\| \boldsymbol{\lambda}_i^{k+1} - \boldsymbol{\lambda}_i^k \right\|^2 + \left\langle \boldsymbol{\lambda}_i^{k+1} - \boldsymbol{\lambda}_i^k, \mathbf{z}^{\overline{k}_i+1} - \mathbf{z}^k \right\rangle \right),$$

其中 $\overset{\mathrm{a}}{=}$ 使用了当 $i \in \mathcal{A}_c^k$ 时 $\boldsymbol{\lambda}_i^{k+1} = \boldsymbol{\lambda}_i^k$, $\overset{\mathrm{b}}{=}$ 使用了 (6.19b) 和 (6.20).

　　对于第三项, 由 $L(\mathbf{x}, \mathbf{z}, \boldsymbol{\lambda})$ 关于 $\mathbf{x}_i$ 的 β-强凸性, 可得

$$L(\mathbf{x}^{k+1}, \mathbf{z}^k, \boldsymbol{\lambda}^k) - L(\mathbf{x}^k, \mathbf{z}^k, \boldsymbol{\lambda}^k)$$

$$\overset{\mathrm{c}}{=} \sum_{i \in \mathcal{A}^k} \left[\left(f_i(\mathbf{x}_i^{k+1}) + \left\langle \boldsymbol{\lambda}_i^k, \mathbf{x}_i^{k+1} - \mathbf{z}^k \right\rangle + \frac{\beta}{2} \left\| \mathbf{x}_i^{k+1} - \mathbf{z}^k \right\|^2 \right) \right.$$

$$\left. - \left(f_i(\mathbf{x}_i^k) + \left\langle \boldsymbol{\lambda}_i^k, \mathbf{x}_i^k - \mathbf{z}^k \right\rangle + \frac{\beta}{2} \left\| \mathbf{x}_i^k - \mathbf{z}^k \right\|^2 \right) \right]$$

$$\leqslant \sum_{i \in \mathcal{A}^k} \left(\left\langle \nabla f_i(\mathbf{x}_i^{k+1}) + \boldsymbol{\lambda}_i^k + \beta(\mathbf{x}_i^{k+1} - \mathbf{z}^k), \mathbf{x}_i^{k+1} - \mathbf{x}_i^k \right\rangle - \frac{\beta}{2} \left\| \mathbf{x}_i^{k+1} - \mathbf{x}_i^k \right\|^2 \right)$$

$$\overset{\mathrm{d}}{=} \sum_{i \in \mathcal{A}^k} \left(\beta \left\langle \mathbf{z}^{\overline{k}_i+1} - \mathbf{z}^k, \mathbf{x}_i^{k+1} - \mathbf{x}_i^k \right\rangle - \frac{\beta}{2} \left\| \mathbf{x}_i^{k+1} - \mathbf{x}_i^k \right\|^2 \right), \tag{6.24}$$

其中 $\overset{\mathrm{c}}{=}$ 使用了当 $i \in \mathcal{A}_c^k$ 时 $\mathbf{x}_i^{k+1} = \mathbf{x}_i^k$, $\overset{\mathrm{d}}{=}$ 使用了 (6.19a) 的最优性条件和 (6.20).

　　于是, 我们有

$$L(\mathbf{x}^{k+1}, \mathbf{z}^{k+1}, \boldsymbol{\lambda}^{k+1}) - L(\mathbf{x}^k, \mathbf{z}^k, \boldsymbol{\lambda}^k)$$

$$\leqslant -\left(\frac{m\beta}{2} + \rho \right) \left\| \mathbf{z}^{k+1} - \mathbf{z}^k \right\|^2 - \frac{\beta}{2} \sum_{i \in \mathcal{A}^k} \left\| \mathbf{x}_i^{k+1} - \mathbf{x}_i^k \right\|^2$$

$$+ \sum_{i \in \mathcal{A}^k} \left(\frac{1}{\beta} \left\| \boldsymbol{\lambda}_i^{k+1} - \boldsymbol{\lambda}_i^k \right\|^2 + \left\langle \boldsymbol{\lambda}_i^{k+1} - \boldsymbol{\lambda}_i^k, \mathbf{z}^{\overline{k}_i+1} - \mathbf{z}^k \right\rangle \right.$$

$$\left. + \beta \left\langle \mathbf{z}^{\overline{k}_i+1} - \mathbf{z}^k, \mathbf{x}_i^{k+1} - \mathbf{x}_i^k \right\rangle \right).$$

由 (6.19a)–(6.19b) 和 (6.21)–(6.22) 可知, 对所有 i, 我们有

$$\mathbf{0} = \nabla f_i(\mathbf{x}_i^{k+1}) + \boldsymbol{\lambda}_i^{k+1}. \tag{6.25}$$

由 f_i 的 L-光滑性以及 $\langle \mathbf{a}, \mathbf{b} \rangle \leqslant \frac{\alpha}{2}\|\mathbf{a}\|^2 + \frac{1}{2\alpha}\|\mathbf{b}\|^2$, $\alpha > 0$, 可得

$$\|\boldsymbol{\lambda}_i^{k+1} - \boldsymbol{\lambda}_i^k\| \leqslant L\|\mathbf{x}_i^{k+1} - \mathbf{x}_i^k\|$$

和

$$
L(\mathbf{x}^{k+1}, \mathbf{z}^{k+1}, \boldsymbol{\lambda}^{k+1}) - L(\mathbf{x}^k, \mathbf{z}^k, \boldsymbol{\lambda}^k)
$$
$$
\leqslant -\left(\frac{m\beta}{2} + \rho\right)\|\mathbf{z}^{k+1} - \mathbf{z}^k\|^2 - \sum_{i \in \mathcal{A}^k}\left(\frac{\beta}{2} - \frac{L^2}{\beta} - \frac{L^2}{2} - \frac{1}{2}\right)\|\mathbf{x}_i^{k+1} - \mathbf{x}_i^k\|^2
$$
$$
+ \sum_{i \in \mathcal{A}^k}\frac{1+\beta^2}{2}\left\|\mathbf{z}^{\overline{k}_i+1} - \mathbf{z}^k\right\|^2. \tag{6.26}
$$

现在, 我们给出 (6.26) 中最后一项的上界. 容易验证

$$
\begin{aligned}
\sum_{k=0}^K \sum_{i \in \mathcal{A}^k}\left\|\mathbf{z}^{\overline{k}_i+1} - \mathbf{z}^k\right\|^2 &= \sum_{k=0}^K \sum_{i \in \mathcal{A}^k}\left\|\sum_{t=\overline{k}_i+1}^{k-1}\left(\mathbf{z}^t - \mathbf{z}^{t+1}\right)\right\|^2 \\
&\leqslant \sum_{k=0}^K \sum_{i \in \mathcal{A}^k}\left(k - \overline{k}_i - 1\right)\sum_{t=\overline{k}_i+1}^{k-1}\left\|\mathbf{z}^t - \mathbf{z}^{t+1}\right\|^2 \\
&\leqslant \sum_{k=0}^K \sum_{i \in \mathcal{A}^k}(\tau-1)\sum_{t=\max\{k-\tau+1,1\}}^{k-1}\left\|\mathbf{z}^t - \mathbf{z}^{t+1}\right\|^2 \\
&\leqslant m(\tau-1)\sum_{k=0}^K \sum_{t=\max\{k-\tau+1,1\}}^{k-1}\left\|\mathbf{z}^t - \mathbf{z}^{t+1}\right\|^2 \\
&\leqslant m(\tau-1)^2\sum_{k=0}^K\left\|\mathbf{z}^k - \mathbf{z}^{k+1}\right\|^2, \tag{6.27}
\end{aligned}
$$

其中我们使用了

$$
\max\{k-\tau, 0\} \leqslant \overline{k}_i < k \quad \text{和} \quad |\mathcal{A}^k| \leqslant m.
$$

因此, 我们有

$$
L(\mathbf{x}^{K+1}, \mathbf{z}^{K+1}, \boldsymbol{\lambda}^{K+1}) - L(\mathbf{x}^0, \mathbf{z}^0, \boldsymbol{\lambda}^0)
$$
$$
\leqslant -\sum_{k=0}^K\left[\left(\frac{m\beta}{2} + \rho\right) - \frac{(1+\beta^2)m(\tau-1)^2}{2}\right]\left\|\mathbf{z}^{k+1} - \mathbf{z}^k\right\|^2
$$

$$- \sum_{k=0}^{K} \sum_{i \in \mathcal{A}^k} \left(\frac{\beta}{2} - \frac{L^2}{\beta} - \frac{L^2}{2} - \frac{1}{2} \right) \left\| \mathbf{x}_i^{k+1} - \mathbf{x}_i^k \right\|^2.$$

选择足够大的 ρ 和 β, 使得

$$\frac{\beta}{2} - \frac{L^2}{\beta} - \frac{L^2}{2} - \frac{1}{2} > 0 \quad \text{和} \quad \left(\frac{m\beta}{2} + \rho \right) - \frac{(1+\beta^2)m(\tau-1)^2}{2} > 0,$$

由 $(\mathbf{x}^{K+1}, \mathbf{z}^{K+1}, \boldsymbol{\lambda}^{K+1})$ 的有界性假设, 可得

$$\mathbf{z}^{k+1} - \mathbf{z}^k \to \mathbf{0} \quad \text{和} \quad \mathbf{x}_i^{k+1} - \mathbf{x}_i^k \to \mathbf{0}, \quad \forall i \in \mathcal{A}^k.$$

由 (6.25) 以及 f_i 的光滑性, 我们有

$$\boldsymbol{\lambda}_i^{k+1} - \boldsymbol{\lambda}_i^k \to \mathbf{0}, \quad \forall i \in \mathcal{A}^k.$$

由 (6.19b), 可得

$$\mathbf{x}_i^{k+1} - \mathbf{z}^{\overline{k}_i+1} \to \mathbf{0}, \quad \forall i \in \mathcal{A}^k,$$

进而有

$$\mathbf{x}_i^{k+1} - \mathbf{z}^{k+1} \to \mathbf{0}, \quad \forall i \in \mathcal{A}^k,$$

其中我们使用了

$$\max\{k - \tau, 0\} \leqslant \overline{k}_i < k \quad \text{和} \quad \mathbf{z}^{\overline{k}_i+1} - \mathbf{z}^{k+1} \to \mathbf{0}.$$

对任意 $i \in \mathcal{A}_c^k$, 我们有 $i \in \mathcal{A}^{\widetilde{k}_i}$ 以及

$$\begin{aligned}
\left\| \mathbf{z}^{k+1} - \mathbf{x}_i^{k+1} \right\| &= \left\| \mathbf{z}^{k+1} - \mathbf{x}_i^{\widetilde{k}_i+1} \right\| \\
&\leqslant \left\| \mathbf{z}^{k+1} - \mathbf{z}^{\hat{k}_i+1} \right\| + \left\| \mathbf{z}^{\hat{k}_i+1} - \mathbf{x}_i^{\widetilde{k}_i+1} \right\| \\
&\overset{\mathrm{a}}{=} \left\| \mathbf{z}^{k+1} - \mathbf{z}^{\hat{k}_i+1} \right\| + \frac{1}{\beta} \left\| \boldsymbol{\lambda}_i^{\widetilde{k}_i} - \boldsymbol{\lambda}_i^{\widetilde{k}_i+1} \right\| \to 0,
\end{aligned}$$

其中 $\overset{\mathrm{a}}{=}$ 使用了 (6.22) 和 (6.23). 因此, 我们有

$$\mathbf{x}_i^{k+1} - \mathbf{z}^{k+1} \to \mathbf{0}, \quad \forall i.$$

再由 (6.19c) 的最优性条件, 可得

$$\sum_{i=1}^{m} \boldsymbol{\lambda}_i^k \to \mathbf{0}.$$

$\square$

6.3.2 线性收敛速度

当我们进一步假设 f_i 是强凸函数时, 可以得到线性收敛速度.

定理 6.10 假设 f_i 是 μ-强凸、L-光滑函数, $i \in [m]$, 且假设 6.1 成立. 选择足够大的 β 和 ρ, 使得

$$8m(\beta - \mu) \leqslant \rho,$$

$$\frac{m\beta + 2\rho}{2} - 1 - \tau 2^{2\tau} - \left(\frac{1 + \beta^2}{2} + \frac{1}{2m}\right) m\tau 2^\tau > 0,$$

$$\frac{\beta}{2} - \frac{L^2}{\beta} - \frac{L^2}{2} - \frac{1}{2} - \frac{L^2}{4m\beta^2} - \frac{L^2}{4m\beta^2} 2^{\tau-1}\tau > 0.$$

则有

$$L(\mathbf{x}^{K+1}, \mathbf{z}^{K+1}, \boldsymbol{\lambda}^{K+1}) - f^* \leqslant \left(1 + \frac{1}{\delta\rho}\right)^{-(K+1)} \left(L(\mathbf{x}^0, \mathbf{z}^0, \boldsymbol{\lambda}^0) - f^*\right),$$

其中 $\delta \geqslant \max\left\{1, \frac{1}{\rho}, \frac{\rho + m\beta}{m\mu} - 1\right\}$.

证明 由 f_i 的强凸性以及 (6.25), 我们有

$$f_i(\mathbf{z}^*) - f_i(\mathbf{x}_i^{k+1}) \geqslant -\langle \boldsymbol{\lambda}_i^{k+1}, \mathbf{z}^* - \mathbf{x}_i^{k+1} \rangle + \frac{\mu}{2} \left\| \mathbf{z}^* - \mathbf{x}_i^{k+1} \right\|^2.$$

由 (6.19c) 的最优性条件, 可得

$$-\sum_{i=1}^m \left[\boldsymbol{\lambda}_i^{k+1} + \beta(\mathbf{x}_i^{k+1} - \mathbf{z}^{k+1}) \right] + \rho(\mathbf{z}^{k+1} - \mathbf{z}^k) = \mathbf{0}.$$

因此有

$$\sum_{i=1}^m \langle \boldsymbol{\lambda}_i^{k+1} + \beta(\mathbf{x}_i^{k+1} - \mathbf{z}^{k+1}), \mathbf{z}^{k+1} - \mathbf{z}^* \rangle = \rho \langle \mathbf{z}^{k+1} - \mathbf{z}^k, \mathbf{z}^{k+1} - \mathbf{z}^* \rangle$$

以及

$$\sum_{i=1}^m f_i(\mathbf{z}^*) - \sum_{i=1}^m f_i(\mathbf{x}_i^{k+1})$$

$$\geqslant -\sum_{i=1}^m \langle \boldsymbol{\lambda}_i^{k+1}, \mathbf{z}^{k+1} - \mathbf{x}_i^{k+1} \rangle + \frac{\mu}{2} \sum_{i=1}^m \left\| \mathbf{z}^* - \mathbf{x}_i^{k+1} \right\|^2$$

$$+ \rho \left\langle \mathbf{z}^{k+1} - \mathbf{z}^k, \mathbf{z}^{k+1} - \mathbf{z}^* \right\rangle - \beta \sum_{i=1}^{m} \left\langle \mathbf{x}_i^{k+1} - \mathbf{z}^{k+1}, \mathbf{z}^{k+1} - \mathbf{z}^* \right\rangle$$

$$= - \sum_{i=1}^{m} \left\langle \boldsymbol{\lambda}_i^{k+1}, \mathbf{z}^{k+1} - \mathbf{x}_i^{k+1} \right\rangle + \frac{\mu}{2} \sum_{i=1}^{m} \left\| \mathbf{z}^* - \mathbf{x}_i^{k+1} \right\|^2$$

$$+ \frac{\rho + m\beta}{2} \left\| \mathbf{z}^{k+1} - \mathbf{z}^* \right\|^2 - \frac{\rho}{2} \left\| \mathbf{z}^k - \mathbf{z}^* \right\|^2 + \frac{\rho}{2} \left\| \mathbf{z}^{k+1} - \mathbf{z}^k \right\|^2$$

$$- \frac{\beta}{2} \sum_{i=1}^{m} \left\| \mathbf{x}_i^{k+1} - \mathbf{z}^* \right\|^2 + \frac{\beta}{2} \sum_{i=1}^{m} \left\| \mathbf{x}_i^{k+1} - \mathbf{z}^{k+1} \right\|^2.$$

于是有

$$L(\mathbf{x}^{k+1}, \mathbf{z}^{k+1}, \boldsymbol{\lambda}^{k+1}) - f^*$$

$$\leqslant \frac{\beta - \mu}{2} \sum_{i=1}^{m} \left\| \mathbf{x}_i^{k+1} - \mathbf{z}^* \right\|^2 + \frac{\rho}{2} \left\| \mathbf{z}^k - \mathbf{z}^* \right\|^2$$

$$- \frac{\rho + m\beta}{2} \left\| \mathbf{z}^{k+1} - \mathbf{z}^* \right\|^2 - \frac{\rho}{2} \left\| \mathbf{z}^{k+1} - \mathbf{z}^k \right\|^2.$$

我们希望消掉前三项. 由

$$\frac{\beta - \mu}{2} \sum_{i=1}^{m} \left\| \mathbf{x}_i^{k+1} - \mathbf{z}^* \right\|^2 \leqslant \frac{(\beta - \mu)(1 + \delta)}{2} \sum_{i=1}^{m} \left\| \mathbf{x}_i^{k+1} - \mathbf{z}^{k+1} \right\|^2$$

$$+ \frac{(\beta - \mu)m}{2} \left(1 + \frac{1}{\delta} \right) \left\| \mathbf{z}^{k+1} - \mathbf{z}^* \right\|^2,$$

$$\frac{\rho}{2} \left\| \mathbf{z}^k - \mathbf{z}^* \right\|^2 \leqslant \frac{\rho}{2}(1 + \delta) \left\| \mathbf{z}^{k+1} - \mathbf{z}^k \right\|^2 + \frac{\rho}{2} \left(1 + \frac{1}{\delta} \right) \left\| \mathbf{z}^{k+1} - \mathbf{z}^* \right\|^2,$$

可得

$$L(\mathbf{x}^{k+1}, \mathbf{z}^{k+1}, \boldsymbol{\lambda}^{k+1}) - f^*$$

$$\leqslant \frac{\rho \delta}{2} \left\| \mathbf{z}^{k+1} - \mathbf{z}^k \right\|^2 + \left[\frac{\rho + m(\beta - \mu)}{2\delta} - \frac{m\mu}{2} \right] \left\| \mathbf{z}^{k+1} - \mathbf{z}^* \right\|^2$$

$$+ (\beta - \mu)\delta \sum_{i=1}^{m} \left\| \mathbf{x}_i^{k+1} - \mathbf{z}^{k+1} \right\|^2$$

$$\leqslant \frac{\rho \delta}{2} \left\| \mathbf{z}^{k+1} - \mathbf{z}^k \right\|^2 + (\beta - \mu)\delta \sum_{i=1}^{m} \left\| \mathbf{x}_i^{k+1} - \mathbf{z}^{k+1} \right\|^2,$$

这里选择足够大的 $\delta > 1$, 使得

$$\frac{\rho + m(\beta - \mu)}{2\delta} - \frac{m\mu}{2} \leqslant 0.$$

由于

$$\sum_{i=1}^{m}\left\|\mathbf{x}_i^{k+1} - \mathbf{z}^{k+1}\right\|^2$$

$$= \sum_{i \in \mathcal{A}^k}\left(\left\|\mathbf{x}_i^{k+1} - \mathbf{z}^{\overline{k}_i+1} + \mathbf{z}^{\overline{k}_i+1} - \mathbf{z}^{k+1}\right\|^2\right)$$

$$\quad + \sum_{i \in \mathcal{A}_c^k}\left(\left\|\mathbf{x}_i^{k+1} - \mathbf{z}^{\hat{k}_i+1} + \mathbf{z}^{\hat{k}_i+1} - \mathbf{z}^{k+1}\right\|^2\right)$$

$$\leqslant \sum_{i \in \mathcal{A}^k}\left(2\left\|\mathbf{x}_i^{k+1} - \mathbf{z}^{\overline{k}_i+1}\right\|^2 + 2\left\|\mathbf{z}^{\overline{k}_i+1} - \mathbf{z}^{k+1}\right\|^2\right)$$

$$\quad + \sum_{i \in \mathcal{A}_c^k}\left(2\left\|\mathbf{x}_i^{k+1} - \mathbf{z}^{\hat{k}_i+1}\right\|^2 + 2\left\|\mathbf{z}^{\hat{k}_i+1} - \mathbf{z}^{k+1}\right\|^2\right)$$

$$\overset{\mathrm{a}}{=} \sum_{i \in \mathcal{A}^k}\left(\frac{2}{\beta^2}\left\|\boldsymbol{\lambda}_i^{k+1} - \boldsymbol{\lambda}_i^k\right\|^2 + 2\left\|\mathbf{z}^{\overline{k}_i+1} - \mathbf{z}^{k+1}\right\|^2\right)$$

$$\quad + \sum_{i \in \mathcal{A}_c^k}\left(\frac{2}{\beta^2}\left\|\boldsymbol{\lambda}_i^{\widetilde{k}_i+1} - \boldsymbol{\lambda}_i^{\widetilde{k}_i}\right\|^2 + 2\left\|\mathbf{z}^{\hat{k}_i+1} - \mathbf{z}^{k+1}\right\|^2\right)$$

$$\overset{\mathrm{b}}{\leqslant} \sum_{i \in \mathcal{A}^k}\left(\frac{2L^2}{\beta^2}\left\|\mathbf{x}_i^{k+1} - \mathbf{x}_i^k\right\|^2 + 4\left\|\mathbf{z}^{\overline{k}_i+1} - \mathbf{z}^k\right\|^2\right)$$

$$\quad + \sum_{i \in \mathcal{A}_c^k}\left(\frac{2L^2}{\beta^2}\left\|\mathbf{x}_i^{\widetilde{k}_i+1} - \mathbf{x}_i^{\widetilde{k}_i}\right\|^2 + 4\left\|\mathbf{z}^{\hat{k}_i+1} - \mathbf{z}^k\right\|^2\right) + 4m\left\|\mathbf{z}^{k+1} - \mathbf{z}^k\right\|^2,$$

其中 $\overset{\mathrm{a}}{=}$ 使用了 (6.19b)、(6.20)、(6.22) 和 (6.23), $\overset{\mathrm{b}}{\leqslant}$ 通过 (6.25) 把 $\boldsymbol{\lambda}_i^k$ 替换为 $-\nabla f_i(\mathbf{x}_i^k)$ 并使用了 f_i 的 L-光滑性和不等式 $\|\mathbf{a} + \mathbf{b}\|^2 \leqslant 2(\|\mathbf{a}\|^2 + \|\mathbf{b}\|^2)$.

选择足够大的 ρ, 使得 $8m(\beta - \mu) \leqslant \rho$, 我们有

$$L(\mathbf{x}^{k+1}, \mathbf{z}^{k+1}, \boldsymbol{\lambda}^{k+1}) - f^*$$

$$\leqslant \left[\frac{\rho\delta}{2} + 4m(\beta - \mu)\delta\right]\left\|\mathbf{z}^{k+1} - \mathbf{z}^k\right\|^2$$

$$\quad + \sum_{i \in \mathcal{A}^k}(\beta - \mu)\delta\left(\frac{2L^2}{\beta^2}\left\|\mathbf{x}_i^{k+1} - \mathbf{x}_i^k\right\|^2 + 4\left\|\mathbf{z}^{\overline{k}_i+1} - \mathbf{z}^k\right\|^2\right)$$

$$+ \sum_{i \in \mathcal{A}_c^k} (\beta - \mu) \delta \left(\frac{2L^2}{\beta^2} \big\| \mathbf{x}_i^{\widetilde{k}_i+1} - \mathbf{x}_i^{\widetilde{k}_i} \big\|^2 + 4 \big\| \mathbf{z}^{\hat{k}_i+1} - \mathbf{z}^k \big\|^2 \right)$$

$$\leqslant \rho \delta \big\| \mathbf{z}^{k+1} - \mathbf{z}^k \big\|^2 + \sum_{i \in \mathcal{A}^k} \frac{\rho \delta}{8m} \left(\frac{2L^2}{\beta^2} \big\| \mathbf{x}_i^{k+1} - \mathbf{x}_i^k \big\|^2 + 4 \big\| \mathbf{z}^{\overline{k}_i+1} - \mathbf{z}^k \big\|^2 \right)$$

$$+ \sum_{i \in \mathcal{A}_c^k} \frac{\rho \delta}{8m} \left(\frac{2L^2}{\beta^2} \big\| \mathbf{x}_i^{\widetilde{k}_i+1} - \mathbf{x}_i^{\widetilde{k}_i} \big\|^2 + 4 \big\| \mathbf{z}^{\hat{k}_i+1} - \mathbf{z}^k \big\|^2 \right).$$

在上述不等式两边同时除以 $\rho \delta$ 并和 (6.26) 相加, 可得

$$\left(L(\mathbf{x}^{k+1}, \mathbf{z}^{k+1}, \boldsymbol{\lambda}^{k+1}) - f^* \right) - \frac{1}{\eta} \left(L(\mathbf{x}^k, \mathbf{z}^k, \boldsymbol{\lambda}^k) - f^* \right)$$

$$\leqslant \frac{1}{\eta} \Bigg[\sum_{i \in \mathcal{A}_c^k} \frac{L^2}{4m\beta^2} \big\| \mathbf{x}_i^{\widetilde{k}_i+1} - \mathbf{x}_i^{\widetilde{k}_i} \big\|^2 + \sum_{i \in \mathcal{A}_c^k} \frac{1}{2m} \big\| \mathbf{z}^{\hat{k}_i+1} - \mathbf{z}^k \big\|^2$$

$$- \left(\frac{m\beta + \rho}{2} - 1 \right) \big\| \mathbf{z}^{k+1} - \mathbf{z}^k \big\|^2 + \sum_{i \in \mathcal{A}^k} \left(\frac{1 + \beta^2}{2} + \frac{1}{2m} \right) \big\| \mathbf{z}^{\overline{k}_i+1} - \mathbf{z}^k \big\|^2$$

$$- \sum_{i \in \mathcal{A}^k} \left(\frac{\beta}{2} - \frac{L^2}{\beta} - \frac{L^2}{2} - \frac{1}{2} - \frac{L^2}{4m\beta^2} \right) \big\| \mathbf{x}_i^{k+1} - \mathbf{x}_i^k \big\|^2 \Bigg]$$

$$= \frac{1}{\eta} \Bigg[\sum_{i \in \mathcal{A}_c^k} \frac{L^2}{4m\beta^2} \big\| \mathbf{x}_i^{\widetilde{k}_i+1} - \mathbf{x}_i^{\widetilde{k}_i} \big\|^2 + \sum_{i \in \mathcal{A}_c^k} \frac{1}{2m} \big\| \mathbf{z}^{\hat{k}_i+1} - \mathbf{z}^k \big\|^2$$

$$- \left(\frac{m\beta + \rho}{2} - 1 \right) \big\| \mathbf{z}^{k+1} - \mathbf{z}^k \big\|^2 + \sum_{i \in \mathcal{A}^k} \left(\frac{1 + \beta^2}{2} + \frac{1}{2m} \right) \big\| \mathbf{z}^{\overline{k}_i+1} - \mathbf{z}^k \big\|^2$$

$$- \sum_{i=1}^m \left(\frac{\beta}{2} - \frac{L^2}{\beta} - \frac{L^2}{2} - \frac{1}{2} - \frac{L^2}{4m\beta^2} \right) \big\| \mathbf{x}_i^{k+1} - \mathbf{x}_i^k \big\|^2 \Bigg],$$

其中我们记 $\eta = 1 + \frac{1}{\rho\delta}$ 并在最后一行使用了对所有 $i \in \mathcal{A}_c^k$ 有 $\mathbf{x}_i^{k+1} = \mathbf{x}_i^k$.

将上述不等式从 $k = 0$ 加到 K, 我们有

$$\left(L(\mathbf{x}^{K+1}, \mathbf{z}^{K+1}, \boldsymbol{\lambda}^{K+1}) - f^* \right) - \frac{1}{\eta^{K+1}} \left(L(\mathbf{x}^0, \mathbf{z}^0, \boldsymbol{\lambda}^0) - f^* \right)$$

$$\leqslant \frac{L^2}{4m\beta^2} \sum_{k=0}^K \frac{1}{\eta^{K+1-k}} \sum_{i \in \mathcal{A}_c^k} \big\| \mathbf{x}_i^{\widetilde{k}_i+1} - \mathbf{x}_i^{\widetilde{k}_i} \big\|^2$$

$$+ \frac{1}{2m} \sum_{k=0}^{K} \frac{1}{\eta^{K+1-k}} \sum_{i \in \mathcal{A}_c^k} \left\| \mathbf{z}^{\hat{k}_i+1} - \mathbf{z}^k \right\|^2$$

$$- \left(\frac{m\beta + \rho}{2} - 1 \right) \sum_{k=0}^{K} \frac{1}{\eta^{K+1-k}} \left\| \mathbf{z}^{k+1} - \mathbf{z}^k \right\|^2$$

$$+ \left(\frac{1 + \beta^2}{2} + \frac{1}{2m} \right) \sum_{k=0}^{K} \frac{1}{\eta^{K+1-k}} \sum_{i \in \mathcal{A}^k} \left\| \mathbf{z}^{\overline{k}_i+1} - \mathbf{z}^k \right\|^2$$

$$- \left(\frac{\beta}{2} - \frac{L^2}{\beta} - \frac{L^2}{2} - \frac{1}{2} - \frac{L^2}{4m\beta^2} \right) \sum_{k=0}^{K} \frac{1}{\eta^{K+1-k}} \sum_{i=1}^{m} \left\| \mathbf{x}_i^{k+1} - \mathbf{x}_i^k \right\|^2.$$

我们希望选择足够大的 β 和 ρ, 使得上式不等号右边为负. 类似于 (6.27), 我们有

$$\sum_{k=0}^{K} \sum_{i \in \mathcal{A}^k} \eta^k \left\| \mathbf{z}^{\overline{k}_i+1} - \mathbf{z}^k \right\|^2$$

$$= \sum_{k=0}^{K} \sum_{i \in \mathcal{A}^k} \eta^k \left\| \sum_{t=\overline{k}_i+1}^{k-1} \left(\mathbf{z}^t - \mathbf{z}^{t+1} \right) \right\|^2$$

$$\leqslant \sum_{k=0}^{K} \sum_{i \in \mathcal{A}^k} \left(k - \overline{k}_i - 1 \right) \eta^k \sum_{t=\overline{k}_i+1}^{k-1} \left\| \mathbf{z}^t - \mathbf{z}^{t+1} \right\|^2$$

$$\leqslant \sum_{k=0}^{K} \sum_{i \in \mathcal{A}^k} (\tau - 1)\eta^k \sum_{t=\max\{k-\tau+1,1\}}^{k-1} \left\| \mathbf{z}^t - \mathbf{z}^{t+1} \right\|^2$$

$$\leqslant m(\tau - 1) \sum_{k=0}^{K} \eta^k \sum_{t=\max\{k-\tau+1,1\}}^{k-1} \left\| \mathbf{z}^t - \mathbf{z}^{t+1} \right\|^2$$

$$\leqslant m(\tau - 1) \sum_{k=0}^{K} \left(\eta^{k+1} + \eta^{k+2} + \cdots + \eta^{k+\tau-1} \right) \left\| \mathbf{z}^k - \mathbf{z}^{k+1} \right\|^2$$

$$\leqslant m(\tau - 1) \frac{\eta^\tau - \eta}{\eta - 1} \sum_{k=0}^{K} \eta^k \left\| \mathbf{z}^k - \mathbf{z}^{k+1} \right\|^2.$$

类似地, 我们有

$$\sum_{k=0}^{K} \sum_{i \in \mathcal{A}_c^k} \eta^k \left\| \mathbf{z}^{\hat{k}_i+1} - \mathbf{z}^k \right\|^2 \leqslant m(2\tau - 1) \frac{\eta^{2\tau} - \eta}{\eta - 1} \sum_{k=0}^{K} \eta^k \left\| \mathbf{z}^k - \mathbf{z}^{k+1} \right\|^2,$$

这里使用了

$$\max\{k-\tau+1,0\} \leqslant \widetilde{k}_i < k \quad \text{和} \quad \max\{\widetilde{k}_i-\tau,0\} \leqslant \hat{k}_i < \widetilde{k}_i,$$

因此有

$$\max\{k-2\tau+1,0\} \leqslant \hat{k}_i < k.$$

同样, 我们有

$$
\begin{aligned}
\sum_{k=0}^{K} \sum_{i\in\mathcal{A}_c^k} \eta^k \big\| \mathbf{x}_i^{\widetilde{k}_i+1} - \mathbf{x}_i^{\widetilde{k}_i} \big\|^2 &= \sum_{k=0}^{K} \sum_{i\in\mathcal{A}_c^k} \eta^{k-\widetilde{k}_i} \eta^{\widetilde{k}_i} \big\| \mathbf{x}_i^{\widetilde{k}_i+1} - \mathbf{x}_i^{\widetilde{k}_i} \big\|^2 \\
&\leqslant \eta^{\tau-1} \sum_{k=0}^{K} \sum_{i\in\mathcal{A}_c^k} \eta^{\widetilde{k}_i} \big\| \mathbf{x}_i^{\widetilde{k}_i+1} - \mathbf{x}_i^{\widetilde{k}_i} \big\|^2 \\
&\overset{\text{a}}{\leqslant} \eta^{\tau-1}(\tau-1) \sum_{k=0}^{K} \sum_{i=1}^{m} \eta^k \big\| \mathbf{x}_i^{k+1} - \mathbf{x}_i^k \big\|^2,
\end{aligned}
$$

其中 $\overset{\text{a}}{\leqslant}$ 使用了 $\eta^{\widetilde{k}_i} \big\| \mathbf{x}_i^{\widetilde{k}_i+1} - \mathbf{x}_i^{\widetilde{k}_i} \big\|^2$ 在和式 $\sum_{k=0}^{K} \sum_{i\in\mathcal{A}_c^k} \eta^{\widetilde{k}_i} \big\| \mathbf{x}_i^{\widetilde{k}_i+1} - \mathbf{x}_i^{\widetilde{k}_i} \big\|^2$ 中出现的次数不超过 $\tau-1$ 次.

因此, 我们有

$$
\begin{aligned}
&\big(L(\mathbf{x}^{K+1}, \mathbf{z}^{K+1}, \boldsymbol{\lambda}^{K+1}) - f^*\big) - \frac{1}{\eta^{K+1}} \big(L(\mathbf{x}^0, \mathbf{z}^0, \boldsymbol{\lambda}^0) - f^*\big) \\
&\leqslant -\bigg[\frac{m\beta+\rho}{2} - 1 - \frac{1}{2m} m(2\tau-1)\frac{\eta^{2\tau}-\eta}{\eta-1} \\
&\qquad - \bigg(\frac{1+\beta^2}{2} + \frac{1}{2m}\bigg) m(\tau-1)\frac{\eta^{\tau}-\eta}{\eta-1}\bigg] \sum_{k=0}^{K} \frac{1}{\eta^{K+1-k}} \big\| \mathbf{z}^{k+1} - \mathbf{z}^k \big\|^2 \\
&\quad -\bigg[\frac{\beta}{2} - \frac{L^2}{\beta} - \frac{L^2}{2} - \frac{1}{2} - \frac{L^2}{4m\beta^2} - \frac{L^2}{4m\beta^2} \eta^{\tau-1}(\tau-1)\bigg] \\
&\qquad \times \sum_{i=1}^{m} \sum_{k=0}^{K} \frac{1}{\eta^{K+1-k}} \big\| \mathbf{x}_i^{k+1} - \mathbf{x}_i^k \big\|^2 \\
&\leqslant -\bigg[\frac{m\beta+\rho}{2} - 1 - \tau 2^{2\tau} - \bigg(\frac{1+\beta^2}{2} + \frac{1}{2m}\bigg) m\tau 2^{\tau}\bigg] \\
&\qquad \times \sum_{k=0}^{K} \frac{1}{\eta^{K+1-k}} \big\| \mathbf{z}^{k+1} - \mathbf{z}^k \big\|^2
\end{aligned}
$$

$$-\left(\frac{\beta}{2} - \frac{L^2}{\beta} - \frac{L^2}{2} - \frac{1}{2} - \frac{L^2}{4m\beta^2} - \frac{L^2}{4m\beta^2}2^{\tau-1}\tau\right)$$

$$\times \sum_{i=1}^{m} \sum_{k=0}^{K} \frac{1}{\eta^{K+1-k}} \left\| \mathbf{x}_i^{k+1} - \mathbf{x}_i^k \right\|^2$$

$$\leqslant 0,$$

其中我们使用了

$$\eta \leqslant 2, \quad \frac{\eta^\tau - \eta}{\eta - 1} = \eta + \cdots + \eta^{\tau-1} \leqslant 2 + \cdots + 2^{\tau-1} \leqslant 2^\tau \quad \text{和} \quad \frac{\eta^{2\tau} - \eta}{\eta - 1} \leqslant 2^{2\tau}. \ \square$$

由定理 6.2 可知, 同步 ADMM 需要 $O\left(\sqrt{\frac{L}{\mu}}\log\frac{1}{\epsilon}\right)$ 次迭代找到一个 ϵ-近似最优解, 该算法对 $\frac{L}{\mu}$ 的依赖是最优的. 对异步 ADMM, 定理 6.10 只是给出了线性收敛性, 但没有给出具体依赖于 $\frac{L}{\mu}$ 的复杂度. 我们认为, 一般情况下异步 ADMM 比同步 ADMM 需要更多的迭代次数. 现在理论上并不清楚异步 ADMM 每次迭代节省的时间是否能抵消更多次迭代带来的开销, 尽管异步算法在实践中表现良好.

存在其他分析异步 ADMM 的证明框架, 例如, 文献 [46, 49, 74, 91] 研究了随机异步 ADMM, 该算法比算法 6.10 和算法 6.11 需要的假设更多, 并且理论上同样不清楚, 为了达到同样的精度, 异步 ADMM 需要的时间是否能比同步 ADMM 的更少.

6.4　非凸分布式 ADMM

本节介绍非凸分布式 ADMM. 事实上, 异步 ADMM (算法 6.11) 也可以用于求解非凸问题. 此时, $L(\mathbf{x}, \mathbf{z}, \boldsymbol{\lambda})$ 关于 $\mathbf{x}$ 是 $(\beta - L)$-强凸函数, 因此 (6.24) 需要被替换为如下估计:

$$L(\mathbf{x}^{k+1}, \mathbf{z}^k, \boldsymbol{\lambda}^k) - L(\mathbf{x}^k, \mathbf{z}^k, \boldsymbol{\lambda}^k)$$

$$\leqslant \sum_{i \in \mathcal{A}^k} \left(\beta \left\langle \mathbf{z}^{\overline{k}_i+1} - \mathbf{z}^k, \mathbf{x}_i^{k+1} - \mathbf{x}_i^k \right\rangle - \frac{\beta - L}{2} \left\| \mathbf{x}_i^{k+1} - \mathbf{x}_i^k \right\|^2 \right).$$

相应地, 我们有如下收敛性定理[11].

定理 6.11　假设 f_i 是 L-光滑函数, $i \in [m]$, 且假设 6.1 成立. 令

$$\beta > \frac{1 + L + L^2 + \sqrt{(1 + L + L^2)^2 + 8L^2}}{2} \quad \text{和} \quad \rho > \frac{m(1 + \beta^2)(\tau - 1)^2 - m\beta}{2}.$$

假设由 (6.19a)–(6.19c) 产生的序列 $(\mathbf{x}_1^k, \cdots, \mathbf{x}_m^k, \mathbf{z}^k, \boldsymbol{\lambda}_1^k, \cdots, \boldsymbol{\lambda}_m^k)$ 是有界的, 则

$$(\mathbf{x}_1^k, \cdots, \mathbf{x}_m^k, \mathbf{z}^k, \boldsymbol{\lambda}_1^k, \cdots, \boldsymbol{\lambda}_m^k)$$

收敛到问题 (6.2) 的 KKT 点, 即

$$\sum_{i=1}^m \boldsymbol{\lambda}_i^k \to \mathbf{0}, \quad \mathbf{x}_i^{k+1} - \mathbf{z}^{k+1} \to \mathbf{0}, \quad \text{且} \quad \nabla f_i(\mathbf{x}_i^{k+1}) + \boldsymbol{\lambda}_i^{k+1} = \mathbf{0}, \quad i \in [m].$$

注意到同步 ADMM 是异步 ADMM 的特例, 此时 $\mathcal{A}_c^k = \varnothing$ 以及 $\overline{k}_i + 1 = k$. 因此, 上述定理同样适用于同步 ADMM, 并且证明更简单.

6.5　求解一般线性约束问题的分布式 ADMM

前面介绍的都是约束为 $\mathbf{z} = \mathbf{x}_i$, $i \in [m]$ 形式的问题, 这种问题称为一致性 (Consensus) 问题. 本节考虑一般的线性约束问题 (3.72). 可以直接使用算法 3.11 给出的使用并行分裂的线性化 ADMM[57,61] 求解该问题, 其分布式实现见算法 6.12 和算法 6.13. 如果 f_i 的邻近映射不容易求解, 我们也可以线性化 f_i, 由于这仅需在算法 6.12 和算法 6.13 上稍作改动, 我们不再赘述.

算法 6.12　使用并行分裂的分布式线性化 ADMM: 中心节点

for $k = 0, 1, 2, \cdots$ **do**
　等待, 直到从所有工作节点 $i \in [m]$ 接收到 $\mathbf{y}_i^{k+1}$.
　$\mathbf{s}^{k+1} = \sum_{i=1}^m \mathbf{y}_i^{k+1}$.
　$\boldsymbol{\lambda}^{k+1} = \boldsymbol{\lambda}^k + \beta \left(\mathbf{s}^{k+1} - \mathbf{b} \right)$.
　将 $\mathbf{s}^{k+1}$ 和 $\boldsymbol{\lambda}^{k+1}$ 发送给所有工作节点.
end for

算法 6.13　使用并行分裂的分布式线性化 ADMM: 第 i 个节点

初始化 $\mathbf{x}_i^0$ 和 $\boldsymbol{\lambda}_i^0$, $i \in [m]$.
$\mathbf{y}_i^0 = \mathbf{A}_i \mathbf{x}_i^0$.
将 $\mathbf{y}_i^0$ 发送给中心节点.
等待, 直到从中心节点接收到 $\mathbf{s}^0$ 和 $\boldsymbol{\lambda}^0$.
for $k = 0, 1, 2, \cdots$ **do**

$$\mathbf{x}_i^{k+1} = \underset{\mathbf{x}_i}{\operatorname{argmin}} \left(f_i(\mathbf{x}_i) + \langle \boldsymbol{\lambda}^k, \mathbf{A}_i \mathbf{x}_i \rangle + \beta \langle \mathbf{A}_i^{\mathrm{T}}(\mathbf{s}^k - \mathbf{b}), \mathbf{x}_i - \mathbf{x}_i^k \rangle \right.$$

$$\left. + \frac{m\beta \|\mathbf{A}_i\|_2^2}{2} \|\mathbf{x}_i - \mathbf{x}_i^k\|^2 \right)$$

$$= \operatorname{Prox}_{\left(m\beta \|\mathbf{A}_i\|_2^2\right)^{-1} f_i} \left(\mathbf{x}_i^k - \frac{1}{m\beta \|\mathbf{A}_i\|_2^2} \mathbf{A}_i^{\mathrm{T}} \left[\boldsymbol{\lambda}^k + \beta (\mathbf{s}^k - \mathbf{b}) \right] \right).$$

$\mathbf{y}_i^{k+1} = \mathbf{A}_i \mathbf{x}_i^{k+1}.$

将 $\mathbf{y}_i^{k+1}$ 发送给中心节点.

等待, 直到从中心节点接收到 $\mathbf{s}^{k+1}$ 和 $\boldsymbol{\lambda}^{k+1}$.

end for

第 7 章　实践中的问题和总结

在前几章, 我们介绍了各种形式的 ADMM 和它们的收敛性分析. 但这些主要是理论分析. 在实践中, 还有一些实际的问题需要考虑. 在这一章, 我们主要介绍一些实践上的考虑并对本书进行简单总结.

7.1　实践中的问题

在这一节, 我们介绍一些实现 ADMM 会面临的实际问题. 由于我们无法讨论所有的问题及相应的 ADMM 变种, 我们主要考虑标准问题 (2.13) 和经典 ADMM (算法 2.1), 其中 $\mathbf{A} \in \mathbb{R}^{q \times n}$ 且 $\mathbf{B} \in \mathbb{R}^{q \times m}$.

7.1.1　停止条件

当我们求解问题 (2.13) 时, 我们的目的是寻求 $(\mathbf{x}^*, \mathbf{y}^*)$ 满足 KKT 条件:

$$-\mathbf{A}^{\mathrm{T}} \boldsymbol{\lambda}^* \in \partial f(\mathbf{x}^*), \quad -\mathbf{B}^{\mathrm{T}} \boldsymbol{\lambda}^* \in \partial g(\mathbf{y}^*) \quad \text{和} \quad \mathbf{A}\mathbf{x}^* + \mathbf{B}\mathbf{y}^* = \mathbf{b}, \tag{7.1}$$

其中 $\boldsymbol{\lambda}^*$ 是最优的对偶变量. 另一方面, 当我们使用 ADMM 求解 (2.13) 时, 子问题 (2.15a)–(2.15b) 满足:

$$-\mathbf{A}^{\mathrm{T}} \boldsymbol{\lambda}^{k+1} - \beta \mathbf{A}^{\mathrm{T}} \mathbf{B}(\mathbf{y}^k - \mathbf{y}^{k+1}) = -\mathbf{A}^{\mathrm{T}} \boldsymbol{\lambda}^k - \beta \mathbf{A}^{\mathrm{T}}(\mathbf{A}\mathbf{x}^{k+1} + \mathbf{B}\mathbf{y}^k - \mathbf{b})$$
$$\in \partial f(\mathbf{x}^{k+1}),$$
$$-\mathbf{B}^{\mathrm{T}} \boldsymbol{\lambda}^{k+1} = -\mathbf{B}^{\mathrm{T}} \boldsymbol{\lambda}^k - \beta \mathbf{B}^{\mathrm{T}}(\mathbf{A}\mathbf{x}^{k+1} + \mathbf{B}\mathbf{y}^{k+1} - \mathbf{b})$$
$$\in \partial g(\mathbf{y}^{k+1}).$$

可定义原始残差 (Primal Residual) 和对偶残差 (Dual Residual) 分别为

$$\mathbf{p}^{k+1} = \mathbf{A}\mathbf{x}^{k+1} + \mathbf{B}\mathbf{y}^{k+1} - \mathbf{b} \quad \text{和} \quad \mathbf{d}^{k+1} = \beta \mathbf{A}^{\mathrm{T}} \mathbf{B}(\mathbf{y}^k - \mathbf{y}^{k+1}). \tag{7.2}$$

我们可以看出, 如果 $\mathbf{p}^{k+1} = \mathbf{0}$ 且 $\mathbf{d}^{k+1} = \mathbf{0}$, 那么 $(\mathbf{x}^{k+1}, \mathbf{y}^{k+1}, \boldsymbol{\lambda}^{k+1})$ 满足 (7.1) 中的 KKT 条件. 所以算法是否收敛可以通过监测 $\mathbf{p}^{k+1}$ 和 $\mathbf{d}^{k+1}$ 得出. 由此, 我们可使用

$$\|\mathbf{p}^{k+1}\| \leqslant \epsilon_p \quad \text{和} \quad \|\mathbf{d}^{k+1}\| \leqslant \epsilon_d$$

作为停止准则. Boyd 等[8] 建议使用绝对误差 ϵ_{abs} 与相对误差 ϵ_{rel} 的组合, 定义容差 ϵ_p 和 ϵ_d 为

$$\epsilon_p = \sqrt{q}\epsilon_{\mathrm{abs}} + \epsilon_{\mathrm{rel}} \max\{\|\mathbf{Ax}^k\|, \|\mathbf{By}^k\|, \|\mathbf{b}\|\},$$

$$\epsilon_d = \sqrt{n}\epsilon_{\mathrm{abs}} + \epsilon_{\mathrm{rel}}\|\mathbf{A}^{\mathrm{T}}\boldsymbol{\lambda}^k\|.$$

这是一个相对好的策略, 它能保证容差适用于不同维数和不同数值量级的问题.

对于 ADMM 的其他变体, 停止条件可根据 KKT 条件与原始变量子问题产生的最优性条件的差距来设计, 例如针对线性化 ADMM 的停止准则可见文献 [58].

7.1.2 惩罚系数的选择

在本书中, 我们使用的惩罚系数 β 一直都是常数 (但是部分加速算法等价于使用了可变的惩罚系数). 在这种情况下, 本书介绍的许多 ADMM 可以使用一个放缩过的拉格朗日乘子, 即令 $\tilde{\boldsymbol{\lambda}} = \beta^{-1}\boldsymbol{\lambda}$, 则 (2.15a)–(2.15c) 可写成

$$\mathbf{x}^{k+1} = \underset{\mathbf{x}}{\operatorname{argmin}} \left(f(\mathbf{x}) + g(\mathbf{y}^k) + \frac{\beta}{2}\|\mathbf{Ax} + \mathbf{By}^k - \mathbf{b} + \tilde{\boldsymbol{\lambda}}^k\|^2 \right),$$

$$\mathbf{y}^{k+1} = \underset{\mathbf{y}}{\operatorname{argmin}} \left(f(\mathbf{x}^{k+1}) + g(\mathbf{y}) + \frac{\beta}{2}\|\mathbf{Ax}^{k+1} + \mathbf{By} - \mathbf{b} + \tilde{\boldsymbol{\lambda}}^k\|^2 \right),$$

$$\tilde{\boldsymbol{\lambda}}^{k+1} = \tilde{\boldsymbol{\lambda}}^k + (\mathbf{Ax}^{k+1} + \mathbf{By}^{k+1} - \mathbf{b}).$$

注意在 (2.15c) 关于 $\boldsymbol{\lambda}$ 的更新中, 参数 β 可以选择其他值. 例如, 文献 [27] 的定理 5.1 表明算法 2.1 中 (2.15c) 可以被改为

$$\boldsymbol{\lambda}^{k+1} = \boldsymbol{\lambda}^k + \tau\beta(\mathbf{Ax}^{k+1} + \mathbf{By}^{k+1} - \mathbf{b}),$$

其中 τ 可以是在开区间 $(0, (\sqrt{5}+1)/2)$ 上的任意值. 事实上, 在文献 [27] 中, Glowinski 留有关于 τ 能否被设置到 2 的开放性问题, 而 Tao 和 Yuan 对于目标函数为二次函数时给出了肯定的回答[84]. 所以在实践中调节 τ 的值有一定的意义.

事实上, 尽管收敛速度的阶不会改变, β 的设置会非常影响收敛速度. 如果 β 是固定的, 对于不同的问题很难找到一个相同的固定值. 所以在实践中我们可能希望 β 随着迭代改变. 典型地, β 有三种变化模式: β_k 不递减、不递增和振荡. 当 β_k 不递减时, 一般情况下它需要有一个上界 [①][57]. 当 β_k 不递增时, 一般情况下它需要有一个大于 0 的下界, 即 $\beta_k \geqslant \beta_{\min} > 0$[37]. 在这两种情况下, ADMM 能保

---

① 在一些情况下上界条件可以被去除, 例如 ∂f 和 ∂g 是一致有界的时候 (当 f 和 g 为范数时满足这个条件)[57].

证收敛, 因为 β 最终会固定在上界或者下界 (即在容差 ϵ_p 和 ϵ_d 不太小的时候改变 β 只能加速初始的迭代过程, 这对许多实际的机器学习问题已经够了).

β 的改变可以是自适应的或非自适应的. 例如 Tian 和 Yuan[86] 提出了一种动态非自适应的 β 的更新方法:

$$\beta_k = \tilde{\beta}_{\lfloor \frac{k}{\gamma} \rfloor}, \quad \text{其中} \quad \tilde{\beta}_{k+1} = \frac{\tilde{\beta}_k}{\sqrt{1 + L_g^{-1}\tilde{\beta}_k}}. \tag{7.3}$$

它能将算法 2.1 在没有 f 和 g 是强凸的假设下, 把遍历意义下的收敛速度从 $O(k^{-1})$ 提升到 $O(k^{-2})$, 其中 $\lfloor x \rfloor$ 是不超过 x 最大的整数, 实数 $\gamma > 1$ 是惩罚系数更新频率的参数, L_g 是 ∇g 的 Lipschitz 常数. 注意 (7.3) 意味着 β 在每大约 γ 次迭代后减小.

尽管非自适应地改变 β 在一些情况下可以提速, 我们很自然会想到自适应性地改变 β 可能会更加有效. 一个直接的想法是平衡原始残差和对偶残差. 因为

$$\mathbf{p}^{k+1} = \beta_k^{-1}(\boldsymbol{\lambda}^{k+1} - \boldsymbol{\lambda}^k),$$

而如果 ADMM 收敛, 一般来说 $\boldsymbol{\lambda}^k$ 是有界的, 我们可以预期大的 β 将导致小的原始残差和大的对偶残差 (见 (7.2) 中 $\mathbf{d}^{k+1}$ 的定义). 反过来, 一个小的 β 可能导致大的原始残差和小的对偶残差. 所以我们能够通过自适应性地调节 β 来平衡这两种残差. 也就是说, 当原始残差较大时增加 β, 当对偶残差较大时减小 β. 达到这个目的的一个简单的更新模式如下 (可见文献 [8, 36]):

$$\beta_{k+1} = \begin{cases} \eta\beta_k, & \|\mathbf{p}^k\| \geqslant \nu\|\mathbf{d}^k\|, \\ \beta_k/\eta, & \|\mathbf{d}^k\| \geqslant \nu\|\mathbf{p}^k\|, \\ \beta_k, & \text{其他}, \end{cases}$$

其中 $\eta > 1$ 且 $\nu > 1$. 然而由于 β_k 振荡, 惩罚系数的这种自适应变化会给 ADMM 的收敛性带来困难[①]. 此外, 这种更新方式需要两个超参数 η 和 ν, 所以相对来说更难调节它们的取值. 为了解决这些问题, Lin 等[57,58] 提出了另一个自适应的调节方法, 它只在对偶残差小于容差的时候增加 β. 这种更新方式[57,58] 一开始被用于线性化的 ADMM. 对于经典 ADMM (算法 2.1), 用于更新 β 的策略相应改为

$$\beta_{k+1} = \begin{cases} \min\{\rho\beta_k, \beta_{\max}\}, & \|\mathbf{d}^k\| \leqslant \epsilon_d, \\ \beta_k, & \text{否则}, \end{cases}$$

---

① 例如文献 [36] 需要 η 随着迭代变化并满足 $\sum_{k=0}^{\infty}(\eta_k - 1) < \infty$. 所以当 k 很大的时候, β_k 改变很小, 事实上对平衡原始残差和对偶残差基本没有作用.

其中 $\rho > 1$, $\beta_{\max} > 0$ 是惩罚系数的上界. 因为 β 非递减, 收敛性能够得到保证, 并且只有一个超参数 ρ 需要被调节, 这在实践中往往更好用和有效. 一个好的 ρ 的选择应当让 β 在若干次迭代后就上升, 而不是对于很多次迭代都保持不变. 这种更新思想对于非递增 β 的更新方式为

$$\beta_{k+1} = \begin{cases} \max\{\rho^{-1}\beta_k, \beta_{\min}\}, & \|\mathbf{p}^k\| \leqslant \epsilon_p, \\ \beta_k, & \text{否则}, \end{cases}$$

其中 $\beta_{\min} > 0$ 是惩罚系数的下界.

7.1.3 避免过多的辅助变量

ADMM 采用了"分而治之"的思想, 它使得原始变量的更新相对简单. 在 1.1 节中, 为了使子问题变得相对简单, 引入辅助变量是必需的. 然而引入过多的辅助变量可能会使得收敛速度下降 (例如 3.5.3 节中 L_i 正比于变量块的个数). 因此, 除非有必要, 我们应该使用尽可能少的辅助变量. 以 (1.6) 为例, 引入辅助变量 $\mathbf{Y}$ 是必需的, 否则求解 $\mathbf{X}$ 的问题为

$$\mathbf{X}^{k+1} = \underset{\mathbf{X} \geqslant \mathbf{0}}{\operatorname{argmin}} \left(\|\mathbf{X}\|_* + \langle \boldsymbol{\lambda}^k, \mathbf{b} - \mathcal{P}_{\Omega}(\mathbf{X}) - \mathbf{e}^k \rangle + \frac{\beta}{2} \|\mathbf{b} - \mathcal{P}_{\Omega}(\mathbf{X}) - \mathbf{e}^k\|^2 \right).$$

这个问题即使线性化了增广项也不容易被求解, 因为问题包含非负约束 $\mathbf{X} \geqslant \mathbf{0}$. 然而, 如果将 $\|\mathbf{X}\|_*$ 换成 $\|\mathbf{X}\|^2$, 则引入 $\mathbf{Y}$ 是没有必要的, 因为在这种情况下, 更新 $\mathbf{X}$ 的问题为

$$\mathbf{X}^{k+1} = \underset{\mathbf{X} \geqslant \mathbf{0}}{\operatorname{argmin}} \left(\|\mathbf{X}\|^2 + \langle \boldsymbol{\lambda}^k, \mathbf{b} - \mathcal{P}_{\Omega}(\mathbf{X}) - \mathbf{e}^k \rangle + \frac{\beta}{2} \|\mathbf{b} - \mathcal{P}_{\Omega}(\mathbf{X}) - \mathbf{e}^k\|^2 \right).$$

它容易被求解. 当把 $\|\mathbf{X}\|_*$ 换成 $\|\mathbf{X}\|_1$ 时, 也没有必要引入 $\mathbf{Y}$.

7.1.4 非精确求解子问题

在前几章中, 我们都假设子问题是容易求解的, 例如 f 和 g 的邻近映射有闭解或者 f 和 g 是 L-光滑的函数使得它们能被线性化. 如果这两个条件都不满足, 我们往往需要通过迭代的方式求解子问题. 由于我们只能用有限步求解子问题, 那么我们只能得到问题的一个近似解, 这将会引来一个问题, 即我们该如何设置求解子问题的终止条件. 目前有一些结论说明对于一些 ADMM (例如文献 [19, 31, 70, 97]), 只要子问题的求解精度控制较好, 如

$$\sum_{k=0}^{\infty} \epsilon_k < \infty,$$

其中 ϵ_k 是第 k 次迭代中求解子问题的误差 (根据不同的算法可选择绝对误差或者相对误差, 准确定义依赖于算法细节), 这些 ADMM 仍然能够收敛到原问题的解. 这意味着子问题在 ADMM 迭代的开始阶段不需要被高精度求解, 这可以节省不少时间.

7.1.5   其他考虑

在实践中还有一些其他值得考虑的细节问题, 例如初始化或者更新原始变量的顺序. 但在实践中, 它们对收敛速度的影响往往不大, 所以在这里就不详细探讨了. 然而, 如果我们对问题有一个好的先验信息, 根据先验信息做出一个好的初始化, 当然对问题的求解会有帮助. 另外, 有一些收敛性定理对 x 和 y 给出了不对称的条件, 例如要求矩阵 B 行满秩或者对 g 要求和 f 不同的凸性或者光滑性 (例如第 3 章中的一些定理). 在这种情况下, 我们应该注意哪个原始变量是 "x"、哪个变量是 "y", 以保证满足算法的收敛性条件.

7.2   总   结

在本书中, 我们介绍了各式各样的 ADMM. 它们被用于各种不同的情况: 确定性凸问题、确定性非凸问题、随机优化和分布式优化. 现在已有非常多的文献在研究 ADMM 的方方面面. 遗憾的是, 我们在此介绍的只是冰山一角, 因为本书的内容是根据待求解问题的性质进行划分的, 并注重介绍收敛性和收敛速度的证明细节, 同时也倾向于选择实用性强的算法.

ADMM 使用了 "分而治之" 的哲学思想来优雅地求解问题. 如果读者能够熟练地引入辅助变量来解耦问题、定义增广拉格朗日函数和使用线性化技巧, 就能够很轻松地实现 ADMM, 并求解实际问题. 然而, 如果没有适当地设置惩罚系数, ADMM 可能会非常慢. 对于一些特定问题, 如线性规划, ADMM 尽管在理论上是线性收敛的 (例如定理 3.5 和引理 A.3), 但实际上是非常慢的. 所以在求解精度要求不高的情况下, ADMM 是一个好的选择. 这是它如今在机器学习领域很受欢迎的重要原因之一.

参 考 文 献

[1] Alghunaim S A, Ryu E K, Yuan K, et al. Decentralized proximal gradient algorithms with linear convergence rates. IEEE Trans. Automat. Contr., 2021, 66(6): 2787-2794.

[2] Allen-Zhu Z. Katyusha: The first truly accelerated stochastic gradient method// Annual Symposium on the Theory of Computing, 2017.

[3] Aybat N S, Wang Z, Lin T, et al. Distributed linearized alternating direction method of multipliers. IEEE Trans. Automat. Contr., 2018, 63(1): 5-20.

[4] Azadi S, Sra S. Towards an optimal stochastic alternating direction method of multipliers// International Conference on Machine Learning, 2014: 620-628.

[5] Bertsekas D P, Tsitsiklis J N. Parallel and Distributed Computation: Numerical Methods. New Jersy: Prentice Hall, 1989.

[6] Bian F, Liang J, Zhang X. A stochastic alternating direction method of multipliers for non-smooth and non-convex optimization. Inverse Problems, 2021, 37(7).

[7] Bot R I, Nguyen D K. The proximal alternating direction method of multipliers in the nonconvex setting: Convergence analysis and rates. Math. Oper. Res., 2020, 45(2): 682-712.

[8] Boyd S, Parikh N, Chu E, et al. Distributed optimization and statistical learning via the alternating direction method of multipliers. Found. Trends Mach. Learn., 2011, 3(1): 1-122.

[9] Boyd S, Vandenberghe L. Convex Optimization. Cambridge: Cambridge University Press, 2004.

[10] Candes E J, Li X, Ma Y, et al. Robust principal component analysis. J. ACM, 2011, 58(3): 1-37.

[11] Chang T-H, Hong M, Liao W. Asynchronous distributed ADMM for large-scale optimization-part I: Algorithm and convergence analysis. IEEE Trans. Signal Process., 2016, 64(12): 3118-3130.

[12] Chang T-H, Liao W, Hong M, et al. Asynchronous distributed ADMM for large-scale optimization-part II: Linear convergence analysis and numerical performance. IEEE Trans. Signal Process., 2016, 64(12): 3131-3144.

[13] Chen C, He B, Ye Y, et al. The direct extension of ADMM for multi-block convex minimization problems is not necessarily convergent. Math. Program., 2016, 155(1/2): 57-79.

[14] Davis D, Yin W. Convergence rate analysis of several splitting schemes//Splitting Methods in Communication, Imaging, Science, and Engineering. Swizerland: Springer, 2016: 115-163.

[15] Defazio A, Bach F, Lacoste-Julien S. SAGA: A fast incremental gradient method with support for non-strongly convex composite objectives// Advances in Neural Information Processing Systems, 2014: 1646-1654.

[16] Deng W, Yin W. On the global and linear convergence of the generalized alternating direction method of multipliers. J. Sci. Comput., 2016, 66(3): 889-916.

[17] Domingos P M. A few useful things to know about machine learning. Commun. ACM, 2012, 55(10): 78-87.

[18] Douglas J, Rachford H H. On the numerical solution of heat conduction problems in two and three space variables. Trans. Am. Math. Soc., 1956, 82(2): 421-439.

[19] Eckstein J, Bertsekas D P. On the Douglas-Rachford splitting method and the proximal point algorithm for maximal monotone operators. Math. Program., 1992, 55(1): 293-318.

[20] Fang C, Cheng F, Lin Z. Faster and nonergodic $O(1/K)$ stochastic alternating direction method of multipliers//Advances in Neural Information Processing Systems, 2017: 4476-4485.

[21] Fang C, Lin Z, Zhang T, et al. SPIDER: Near-optimal non-convex optimization via stochastic path integrated differential estimator// Advances in Neural Information Processing Systems, 2018: 689-699.

[22] Gabay D. Applications of the method of multipliers to variational inequalities. Augmented Lagrangian Methods: Applications to the Solution of Boundary-Value Problems, 1983.

[23] Gabay D. Applications of the method of multipliers to variational inequalities. Math. Appl., 1983, 15: 299-331.

[24] Gabay D, Mercier B. A dual algorithm for the solution of nonlinear variational problems via finite element approximations. Comput. Math., 1976, 2(1): 17-40.

[25] Gao W, Goldfarb D, Curtis F E. ADMM for multiaffine constrained optimization. Optim. Methods Softw., 2020, 35(2): 257-303.

[26] Giesen J, Laue S. Distributed convex optimization with many convex constraints. ArXiv: 1610.02967, 2018.

[27] Glowinski R. Numerical Methods for Nonlinear Variational Problems. New York: Springer, 1984.

[28] Glowinski R, Marrocco A. Sur l'approximation par éléments finis d'ordre un, et la résolution, par pénalisation-dualité d'une classe de problèmes de Dirichlet non linéaires. Rev. fr. autom. inform. rech. opér., Anal. numér., 1975, 9(R2): 41-76.

[29] Goldstein T, Osher S. The split Bregman method for ℓ_1- regularized problems. SIAM J. Imaging Sci., 2009, 2(2): 323-343.

[30] Hajinezhad D, Chang T H, Wang X, et al. Nonnegative matrix factorization using ADMM: Algorithm and convergence analysis//IEEE International Conference on Acoustics, Speech, and Signal Processing, 2016: 4742-4746.

[31] He B, Liao L, Han D, et al. A new inexact alternating directions method for monotone variational inequalities. Math. Program., 2002, 92(1): 103-118.

[32] He B, Tao M, Xu M, et al. Alternating directions based contraction method for generally separable linearly constrained convex programming problems. Optimization, 2013, 62: 573-596.

[33] He B, Tao M, Yuan X. Alternating direction method with Gaussian back substitution for separable convex programming. SIAM J. Optim., 2012, 22(2): 313-340.

[34] He B, Tao M, Yuan X. A splitting method for separable convex programming. IMA J. Numer. Anal., 2015, 35(1): 394-426.

[35] He B, Xu S, Yuan X. Extensions of ADMM for separable convex optimization problems with linear equation or inequality constraints. Arxiv: 2107.01897, 2021.

[36] He B, Yang H, Wang S L. Alternating direction method with self-adaptive penalty parameters for monotone variational inequalities. J. Optim. Theory Appl., 2000, 106(2): 337-356.

[37] He B, Yang H. Some convergence properties of a method of multipliers for linearly constrained monotone variational inequalities. Oper. Res. Lett., 1998, 23(3/5): 151-161.

[38] He B, Yuan X. On the $O(1/t)$ convergence rate of the Douglas-Rachford alternating direction method. SIAM J. Numer. Anal., 2012, 50(2): 700-709.

[39] He B, Yuan X. On non-ergodic convergence rate of Douglas-Rachford alternating direction method of multipliers. Numer. Math., 2015, 130(3): 567-577.

[40] Hestenes M R. Multiplier and gradient methods. J. Optim. Theory Appl., 1979, 4(5): 302-320.

[41] Hoffman A J. On approximate solutions of systems of linear inequalities. J. Research of the National Bureau of Standards, 1952, 49(4): 263-265.

[42] Hong M, Luo Z Q. On the linear convergence of the alternating direction method of multipliers. Math. Program., 2017, 162(1/2): 165-199.

[43] Hong M, Luo Z Q, Razaviyayn M. Convergence analysis of alternating direction method of multipliers for a family of nonconvex problems. SIAM J. Optim., 2016, 26(1): 337-364.

[44] Huang F, Chen S. Minibatch stochastic ADMMs for nonconvex nonsmooth optimization. 2018. ArXiv: 1802.03284.

[45] Huang F, Chen S, Huang H. Faster stochastic alternating direction method of multipliers for nonconvex optimization//International Conference on Machine Learning, 2019: 2839-2848.

[46] Iutzeler F, Bianchi P, Ciblat P, et al. Asynchronous distributed optimization using a randomized alternating direction method of multipliers//IEEE Conference on Decision and Control, 2013: 3671-3676.

[47] Jiang B, Lin T, Ma S, et al. Structured nonconvex and nonsmooth optimization: Algorithms and iteration complexity analysis. Comput. Optim. Appl., 2019, 72(1): 115-157.

[48] Johnson R, Zhang T. Accelerating stochastic gradient descent using predictive variance reduction//Advances in Neural Information Processing Systems, 2013: 315-323.

[49] Kumar S, Jain R, Rajawat K. Asynchronous optimization over heterogeneous networks via consensus ADMM. IEEE Trans. Signal Inf. Process. Netw., 2017, 3(1): 114-129.

[50] Lan G, Lee S, Zhou Y. Communication-efficient algorithms for decentralized and stochastic optimization. Math. Program., 2020, 180(1): 237-284.

[51] Li G Y, Pong T K. Global convergence of splitting methods for nonconvex composite optimization. SIAM J. Optim., 2015, 25(4): 2434-2460.

[52] Li H, Lin Z. Accelerated alternating direction method of multipliers: An optimal $O(1/K)$ nonergodic analysis. J. Sci. Comput., 2019, 79(2): 671-699.

[53] Li H, Lin Z, Fang Y. Variance reduced EXTRA and DIGing and their optimal acceleration for strongly convex decentralized optimization. J. Mach. Learn. Res., 2022, 23(222): 1-41.

[54] Li J, Xiao M, Fang C, et al. Training neural networks by lifted proximal operator machines. IEEE Trans. Pattern Anal. Mach. Intell., 2022, 44(6): 3334-3348.

[55] Lin Z, Chen M, Ma Y. The augmented Lagrange multiplier method for exact recovery of corrupted low-rank matrices. 2010. ArXiv: 1009.5055.

[56] Lin Z, Li H, Fang C. Accelerated Optimization for Machine Learning: First-Order Algorithms. Singapore: Springer, 2020.

[57] Lin Z, Liu R, Li H. Linearized alternating direction method with parallel splitting and adaptive penalty for separable convex programs in machine learning. Mach. Learn., 2015, 99(2): 287-325.

[58] Lin Z, Liu R, Su Z. Linearized alternating direction method with adaptive penalty for low-rank representation//Advances in Neural Information Processing Systems, 2011: 612-620.

[59] Ling Q, Shi W, Wu G, et al. DLM: Decentralized linearized alternating direction method of multipliers. IEEE Trans. Signal Process., 2015, 63(15): 4051-4064.

[60] Liu G, Lin Z, Yu Y. Robust subspace segmentation by low-rank representation// International Conference on Machine Learning, 2010: 663-670.

[61] Liu R, Lin Z, Su Z. Linearized alternating direction method with parallel splitting and adaptive penalty for separable convex programs in machine learning//Asian Conference on Machine Learning, 2013: 116-132.

[62] Liu Y, Yuan X, Zeng S, et al. Partial error bound conditions and the linear convergence rate of the alternating direction method of multipliers. SIAM J. Numer. Anal., 2018, 56(4): 2095-2123.

[63] Liu Y, Shang F, Liu H, et al. Accelerated variance reduction stochastic ADMM for large-scale machine learning. IEEE Trans. Pattern Anal. Mach. Intell., 2021, 43(12): 4242-4255.

[64] Lu C, Feng J, Yan S, et al. A unified alternating direction method of multipliers by majorization minimization. IEEE Trans. Pattern Anal. Mach. Intell., 2018, 40(3): 527-541.

[65] Lu C, Li H, Lin Z, et al. Fast proximal linearized alternating direction method of multiplier with parallel splitting//AAAI Conference on Artificial Intelligence, 2016: 739-745.

[66] Mairal J. Optimization with first-order surrogate functions//International Conference on Machine Learning, 2013: 783-791.

[67] Maros M, Jalden J. On the Q-linear convergence of distributed generalized ADMM under non-strongly convex function components. IEEE Trans. Signal Inf. Process. Netw., 2019, 5(3): 442-453.

[68] Nedić A, Olshevsky A, Shi W. Achieving geometric convergence for distributed optimization over time-varying graphs. SIAM J. Optim., 2017, 27(4): 2597-2633.

[69] Nesterov Y. Introductory Lectures on Convex Optimization: A Basic Course. New York: Springer Science+Business Media, 2004.

[70] Ng M K, Wang F, Yuan X. Inexact alternating direction methods for image recovery. SIAM J. Sci. Comput., 2011, 33(4): 1643-1668.

[71] Nguyen L M, Liu J, Scheinberg K, et al. SARAH: A novel method for machine learning problems using stochastic recursive gradient//International Conference on Machine Learning, 2017: 2613-2621.

[72] Ouyang H, He N, Tran L, et al. Stochastic alternating direction method of multipliers//International Conference on Machine Learning, 2013: 80-88.

[73] Ouyang Y, Chen Y, Lan G, et al. An accelerated linearized alternating direction method of multipliers. SIAM J. Imaging Sci., 2015, 8(1): 644-681.

[74] Peng Z, Xu Y, Yan M, et al. ARock: An algorithmic framework for asynchronous parallel coordinate updates. SIAM J. Sci. Comput., 2016, 38(5): 2851-2879.

[75] Qu G, Li N. Harnessing smoothness to accelerate distributed optimization. IEEE Trans. Control Netw., 2018, 5(3): 1245-1260.

[76] Sahin M F, Eftekhari A, Alacaoglu A, et al. An inexact augmented Lagrangian framework for nonconvex optimization with nonlinear constraints// Advances in Neural Information Processing Systems, 2019: 13943-13955.

[77] Schmidt M, Roux L N, Bach F. Minimizing finite sums with the stochastic average gradient. Math. Program., 2017, 162(1/2): 83-112.

[78] Shalev-Shwartz S, Zhang T. Stochastic dual coordinate ascent methods for regularized loss minimization. J. Mach. Learn. Res., 2013, 14(2): 567-599.

[79] Shefi R, Teboulle M. Rate of convergence analysis of decomposition methods based on the proximal method of multipliers for convex minimization. SIAM J. Optim., 2014, 24(1): 269-297.

[80] Shi W, Ling Q, Wu G, et al. EXTRA: An exact firstorder algorithm for decentralized consensus optimization. SIAM J. Optim., 2015, 25(2): 944-966.

[81] Shi W, Ling Q, Yuan K, et al. On the linear convergence of the ADMM in decentralized consensus optimization. IEEE Trans. Signal Process., 2014, 62(7): 1750-1761.

[82] Suzuki T. Stochastic dual coordinate ascent with alternating direction method of multipliers//International Conference on Machine Learning, 2014: 736-744.

[83] Tao M, Yuan X. Recovering low-rank and sparse components of matrices from incomplete and noisy observations. SIAM J. Optim., 2011, 21(5): 57-81.

[84] Tao M, Yuan X. On Glowinski's open question on the alternating direction method of multipliers. J. Optim. Theory Appl., 2018: 179(1): 163-196.

[85] Taylor G, Burmeister R, Xu Z, et al. Training neural networks without gradients: A scalable ADMM approach//International Conference on Machine Learning, 2016, 2722-2731.

[86] Tian W, Yuan X. An alternating direction method of multipliers with a worst-case $O(1/n^2)$ convergence rate. Math. Comput., 2019, 88(318): 1685-1713.

[87] Wang F, Cao W, Xu Z. Convergence of multi-block Bregman ADMM for nonconvex composite problems. Sci. China Inf. Sci., 2018, 61(12): 1-12.

[88] Wang H, Banerjee A. Bregman alternating direction method of multipliers//Advances in Neural Information Processing Systems, 2014: 2816-2824.

[89] Wang X, Yuan X. The linearized alternating direction method of multipliers for Dantzig selector. SIAM J. Sci. Comput., 2012, 34(5): A2792-A2811.

[90] Wang Y, Yin W, Zeng J. Global convergence of ADMM in nonconvex nonsmooth optimization. J. Sci. Comput., 2020, 78(1): 29-63.

[91] Wei E, Ozdaglar A. On the $O(1/k)$ convergence of asynchronous distributed alternating direction method of multipliers//IEEE Global Conference on Signal and Information Processing, 2013: 551-554.

[92] Xie X, Wu J, Zhong Z, et al. Differentiable linearized ADMM//International Conference on Machine Learning, 2019: 6902-6911.

[93] Xu J, Zhu S, Soh Y C, et al. Augmented distributed gradient methods for multi-agent optimization under uncoordinated constant stepsizes//IEEE Conference on Decision and Control, 2015: 2055-2060.

[94] Xu Y, Yin W, Wen Z, et al. An alternating direction algorithm for matrix completion with nonnegative factors. Front. Math. China, 2012, 7(2): 365-384.

[95] Yang W H, Han D. Linear convergence of the alternating direction method of multipliers for a class of convex optimization problems. SIAM J. Imaging Sci., 2016, 54(2): 625-640.

[96] Yang Y, Sun J, Li H, et al. Deep ADMM-Net for compressive sensing MRI// Advances in Neural Information Processing Systems, 2016: 10-18.

[97] Eckstein J, Yao W. Approximate versions of the alternating direction method of multipliers. Ph.D. Thesis. The State University of New Jersey, 2016.

[98] Yuan X, Zeng S, Zhang J. Discerning the linear convergence of ADMM for structured convex optimization through the lens of variational analysis. J. Mach. Learn. Res., 2020, 21: 1-75.

[99] Zhang J, Luo Z Q. A proximal alternating direction method of multiplier for linearly constrained nonconvex minimization. SIAM J. Optim.,2020, 30(3): 2272-2302.

[100] Zheng S, Kwok J T. Fast-and-light stochastic ADMM//International Joint Conference on Artificial Intelligence, 2016: 2407-2613.

[101] Zhong W, Kwok J. Fast stochastic alternating direction method of multipliers// International Conference on Machine Learning, 2014: 46-54.

附录 A 数 学 基 础

本附录包含一些基本定义和本书用到的基本结论.

A.1 代数与概率

命题 A.1(Cauchy-Schwarz 不等式) 对于任意的 $\mathbf{x}, \mathbf{y} \in \mathbb{R}^n$ 有

$$\langle \mathbf{x}, \mathbf{y} \rangle \leqslant \|\mathbf{x}\| \|\mathbf{y}\|.$$

引理 A.1 对于任意的 $\mathbf{x}, \mathbf{y}, \mathbf{z}$ 和 $\mathbf{w} \in \mathbb{R}^n$, 有如下三个恒等式

$$\langle \mathbf{x}, \mathbf{y} \rangle = \frac{1}{2} \left(\|\mathbf{x}\|^2 + \|\mathbf{y}\|^2 - \|\mathbf{x} - \mathbf{y}\|^2 \right), \tag{A.1}$$

$$\langle \mathbf{x}, \mathbf{y} \rangle = \frac{1}{2} \left(\|\mathbf{x} + \mathbf{y}\|^2 - \|\mathbf{x}\|^2 - \|\mathbf{y}\|^2 \right), \tag{A.2}$$

$$\langle \mathbf{x} - \mathbf{z}, \mathbf{y} - \mathbf{w} \rangle = \frac{1}{2} \left(\|\mathbf{x} - \mathbf{w}\|^2 - \|\mathbf{z} - \mathbf{w}\|^2 - \|\mathbf{x} - \mathbf{y}\|^2 + \|\mathbf{z} - \mathbf{y}\|^2 \right). \tag{A.3}$$

定义 A.1(奇异值分解 (SVD)) 假设 $\mathbf{A} \in \mathbb{R}^{m \times n}$ 满足 $\text{rank}(\mathbf{A}) = r$. 那么 $\mathbf{A}$ 可以被分解为

$$\mathbf{A} = \mathbf{U} \boldsymbol{\Sigma} \mathbf{V}^{\mathrm{T}},$$

其中 $\mathbf{U} \in \mathbb{R}^{m \times r}$ 满足 $\mathbf{U}^{\mathrm{T}} \mathbf{U} = \mathbf{I}$, $\mathbf{V} \in \mathbb{R}^{n \times r}$ 满足 $\mathbf{V}^{\mathrm{T}} \mathbf{V} = \mathbf{I}$, 且 $\boldsymbol{\Sigma} = \text{Diag}(\sigma_1, \cdots, \sigma_r)$,

$$\sigma_1 \geqslant \sigma_2 \geqslant \cdots \geqslant \sigma_r > 0.$$

上述分解被称为 $\mathbf{A}$ 的瘦型奇异值分解, $\mathbf{U}$ 的列被称为左奇异向量, $\mathbf{V}$ 的列被称为右奇异向量, σ_i 被称为奇异值.

定义 A.2(图的拉普拉斯矩阵) 将图 $\mathfrak{g}$ 记为 $\mathfrak{g} = \{\mathcal{V}, \mathcal{E}\}$, 其中 $\mathcal{V}$ 和 $\mathcal{E}$ 分别表示图的顶点集和边集, $(i, j) \in \mathcal{E}$ 表示 i 和 j 是相连的. 令 $\mathcal{V}_i = \{j \in \mathcal{V} | (i, j) \in \mathcal{E}\}$ 表示与顶点 i 相连的顶点集合, 则图 $\mathfrak{g} = \{\mathcal{V}, \mathcal{E}\}$ 的拉普拉斯矩阵 $\mathbf{L}$ 定义为

$$\mathbf{L}_{ij} = \begin{cases} |\mathcal{V}_i|, & i = j, \\ -1, & i \neq j \text{ 且 } (i, j) \in \mathcal{E}, \\ 0, & \text{其他}. \end{cases}$$

命题 A.2(拉普拉斯矩阵的性质) 一个有 n 个顶点的图的拉普拉斯矩阵 $\mathbf{L}$ 有如下性质:

1. $\mathbf{L} \succcurlyeq \mathbf{0}$.

2. $\operatorname{rank}(\mathbf{L}) = n - c$, 其中 c 是图的连通分支的个数, 且关于特征值为 0 的特征向量是 $\mathbf{1}_n$.

命题 A.3 对于随机向量 $\boldsymbol{\xi}$, 我们有

$$\mathbb{E}\|\boldsymbol{\xi} - \mathbb{E}\boldsymbol{\xi}\|^2 \leqslant \mathbb{E}\|\boldsymbol{\xi}\|^2.$$

命题 A.4(Jensen 不等式 (连续情形)) 如果 $f: C \subseteq \mathbb{R}^n \to \mathbb{R}$ 是凸函数且 $\boldsymbol{\xi}$ 是 C 上的随机向量, 那么

$$f(\mathbb{E}\boldsymbol{\xi}) \leqslant \mathbb{E}f(\boldsymbol{\xi}).$$

A.2 凸 分 析

关于凸集和凸函数的基本概念可以参见文献 [9]. 我们只考虑有限维欧氏空间上的凸分析.

定义 A.3 (凸集 (Convex Set)) 集合 $C \subseteq \mathbb{R}^n$ 称为凸集, 如果对于所有 $\mathbf{x}$, $\mathbf{y} \in C$ 和 $\alpha \in [0,1]$, 我们有 $\alpha\mathbf{x} + (1-\alpha)\mathbf{y} \in C$.

定义 A.4 (凸函数 (Convex Function)) 函数 $f: C \subseteq \mathbb{R}^n \to \mathbb{R}$ 称为凸函数, 如果 C 是凸集且对于任意 $\mathbf{x}, \mathbf{y} \in C$ 和 $\alpha \in [0,1]$ 有

$$f(\alpha\mathbf{x} + (1-\alpha)\mathbf{y}) \leqslant \alpha f(\mathbf{x}) + (1-\alpha)f(\mathbf{y}).$$

C 称为 f 的定义域.

定义 A.5(凹函数 (Concave Function)) 函数 $f: C \subseteq \mathbb{R}^n \to \mathbb{R}$ 称为凹函数, 如果 $-f$ 是凸函数.

定义 A.6(严格凸函数 (Strictly Convex Function)) 函数 $f: C \subseteq \mathbb{R}^n \to \mathbb{R}$ 称为严格凸函数, 如果 C 是一个凸集, 且对于所有 $\mathbf{x} \neq \mathbf{y} \in C$ 和 $\alpha \in (0,1)$ 有

$$f(\alpha\mathbf{x} + (1-\alpha)\mathbf{y}) < \alpha f(\mathbf{x}) + (1-\alpha)f(\mathbf{y}).$$

定义 A.7 (强凸函数 (Strongly Convex Function) 和一般凸函数 (Generally Convex Function)) 函数 $f: C \subseteq \mathbb{R}^n \to \mathbb{R}$ 称为强凸函数, 如果 C 是一个凸集且存在一个常数 $\mu > 0$, 对于所有 $\mathbf{x}, \mathbf{y} \in C$ 和 $\alpha \in [0,1]$ 有

$$f(\alpha\mathbf{x} + (1-\alpha)\mathbf{y}) \leqslant \alpha f(\mathbf{x}) + (1-\alpha)f(\mathbf{y}) - \frac{\mu\alpha(1-\alpha)}{2}\|\mathbf{y} - \mathbf{x}\|^2.$$

μ 称为 f 的强凸系数. 为了方便, 具有强凸系数 μ 的强凸函数简称为 μ-强凸函数. 如果一个凸函数不是强凸的 (此时 $\mu = 0$), 我们称它为一般凸函数.

命题 A.5 (Jensen 不等式 (离散情形)) 如果 $f : C \subseteq \mathbb{R}^n \to \mathbb{R}$ 是凸函数, $\mathbf{x}_i \in C$, $\alpha_i \geqslant 0$, $i \in [m]$, $\sum_{i=1}^m \alpha_i = 1$, 那么

$$f\left(\sum_{i=1}^m \alpha_i \mathbf{x}_i\right) \leqslant \sum_{i=1}^m \alpha_i f(\mathbf{x}_i).$$

定义 A.8 (光滑函数 (Smooth Function)) 不严格地, 我们称一个连续可微的函数为光滑函数.

定义 A.9 (函数有 Lipschitz 连续梯度) 我们称可微函数 $f : C \subseteq \mathbb{R}^n \to \mathbb{R}$ 具有 Lipschitz 连续的梯度, 如果存在 $L > 0$ 使得

$$\|\nabla f(\mathbf{x}) - \nabla f(\mathbf{y})\| \leqslant L\|\mathbf{y} - \mathbf{x}\|, \quad \forall \mathbf{x}, \mathbf{y} \in C.$$

为了书写简单, 如果一个函数具有 Lipschitz 连续的梯度且 Lipschitz 常数为 L, 我们称该函数为 L-光滑函数.

命题 A.6 ([69]) 如果 $f : C \subseteq \mathbb{R}^n \to \mathbb{R}$ 是 L-光滑函数, 那么有

$$|f(\mathbf{y}) - f(\mathbf{x}) - \langle \nabla f(\mathbf{x}), \mathbf{y} - \mathbf{x}\rangle| \leqslant \frac{L}{2}\|\mathbf{y} - \mathbf{x}\|^2, \quad \forall \mathbf{x}, \mathbf{y} \in C. \tag{A.4}$$

如果 f 是 L-光滑凸函数, 那么进一步有

$$f(\mathbf{y}) \geqslant f(\mathbf{x}) + \langle \nabla f(\mathbf{x}), \mathbf{y} - \mathbf{x}\rangle + \frac{1}{2L}\|\nabla f(\mathbf{y}) - \nabla f(\mathbf{x})\|^2. \tag{A.5}$$

定义 A.10 (凸函数的次梯度 (Subgradient)) 向量 $\mathbf{g}$ 是凸函数 $f : C \subseteq \mathbb{R}^n \to \mathbb{R}$ 在 $\mathbf{x} \in C$ 处的次梯度, 如果

$$f(\mathbf{y}) \geqslant f(\mathbf{x}) + \langle \mathbf{g}, \mathbf{y} - \mathbf{x}\rangle, \quad \forall \mathbf{y} \in C.$$

f 在 $\mathbf{x}$ 处的次梯度的集合记为 $\partial f(\mathbf{x})$.

命题 A.7 对于凸函数 $f : C \subseteq \mathbb{R}^n \to \mathbb{R}$, 其在 C 内点处的次梯度都存在. 它在 $\mathbf{x}$ 处可微当且仅当 $\partial f(\mathbf{x})$ 只有一个元素.

命题 A.8 如果 $f : C \to \mathbb{R}$ 是 μ-强凸函数, 那么

$$f(\mathbf{y}) \geqslant f(\mathbf{x}) + \langle \mathbf{g}, \mathbf{y} - \mathbf{x}\rangle + \frac{\mu}{2}\|\mathbf{y} - \mathbf{x}\|^2, \quad \forall \mathbf{g} \in \partial f(\mathbf{x}). \tag{A.6}$$

特别地, 如果 f 是 μ-强凸函数, $\mathbf{x}^* = \operatorname{argmin}_{\mathbf{x}} f(\mathbf{x})$, 那么

$$f(\mathbf{x}) - f(\mathbf{x}^*) \geqslant \frac{\mu}{2}\|\mathbf{x} - \mathbf{x}^*\|^2. \tag{A.7}$$

另一方面, 如果 f 可微且 μ-强凸, 我们有

$$f(\mathbf{x}^*) \geqslant f(\mathbf{x}) - \frac{1}{2\mu}\|\nabla f(\mathbf{x})\|^2.$$

进一步有

$$\langle \nabla f(\mathbf{x}) - \nabla f(\mathbf{y}), \mathbf{x} - \mathbf{y} \rangle \geqslant \mu \|\mathbf{x} - \mathbf{y}\|^2. \tag{A.8}$$

特别地

$$\|\nabla f(\mathbf{x}) - \nabla f(\mathbf{y})\| \geqslant \mu \|\mathbf{x} - \mathbf{y}\|. \tag{A.9}$$

定义 A.11(上图 (Epigraph)) $f: C \subseteq \mathbb{R}^n \to \mathbb{R}$ 的上图定义为

$$\mathrm{epi}\, f = \{(\mathbf{x}, t) | \mathbf{x} \in C, t \geqslant f(\mathbf{x})\}.$$

定义 A.12(闭函数 (Closed Function)) 如果 epi f 是一个闭集, 那么 f 是一个闭函数.

定义 A.13 (单调算子 (Monotone Operator) 和单调函数 (Monotone Function)) 集值函数 $f: C \subseteq \mathbb{R}^n \to 2^{\mathbb{R}^n}$ (可简记为 $f: C \subseteq \mathbb{R}^n \rightrightarrows \mathbb{R}^n$) 称为单调算子, 如果

$$\langle \mathbf{x} - \mathbf{y}, \mathbf{u} - \mathbf{v} \rangle \geqslant 0, \quad \forall \mathbf{x}, \mathbf{y} \in C, \mathbf{u} \in f(\mathbf{x}), \mathbf{v} \in f(\mathbf{y}).$$

特别地, 如果 f 是单值函数且

$$\langle \mathbf{x} - \mathbf{y}, f(\mathbf{x}) - f(\mathbf{y}) \rangle \geqslant 0, \quad \forall \mathbf{x}, \mathbf{y} \in C,$$

则称 f 为单调函数.

定义 A.14(极大单调算子 (Maximal Monotone Operator)) 一个算子 $\mathcal{T}$ 的图像定义为

$$\mathrm{Graph}(\mathcal{T}) = \{(\mathbf{x}, \mathbf{u}) | \mathbf{x} \in C, \mathbf{u} \in \mathcal{T}(\mathbf{x})\}.$$

若单调算子 $\mathcal{T}$ 满足性质: 对于任意的单调算子 $\mathcal{T}'$, 若 $\mathrm{Graph}(\mathcal{T}) \subseteq \mathrm{Graph}(\mathcal{T}')$ 则 $\mathcal{T} = \mathcal{T}'$, 那么 $\mathcal{T}$ 称为极大单调算子.

命题 A.9 如果 $\mathcal{T}$ 是极大单调算子, 那么它的预解算子 (Resolvent) $(\mathcal{I}+\mathcal{T})^{-1}$ 是单值的.

命题 A.10(次梯度的单调性) 如果 $f: C \subseteq \mathbb{R}^n \to \mathbb{R}$ 是凸函数, 那么 $\partial f(\mathbf{x})$ 是单调算子. 如果 f 是 μ-强凸函数, 那么

$$\langle \mathbf{x}_1 - \mathbf{x}_2, \mathbf{g}_1 - \mathbf{g}_2 \rangle \geqslant \mu \|\mathbf{x}_1 - \mathbf{x}_2\|^2, \quad \forall \mathbf{x}_i \in C \text{ 和 } \mathbf{g}_i \in \partial f(\mathbf{x}_i), i = 1, 2.$$

如果 f 是闭的凸函数, 那么 $\partial f(\mathbf{x})$ 是极大单调算子.

定义 A.15(布雷格曼 (Bregman) 距离)　给定一个可微的凸函数 ϕ, 它诱导的布雷格曼距离定义为

$$D_\phi(\mathbf{y}, \mathbf{x}) = \phi(\mathbf{y}) - \phi(\mathbf{x}) - \langle \nabla\phi(\mathbf{x}), \mathbf{y} - \mathbf{x} \rangle.$$

如果 ϕ 是凸函数但不可微, 它诱导的布雷格曼距离定义为

$$D_\phi^{\mathbf{v}}(\mathbf{y}, \mathbf{x}) = \phi(\mathbf{y}) - \phi(\mathbf{x}) - \langle \mathbf{v}, \mathbf{y} - \mathbf{x} \rangle,$$

其中 $\mathbf{v}$ 是 $\partial\phi(\mathbf{x})$ 里某个特定的次梯度.

当 $\phi(\mathbf{x}) = \|\mathbf{x}\|^2$ 时, 有 $D_\phi(\mathbf{y}, \mathbf{x}) = \|\mathbf{x} - \mathbf{y}\|^2$, 对应于欧几里得距离的平方.

引理 A.2　布雷格曼距离 D_ϕ 有如下性质:

1. 当 ϕ 是 μ-强凸时, $D_\phi(\mathbf{y}, \mathbf{x}) \geqslant \dfrac{\mu}{2}\|\mathbf{y} - \mathbf{x}\|^2$.

2. 对于任意 $\mathbf{u}, \mathbf{v}$ 和 $\mathbf{w}$, 有

$$\langle \nabla\phi(\mathbf{u}) - \nabla\phi(\mathbf{v}), \mathbf{w} - \mathbf{u} \rangle = D_\phi(\mathbf{w}, \mathbf{v}) - D_\phi(\mathbf{w}, \mathbf{u}) - D_\phi(\mathbf{u}, \mathbf{v}).$$

定义 A.16(共轭函数 (Conjugate Function))　给定 $f : C \subseteq \mathbb{R}^n \to \mathbb{R}$, 它的共轭函数定义为

$$f^*(\mathbf{u}) = \sup_{\mathbf{z} \in C} \left(\langle \mathbf{z}, \mathbf{u} \rangle - f(\mathbf{z}) \right).$$

f^* 的定义域为

$$\mathrm{dom} f^* = \{\mathbf{u} | f^*(\mathbf{u}) < +\infty\}.$$

命题 A.11(共轭函数的性质)　给定 $f : C \subseteq \mathbb{R}^n \to \mathbb{R}$, 它的共轭函数 f^* 有如下性质:

1. f^* 总是凸函数.

2. $f^{**}(\mathbf{x}) \leqslant f(\mathbf{x}), \forall \mathbf{x} \in C$.

3. 如果 f 是闭的凸函数, 那么 $f^{**}(\mathbf{x}) = f(\mathbf{x}), \forall \mathbf{x} \in C$.

4. 如果 f 是 L-光滑函数, 那么 f^* 在 $\mathrm{dom} f^*$ 上是 L^{-1}-强凸函数. 反过来, 如果 f 是 μ-强凸函数, 则 f^* 在 $\mathrm{dom} f^*$ 上是 μ^{-1}-光滑函数.

5. 如果 f 是闭且凸的, 那么 $\mathbf{y} \in \partial f(\mathbf{x})$ 当且仅当 $\mathbf{x} \in \partial f^*(\mathbf{y})$.

命题 A.12(Fenchel-Young 不等式)　令 f^* 为 f 的共轭函数, 那么

$$f(\mathbf{x}) + f^*(\mathbf{y}) \geqslant \langle \mathbf{x}, \mathbf{y} \rangle.$$

定义 A.17(拉格朗日函数 (Lagrangian Function)) 给定约束问题

$$\min_{\mathbf{x} \in \mathbb{R}^n} \quad f(\mathbf{x}),$$

$$\text{s.t.} \quad \mathbf{Ax} = \mathbf{b},$$

$$\mathbf{g}(\mathbf{x}) \leqslant \mathbf{0}, \tag{A.10}$$

其中 $\mathbf{A} \in \mathbb{R}^{m \times n}$, $\mathbf{g}(\mathbf{x}) = (g_1(\mathbf{x}), \cdots, g_p(\mathbf{x}))^{\mathrm{T}}$. 该问题的拉格朗日函数是

$$L(\mathbf{x}, \mathbf{u}, \mathbf{v}) = f(\mathbf{x}) + \langle \mathbf{u}, \mathbf{Ax} - \mathbf{b} \rangle + \langle \mathbf{v}, \mathbf{g}(\mathbf{x}) \rangle,$$

其中 $\mathbf{v} \geqslant \mathbf{0}$.

定义 A.18 (拉格朗日对偶函数 (Lagrange Dual Function)) 给定约束问题 (A.10), 它的拉格朗日对偶函数为

$$d(\mathbf{u}, \mathbf{v}) = \min_{\mathbf{x} \in C} L(\mathbf{x}, \mathbf{u}, \mathbf{v}),$$

其中 C 是 f 和 $\mathbf{g}$ 的定义域的交. 对偶函数的定义域为 $\mathcal{D} = \{(\mathbf{u}, \mathbf{v}) | \mathbf{v} \geqslant \mathbf{0}, d(\mathbf{u}, \mathbf{v}) > -\infty\}$.

定义 A.19(对偶问题 (Dual Problem)) 给定约束问题 (A.10), 它的对偶问题为

$$\max_{\mathbf{u}, \mathbf{v}} \ d(\mathbf{u}, \mathbf{v}), \quad \text{s.t.} \quad (\mathbf{u}, \mathbf{v}) \in \mathcal{D},$$

其中 $\mathcal{D}$ 为 $d(\mathbf{u}, \mathbf{v})$ 的定义域. 相应地, 问题 (A.10) 称为原始问题 (Primal Problem).

定义 A.20 (Slater 条件) 对于凸原始问题 (A.10), 如果存在 $\mathbf{x}_0 \in \operatorname{dom} f \cap (\bigcap_{i=1}^{p} \operatorname{dom} g_i)$ 满足

$$\mathbf{Ax}_0 = \mathbf{b}, \quad g_i(\mathbf{x}_0) \leqslant 0, \ i \in \mathcal{I}_1 \quad \text{和} \quad g_i(\mathbf{x}_0) < 0, \ i \in \mathcal{I}_2,$$

其中 $\mathcal{I}_1$ 和 $\mathcal{I}_2$ 分别表示线性和非线性不等式约束的下标集合, 那么称问题 (A.10) 满足 Slater 条件.

命题 A.13(对偶问题的性质) 对偶问题具有如下性质:

1. $d(\mathbf{u}, \mathbf{v})$ 总是凹函数, 即使原始问题 (A.10) 是非凸问题.

2. 弱对偶: 记原始问题和对偶问题的最优值分别为 f^* 和 d^*, 则有 $f^* \geqslant d^*$.

3. 若凸原始问题 (A.10) 满足 Slater 条件, 则强对偶成立: $f^* = d^*$.

4. 令 $\mathbf{x}(\mathbf{u}, \mathbf{v}) \in \underset{\mathbf{x} \in C}{\operatorname{Argmin}} L(\mathbf{x}, \mathbf{u}, \mathbf{v})$, 则 $(\mathbf{Ax}(\mathbf{u}, \mathbf{v}) - \mathbf{b}, \mathbf{g}(\mathbf{x}(\mathbf{u}, \mathbf{v}))) \in \partial d(\mathbf{u}, \mathbf{v})$.

定义 A.21(KKT 点和 KKT 条件) $(\mathbf{x}, \mathbf{u}, \mathbf{v})$ 称为问题 (A.10) 的 Karush-Kuhn-Tucker(KKT) 点, 如果它满足如下性质:

1. 临界性: $\mathbf{0} \in \partial f(\mathbf{x}) + \mathbf{A}^{\mathrm{T}}\mathbf{u} + \sum_{i=1}^{p} \mathbf{v}_i \partial g_i(\mathbf{x})$.

2. 原始可行性: $\mathbf{A}\mathbf{x} = \mathbf{b}$, $g_i(\mathbf{x}) \leqslant 0$, $i \in [p]$.

3. 互补松弛性: $\mathbf{v}_i g_i(\mathbf{x}) = 0$, $i \in [p]$.

4. 对偶可行性: $\mathbf{v}_i \geqslant 0$, $i \in [p]$.

上述条件称为问题 (A.10) 的 KKT 条件. 当问题 (A.10) 为凸问题且满足 Slater 条件时, KKT 条件是问题 (A.10) 的最优性条件.

命题 A.14   当问题 (A.10) 中的 $f(\mathbf{x})$ 和 $g_i(\mathbf{x})$ 都是凸函数时, $i \in [p]$,

1. 每一个 KKT 点都是拉格朗日函数的鞍点.

2. $(\mathbf{x}^*, \mathbf{u}^*, \mathbf{v}^*)$ 是一对原始问题和对偶问题的解且其对偶间隙为 0, 当且仅当它满足 KKT 条件.

定义 A.22(紧集 (Compact Set))   一个 $\mathbb{R}^n$ 的子集 $\mathcal{S}$ 称为紧集, 如果它是有界闭集.

定义 A.23(凸包 (Convex Hull))   集合 $\mathcal{X}$ 的凸包记为 $\mathrm{conv}(\mathcal{X})$. 它是 $\mathcal{X}$ 中所有点的凸组合构成的集合

$$\mathrm{conv}(\mathcal{X}) = \left\{ \sum_{i=1}^{k} \alpha_i \mathbf{x}_i \,\middle|\, \mathbf{x}_i \in \mathcal{X}, \alpha_i \geqslant 0, i \in [k], \sum_{i=1}^{k} \alpha_i = 1 \right\}.$$

定理 A.1 (Danskin 定理)   设 $\mathcal{Z}$ 是 $\mathbb{R}^m$ 的紧子集, $\phi : \mathbb{R}^n \times \mathcal{Z} \to \mathbb{R}$ 是连续的且 $\phi(\cdot, \mathbf{z}) : \mathbb{R}^n \to \mathbb{R}$ 对所有 $\mathbf{z} \in \mathcal{Z}$ 是凸函数. 定义 $f : \mathbb{R}^n \to \mathbb{R}$ 为 $f(\mathbf{x}) = \max_{\mathbf{z} \in \mathcal{Z}} \phi(\mathbf{x}, \mathbf{z})$ 以及

$$\mathcal{Z}(\mathbf{x}) = \left\{ \bar{\mathbf{z}} \,\middle|\, \phi(\mathbf{x}, \bar{\mathbf{z}}) = \max_{\mathbf{z} \in \mathcal{Z}} \phi(\mathbf{x}, \mathbf{z}) \right\}.$$

如果 $\phi(\cdot, \mathbf{z})$ 对于所有 $\mathbf{z} \in \mathcal{Z}$ 可微且 $\nabla_{\mathbf{x}} \phi(\mathbf{x}, \cdot)$ 对所有给定 $\mathbf{x}$ 是 $\mathcal{Z}$ 上的连续函数, 那么

$$\partial f(\mathbf{x}) = \mathrm{conv} \left\{ \nabla_{\mathbf{x}} \phi(\mathbf{x}, \mathbf{z}) | \mathbf{z} \in \mathcal{Z}(\mathbf{x}) \right\}, \quad \forall \mathbf{x} \in \mathbb{R}^n.$$

定义 A.24(鞍点 (Saddle Point)) $(\mathbf{x}^*, \boldsymbol{\lambda}^*)$ 是 $f(\mathbf{x}, \boldsymbol{\lambda}) : C \times D \to \mathbb{R}$ 的鞍点, 如果它满足如下性质:

$$f(\mathbf{x}^*, \boldsymbol{\lambda}) \leqslant f(\mathbf{x}^*, \boldsymbol{\lambda}^*) \leqslant f(\mathbf{x}, \boldsymbol{\lambda}^*), \quad \forall \mathbf{x} \in C, \boldsymbol{\lambda} \in D.$$

引理 A.3(Hoffman 界[41]) 考虑非空多面体

$$\mathcal{X} = \{\mathbf{x} | \mathbf{A}\mathbf{x} = \mathbf{a}, \mathbf{B}\mathbf{x} \leqslant \mathbf{b}\},$$

存在仅依赖于 $[\mathbf{A}^{\mathrm{T}}, \mathbf{B}^{\mathrm{T}}]^{\mathrm{T}}$ 的常数 θ, 使得对于任意的 $\mathbf{x}$ 有

$$\mathrm{dist}(\mathbf{x}, \mathcal{X})^2 \leqslant \theta^2(\|\mathbf{A}\mathbf{x} - \mathbf{a}\|^2 + \|[\mathbf{B}\mathbf{x} - \mathbf{b}]_+\|^2),$$

其中 $[\cdot]_+$ 表示投影到非负象限.

A.3 非 凸 分 析

定义 A.25(正常函数 (Proper Function)) 一个函数 $g : \mathbb{R}^n \to (-\infty, +\infty]$ 称为正常函数, 如果 $\mathrm{dom}\, g \neq \varnothing$, 其中 $\mathrm{dom}\, g = \{\mathbf{x} \in \mathbb{R}^n : g(\mathbf{x}) < +\infty\}$.

本书只考虑正常函数.

定义 A.26(下半连续函数 (Lower Semicontinuous Function)) 一个函数 $g : \mathbb{R}^n \to (-\infty, +\infty]$ 在点 $\mathbf{x}_0$ 处是下半连续的, 如果

$$\liminf_{\mathbf{x} \to \mathbf{x}_0} g(\mathbf{x}) \geqslant g(\mathbf{x}_0).$$

定义 A.27(强制函数 (Coercive Function)) $f(\mathbf{x})$ 称为强制函数, 如果

$$\lim_{\|\mathbf{x}\| \to \infty} f(\mathbf{x}) = \infty.$$

定义 A.28(次微分 (Subdifferential)) 假设 f 是正常且下半连续函数.

1. 对于给定的 $\mathbf{x} \in \mathrm{dom} f$, f 在点 $\mathbf{x}$ 处的 Fréchet 次微分记为 $\hat{\partial} f(\mathbf{x})$. 它是所有满足

$$\liminf_{\mathbf{y} \neq \mathbf{x}, \mathbf{y} \to \mathbf{x}} \frac{f(\mathbf{y}) - f(\mathbf{x}) - \langle \mathbf{u}, \mathbf{y} - \mathbf{x} \rangle}{\|\mathbf{y} - \mathbf{x}\|} \geqslant 0$$

的 $\mathbf{u} \in \mathbb{R}^n$ 所构成的集合.

2. 在点 $\mathbf{x}$ 处 f 的极限次微分 (Limiting Subdifferential), 简称为次微分, 记为 $\partial f(\mathbf{x})$, 定义如下

$$\partial f(\mathbf{x}) = \left\{ \mathbf{u} \in \mathbb{R}^n : \exists \mathbf{x}_k \to \mathbf{x}, f(\mathbf{x}_k) \to f(\mathbf{x}), \mathbf{u}_k \in \hat{\partial} f(\mathbf{x}_k) \to \mathbf{u}, k \to \infty \right\}.$$

定义 A.29(临界点 (Critical Point)) $\mathbf{x}$ 称为 f 的临界点, 如果 $\mathbf{0} \in \partial f(\mathbf{x})$.

下述引理描述了次微分的一些性质.

引理 A.4　次微分具有如下性质:

1. 对于非凸函数, Fermat 引理仍然成立: 如果 $\mathbf{x} \in \mathbb{R}^n$ 是 g 的一个局部极小点, 那么 $\mathbf{0} \in \partial g(\mathbf{x})$.

2. 设 $(\mathbf{x}_k, \mathbf{u}_k)$ 为满足 $\mathbf{x}_k \to \mathbf{x}, \mathbf{u}_k \to \mathbf{u}, g(\mathbf{x}_k) \to g(\mathbf{x})$ 和 $\mathbf{u}_k \in \partial g(\mathbf{x}_k)$ 的序列, 那么 $\mathbf{u} \in \partial g(\mathbf{x})$.

3. 如果 f 是连续可微函数, 那么 $\partial(f + g)(\mathbf{x}) = \nabla f(\mathbf{x}) + \partial g(\mathbf{x})$.

缩 略 语

AAAI	人工智能进步协会
Acc-SADMM	加速随机交替方向乘子法
ADMM	交替方向乘子法
ALM	增广拉格朗日法
DRS	Douglas-Rachford 分裂
KKT	卡鲁什-库恩-塔克
LADMM	线性化交替方向乘子法
MISO	代理函数增量最小化法
RPCA	鲁棒主成分分析
SADMM	随机交替方向乘子法
SAG	随机平均梯度
SDCA	随机对偶坐标上升
SGD	随机梯度下降
SPIDER	随机路径积分差分估计子
SVD	奇异值分解
SVRG	随机方差缩减梯度
VR	方差缩减

索 引

后 记

交替方向乘子法 (ADMM) 是一个实用性很强的优化方法, 在信号处理、机器学习等领域广为使用, 我也是因为接触了它才半路出家进入优化领域. ADMM 也是一个优雅的优化方法, 它的 "化繁为简" "分而治之" 的策略, 体现着高度的哲学智慧. 因约束是线性的, 拉格朗日乘子在收敛性和收敛速度证明中的角色非常灵活. 总体来说, 研读 ADMM 方面的论文比读其他类型优化算法的论文更令我愉悦. 因所处领域的关系, 我接触 ADMM 方面的论文较多, 日子一久, 自然产生了要整理一下 ADMM 相关文献, 以管窥这个小领域的想法.

本书的英文版, 我和我的博士生李欢、方聪一起陆陆续续写了两年, 中间倍感认真写书之不易. 其投入时间之多、经济收益之低、对健康 (尤其是视力) 伤害之大, 每每让我怀疑做这件事是否值得. 不过开弓没有回头箭, 做事应有始有终, 才能对自己和合作者有个交代. 所幸总算坚持下来了, 于 2021 年底把英文版交付 Springer.

好了伤疤忘了疼. 受上一本书《机器学习中的加速一阶优化算法》中文版颇受欢迎的鼓舞, 本书英文版交付后, 我们又马不停蹄地开始了中文版的撰写工作. 虽然本书主要是数学公式, 并且这些公式已在英文版录入与编辑, 但是中间还是被很多事务打断: ICML/NeurIPS 等重要会议的投稿、教学、学生毕业、行政职责等等, 所以过了半年中文版才定稿. 只有中英文版都出齐, 写 ADMM 专著的愿望才算圆满. 故作小诗一首:

交替更新繁化简,

妙参乘子奏奇功.

绝知堂奥殚神虑,

且喜辛劳得始终.

林宙辰

于北京·北京大学

2022 年 6 月

致　　谢

作者非常感谢所有的合作者和朋友, 特别是: 何炳生教授、焦李成教授、李骏驰博士、凌青教授、刘光灿教授、刘日升教授、刘媛媛教授、卢参义博士、罗智泉院士、马毅教授、尚凡华教授、文再文教授、谢星宇、许晨博士、颜水成院士、印卧涛教授、袁晓明教授、袁晓彤教授、袁亚湘院士、张潼教授和周攀博士. 作者同时感谢董一鸣、侯宇清博士和张弘扬助理教授协助订正英文版错误, 李艺康、王秋皓、吴洲同、杨桐和岳鹏云仔细检查数学证明 (尤其是王秋皓给出了引理 3.16 的一个更简洁的证明), 感谢侯宇清博士、李艺康、吴洲同、杨桐、张弘扬助理教授和郑宙青协助订正中文版的文字错误, 感谢 Springer 出版社的常兰兰女士和科学出版社的李静科女士分别协助出版了本书的英文版和中文版. 最后, 作者尤其感谢徐宗本院士和罗智泉院士为本书作序. 本书得到国家自然科学基金 (编号: 62276004、61625301、61731018) 的资助.

《大数据与数据科学专著系列》已出版书目

（按出版时间顺序）

1. 数据科学——它的内涵、方法、意义与发展　2022.1　徐宗本　唐年胜　程学旗　著
2. 机器学习中的交替方向乘子法　2023.2　林宙辰　李 欢　方 聪　著